U0163716

国家出版基金项目
NATIONAL PUBLICATION FOUNDATION

《中国古脊椎动物志》编辑委员会主编

中国古脊椎动物志

第二卷
两栖类　爬行类　鸟类

主编 **李锦玲** ｜ 副主编 **周忠和**

第三册（总第七册）

离龙类　鱼龙型类　海龙类　鳍龙类　鳞龙类

高克勤　尚庆华　李　淳 等 编著

科学技术部科技基础资源调查专项（2021FY200100）资助

科学出版社

北　京

内 容 简 介

本册志书是对 2019 年 12 月底以前在中国发现并已经发表的离龙类、鱼龙型类、海龙类、鳍龙类和鳞龙类化石材料的系统厘定总结。书中包括 33 科 92 属 126 种。每个属、种均有鉴定特征、产地与层位。在科级以上的阶元中并有概述，对该阶元当前的研究现状、存在问题等做了综述。在部分阶元的记述之后有一评注，为编者在编写过程中对发现的问题或编者对该阶元新认识的阐述。书中附有 160 张化石照片及插图。

本书是我国凡涉及地学、生物学、考古学的大专院校、科研机构、博物馆有关科研人员及业余古生物爱好者的基础参考书，也可为科普创作提供必要的基础参考资料。

图书在版编目（CIP）数据

中国古脊椎动物志. 第2卷. 两栖类、爬行类、鸟类. 第3册, 离龙类、鱼龙型类、海龙类、鳍龙类、鳞龙类：总第7册/高克勤等编著. —北京：科学出版社，2021.11
　　ISBN 978-7-03-070718-5

　　I. ①中⋯　II. ①高⋯　III. ①古动物 - 脊椎动物门 - 动物志 - 中国 ②古动物 - 两栖动物 - 动物志 - 中国 ③古动物 - 爬行纲 - 动物志 - 中国 ④古动物 - 鸟类 - 动物志 - 中国　IV. ①Q915.86

中国版本图书馆CIP数据核字（2021）第238119号

责任编辑：胡晓春　孟美岑 / 责任校对：张小霞
责任印制：肖　兴 / 封面设计：黄华斌

科学出版社 出版
北京东黄城根北街16号
邮政编码：100717
http://www.sciencep.com
中国科学院印刷厂 印刷
科学出版社发行　各地新华书店经销
*
2021年11月第 一 版　　开本：787×1092　1/16
2021年11月第一次印刷　　印张：23 1/4
字数：481 000
定价：318.00元
（如有印装质量问题，我社负责调换）

Editorial Committee of Palaeovertebrata Sinica

PALAEOVERTEBRATA SINICA

Volume II

Amphibians, Reptilians, and Avians

Editor-in-Chief: **Li Jinling** | Associate Editor-in-Chief: **Zhou Zhonghe**

Fascicle 3 (Serial no. 7)

Choristodera, Ichthyosauromorpha, Thalattosauria, Sauropterygia, and Lepidosauria

By **Gao Keqin, Shang Qinghua, Li Chun et al.**

Supported by Science & Technology Fundamental Resources Investigation Program
(Grant No. 2021FY200100)

Science Press
Beijing

本册撰写人员分工

离龙类   高克勤 E-mail: kqgao@pku.edu.cn

鱼龙型类   李　淳 E-mail: lichun@ivpp.ac.cn

                        尚庆华 E-mail: shangqinghua@ivpp.ac.cn

                        王　维 E-mail: wangwei2014@ivpp.ac.cn

海龙类   刘　俊 E-mail: liujun@ivpp.ac.cn

鳍龙类

    鳍龙类导言   尚庆华

    楯齿龙目   李　淳

                     王　维

    始鳍龙目   尚庆华

    双孔亚纲内分类位置不明   尚庆华

鳞龙类   高克勤

（高克勤所在单位为北京大学地球与空间科学学院；李淳、尚庆华、王维和刘俊所在单位为中国科学院古脊椎动物与古人类研究所，中国科学院脊椎动物演化与人类起源重点实验室）

Contributors to this Fascicle

Choristodera	**Gao Keqin** E-mail: kqgao@pku.edu.cn
Ichthyosauromorpha	**Li Chun** E-mail: lichun@ivpp.ac.cn
	Shang Qinghua E-mail: shangqinghua@ivpp.ac.cn
	Wang Wei E-mail: wangwei2014@ivpp.ac.cn
Thalattosauria	**Liu Jun** E-mail: liujun@ivpp.ac.cn
Sauropterygia	
Introduction to Sauropterygia	**Shang Qinghua**
Placodontia	**Li Chun**
	Wang Wei
Eosauropterygia	**Shang Qinghua**
Diapsida incertae sedis	**Shang Qinghua**
Lepidosauria	**Gao Keqin**

(Gao Keqin is from the School of Earth and Space Sciences, Peking University; Li Chun, Shang Qinghua, Wang Wei and Liu Jun are from the Institute of Vertebrate Paleontology and Paleoanthropology, Chinese Academy of Sciences, Key Laboratory of Vertebrate Evolution and Human Origins of Chinese Academy of Sciences)

总　序

　　中国第一本有关脊椎动物化石的手册性读物是 1954 年杨钟健、刘宪亭、周明镇和贾兰坡编写的《中国标准化石——脊椎动物》。因范围限定为标准化石，该书仅收录了 88 种化石，其中哺乳动物仅 37 种，不及德日进（P. Teilhard de Chardin）1942 年在《中国化石哺乳类》中所列举的在中国发现并已发表的哺乳类化石种数（约 550 种）的十分之一。所以这本只有 57 页的小册子还不能算作一本真正的脊椎动物化石手册。我国第一本真正的这样的手册是 1960 – 1961 年在杨钟健和周明镇领导下，由中国科学院古脊椎动物与古人类研究所的同仁们集体编撰出版的《中国脊椎动物化石手册》。该手册共记述脊椎动物化石 386 属 650 种，分为《哺乳动物部分》（1960 年出版）和《鱼类、两栖类和爬行类部分》（1961 年出版）两个分册。前者记述了 276 属 515 种化石，后者记述了 110 属 135 种。这是对自 1870 年英国博物学家欧文（R. Owen）首次科学研究产自中国的哺乳动物化石以来，到 1960 年前研究发表过的全部脊椎动物化石材料的总结。其中鱼类、两栖类和爬行类化石主要由中国学者研究发表，而哺乳动物则很大一部分由国外学者研究发表。"文化大革命"之后不久，1979 年由董枝明、齐陶和尤玉柱编汇的《中国脊椎动物化石手册》（增订版）出版，共收录化石 619 属 1268 种。这意味着在不到 20 年的时间里新发现的化石属、种数量差不多翻了一番（属为 1.6 倍，种为 1.95 倍）。

　　自 20 世纪 80 年代末开始，国家对科技事业的投入逐渐加大，我国的古脊椎动物学逐渐步入了快速发展的时期。新的脊椎动物化石及新属、种的数量，特别是在鱼类、两栖类和爬行动物方面，快速增加。1992 年孙艾玲等出版了《The Chinese Fossil Reptiles and Their Kins》，记述了两栖类、爬行类和鸟类化石 228 属 328 种。李锦玲、吴肖春和张福成于 2008 年又出版了该书的修订版（书名中的 Kins 已更正为 Kin），将属种数提高到 416 属 564 种。这比 1979 年手册中这一部分化石的数量（186 属 219 种）增加了大约 1 倍半（属近 2.24 倍，种近 2.58 倍）。在哺乳动物方面，20 世纪 90 年代初，中国科学院古脊椎动物与古人类研究所一些从事小哺乳动物化石研究的同仁们，曾经酝酿编写一部《中国小哺乳动物化石志》，并已草拟了提纲和具体分工，但由于种种原因，这一计划未能实现。

　　自 20 世纪 90 年代末以来，我国在古生代鱼类化石和中生代两栖类、翼龙、恐龙、鸟类，以及中、新生代哺乳类化石的发现和研究方面又有了新的重大突破，在恐龙蛋和爬行动物及鸟类足迹方面也有大量新发现。粗略估算，我国现有古脊椎动物化石种的总数已经超过 3000 个。我国是古脊椎动物化石赋存大国，有关收藏逐年增加，在研究方面正在努力进入世界强国行列的过程之中。此前所出版的各类手册性的著作已落后于我国古脊椎动物研究发展的现状，无法满足国内外有关学者了解我国这一学科领域进展的迫切需求。美国古生物学家 S. G. Lucas，积 5 次访问中国的经历，历时近 20 年，于 2001 年出版了一部 370 多页的《Chinese Fossil Vertebrates》。这部书虽然并非以罗列和记述属、种为主旨，而且其资料的收集限于 1996 年以前，却仍然是国外学者了解中国古脊椎动物学发展脉络的重要读物。这可以说是从国际古脊椎动物研究的角度对上述需求的一种反映。

2006 年，科技部基础研究司启动了国家科技基础性工作专项计划，重点对科学考察、科技文献典籍编研等方面的工作加大支持力度。是年 10 月科技部召开研讨中国各门类化石系统总结与志书编研的座谈会。这才使我国学者由自己撰写一部全新的、涵盖全面的古脊椎动物志书的愿望，有了得以实现的机遇。中国科学院南京地质古生物研究所和古脊椎动物与古人类研究所的领导十分珍视这次机遇，于 2006 年年底前，向科技部提交了由两所共同起草的"中国各门类化石系统总结与志书编研"的立项申请。2007 年 4 月 27 日，该项目正式获科技部批准。《中国古脊椎动物志》即是该项目的一个组成部分。

在本志筹备和编研的过程中，国内外前辈和同行们的工作一直是我们学习和借鉴的榜样。在我国，"三志"（《中国动物志》、《中国植物志》和《中国孢子植物志》）的编研，已经历时半个多世纪之久。其中《中国植物志》自 1959 年开始出版，至 2004 年已全部出齐。这部皇皇巨著分为 80 卷，126 册，记载了我国 301 科 3408 属 31142 种植物，共 5000 多万字。《中国动物志》自 1962 年启动后，已编撰出版了 126 卷、册，至今仍在继续出版。《中国孢子植物志》自 1987 年开始，至今已出版 80 多卷（不完全统计），现仍在继续出版。在国外，可以作为借鉴的古生物方面的志书类著作，有苏联出版的《古生物志》（《Основы Палеонтологии》）。全书共 15 册，出版于 1959 – 1964 年，其中古脊椎动物为 3 册。法国的《Traité de Paléontologie》（实际是古动物志），全书共 7 卷 10 册，其中古脊椎动物（包括人类）为 4 卷 7 册，出版于 1952 – 1969 年，历时 18 年。此外，C. M. Janis 等编撰的《Evolution of Tertiary Mammals of North America》（两卷本）也是一部对北美新生代哺乳动物化石属级以上分类单元的系统总结。该书从 1978 年开始构思，直到 2008 年才编撰完成，历时 30 年。

参考我国"三志"和国外志书类著作编研的经验，我们在筹备初期即成立了志书编辑委员会，并同步进行了志书编研的总体构思。2007 年 10 月 10 日由 17 人组成的《中国古脊椎动物志》编辑委员会正式成立（2008 年胡耀明委员去世，2011 年 2 月 28 日增补邓涛、尤海鲁和张兆群为委员，2012 年 11 月 15 日又增加金帆和倪喜军两位委员，现共 21 人）。2007 年 11 月 30 日《中国古脊椎动物志》"编辑委员会组成与章程"、"管理条例"和"编写规则"三个试行草案正式发布，其中"编写规则"在志书撰写的过程中不断修改，直至 2010 年 1 月才有了一个比较正式的试行版本，2013 年 1 月又有了一个更为完善的修订本，至今仍在不断修改和完善中。

考虑到我国古脊椎动物学发展的现状，在汲取前人经验的基础上，编委会决定：①延续《中国脊椎动物化石手册》的传统，《中国古脊椎动物志》的记述内容也细化到种一级。这与国外类似的志书类都不同，后者通常都停留在属一级水平。②采取顶层设计，由编委会统一制定志书总体结构，将全志大体按照脊椎动物演化的顺序划分卷、册；直接聘请能够胜任志书要求的合适研究人员负责编撰工作，而没有采取自由申报、逐项核批的操作程序。③确保项目经费足额并及时到位，力争志书编研按预定计划有序进行，做到定期分批出版，努力把全志出版周期限定在 10 年左右。

编委会将《中国古脊椎动物志》的编写宗旨确定为："本志应是一套能够代表我国古脊椎动物学当前研究水平的中文基础性丛书。本志力求全面收集中国已发表的古脊椎动物化石资料，以骨骼形态性状为主要依据，吸收分子生物学研究的新成果，尝试运用分支系统学的理论和方法认识和阐述古脊椎动物演化历史、改造林奈分类体系，使之与演化历史更为吻合；着重对属、种进行较全面、准确的文字介绍，并尽可能附以清晰的模式标本图照，但不创建新的分类单元。本志主要读者对象是中国地学、生物学工作者及爱好者，高校师生，自然博物馆类机构的工作人员和科普工作者。"

编委会在将"代表我国古脊椎动物学当前研究水平"列入撰写本志的宗旨时，已经意识到实现这一目标的艰巨性。这一点也是所有参撰人员在此后的实践过程中越来越深刻地感受到的。正如在本志第一卷第一册"脊椎动物总论"中所论述的，自 20 世纪 50 年代以来，在古生物学和直接影响古生物学发展的相关领域中发生了可谓"翻天覆地"的变化。在 20 世纪七八十年代已形成了以 Mayr 和 Simpson 为代表的演化分类学派（evolutionary taxonomy）、以 Hennig 为代表的系统发育系统学派 [phylogenetic systematics，又称分支系统学派（cladistic systematics，或简化为 cladistics）] 及以 Sokal 和 Sneath 为代表的数值分类学派（numerical taxonomy）的"三国鼎立"的局面。自 20 世纪 90 年代以来，分支系统学派逐渐占据了明显的优势地位。进入 21 世纪以来，围绕着生物分类的原理、原则、程序及方法等的争论又日趋激烈，形成了新的"三国"。以演化分类学家 Mayr 和 Bock 为代表的"达尔文分类学派"（Darwinian classification），坚持依据相似性（similarity）和系谱（genealogy）两项准则作为分类基础，并保留林奈套叠等级体系，认为这正是达尔文早就提出的生物分类思想。在分支系统学派内部分成两派：以 de Quieroz 和 Gauthier 为代表的持更激进观点的分支系统学家组成了"系统发育分类命名法规学派"（简称 PhyloCode）。他们以单一的系谱（genealogy）作为生物分类的依据，并坚持废除林奈等级体系的观点。以 M. J. Benton 等为代表的持比较保守观点的分支系统学家则主张，在坚持分支系统学核心理论的基础上，采取某些折中措施以改进并保留林奈式分类和命名体系。目前争论仍在进行中。到目前为止还没有任何一个具体的脊椎动物的划分方案得到大多数生物和古生物学家的认可。我国的古生物学家大多还处在对这些新的论点、原理和方法以及争论论点实质的不断认识和消化的过程之中。这种现状首先影响到志书的总体架构：如何划分卷、册？各卷、册使用何种标题名称？系统记述部分中各高阶元及其名称如何取舍？基于林奈分类的《国际动物命名法规》是否要严格执行？……这些问题的存在甚至对编撰本志书的科学性和必要性都形成了质疑和挑战。

在《中国古脊椎动物志》立项和实施之初，我们确曾希望能够建立一个为本志书各卷、册所共同采用的脊椎动物分类方案。通过多次尝试，我们逐渐发现，由于脊椎动物内各大类群的研究历史和分类研究传统不尽相同，对当前不同分类体系及其使用的方法，在接受程度上差别较大，并很难在短期内弥合。因此，在目前要建立一个比较合理、能被广泛接受、涵盖整个脊椎动物的分类方案，便极为困难。虽然如此，通过多次反复研讨，参撰人员就如何看待分类和究竟应该采取何种分类方案等还是逐渐取得了如下一些共识：

1）分支系统学在重建生物演化过程中，以其对分支在演化过程中的重要作用的深刻认识和严谨的逻辑推导方法，而成为当前获得古生物学家广泛支持的一种学说。任何生物分类都应力求真实地反映生物演化的过程，在当前则应力求与分支系统学的中心法则（central tenet）以及与严格按照其原则和方法所获得的结论相符。

2）生物演化的历史（系统发育）和如何以分类来表达这一历史，属于两个不同范畴。分类除了要真实地反映演化历史外，还肩负协助人类认知和记忆的功能。两者不必、也不可能完全对等。在当前和未来很长一段时期内，以二维和文字形式表达演化过程的最好方式，仍应该是现行的基于林奈分类和命名法的套叠等级体系。从实用的观点看，把十几代科学工作者历经 250 余年按照演化理论不断改进的、由近 200 万个物种组成的庞大的阶元分类体系彻底抛弃而另建一新体系，是不可想象的，也是极难实现的。

3）分类倘若与分支系统学核心概念相悖，例如不以共祖后裔而单纯以形态特征为分类依据，由复系类群组成分类单元等，这样的分类应予改正。对于分支系统学中一些重要但并非核心的论点，诸如姐妹群需是同级阶元的要求，干群（"Stammgruppe"）的分类价值和地位的判别，以及不同大类群的阶元级别的划分和确立等，正像分支系统学派内部有些学者提出的，可以采取折中措施使分支系统学的基本理论与以林奈分类和命名法为基础建立的现行分类体系在最大程度上相互吻合。

4）对于因分支点增多而所需阶元数目剧增的矛盾，可采取以下折中措施解决。①对高度不对称的姐妹群不必赋予同级阶元。②对于重要的、在生物学领域中广为人知并广泛应用、而目前尚无更好解决办法的一些大的类群，可实行阶元转移和跃升，如鸟类产生于蜥臀目下的一个分支，可以跃升为纲级分类单元（详见第一卷第一册的"脊椎动物总论"）。③适量增加新的阶元级别，例如 1997 年 McKenna 和 Bell 已经提出推荐使用新的主阶元，如 Legion（阵）、Cohort（部）等，和新的次级阶元，如 Magno-（巨）、Grand-（大）、Miro-（中）和 Parvo-（小）等。④减少以分支点设阶的数量，如仅对关键节点设立阶元、次要节点以顺序先后（sequencing）表示等。⑤应用全群（total group）的概念，不对其中的并系的干群（stem group 或 "Stammgruppe"）设立单独的阶元等。

5）保留脊椎动物现行亚门一级分类地位不变，以避免造成对整个生物分类体系的冲击。科级及以下分类单元的分类地位基本上都已稳定，应尽可能予以保留，并严格按照最新的《国际动物命名法规》（1999 年第四版）的建议和要求处置。

根据上述共识，我们在第一卷第一册的"脊椎动物总论"中，提出了一个主要依据中国所有化石所建立的脊椎动物亚门的分类方案（PVS-2013）。我们并不奢求每位参与本志书撰写的人员一定接受它，而只是推荐一个可供选择的方案。

对生物分类学产生重要影响的另一因素则是分子生物学。依据分支系统学原理和方法，借助计算机高速数学运算，通过分析分子生物学资料（DNA、RNA、蛋白质等的序列数据）来探讨生物物种和类群的系统发育关系及支系分异的顺序和时间，是当前分子生物学领域的热点之一。一些分子生物学家对某些高阶分类单元（例如目级）的单系性和这些分类单元之间的系统关系进行探索，提出了一些令形态分类学家和古生物学家耳目一新的新见解。例如，现生哺乳动物 18 个目之间的系统和分类关系，一直是古生物学家感到十分棘手的问题，因为能够找到的目之间的共有裔征（synapomorphy）很少，而经常只有共有祖征（symplesiomorphy）。相反，分子生物学家们则可以在分子水平上找到新的证据，将它们进行重新分解和组合。例如，他们在一些属于不同目的"非洲类型"的哺乳动物（管齿目、长鼻目、蹄兔目和海牛目）和一些非洲土著的"食虫类"（无尾猬、金鼹等）中发现了一些共同的基因组变异，如乳腺癌抗原 1（BRCA1）中有 9 个碱基对的缺失，还在基因组的非编码区中发现了特有的"非洲短散布核元件（AfroSINES）"。他们把上述这些"非洲类型"的动物合在一起，组成一个比目更高的分类单元（Afrotheria，非洲兽类）。根据类似的分子生物学信息，他们把其他大陆的异节类、真魁兽啮型类和劳亚兽类看作是与非洲兽类同级的单元。分子生物学家们所提出的许多全新观点，虽然在细节上尚有很多值得进一步商榷之处，但对现行的分类体系无疑具有重要的参考价值，应在本志中得到应有的重视和反映。

采取哪种分类方案直接决定了本志书的总体结构和各卷、册的划分。经历了多次变化后，最后我们没有采用严格按照节点型定义的现生动物（冠群）五"纲"（鱼、两栖、爬行、鸟和哺乳动物）将志书划分为五卷的办法。其中的缘由，一是因为以化石为主的各"纲"在体量上相差过于悬殊。现生动物的五纲，在体量上比较均衡（参见第一卷第一册"脊椎动物总论"中有关部分），而在化石中情况就大不相同。两栖类和鸟类化石的体量都很小：两栖类化石目前只有不到 40 个种，而鸟类化石也只有大约五六十种（不包括现生种的化石）。这与化石鱼类，特别是哺乳类在体量上差别很悬殊。二是因为化石的爬行类和冠群的爬行动物纲有很大的差别。现有的化石记录已经清楚地显示，从早期的羊膜类动物中很早就分出两大主要支系：一支通过早期的下孔类演化为哺乳动物。下孔类，按照演化分类学家的观点，虽然是哺乳动物的早期祖先，但在形态特征上仍然和爬行类最为接近，因此应该归入爬行类。按照分支系统学家的观点，早期下孔类和哺乳动物共同组成一个全群（total group），两者无疑应该分在同一卷内。该全群的名称应该叫做下孔类，亦即：下孔类包含哺乳动物。另一支则是所有其他的爬行动物，包括从蜥臀类恐龙的虚骨龙类的一个分支演化出的鸟类，因此鸟类应该与爬行类放在同一卷内。上述情况使我们最后决定将两栖类、不包括下孔类的爬行类与鸟类合为一卷（第二卷），而早期下孔类和哺乳动物则共同组成第三卷。

在卷、册标题名称的选择上，我们碰到了同样的问题。分支系统学派，特别是系统发育分类命名法规学派，虽然强烈反对在分类体系中建立绝对阶元级别，但其基于严格单系分支概念的分类名称则是"全套叠式"的，亦即每个高阶分类单元必须包括其成员最近的共同祖先及由此祖先所产生的所有后代。例如传统意义中的鱼类既然包括肉鳍鱼类，那么也必须包括由其产生的所有的四足动物及其所有后代。这样，在需要表述某一"全套叠式"的名称的一部分成员时，就会遇到很大的困难，会出现诸如"非鸟恐龙"之类的称谓。相反，林奈分类体系中的高阶分类单元名称却是"分段套叠式"的，其五纲的概念是互不包容的。从分支系统学的观点看，其中的鱼纲、两栖纲和爬行纲都是不包括其所有后代的并系类群（paraphyletic groups），只有鸟纲和哺乳动物纲本身是真正的单系分支（clade）。林奈五纲的概念在生物学界已经根深蒂固，不会引起歧义，因此本志书在卷、册的标题名称上还是沿用了林奈的"分段套叠式"的概念。另外，由于化石类群和冠群在内涵和定义上有相当大的差别，我们没有直接采用纲、目等阶元名称，而是采用了含义宽泛的"类"。第三卷的名称使用了"基干下孔类　哺乳类"是因为"下孔类"这一分类概念在学界并非人人皆知，若在标题中舍弃人人皆知的哺乳类，而单独使用将哺乳类包括在内的下孔类这一全群的名称，则会使大多数读者感到茫然。

在编撰本志书的过程中我们所碰到的最后一类问题是全套志书的规范化和一致性的问题。这类问题十分烦琐，我们所花费时间也最多。

首先，全志在科级以下分类单元中与命名有关的所有词汇的概念及其用法，必须遵循《国际动物命名法规》。在本志书项目开始之前，1999 年最新一版（第四版）的《International Code of Zoological Nomenclature》已经出版。2007 年中译本《国际动物命名法规》（第四版）也已出版。由于种种原因，我国从事这方面工作的专业人员，在建立新科、属、种的时候，往往很少认真阅读和严格遵循《国际动物命名法规》，充其量也只是参考张永辂 1983 年出版的《古生物命名拉丁语》中关于命名法的介绍，而后者中的一些概念，与最新的《国际动物命名法规》并不完全符合。这使得我国的古脊椎动物在属、种级分类单元的命名、修订、重组，对模式的认定，模式标本的类型（正模、副模、选模、副选模、新模等）和含义，其选定的条件及表述等方面，都存在着不同程度的混乱。

这些都需要认真地予以厘定，以免在今后以讹传讹。

其次，在解剖学，特别是分类学外来术语的中译名的取舍上，也经常令我们感到十分棘手。"全国科学技术名词审定委员会公布名词"（网络 2.0 版）是我们主要的参考源。但是，我们也发现，其中有些术语的译法不够精准。事实上，在尊重传统用法和译法精准这两者之间有时很难做出令人满意的抉择。例如，对 phylogeny 的译法，在"全国科学技术名词审定委员会公布名词"中就有种系发生、系统发生、系统发育和系统演化四种译法，在其他场合也有译为亲缘关系的。按照词义的精准度考虑，钟补求于 1964 年在《新系统学》中译本的"校后记"中所建议的"种系发生"大概是最好的。但是我国从 1922 年杜就田所编撰的《动物学大词典》中就使用了"系统发育"的译法，以和个体发育（ontogeny）相对应。在我国从 1978 年开始的介绍和翻译分支系统学的热潮中，几乎所有的译介者都沿用了"系统发育"一词。经过多次反复斟酌，最后，我们也采用了这一译法。类似的情况还有很多，这里无法一一列举，这些抉择是否恰当只能留待读者去评判了。

再次，要使全套志书能够基本达到首尾一致也绝非易事。像这样一部预计有 3 卷 23 册的丛书，需要花费众多专家多年的辛勤劳动才能完成；而在确立各种体例和格式之类的琐事上，恐怕就要花费其中一半的时间和精力。诸如在每一册中从目录列举的级别、各章节排列的顺序，附录、索引和文献列举的方式及详简程度，到全书中经常使用的外国人名和地名、化石收藏机构等的缩写和译名等，都是非常耗时费力的工作。仅仅是对早期文献是否全部列入这一点，就经过了多次讨论，最后才确定，对于 19 世纪中叶以前的经典性著作，在后辈学者有过系统而全面的介绍的情况下（例如 Gregory 于 1910 年对诸如 Linnaeus、Blumenbach、Cuvier 等关于分类方案的引述），就只列后者的文献了。此外，在撰写过程中对一些细节的决定经常会出现反复，需经多次斟酌、讨论、修改，最后再确定；而每一次反复和重新确定，又会带来新的、额外的工作量，而且确定的时间越晚，增加的工作量也就越大。这其中的烦琐和日久积累的心烦意乱，实非局外人所能体会。所幸，参加这一工作的同行都能理解：科学的成败，往往在于细节。他们以本志书的最后完成为己任，孜孜矻矻，不厌其烦，而且大多都能在规定的时限内完成预定的任务。

本志编撰的初衷，是充分发挥老科学家的主导作用。在开始阶段，编委会确实努力按照这一意图，尽量安排老科学家担负主要卷、册的编研。但是随着工作的推进，编委会越来越深切地感觉到，没有一批年富力强的中年科学家的参与，这一任务很难按照原先的设想圆满完成。老科学家在对具体化石的认知和某些领域的综合掌控上具有明显的经验优势，但在吸收新鲜事物和新手段的运用、特别是在追踪新兴学派的进展上，却难以与中年才俊相媲美。近年来，我国古脊椎动物学领域在国内外都涌现出一批极为杰出的人才，其中有些是在国外顶级科研和教学机构中培养和磨砺出来的科学家。他们的参与对于本志书达到"当前研究水平"的目标起到了关键的作用。值得庆幸的是，我们所邀请的几位这样的中年才俊，都在他们本已十分繁忙的日程中，挤出相当多时间参与本志有关部分的撰写和/或评审工作。由于编撰工作中技术性任务量大、质量要求高，一部分年轻的学子也积极投入到这项工作中。最后这支编撰队伍实实在在地变成了一支老中青相结合的队伍了。

大凡立志要编撰一本专业性强的手册性读物，编撰者首要的追求，一定是原始资料的可靠和记录及诠释的准确性，以及由此而产生的权威性。这样才能经得起广大读者的推敲和时间的考验，才能让读者放心地使用。在追求商业利益之风日盛、在科普读物中往往充斥着种种真假难辨的猎奇之词的今天，这一点尤其显得重要，这也是本编辑委员会和每一位参撰人员所共同努力追求并为之奋斗的目标。虽然如此，由于我们本身的学识水平和认识所限，错误和疏漏之处一定不少，真诚地希望读者批评指正。

感谢 《中国古脊椎动物志》编研工作得以启动，首先要感谢科技部具体负责此项工作的基础研究司的领导，也要感谢国家自然科学基金委员会、中国科学院和相关政府部门长期以来对古脊椎动物学这一基础研究领域的大力支持。令我们特别难以忘怀的是几位参与我国基础性学科调研并提出宝贵建议的地学界同行，如黄鼎成和马福臣先生，是他们对临界或业已退休、但身体尚健的老科学工作者的报国之心的深刻理解和积极奔走，才促成本专项得以顺利立项，使一批新中国建立后成长起来的老古生物学家有机会把自己毕生积淀的专业知识的精华总结和奉献出来。另外，本志书编委会要感谢本专项的挂靠单位，中国科学院古脊椎动物与古人类研究所的领导和各处、室，特别是标本馆、图书室、负责照相和绘图的技术室，以及财务处的同仁们，对志书工作的大力支持。编委会要特别感谢负责处理日常事务的本专项办公室的同仁们。在志书编撰的过程中，在每一次研讨会、汇报会、乃至财务审计等活动中，他们忙碌的身影都给我们留下了难忘的印象。我们还非常幸运地得到了与科学出版社的胡晓春编辑共事的机会。她细致的工作作风和精湛的专业技能，使每一个接触到她的参撰人员都感佩不已。在本志书的编撰过程中，还有很多国内外的学者在稿件的学术评审过程中提出了很多中肯的批评和改进意见，使我们受益匪浅，也使志书的质量得到明显的提高。这些在相关册的致谢中都将做出详细说明，编委会在此也向他们一并表达我们衷心的感谢。

《中国古脊椎动物志》编辑委员会

2013 年 8 月

编委会说明：在 2015 年出版的各册的总序第 vi 页第二段第 3-4 行中"**其最早的祖先**"叙述错误，现已更正为"**其成员最近的共同祖先**"。书后所附"《中国古脊椎动物志》总目录"也根据最新变化做了修订。敬请注意。　　　　　　　　　　　　　　　　　　　　　　　　　　2017 年 6 月

特别说明：本书主要用于科学研究。书中可能存在未能联系到版权所有者的图片，请见书后与科学出版社联系处理相关事宜。

本 册 前 言

　　本册内容包括依据中国发现的化石命名发表的陆相水生爬行动物离龙类（Choristodera）5 属 8 种，海生爬行动物鱼龙型类（Ichthyosauromorpha）15 属 22 种，海龙类（Thalattosauria）4 属 6 种，鳍龙类（Sauropterygia）26 属 35 种，以及以喙头蜥类、蜥蜴类和蛇类为代表的鳞龙类（Lepidosauria）39 属 51 种。此外，本册也包括了与鳍龙类紧密相关的赑屃龙科 2 属 3 种，以及滤齿龙 1 属 1 种。共计 92 属 126 种。本册涉及的类群大多是繁盛于中生代但现在已经绝灭的爬行动物演化支系，只有鳞龙类延续至今，是除鳄类、龟鳖类和喙头类之外的现生爬行动物主要类群。

　　本册原定名为《鱼龙类　海龙类　鳞龙型类》，但是参撰人员几经讨论并经编委会主任批准最后确定为《离龙类　鱼龙型类　海龙类　鳍龙类　鳞龙类》。这一标题的变动主要考虑是本册所涉及的各类群之间的系统演化关系以及受其影响的分类方案之间的兼容性。首先，原标题中的"鳞龙型类"（Lepidosauromorphs）与本册特定部分的实际内容不符：就现今已知的系统演化关系而言，Lepidosauromorpha 这一演化支系并不能包括离龙类，但是有可能包括鱼龙类和鳍龙类，甚至海龙类。显然，采用"鳞龙型类"这一术语不能确切地反映本册涉及的相关类群之间的系统演化关系和现行的分类方案。因此，本册放弃了"鳞龙型类"这一模糊术语，而代之以离龙类和鳞龙类，分别代表一个目级和一个超目级别的分类单元。其次，本册涉及的鱼龙型类、海龙类、鳍龙类等中生代海生爬行动物类群虽然目前趋向于构成一个单系，但是各支系之间的演化关系并不清楚。因此，我们采用比较稳妥的方案将这三个类群并列于本册标题之中。此外，湖北鳄目（Hupehsuchia）、赑屃龙科（Saurosphargidae）这两个三叠纪海生爬行动物类群的分类位置仍有较大分歧。前者与鱼龙形类（Ichthyosauriformes）亲缘关系密切，置于鱼龙型巨目（Ichthyosauromorpha）之内似无大碍；而后者以及滤齿龙属（Atopodentatus）则属于双孔亚纲内分类位置不明的类群，本册暂将它们列于鳍龙超目（Sauropterygia）之后。

　　生物学分类应该建立在相关生物类群的系统演化关系基础之上，避免使用非单系的人为分类单元（artificial taxon/taxa）。就此而言，本册包括的五个爬行动物类群中除了具有现生属种代表的鳞龙类之外，离龙类、鱼龙型类、海龙类以及鳍龙类各演化支系之间的关系，以及与其他双孔爬行动物类群的演化关系都是颇具争议的问题，而且这五个类群也并不能代表同等级别的分类单元。其中的离龙类在双孔亚纲分类系统中自成一个目级的分类单元（Order Choristodera），代表中侏罗世延伸到新近纪中新世的陆相生态系统中适应于淡水水生生活的一个爬行动物演化支系。自从 Cope（1876）对离龙目做出最初命名以来，这一特殊类群的分类位置从最初被包括于喙头目（Order Rhynchocephalia）中，几经辗转，至今仍然徘徊于双孔亚纲主龙型下纲（Infraclass Archosauromorpha）、鳞龙型下纲（Infraclass Lepidosauromorpha）之间，或是比这两下纲更为原始的基干双孔类位置。与离龙类情况不同，本册中的鱼龙型类代表中生代海生爬行动物中一个巨目级别的分类单元（Magnorder Ichthyosauromorpha），它不仅包括经典分类学中的鱼龙目（Order Ichthyosauria），也还包括短尾鱼龙目（Order Grippidia）以及我国特有的早三叠世的湖北鳄目（Order Hupehsuchia）等与鱼龙目紧密相关的海生爬行动物类群。根据世界范围的化石记录，这一巨目从早三叠世（~250 Ma）出现一直延续到晚白垩世（~90 Ma），是中生代海生爬行动物中一个非常庞大的演化支系。本册中的另外一个庞大的海生爬行动物类群，鳍龙类，代表一个超目级别（Superorder Sauropterygia）的分类单元，包括楯齿龙目（Order Placodontia）、始鳍龙目（Order Eosauropterygia）、蛇颈龙目（Order Plesiosauria）等几个主要支系。这一庞大演化支系的地史展布从早三叠世（~250 Ma）一直延续到白垩纪末期（~70 Ma），几乎贯穿整个中生代。此外，赑屃龙科（Family Saurosphargidae）在世界范围内只包括中三叠世的三属四种，是海生爬行动物中一个比较单薄的演化支系。由于此一支系与鳍龙类的亲缘关系较近，本册将其列于鳍龙类之后。同样是海生爬行动物，海龙类仅代表一个目一级别的分类单元（Order Thalattosauria），包括海龙（*Thalattosaurus*）、贫齿龙（*Miodentosaurus*）、谜龙（*Askeptosaurus*）等十余个属。海龙目在属种数目以及地史延展分布上远不及鱼龙类和鳍龙类那么繁盛。它在中生代海生爬行动物中属于一个地史展布比较短暂的演化支系，其化石记录仅限于中 - 晚三叠世。

本册编写过程中也遇到一些分类单元中文译名和用法不统一的问题。比如，有鳞目中的 Iguania 通常中文译成鬣蜥亚目，相关的科级名称 Iguanidae 中文翻译成为鬣鳞蜥科或美洲鬣蜥科。但是，该科的模式属（*Iguana*）却常根据其俗名（green iguana）翻译成美洲绿鬣蜥。又比如，另外一个科级名称 Agamidae 有鬣蜥科、飞蜥科、鬃蜥科等不同的中文翻译。但是其模式属的模式种（*Agama agama*）却广泛使用彩虹飞蜥的译名。再比如，科名 Anguidae 的中文译名普遍采用蛇蜥科（高级分类单元 Anguimorpha 也通常译为蛇蜥亚目），但是该科的模式属 *Anguis* 却有缺肢蜥和蛇蜥的不同译名（同科的另一属 *Ophisaurus* 译名为蛇蜥或是脆蛇蜥）。一个特定分类单元名称的中文翻译并非该名称原始命名发表的一部分，因而中文译名理论上并不受国际动物命名法规（ICZN Code）中命名优先律的限制或保护。虽然模式概念并不适用于科以上的高级分类单元，但本册尽可能地选择广泛使用并且不同分类级别的相关名称又具统一连贯性的中文译名（如：蛇蜥属、蛇蜥科、蛇蜥亚目）。

除上述中文译名问题之外，本册对有些分类名称做了拉丁文拼写上的必要改动，以使其词尾拼缀与其相对应的分类级别相符。现行鱼龙和鳍龙类分类方案中，发现有亚目和下目级别的分类单元均使用"-ia"作为词尾的事例，也有亚目级别的分类名称采用超

科词尾 "-oidea" 的混乱。为统一和规范表述，本志书效仿哺乳动物各分类等级的后缀表述规范，分别将涉及这类问题的亚目词尾修改为 "-oidei"，下目词尾改为 "-oinei"。如此，鱼龙超目中的混鱼龙亚目由原来的 Mixosauria 修改为 Mixosauroidei；真鱼龙下目由 Euichthyosauria 修改为 Euichthyosauroinei。同样，鳍龙超目中的楯齿龙亚目的拉丁名称由之前文献中常用的 Placodontoidea，修改为 Placodontoidei；豆齿龙亚目由 Cyamodontoidea 修改为 Cyamodontoidei。同理，始鳍龙目的幻龙下目由 Nothosauroidea 修改为 Nothosauroinei，纯信龙下目由 Pistosauroidea 修改为 Pistosauroinei 等。离龙类和鳞龙类亚目和下目级别的分类名称不存在词尾拼缀混乱的问题。因此，本册不需要对相关名称进行 "-oidei" 或 "oinei" 的修改。依照国际动物命名法规，本册中 "-oidea" 词尾只限用于超科级别的分类名称。因此，鳍龙类的豆齿龙超科由 Cyamodontida 修改为 Cyamodontoidea；楯龟龙超科由 Placochelyida 修改为 Placochelyoidea。同样，鳞龙类中的鳄蜥超科由原来的 Shinisauria 修改为 Shinisauroidea，魔蜥超科由 Monstersauria 修改为 Monstersauroidea。总而言之，本册编撰过程中遇到的命名、分类、以及中文译名等一系列问题并非一时能够彻底澄清。我们在编撰过程中对相关问题尽力做出简单明了的评注和说明。遗漏、不当乃至错误之处在所难免，本册参撰人员真诚希望读者予以指正。

本册志书自 2013 年初步确定撰写内容以来，参撰人员前后历经大约七年的不懈努力，最终于 2019 年 12 月全册完成并交稿。如此，本册选用资料截至 2019 年 12 月底。本册参撰人员感谢《中国古脊椎动物志》第二卷主编李锦玲在过去数年中的督促和鼓励，悉心审阅文稿，并不厌其烦地对所有章节的文字和内容提出宝贵的修改意见。本册编写人员在此感谢吴肖春对部分章节文字和内容的修改，感谢郑芳帮助查找馆藏标本，感谢高伟为本册志书拍摄化石标本的照片，感谢史爱娟和李飒对部分插图的电脑处理。本册志书中，涉及 IVPP 的标本照片均由中国科学院古脊椎动物与古人类研究所提供，文中不做特别标注。其他非 IVPP 的标本照片，由编写者拍摄的，文中也不做标注，由相关研究单位或研究者提供的，文中标注在图件说明的后面。

在鱼龙型类和鳍龙类章节的编写过程中得到全国多地博物馆和研究单位的支持和协助，主要有安徽省地质博物馆、浙江自然博物馆／院、自贡恐龙博物馆、中国科学院古脊椎动物与古人类研究所、贵州省地质矿产勘查开发局区域地质调查研究院（贵阳）、中国地质调查局武汉地质调查中心（武汉地质矿产研究所）、中国地质调查局成都地质调查中心、北京大学、合肥工业大学等，在此表示诚挚的感谢。

本册志书参撰人员对以其他不同方式帮助过我们完成本册编写的所有人员在此一并致以最诚挚的感谢。

高克勤

2019 年 12 月

本册涉及的机构名称及缩写

【缩写原则：1. 本志书所采用的机构名称及缩写仅为本志使用方便起见编制，并非规范名称，不具法规效力。2. 机构名称均为当前实际存在的单位名称，个别重要的历史沿革在括号内予以注解。3. 原单位已有正式使用的中、英文名称及缩写者（用＊标示），本志书从之，不做改动。4. 中国机构无正式使用之英文名称及／或缩写者，原则上根据机构的英文名称或按本志所译英文名称字串的首字符（其中地名按音节首字符）顺序排列组成，个别缩写重复者以简便方式另择字符取代之。】

（一）中国机构

AGM (AGB) — 安徽省地质博物馆（合肥）Anhui Geological Museum (Hefei)

BGPDB — 北京市地质矿产勘查开发局 Beijing Geology Prospecting and Developing Bureau

＊BMNH (BPV) — 北京自然博物馆 Beijing Museum of Natural History

CCCGS — 中国地质调查局成都地质调查中心 Chengdu Center of China Geological Survey

CQMNH — 重庆自然博物馆 Chongqing Museum of Natural History

＊DLNHM (D) — 大连自然博物馆（辽宁）Dalian Natural History Museum (Liaoning Province)

GIRGS (Gmr, GGSr)

— 贵州省地质矿产勘查开发局区域地质调查研究院（贵阳）Institute of Regional Geological Survey, Bureau of Geology and Mineral Exploration and Development of Guizhou Province (Guiyang)

＊GMC — 中国地质博物馆（北京）Geological Museum of China (Beijing)

＊GMPKU — 北京大学地质博物馆 Geological Museum of Peking University (Beijing)

GNG — 关岭化石群国家地质公园（贵州省）Guanling Fossil National Geopark (Guizhou Province)

GPM (GXD) — 贵州省博物馆（贵阳）Guizhou Provincial Museum (Guiyang)

＊HNGM — 河南省地质博物馆（郑州）Henan Geological Museum (Zhengzhou)

＊IGCAGS — 中国地质科学院地质研究所（北京）Institute of Geology, Chinese Academy of Geological Sciences (Beijing)

IGGCAS — 中国科学院地质与地球物理研究所（北京）Institute of Geology and Geophysics, Chinese Academy of Sciences (Beijing)

*IVPP — 中国科学院古脊椎动物与古人类研究所（北京）Institute of Vertebrate Paleontology and Paleoanthropology, Chinese Academy of Sciences (Beijing)

JCM-HS — 建平县博物馆（辽宁）Jianping County Museum (Liaoning Province)

JLU-RCPS — 吉林大学古生物学与地层学研究中心（长春）Research Center of Palaeontology & Stratigraphy (RCPS) Jilin University (Changchun)

KM — 贵州龙博物馆（贵州 兴义 顶效）*Kueichousaurus* Museum (Dingxiao, Xingyi, Guizhou Province)

*NHMG — 广西壮族自治区自然博物馆（南宁）Natural History Museum of Guangxi Zhuang Autonomous Region (Nanning)

NMNS — 台湾自然科学博物馆（台中）"National Museum of Natural Science" (Taichung)

*NWU — 西北大学（陕西 西安）Northwest University (Xi'an, Shaanxi Province)

PKU (PKUP) — 北京大学（北京大学古生物标本收藏）Peking University (Peking University Paleontological Collections)

*PMOL (LPMC) — 辽宁古生物博物馆（沈阳）Paleontological Museum of Liaoning (Shenyang)

SSTM — 上海科技馆 Shanghai Science & Technology Museum

*STM — 山东省天宇自然博物馆（平邑）Shandong Tianyu Museum of Natural History (Pingyi)

WCCGS (WGSC, WHGMR)
— 中国地质调查局武汉地质调查中心 / 武汉地质矿产研究所 Wuhan Center of China Geological Survey/Wuhan Institute of Geology and Mineral Resources

XNGM — 兴义国家地质公园博物馆（贵州 乌沙）Xingyi National Geological Park Museum (Wusha, Guizhou Province)

YAGM — 远安地质博物馆（湖北）Yuan'an Geological Museum (Hubei Province)

YIGMR — 原宜昌地质矿产研究所（湖北）Yichang Institute of Geology and Mineral Resources (Hubei Province)

YZFM — 宜州化石馆（辽宁 义县）Yizhou Fossil Museum (Yixian, Liaoning Province)

ZDM — 自贡恐龙博物馆（四川）Zigong Dinosaur Museum (Sichuan Province)

*ZMNH — 浙江自然博物馆 / 院（杭州）Zhejiang Museum of Natural History (Hangzhou)

（二）外国机构

*AMNH — American Museum of Natural History (New York) 美国自然历史博物馆（纽约）

*IGM — Institute of Geology, Mongolian Academy of Sciences (Ulaanbaatar) 蒙古国科学院地质研究所（乌兰巴托）

*IMGPUT (GPIT)

　　— Institut und Museum für Geologie und Paläontologie, Universität Tübingen (Germany) 蒂宾根大学地质古生物研究所博物馆（德国）

*MCN-PV — Museu de Ciências Naturais da Fundação Zoobotânica do Rio Grande do Sul, Porto Alegre, Brazil (Museum of Natural Sciences of the Rio Grande do Sul Zoobotanical Foundation) 巴西里奥格兰德动植物保护协会自然科学博物馆（阿雷格里港）

PIMUZ — Paläontologisches Institut und Museum, Universität Zürich (Switzerland) 苏黎世大学古生物研究所及博物馆（瑞士）

UFRJ — Federal University of Rio de Janeiro (Brazil) 里约热内卢联邦大学（巴西）

VMNH — Virginia Museum of Natural History (USA Martinsville) 弗吉尼亚州立自然历史博物馆（美国马丁斯维尔）

*ZPAL — Institute of Paleobiology, Polish Academy of Sciences (Warsaw) 波兰科学院古生物研究所（华沙）

目　　录

第一部分 离 龙 类

离龙类导言

一、概 述

离龙目（Order Choristodera）是由美国古脊椎动物学家 E. D. Cope（1876）命名的，代表爬行动物双孔亚纲（Subclass Diapsida）内的一个高度特化的绝灭类群。离龙类在中生代至新近纪的陆相生态系统中占有特殊位置，属于一个在形态和生态适应上都非常独特的爬行动物演化支系。离龙类在生态习性上的高度特化主要体现于整个类群适应于陆相淡水水生游泳和半水生生活。与此相关，离龙类在头骨和头后骨骼结构上与其他双孔类爬行动物的解剖特征区别显著，包括两前额骨显著伸长并沿中线骨缝相接，后眶骨与后额骨相对位置的错动等。离龙目命名之后的一百多年中，此类化石多发现于北美和欧洲的上白垩统和古新统中（Gao et Fox, 1998）。对于离龙类的了解大多限于鳄龙属（*Champsosaurus*）和西莫多龙属（*Simoedosaurus*）。前者以吻部细长为特征，属于与现生的长吻鳄相似的类型（gavial type）。后者吻部前端虽然也显著伸长但是吻的眶前基部是展宽的，似乎更接近于现代短吻鳄类似的类型（alligator type）。

20 世纪末，经过了长期的沉寂之后，法国渐新统中发现了复活鳄（*Lazarussuchus*）化石（Evans et Hecht, 1993），代表离龙类始新世"绝灭"之后再度出现的一个"复活型分类单元"（Lazarus taxon）。随后的发现表明复活鳄的化石记录从渐新统延续到了下中新统（Evans et Klembara, 2005），这也代表了离龙目最晚的地史记录。此外，欧洲范围内在英国、德国以及波兰发现的三叠纪的瑞替厚椎龙（*Pachystropheus rhaeticus* von Huene, 1935）的再研究显示，离龙目的演化历史有可能会推前到晚三叠世（Storrs et Gower, 1993）。但是，三叠纪厚椎龙的化石只有零散的头后骨骼，缺少头部骨骼解剖的基本信息，因而厚椎龙能否真正归入离龙目仍然难以确定（Evans et Jones, 2010）。离龙目确切的早期化石记录以欧美中晚侏罗世地层中发现的栉颌鳄（*Cteniogenys*）为代表。栉颌鳄是小型的离龙类，其零散化石发现于英国、葡萄牙、俄罗斯、美国的中晚侏罗世地层，可能延至加拿大西部的晚白垩世地层（Gao et Fox, 1998）。在亚洲范围内，中亚吉尔吉斯斯坦晚侏罗世地层中 2006 年发现的小型离龙类化石可能与此类群关系密切（Averianov et al., 2006）。栉颌鳄最早是由 Gilmore（1928）根据发现于美国怀俄明州晚侏罗世莫里森组（Morrison Formation）的下颌骨等零散化石命名的，作为蜥蜴类。而后，较为完整的颌骨化石发现于葡萄牙的晚侏罗世地层，由 Seiffert（1973）建立了栉颌鳄科（Cteniogenidae），并将其作为蜥蜴类归入传统分类中的始蜥亚目（Eolacertilia）。再后，Estes（1983a）对栉颌鳄的分类做了修订，将其归入了比蜥蜴类更为原始的孔耐蜥科（Kuehneosauridae）。直到 1990 年，根据 Evans（1990）对英国牛津郡（Oxfordshire）中侏罗统（巴通阶）中发现的此类化石的研究确认了栉颌鳄与离龙类的亲缘关系。此后，同类化石也发现于英国苏格兰的斯凯岛（Isle of Skye）的巴通阶中（Evans et Waldman, 1996）。

二、离龙类的生态 - 形态分异

从中侏罗世到早中新世，离龙类不同的演化支系在其系统演化过程中也发生了一系列与其生态习性紧密相关的生态 - 形态分异。与此相关，离龙类在体型大小、吻部长短、颈部长短（颈椎数目）以及头后骨骼结构上都与其他双孔类爬行动物有显著区别。就此而言，目前已知的离龙类生态 - 形态分异类型（ecomorphic types）大体可归纳为三个主要类型（图 1）：

1）具有高度水生适应的长颈生态 - 形态类型（long-necked ecomorphic type），包括中国辽宁早白垩世义县组的潜龙属（Hyphalosaurus）以及日本岐阜县（Gifu Prefecture）早白垩世手取群大黑谷组（Okurodani Formation, Tetori Group）的庄川龙属（Shokawa）。这两个属都可归入潜龙科（Hyphalosauridae），其突出的生态 - 形态特征是头部在身体比例上显得非常小，颈部显著伸长，由 16–24 节颈椎构成，尾巴与身体近等长并且侧扁形成游泳器官。

2）半水栖短吻生态 - 形态类型（short-snouted ecomorphic type），属于比较原始的特化特征不明显的一个生态 - 形态类型。这一比较原始的生态 - 形态类型具有跨科分布的特点，基本上包括了除潜龙科和新离龙类之外的所有的原始离龙类。此类型既包括诸如复活鳄（Lazarussuchus）、栉颌鳄（Cteniogenys）、满洲鳄（Monjurosuchus）和戏水龙（Philydrosaurus）这样的比较原始的、中小型个体的离龙类，也见于西莫多龙属内一些生活方式与短吻鳄极其相似的大型的捕食性极强的离龙类（如北美的西莫多龙属达科他种 Simoedosaurus dakotensis）。头骨与下颌的关节位置大致与枕髁处于同一水平，亦可前于或后于枕髁，也就是说在捕食方式和上下颌咬合机制上在除新离龙类之外的原始类型中已经发生了不同程度的分异。

3）湖沼长吻生态 - 形态类型（long-snouted ecomorphic type），以北美及欧洲晚白垩世至古新世的鳄龙科成员为典型代表，也包括亚洲早白垩世属于西莫多龙科的几个长吻

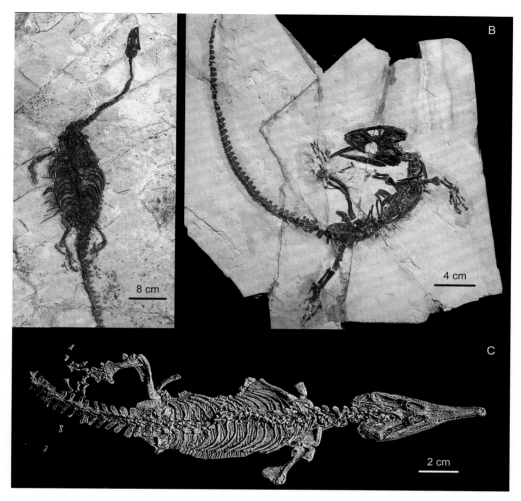

图 1 离龙类生态 - 形态分异

A. 全水生长颈型（潜龙属）；B. 半水栖短吻型（满洲鳄属）；C. 湖沼长吻型（伊克昭龙属）

类型（乔伊尔龙 *Tchoiria*、伊克昭龙 *Ikechosaurus*）。两者之间的区别是鳄龙科的吻长大大超过头长之半，而西莫多龙科的长吻明显短于头长之半。亚洲的乔伊尔龙和伊克昭龙虽然也具有长吻的特点，但是其在头骨和腭部结构以及下颌联合的长度等方面都与鳄龙科有根本的区别（Gao et Fox, 1998）。最为明显的区别是鳄龙科的颅 - 颌关节（craniomandibular joint）的位置移至头骨枕髁之前，而西莫多龙科的颅 - 颌关节移至枕髁之后。诸如此类的本质的特征区别指示两个不同科内发育的长吻特征亦应在离龙类系统演化上视为同塑性状。就可能的食性和生态适应而言，长吻类型应与现生于亚洲印巴一带的长吻鳄非常的相似。从功能形态学上来说，伸长的吻部在游泳时可以有效地减小水体对这些大型爬行类躯体的阻力，而取食行为上长吻显然是对捕鱼食性高度适应的特征。与现生长吻鳄一样，长吻型离龙类在水中可以用其长吻突袭性地侧向摆动来捕食鱼类。

三、离龙类的系统发育关系和分类

离龙目在双孔亚纲内的分类位置长期以来难于确定。离龙目（Choristodera）的命名者 Cope（1876）将该类群临时性地归入包括新西兰活化石楔齿蜥（*Sphenodon*）在内的喙头目（Rhynchocephalia）。而后，Cope（1884）仅依据颈椎形状的相似性，又将离龙类不确定地归入蜥蜴类 "?Lacertilia"。随后，Dollo（1891）经与蜥蜴类详细比较研究后，又将离龙类回归到喙头目。在此后的有关文献中或将离龙类置于鳞龙亚纲（Subclass Lepidosauria）或置于主龙亚纲（Subclass Archosauria）之内（如：Romer, 1956；Evans, 1990）。另有研究者则将离龙目置于 "Diapsida incertae sedis" 的位置（如：Benton, 1985；Carroll et Currie, 1991）。随着分支系统学的研究进展，离龙目目前被置于鳞龙型下纲（Infraclass Lepidosauromorpha）或是主龙型下纲（Infraclass Archosauromorpha）之下。也有研究者认为离龙目可能代表鳞龙型下纲和主龙型下纲之外的一个双孔类的基干演化支系（如：Gao et Fox, 1998）。其根据是离龙类并没有显示任何确信无疑的新双孔类（Neodiapsida）的鉴别特征，而前人应用的所谓后足第五跖骨呈钩状（hooked metatarsal V）的特征实际上与新双孔类的钩状形态大不相同，在离龙类中只是一个圆滑的结状突。诚然，这一推测仍需要在对包括离龙类在内的更为广阔范围的分支系统分析的检验，而离龙目在双孔亚纲中的确切位置目前尚未能确定。

离龙目下辖五个科（见离龙目定义与分类）。其中的鳄龙科（Champsosauridae Cope, 1884）与西莫多龙科（Simoedosauridae Lemoine, 1884）互为姐妹群，并构成新离龙亚目（Neochoristodera Evans et Hecht, 1993）。该亚目之外有栉颌鳄科（Cteniogenidae）、满洲鳄科（Monjurosuchidae）、潜龙科（Hyphalosauridae）三个科级单元以及复活鳄、二连诺尔龙（*Irenosaurus*）、呼伦杜赫龙（*Khurendukhosaurus*）等目前尚无科级分类的属级单元。中国河北青龙上侏罗统髫髻山组新近发现的侏罗青龙（*Coeruleodraco jurassicus*）被视为新离龙亚目之外的一个游离支系（Matsumoto et al., 2019）。然而，鉴于侏罗青龙显示出外鼻孔成对，上颞孔小于眼孔，额骨顶视明显沙漏形，以及钉刺状坐骨后突等满洲鳄科特征，本册暂将其存疑归入满洲鳄科（详见下文）。

图 2 显示离龙目系统发育关系。

四、离龙类的地史地理分布

离龙类确切的地史分布是中生代中侏罗世至新生代早中新世（Evans, 1990；Evans et Klembara, 2005）。因此，离龙类在世界范围的地史延展时间至少有 146 Ma（166–20 Ma）。如果欧洲晚三叠世厚椎龙（*Pachystropheus*）的离龙类归属能够得到确认，离龙类的地史分布则会有大约 188 Ma（208–20 Ma）的延展。离龙类的地理分布仅限于北半球的北美洲、

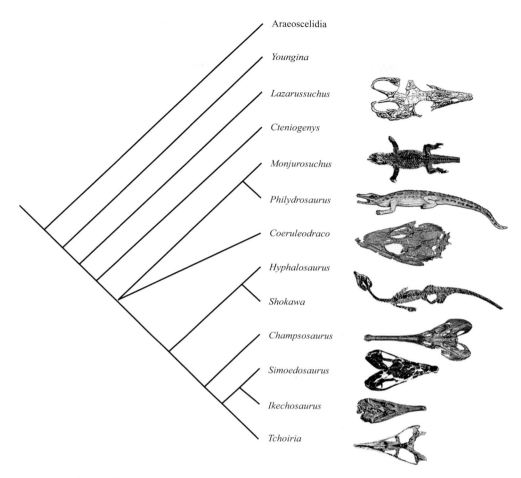

图 2　离龙目宏观系统发育支序图（引自 Gao et al., 2013b，略有修改）

欧亚大陆及其岛屿（Gao et Brinkman, 2005；Matsumoto et Evans, 2010）。离龙类最高纬度的地理分布延伸至北极圈内，以加拿大阿克塞尔·海伯格岛（Axel Heiberg Island）上白垩统 Kanguk 组发现的鳄龙属未定种（*Champsosaurus* sp.）化石为代表（Tarduno et al., 1998），其确切时代为土伦到康尼亚克期（Turonian to Coniacian；~94–86 Ma）。离龙类分布最低纬度延伸至北纬 36° 附近，以日本中部岐阜县庄川町附近的早白垩世大黑谷组中发现的庄川龙（*Shokawa*）化石为代表（Evans et Manabe, 1999；Matsumoto et al., 2007）（图 3）。

　　中国的离龙类化石仅发现于北方中生代地层中，目前已知的地史分布限于中侏罗世至早白垩世晚期，大致在 166–110 Ma 时限范围内。其中绝大多数属种属于早白垩世热河生物群分子，近些年也有一些中晚侏罗世化石发现，属于燕辽生物群分子。中国的离龙类化石在地理分布上限于冀北、辽西以及内蒙古，其他省份除了新疆准噶尔盆地硫磺沟上侏罗统齐古组不确定的零散化石之外，至今尚无可以确定的化石发现（图 4）。

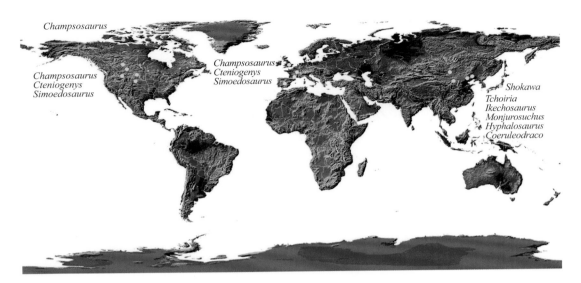

图 3　离龙类化石记录的地理分布图

△ 晚侏罗世
□ 早白垩世

审图号：GS（2021）7775 号

图 4　中国离龙类化石分布图

五、中国离龙类化石的研究历史

中国离龙类化石的研究报道始于 20 世纪 80 年代初。法国古生物学家 Sigogneau-Russell（1981）对内蒙古鄂托克旗白垩系中发现的原来定名为多齿始马来鳄（*Eotomistoma multidentata* Young, 1964）的一件上颌骨化石做了重新研究，将其重新命名为孙氏伊克昭龙（*Ikechosaurus sunailinae*）。这代表中国离龙类最早的确切鉴定。实际上，中国离龙类化石的发现可以追溯到 20 世纪 30 年代，以辽宁凌源楔齿满洲鳄（*Monjurosuchus splendens*）的化石发现为首次记录。但是，满洲鳄一直被误归槽齿类或是喙头类，而真正认识满洲鳄与离龙类的隶属关系却延迟了半个多世纪（Gao et al., 2000）。近几十年来，随着热河生物群研究的深入，辽宁和内蒙古发现的离龙类化石研究也有了相当程度的进展。尤其是 1999 年以来辽宁义县组中大量潜龙类化石的发现与研究，为离龙目增添了一个亚洲白垩纪特有的水生形态 - 生态类型（Gao et al., 1999；Gao et Ksepka, 2008）。迄今为止，根据辽宁白垩系中此类化石的报道，包括保存带有甲片的皮肤和游泳脚蹼的标本（Gao et al., 2000），软壳蛋胚胎（Ji et al., 2004；Hou et al., 2010），异常的嗜食同类生态行为（Wang et al., 2005），卵胎生的生殖方式（Ji et al., 2010）以及亲代抚育行为（Lü et al., 2015）等诸多方面。这些是白垩纪热河生物群古生态研究中非常重要的化石记录，揭示了离龙类在亚洲陆相水生生态系统演化历史中的重要一幕（张伟、高克勤，2014）。2019 年，又有河北青龙新的化石发现的报道（Matsumoto et al., 2019），揭示出侏罗纪燕辽生物群中已有比热河生物群时代更早的保存比较完整的离龙类化石记录。

系 统 记 述

离龙目 Order CHORISTODERA Cope, 1876

概述　作为一个形态和生态适应上高度特化的绝灭支系，离龙类与其他相关演化支系间的关系尚难确定，由此导致离龙类在双孔亚纲高级阶元分类系统中的位置长期以来飘忽不定。这也使得难以给出离龙类在双孔爬行动物宏观范围上的确切定义。根据目前已知的离龙类不同属种以及科级以上分类单元之间的演化关系，本册给出的离龙类的粗略定义只包括那些确定可以归入离龙目的演化支系，并不包括目前争议未决的三叠纪厚椎龙类（见下文）。

定义与分类　Cope（1876）原始定义的离龙目只包括鳄龙科。然而，随着欧美以及亚洲白垩纪至新近纪一系列化石的发现和研究，离龙目的定义和分类发生了很大的变化。本册采用目前广为接受的定义和分类，纳入离龙目的不仅包括传统的鳄龙科和西莫多龙科，也包括栉颌鳄科、满洲鳄科、潜龙科以及一些尚未归入科级分类的化石类型。

离龙目可定义为：复活鳄属（*Lazarussuchus*）、栉颌鳄属（*Cteniogenys*）以及鳄龙属（*Champsosaurus*）的最近共同祖先及其所有后裔。离龙目内辖有新离龙亚目一个亚目，包括鳄龙科和西莫多龙科。该亚目之外有栉颌鳄科、满洲鳄科、潜龙科三个确定的科以及复活鳄、二连诺尔龙和呼伦杜赫龙等几个目前尚无法确定科级分类的属。

  形态特征 离龙目中各演化支系共有以下衍征：左右两前额骨显著伸长，并沿中线骨缝相接；顶骨的顶孔完全封闭消失；后眶骨与后额骨相对位置错移，导致后眶骨有限参与眼眶构成或完全排除于眼眶之外；轭骨眶后突明显短于前腹突；内鼻孔位置显著后移，接近上颌齿列中段水平；翼骨凸缘（pterygoid flange）由翼骨与外翼骨水平叠覆构成；基蝶骨（basisphenoid）与翼骨、副蝶骨与翼骨均以骨缝相接（sutural contact）；翼间腔（interpterygoid vacuity）前端由翼骨关闭，后端由副蝶骨关闭；发育内颅新型骨（neomorph）参与构成颅腔外壁以及颞窝（temporal fossa）内壁；枢椎齿突（odontoid process）游离于椎体，无愈合现象；椎体平凹型（platycoelous），脊索腔（notochordal canal）关闭；荐椎三节；尾椎关节突(caudal zygapophyese)的关节面近于垂直或完全垂直；荐肋及尾椎肋骨游离于相关的椎骨；腓骨近端窄，远端展宽（图5）。

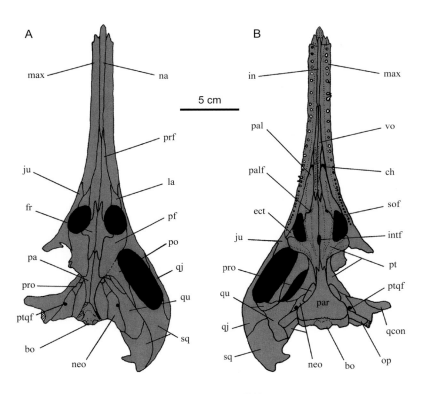

图 5 离龙类头骨结构图

  以典型鳄龙类头骨为例：A. 头骨结构背面视，B. 头骨结构腭面视（引自 Gao et Fox, 1998，略有修改）
bo，基枕骨（basioccipital）；ch，内鼻孔（choana）；ect，外翼骨（ectopterygoid）；fr，额骨（frontal）；in，间鼻骨（internasal）；intf，翼间孔（interpterygoid foramen）；ju，轭骨（jugal）；la，泪骨（lacrimal）；max，上颌骨（maxilla）；na，鼻骨（nasal）；neo，新型骨（neomorph）；op，后耳骨（opisthotic）；pa，顶骨（parietal）；pal，腭骨（palatine）；palf，腭孔（palatine foramen）；par，副蝶骨（parasphenoid）；pf，后额骨（postfrontal）；po，后眶骨（postorbital）；prf，前额骨（prefrontal）；pro，前耳骨（prootic）；pt，翼骨（pterygoid）；ptqf，翼方骨孔（pterygoquadrate foramen）；qu，方骨（quadrate）；qcon，方骨关节髁（quadrate condyle）；qj，方轭骨（quadratojugal）；sof，眶下窗（suborbital fenestra）；sq，鳞骨（squamosal）；vo，犁骨（vomer）

分布与时代　北美洲、欧洲和亚洲；已知确切的地史分布从中侏罗世（~166 Ma）到早中新世（~20 Ma）。英国、德国和波兰发现的晚三叠世（~200 Ma）厚椎龙（*Pachystropheus*）能否归入离龙目尚未能确定。

评注　由于离龙目在爬行动物双孔亚纲中的系统演化位置并不明确，其目级以上的分类也颇具争议。在以往文献中，有些作者将离龙目归入主龙型下纲（如：Romer, 1956；Erickson, 1987；Evans, 1990；Storrs et Gower, 1993；Storrs et al., 1996），有些将其归入鳞龙型下纲（如：Erickson, 1972；Evans et Hecht, 1993；Müller, 2004），另外一些文献则将离龙目作为双孔亚纲中关系未定（Diapsida incertae sedis）的一个演化支系（如Benton, 1985；Carroll et Currie, 1991；Gao et Fox, 1998）。

满洲鳄科 Family Monjurosuchidae Endo, 1940

模式属　满洲鳄属 *Monjurosuchus* Endo, 1940

定义与分类　满洲鳄科可定义为满洲鳄属（*Monjurosuchus*）与戏水龙属（*Philydrosaurus*）的最近共同祖先及其所有后裔。科内仅包括满洲鳄和戏水龙两属，而基于中国河北青龙县髫髻山组发现的化石命名的青龙属（*Coeruleodraco*）能否归入此科仍有待研究确定。

鉴别特征　吻部较短；外鼻孔成对，尚未融合；额骨中部强烈收缩呈沙漏状；鳞骨扩展无明显背突；上颞孔明显小于眼孔；下颞孔近于或完全闭合；颞后孔关闭；坐骨发育钉刺状坐骨后突。

中国已知属　满洲鳄 *Monjurosuchus* Endo, 1940 及戏水龙 *Philydrosaurus* Gao et Fox, 2005 两属。

分布与时代　中国辽宁凌源、朝阳、义县等地，日本中部，早白垩世。

评注　Endo（1940）在满洲鳄属原始命名文章中建立了满洲鳄科，并将其归入槽齿目的假鳄亚目（Thecodontia: Pseudosuchia）。后来 Huene（1942）根据楔齿满洲鳄的正模标本照片研究将模式属满洲鳄转移并归入了喙头目（Rhynchocephalia）的楔齿蜥科（Sphenodontidae）。因此，Endo 命名的科名 Monjurosuchidae 曾一度被废弃停用。但是，半个多世纪之后，依据辽宁新的化石发现对满洲鳄所作的修订研究，确认其并不属于喙头目，更与楔齿蜥科相去甚远，实际上应该归入离龙目（Gao et al., 2000）。随后，辽宁朝阳附近九佛堂组地层中发现了与满洲鳄属紧密相关的戏水龙属化石，因而满洲鳄科这一科级名称得到了重新启用（见 Gao et Fox, 2005）。本科目前包括满洲鳄和戏水龙两属。前者仅见于辽宁凌源和义县附近的义县组地层，而后者则见于辽宁朝阳及建昌附近出露的九佛堂组地层中。另外，日本中部岐阜县下白垩统桑岛组及大黑谷组也有归入此科的零散化石记录（Matsumoto et al., 2007: *Monjurosuchus* sp.）。

满洲鳄属 Genus *Monjurosuchus* Endo, 1940

模式种 楔齿满洲鳄 *Monjurosuchus splendens* Endo, 1940

鉴别特征 个体中小型的离龙类，以下列特征区别于与其紧密相关的戏水龙属：吻短宽，头型近三角形；鼻骨与前额骨的骨缝横向延伸；额骨前侧突与泪骨相接；后额骨明显大于后眶骨；后额骨与鳞骨相接，后眶骨不参与上颞孔边缘的构成；颞后凹（posttemporal embayment）V 型，发育于颅顶后缘中线位置；髂骨骨板（iliac blade）短，以 45° 角向后上方斜伸。

中国已知种 仅模式种。

分布与时代 中国辽宁凌源、义县，日本中部，早白垩世。

评注 满洲鳄属是短吻型的比较原始的离龙类，其确切化石记录产于辽宁义县组。除了中国辽宁的化石发现之外，日本中部早白垩世手取群（Tetori Group）的桑岛组（Kuwajima Formation）和大黑谷组（Okurodani Formation）地层中都曾有可能属于满洲鳄的零散化石发现（Matsumoto et al., 2007；Matsumoto et Evans, 2010）。桑岛组和大黑谷组的时代目前确定为巴雷姆到阿普特期（Barremian to Aptian；Matsumoto et Evans, 2010），大致与辽宁义县组时代相当（Chang et al., 2009）。

楔齿满洲鳄 *Monjurosuchus splendens* Endo, 1940

（图 6）

Rhynchosaurus orientalis：Endo et Shikama, 1942, p. 2

正模 CNMM Reg. no. 3671（CNMM，见 Endo, 1940 原文），保存有头部及躯干部骨骼的一件标本，缺失尾巴和部分后肢骨骼。产自辽宁凌源大南沟（标本已遗失，见以下评注）。

副模 CNMM Reg. no. 3672，一不完整骨骼标本，保存部分包括后部 6–7 个背椎及其肋骨、腰带、不完整的后肢和大约 30 节尾椎（标本已遗失，见以下评注）。

新模 GMC V 2167，一不完整头部及头后骨架的印模。产于辽宁凌源南西约 23 km 牛营子。

归入标本 CNMM Reg. no. 3673，不完整骨架，头骨部分缺失（Endo et Shikama, 1942）；BMNH V 073，一近完整骨架，包括头骨、下颌以及关节完好的头后骨骼（Gao et Li, 2007）。

鉴别特征 同属。

产地与层位 辽宁凌源，下白垩统义县组。

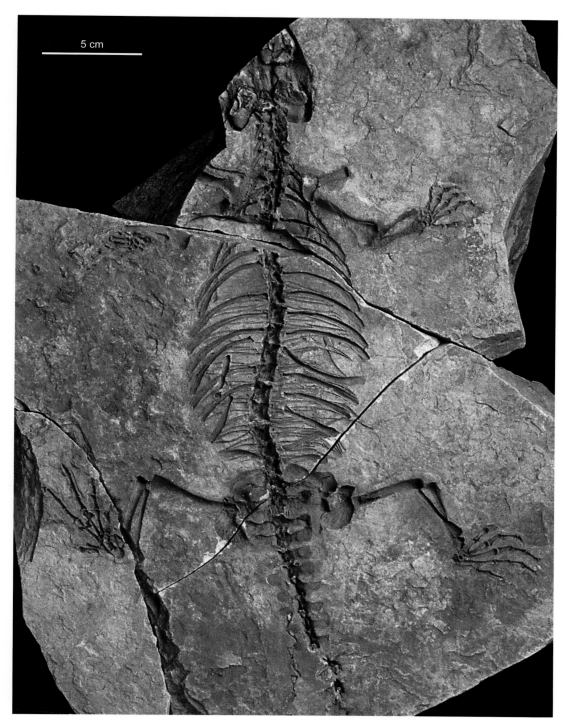

图 6　楔齿满洲鳄 *Monjurosuchus splendens*
新模（GMC V 2167），不完整头部及头后骨骼印模背视图

评注　楔齿满洲鳄的正模和副模标本已经在抗日战争期间遗失，其中正模（CNMM Reg. no. 3671）的动物学命名作用经重新指定已由另外一件新模取代（GMC V 2167；Gao et al., 2000）。Endo 和 Shikama（1942）命名了东方喙龙（*Rhynchosaurus orientalis*），所依据的化石标本（CNMM Reg. no. 3673）也发现于楔齿满洲鳄的模式产地凌源附近的大南沟。同年，德国人 Huene（1942）根据其获得的东方喙龙的正模的照片做了研究，认为属于满洲鳄的小型个体。Huene 文章中并没有提到东方喙龙的名称。据此判断，日本作者（Endo et Shikama, 1942）与德国作者（Huene, 1942）对同一标本（照片）的研究应该是同时分别进行的，得出不同的命名分类。实际上，东方喙龙命名所依据的标本个体很小，头骨最大宽度只有 30.5 mm（Endo et Shikama, 1942）。根据其腹部细弱的腹肋及前后足部骨化不完全等特征判断显然属于一个幼年个体，因而头部比例上略显宽大，肢骨骨化程度不强。除此之外，与楔齿满洲鳄成体并无本质区别。因此，"东方喙龙"（*Rhynchosaurus orientalis* Endo et Shikama, 1942）作为楔齿满洲鳄（*Monjurosuchus splendens* Endo, 1940）的晚出异名处理是合理的。需要指出的是，Huene 的研究是根据标本照相的负片进行的。负片上的标本编号 3673 被 Huene 误解读为 3793，又在自己文章中有些页面错误引用为 3693。此一标本编号问题在此予以澄清，以免误导本册读者及相关研究人员。需要指出，Endo（1940）命名时未对种名 *splendens* 的含义做解释，依其拉丁文原意，应为漂亮、光亮之意，并无楔齿意。由于在国家重点保护古生物化石名录、中国地理百科、百度百科、维基百科（中文）、上海科技出版社出版的《热河生物群》（2001 中文版）等中都已广泛采用了楔齿满洲鳄这一中文名称。本册也在此"将错就错"，中文名不修改为"华丽满洲鳄"。

戏水龙属 Genus *Philydrosaurus* Gao et Fox, 2005

模式种　朝阳戏水龙 *Philydrosaurus proseilus* Gao et Fox, 2005

鉴别特征　以下列特征区别于楔齿满洲鳄：头骨略有伸长，鼻孔及眼孔拉长呈椭圆形；眶后骨和后额骨在颞顶区显著下凹，构成特征性的颞上槽（supratemporal trough）；前额骨表面发育突出的眶前嵴（antorbital crest）；后额嵴构成颞上槽的内边缘；眶后骨显著增大并与鳞骨一起形成一背嵴构成颞上槽的外边缘；顶骨颞上突（supratemporal process）短，约占顶骨全长的三分之一；颞后凹（post-temporal embayment）呈 U 型；牙齿低冠；髂骨骨板（iliac blade）刀状，显著伸长，背腹边缘平行伸展。

中国已知种　仅模式种。

分布与时代　辽宁朝阳，早白垩世。

评注　虽然戏水龙与满洲鳄的姐妹群关系是显而易见的，但是有些研究（Matsumoto et al., 2007；Skutschas, 2008）对将这两个属归入同一科提出了异议，并将戏水龙置于

图 7　朝阳戏水龙 *Philydrosaurus proseilus*

正模（PKUP V 2001），近完整的头骨、散开保存的下颌及头后骨骼背面观（引自 Gao et al., 2007）。
atlas, 寰椎；axis, 枢椎；cla, 锁骨（clavicle）；cor, 冠状骨（coronoid）；fem, 股骨（femur）；fi, 腓骨（fibula）；
hu, 肱骨（humerus）；il, 髂骨（ilium）；intcl, 间锁骨（interclavicle）；pub, 耻骨（pubis）；rad, 桡骨（radius）；
sc, 肩胛骨（scapula）；ti, 胫骨（tibia）；ul, 尺骨（ulna）

比满洲鳄更为原始的分类位置。分歧在于对一些关键解剖特征的认识不同。比如，Matsumoto 等（2007）认为内颅新型骨（neomorph）在满洲鳄属存在，在戏水龙属未知，而 Gao 和 Fox（2005）认为此一骨骼在两个属中都属于未知状态。又如，Gao 和 Fox（2005）认为满洲鳄的上颞孔明显小于眼孔，而 Matsumoto 等（2007）认为两孔的大小大致相等。由于满洲鳄属和戏水龙属具有一系列共有衍征（见满洲鳄科的鉴别特征），本册仍采用戏水龙与满洲鳄同归一科的分类。

朝阳戏水龙 *Philydrosaurus proseilus* Gao et Fox, 2005

（图 7）

正模 PKUP V 2001，一近完整的头骨，下颌与部分零散头后骨骼。产自辽宁朝阳附近。

归入标本 PMOL-AR00141，幼年个体的头骨及头后骨骼；PMOL-AR00173，成年个体的不完整头骨及下颌骨。两件标本均产自辽宁朝阳大平房附近的袁家洼。

鉴别特征 同属。

产地与层位 辽宁朝阳，下白垩统九佛堂组。

评注 原始文献（Gao et Fox, 2005）中记述正模产地为辽宁朝阳上河首，然而根据化石周边的岩性以及此类化石的分布判断正模标本的产地有可能是朝阳大平房附近的袁家洼层。朝阳上河首与大平房的化石层均为下白垩统九佛堂组。此外，辽宁建昌盆地的九佛堂组地层中也有尚未发表的此类化石标本发现。

？满洲鳄科 Family ?Monjurosuchidae Endo, 1940

青龙属 Genus *Coeruleodraco* Matsumoto, Dong, Wang et Evans, 2019

模式种 侏罗青龙 *Coeruleodraco jurassicus* Matsumoto, Dong, Wang et Evans, 2019

鉴别特征 体型较小的离龙类，以下列特征区别于满洲鳄等与其紧密相关的离龙类：外鼻孔成对，未融合；副蝶骨前突未骨化；鼻骨短，与上颌骨不相接；下颞孔小且长大于高；鳞骨后缘发育较长的瘤状骨突；颈椎神经棘略有展宽；肱骨内髁发达，末端具球状结节；坐骨骨板发育背后突；尾椎肋骨近端与椎骨愈合，远端扇状展宽。

中国已知种 仅模式种。

分布与时代 河北青龙，晚侏罗世。

评注 青龙属吻部较短，属于短吻型离龙类。该属在体型和骨骼解剖特征上与满洲鳄科的戏水龙和满洲鳄相似，例如外鼻孔成对，上颞孔小于眼孔，额骨顶视明显沙漏形状，

图 8 侏罗青龙 *Coeruleodraco jurassicus*
正模（IVPP V 23318），近完整的头骨、下颌及头后骨骼腹面观

以及发育钉刺状坐骨后突。但是青龙属具有满洲鳄科内戏水龙和满洲鳄所没有的原始性状，例如明显缩小但尚未完全关闭的下颞孔。Matsumoto 等（2019）的分支系统分析结果将侏罗青龙置于新离龙类（Neochoristodera）之外的一个游离支系，而这一晚侏罗世离龙类与满洲鳄科的十分密切演化关系似乎比较明显。无论是归入满洲鳄科，还是作为干群支系置于该科之外，均有待深入分析研究。

侏罗青龙 *Coeruleodraco jurassicus* Matsumoto, Dong, Wang et Evans, 2019

（图 8）

正模 IVPP V 23318，保存近完整的头骨及头后骨骼。产自河北省青龙县干沟乡南石门。

鉴别特征 同属。

产地与层位 河北青龙，上侏罗统髫髻山组（牛津阶）。

评注 侏罗青龙是中 - 晚侏罗世燕辽生物群中迄今为止唯一报道的离龙类化石记录，其正模（IVPP V 23318）也是世界范围内侏罗纪时代唯一已知保存大体完整的离龙类标本。仅见于模式标本产地和层位。

潜龙科 Family Hyphalosauridae Gao et Fox, 2005

模式属 潜龙属 *Hyphalosaurus* Gao, Tang et Wang, 1999

定义与分类 潜龙科可定义为潜龙属（*Hyphalosaurus*）与庄川龙属（*Shokawa*）的最近共同祖先及其所有后裔。科内已知只有两属，无亚科级别的分类。

鉴别特征 离龙目中形态奇特的一科，头在全身比例上很小，下颞孔在成体阶段明显缩小但并未完全关闭；颈部显著伸长，由 16–24 节颈椎构成；尾椎背部神经棘尖窄三角形。

中国已知属 仅模式属。

分布与时代 中国辽宁西部、日本中部，早白垩世。

评注 潜龙科包括潜龙（*Hyphalosaurus*）和庄川龙（*Shokawa*）两个属。本科在离龙目中属于高度特化的水生类型，但是仍然在身体构造上保留了与其他离龙类共有的许多特征，而根据这些共有特征该科被归入离龙目（Evans et Manabe, 1999；Gao et Fox, 2005；Gao et Ksepka, 2008）。在系统演化关系上，潜龙科属于新离龙亚目之外的一个主要支系，或与满洲鳄科构成姐妹群关系，也可能属于比满洲鳄科更早分化出来的一个基干支系（Gao et Fox, 2005）。

日本中部岐阜县庄川町下白垩统手取群大黑谷组（Tetori Group, Okurodani Formation）

中产出的憩静庄川龙（*Shokawa ikoi*）化石目前只发现一件不完整标本，并且没有头骨保存。其头后骨骼与中国辽宁发现的潜龙共有许多衍征，包括颈椎数目增多超过 16 节，尾椎背突长三角形等。但是由于头骨解剖特征完全未知，以及颈椎数目由于保存不全而无法确定，致使庄川龙与潜龙两者之间目前并不能在属的级别上清晰地区别开。目前，庄川龙仍可视为有效名称，而具体的鉴别特征修订有待较为完整化石标本的发现。日本大黑谷组化石层位的时代目前普遍认为是巴雷姆—阿普特期（Barremian to Aptian；Matsumoto et al., 2007；Kusuhashi, 2008；Matsumoto et Evans, 2010）。但是该组下部火山灰夹层锆石测年也有 135 ± 7 Ma 的年龄（Gifu-ken Dinosaur Research Committee, 1993），据此对应欧特里夫（Hauterivian）期（陈金华、小松俊文，2005）。中国辽宁的潜龙化石都出自义县组地层（巴雷姆—阿普特阶），其时代延伸在 122–129 Ma 之间（Chang et al., 2009）。

潜龙属 Genus *Hyphalosaurus* Gao, Tang et Wang, 1999

模式种 凌源潜龙 *Hyphalosaurus lingyuanensis* Gao, Tang et Wang, 1999

鉴别特征 头小，颈部显著伸长，由 19 至 24 节颈椎构成；第三和第四蹠骨近等长。

中国已知种 凌源潜龙 *Hyphalosaurus lingyuanensis* Gao, Tang et Wang, 1999 和白台沟潜龙 *H. baitaigouensis* Ji, Ji, Cheng, You, Lü et Yuan, 2004 两种。

分布与时代 辽宁凌源、义县，早白垩世。

评注 潜龙属化石目前仅见于辽宁凌源大王杖子和义县附近出露的义县组地层，九佛堂组地层至今尚无此类化石发现（不同于 Ji et al., 2004）。潜龙属目前包括模式种凌源潜龙和白台沟潜龙两个种，主要区别显示在颈椎和背椎的数目上，以及肩带和腰带的结构特征方面（Gao et Ksepka, 2008）。总体而言，潜龙属于长颈型的离龙类，高度特化的身体完全适应于深水湖泊中的游泳活动，可能极少或没有上岸活动的能力。潜龙属在原始报道中仅被归于双孔亚纲（高克勤等，1999）。同年，日本中部与辽宁义县组大致相当的大黑谷组地层中发现的庄川龙显示了与潜龙属极为相似的长颈特征，而原始命名者将其恰当地归入了离龙目（Evans et Manabe, 1999）。再后的研究中，辽宁的潜龙属和日本的庄川龙属一起被归入了离龙目潜龙科（Gao et Fox, 2005）。

凌源潜龙 *Hyphalosaurus lingyuanensis* Gao, Tang et Wang, 1999

（图 9）

Sinohydrosaurus lingyuanensis：李建军等，1999，2 页（见 Smith et Harris, 2001 第一修订）

图 9 凌源潜龙 *Hyphalosaurus lingyuanensis*
正模 (IVPP V 11075)，近于完整的头骨、下颌及头后骨骼腹面观

正模　IVPP V 11075，近完整的头骨、下颌及头后骨骼；BMNH V 398 (BPV-398)，为与 IVPP V 11075 同属一个体的负面印模。产自辽宁凌源大王杖子乡范杖子梁。

归入标本　PKUP V 1052，一较完整头骨及头后骨架 (Gao et Ksepka, 2008)。

鉴别特征　凌源潜龙以下列特征区别于白台沟潜龙种：头骨眶后部分明显短于包括吻部和眼眶的头骨前部；额骨与顶骨骨缝位于两上颞孔前端连线的稍后部位；愈合的眶后 - 后额骨不与顶骨相接触；颈部由 19 节颈椎构成；背椎数目 16 节；间锁骨 T 型，但具不明显的前突；髂骨骨板横位延伸。

产地与层位　辽宁凌源，下白垩统义县组。

评注　凌源潜龙的化石最早于 1998 年发现于辽宁凌源大王杖子附近的义县组地层中。最初发现的一个近于完整的个体劈开后呈正负两面，由中国科学院古脊椎动物与古人类研究所和北京自然博物馆各自获得一面，给予了不同标本编号，并于 1999 年同年发表。其中包含大部分骨骼的一件（IVPP V 11075）被指定为 *Hyphalosaurus lingyuanensis* 的正模，而另外一件 BMNH V 398 (BPV-398) 则被指定为 *Sinohydrosaurus lingyuanensis* 的正模。因此，同一个体的化石标本被分别赋予两个不同的属种名称（虽然种名拼缀相同），造成了同一种动物的客观异名（objective synonym）。其后，Smith 和 Harris (2001) 根据国际动物命名法规 (ICZN, 1999: Article 24) 就此一命名问题做了第一修订，确认 *Hyphalosaurus lingyuanensis* 为有效命名的属种名称，而将 *Sinohydrosaurus lingyuanensis* 视为前者的无效客观异名。就目前所知，凌源潜龙的化石仅发现于模式标本产地凌源大王杖子乡范杖子梁出露的下白垩统义县组地层。

白台沟潜龙 *Hyphalosaurus baitaigouensis* Ji, Ji, Cheng, You, Lü et Yuan, 2004

（图 10）

正模　IGCAGS (CAGS-IG) 03-7-02，不完整的头骨及头后骨骼（排除与正模一起保存的 11 枚软壳蛋化石，见 Gao et Ksepka, 2008 修订）。产自辽宁义县。

归入标本　PKUP V 1056–V 1058, BMNH V 014–V 053, PMOL R00052, PMOL R00065, PMOL R00066（见 Gao et Ksepka, 2008）。

鉴别特征　以下列特征区别于凌源潜龙：额骨与顶骨的骨缝位于眼孔与上颞孔之间中段位置；后眶骨与后额骨愈合，并与额骨及顶骨大面积相接；颈部显著伸长，由 24 节颈椎构成；背椎数目 19 节；尾椎数目多于 60 节；背椎椎体侧面发育较深的横沟；间锁骨具纵向菱形骨柄，而无横柄 (cross-bar)；髂骨骨板斜竖向伸展。

产地与层位　辽宁义县附近头台 - 白台沟 - 破台子（王五力等，2004），下白垩统义县组（不同于 Ji et al., 2004: Jiufotang Formation）。

评注　白台沟潜龙由 Ji 等（2004）根据辽宁义县附近白台沟发现的一件化石标本

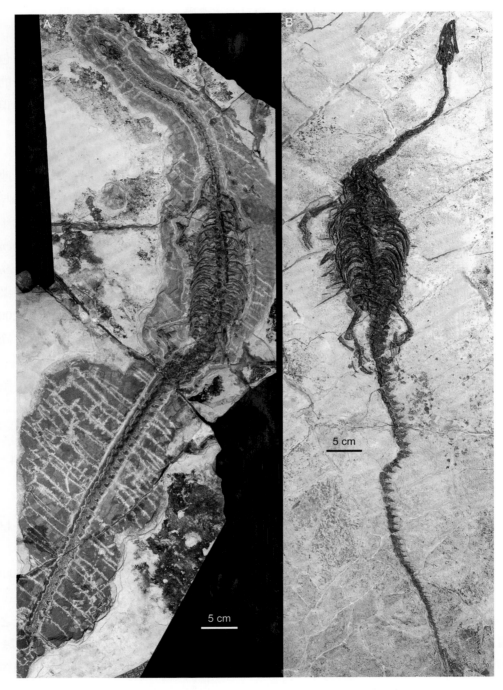

图 10　白台沟潜龙 *Hyphalosaurus baitaigouensis*

保存较完整骨骼标本：A. 归入标本（PMOL R00065）背面观；B. 归入标本（PMOL R00066）腹面观

（引自 Gao et Ksepka, 2008）

命名，后由 Gao 和 Ksepka（2008）做了修订。原始作者将正模骨骼标本以及一起保存的11 枚软壳蛋化石一同指定为正模；因此，Ji 等（2004）原始指定的正模包括了 12 个不同个体。根据国际动物命名法规（ICZN, 1999: Article 73.1），白台沟潜龙的正模只应包括 CAGS-IG 03-7-02 的不完整骨骼，而原始指定中的 11 枚蛋化石似应排除于正模之外。然而，Ji 等（2010）对正模做了重新研究，认为骨骼标本的周边保存有 12 枚而不是11 枚蛋化石，并且接近腰带部位的体腔内仍保存有至少两枚蛋化石。这一研究认为所有这些蛋化石应该属于正模的一部分，可能是动物死亡之后由于保存原因被排出于体外的。

新离龙亚目 Suborder NEOCHORISTODERA Evans et Hecht, 1993

概述 新离龙亚目是由 Evans 和 Hecht（1993）命名建立的，包括鳄龙科和西莫多龙科两个衍生类群。就分类多样性而言，鳄龙科仅包括 1 属 9 种，而西莫多龙科则包括至少 3 属 7 个种。在生态 - 形态分异方面，鳄龙科属于湖沼环境中生活的典型的长吻类型，而西莫多龙科的成员一般吻长在头长的 1/3 之内，尚未达到鳄龙科吻长相当于头长之半的特化长度，可以视为在生态适应上从短吻鳄型到长吻鳄型之间的过渡类型。在生物地理分布方面，鳄龙科多见于北美洲的美国和加拿大西部上白垩统到古新统中，欧洲仅见于比利时古新统中（Sigogneau-Russell, 1979），可能属于从北美迁入型的化石记录（Gao et Brinkman, 2005；高克勤，2007）。鳄龙科在亚洲至今没有化石发现，过去报道的发现于蒙古国的乔伊尔龙（*Tchoiria*）和中国内蒙古的伊克昭龙（*Ikechosaurus*）曾被误归入此科，但后期研究中根据分支系统分析的结果已将此两属转移归入西莫多龙科（详见 Gao et Fox, 1998）。西莫多龙科在北美和欧洲的化石记录限于古新统，在亚洲的地史分布较长，从下白垩统到古新统。此外，日本下白垩统桑岛组（Kuwajima Formation）也已发现有不完整的上下颌骨化石可归入新离龙亚目（Matsumoto et al., 2015）。

定义与分类 本亚目可定义为包括西莫多龙属（*Simoedosaurus*）与鳄龙属（*Champsosaurus*）的最近共同祖先及其所有后裔。新离龙亚目内包括互为姐妹群的西莫多龙科和鳄龙科。

形态特征 本亚目的所有成员共有以下一系列衍征：外鼻孔合二为一，位于吻端；上颌骨背部凸缘低且明显向内侧卷曲；鼻骨伸长并完全愈合；鼻骨前伸于两前颌骨之间；眼眶小，且朝向背方；鳞骨背突纤长，伸至下颞孔中段部位；上颞孔向后扩展，远大于眶孔；牙齿基部发育珐琅质沟纹；翼方骨孔（pterygoquadrate foramen）开孔于方骨和内颅新型骨（neomorph）之间；腕骨骨化数目减少至 7 枚或更少。

分布与时代　本亚目的地理分布为北美、欧洲和亚洲；鳄龙科的地理分布从北美陆区向北延伸到了北极圈内。地史时代为早白垩世至古新世。

评注　就目前了解的离龙类分支系统演化框架来说，传统的鳄龙科和西莫多龙科构成科级的姐妹群，并合而构成更高一级的演化支系——新离龙亚目（Neochoristodera Evans et Hecht, 1993）。新离龙亚目在离龙类中属于衍生程度最高的一个演化支系，其单系特点非常明显，具有很强的特征支持（参见形态特征）。然而，由于新离龙亚目之外的演化支系间的关系并不明了，本亚目的姐妹群目前尚难以确定。

西莫多龙科 Family Simoedosauridae Lemoine, 1884

模式属　西莫多龙属 *Simoedosaurus* Gervais, 1877

定义与分类　相对于鳄龙科而言，所有与西莫多龙属共有最近共同祖先的新离龙类。目前，西莫多龙科内还没有亚科级别的分类。

鉴别特征　以下列特征区别于其姐妹群鳄龙科：后额骨与后眶骨愈合；顶骨与后额及后眶骨接触有限；上下颌前端牙齿的齿槽横向展宽；颅 - 颌关节位于两枕髁连线之后；头骨颞后孔关闭；内颅内静脉孔水平延伸穿透副蝶骨，并开孔于副蝶骨前下方。

中国已知属　仅伊克昭龙 *Ikechosaurus* Sigogneau-Russell, 1981 一属

分布与时代　欧洲、北美，古新世；亚洲分布于蒙古国中南部、中国辽宁和内蒙古，早白垩世。

评注　西莫多龙科是由 Lemoine 1884 年根据法国塞尔奈（Cernay）晚古新世化石属西莫多龙属（*Simoedosaurus* Gervais, 1877）建立的。此后，本科长期被认为是欧洲特有的类群，但是在欧洲发现西莫多龙化石一个多世纪之后，美国怀俄明州、蒙大拿州和北达科他州的古新统也相继发现了此属的化石（Sigogneau-Russell et Baird, 1978；Erickson, 1987）。再后的研究表明本属的化石也见于加拿大西部甚至中亚哈萨克的古新统（Gao et Fox, 1998；Averianov, 2005）。根据现行的离龙类分类（Gao et Fox, 2005；Matsumoto et Evans, 2010），西莫多龙科还包括了过去曾误归鳄龙科的一些亚洲白垩纪的化石类型（比如蒙古国和中国发现的乔伊尔龙、伊克昭龙），因而就属种繁盛程度上而言，成为离龙类中的一个大科（有效命名的包括 3 属至少 7 个种）。与其他科相比较，本科的地理分布相当广泛，包括亚洲、欧洲和北美。本科的地史分布也较长，从亚洲早白垩世的巴雷姆期延续到了欧美乃至中亚的古新世晚期（参见 Matsumoto et Evans, 2010）。

伊克昭龙属 Genus *Ikechosaurus* Sigogneau-Russell, 1981

模式种　孙氏伊克昭龙 *Ikechosaurus sunailinae* Sigogneau-Russell, 1981

鉴别特征 吻长，眶前部分宽平，渐变窄至吻中部呈椭圆截面；眶间窄；鼻骨与前额骨以较长骨缝相接；轭骨前伸与泪骨齐平；顶骨延伸仅占上颞孔长度之半；副蝶骨前端窄，后端展宽；内颈动脉孔（internal carotid foramen）位于副蝶骨与翼骨骨缝；翼间腔（interpterygoid vacuity）窄小；副蝶骨前突进入翼间腔；上颌骨参与构成眶下孔边缘；下颌夹板骨进入颌联合；后部背椎椎体略压扁，宽大于高；髋臼与髂骨骨板（iliac blade）间无明显收缩。

中国已知种 孙氏伊克昭龙 *Ikechosaurus sunailinae* Sigogneau-Russell, 1981 和皮家沟伊克昭龙 *I. pijiagouensis* Liu, 2004，另外还有属、种均存疑的？高氏伊克昭龙 ?*Ikechosaurus gaoi* Lü, Kobayashi et Li, 1999。

分布与时代 中国内蒙古（鄂托克旗、杭锦旗、赤峰）和辽宁（朝阳），蒙古国苏木贝尔，早白垩世。

评注 杨钟健（1964）命名了多齿始马来鳄（*Eotomistoma multidentata*），正模发现于内蒙古鄂尔多斯盆地鄂托克旗西约 80 km 处的查布苏木，化石产出层位为下白垩统。而后，法国古生物学家 Sigogneau-Russell（1981）对正模做了重新研究，发现杨钟健（1964）原始指定的正模标本实际上是两个不同个体的合成标本。其中具有鉴别意义的上颌骨及腭骨部分不属于鳄类，而是离龙类。据此，Sigogneau-Russell（1981）命名了伊克昭龙属孙氏种（*Ikechosaurus sunailinae*）。再后，中国 - 加拿大联合恐龙考察队于 1997 年从模式产地和层位又发现了完整的头骨及头后骨骼化石，经研究（Brinkman et Dong, 1993）表明伊克昭龙具有长吻特点，在吻形上比较接近于北美的鳄龙类。因此，Brinkman 和 Dong（1993）采用了前期研究中 Sigogneau-Russell（1981）的分类，将伊克昭龙归入了鳄龙科。然而，Gao 和 Fox（1998）所做的分支系统分析研究表明伊克昭龙并不属于鳄龙科，而应归入西莫多龙科。这一修订后的分类一直被采用至今。

Efimov（1979）根据蒙古国戈壁苏木贝尔省乔伊尔盆地（Choyr Basin）上白垩统呼仁杜赫组（Khuren Dukh Formation）发现的一残破颌骨标本命名了巨大乔伊尔龙（*Tchoiria magnus*），并将其归入鳄龙科。随后的研究修订中原作者（Efimov, 1983）将巨大乔伊尔龙做了属级分类的变更，转移归入了伊克昭龙属，成为巨大伊克昭龙 [*Ikechosaurus magnus* (Efimov, 1979)]。这一分类已被广泛接受并沿用至今（Efimov et Storrs, 2000；Ksepka et al., 2005；Matsumoto et Evans, 2010）。

孙氏伊克昭龙 *Ikechosaurus sunailinae* Sigogneau-Russell, 1981

（图 11）

Eotomistoma multidentata：Young, 1964, p. 195

正模 IVPP V 2774，不完整右上颌骨及部分与其相连的腭骨和翼骨。产自内蒙古伊克昭盟（今鄂尔多斯市）鄂托克旗查布苏木。

归入标本 内蒙古鄂托克旗查布苏木发现的 5 件标本（IVPP V 9611.1–V 9611.5），杭锦旗老龙胡子地点发现的 10 件标本（IVPP V 10596.1–V 10596.10）。

鉴别特征 吻长略短于头长之半，中段略有收缩；眼孔圆，不显著拉长；眶间窄，约为眼眶横径之半；上颞孔向后延伸幅度较小，仅略超过下颞孔后缘；髂骨前突发达。

产地与层位 内蒙古鄂托克旗和杭锦旗，下白垩统志丹群罗汉洞组。

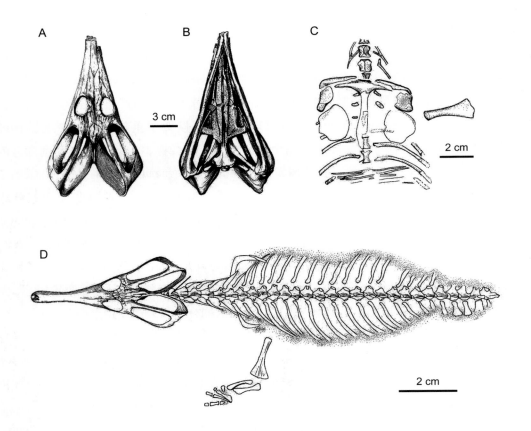

图 11 孙氏伊克昭龙 *Ikechosaurus sunailinae*

A, B. 归入标本（IVPP V 9611.1），不完整头骨与下颌背面和腭面观；C. 归入标本（IVPP V 9611.3），肩带腹面观；D. 归入标本（IVPP V 9611.3），近完整头骨及躯干顶面观（引自 Brinkman et Dong, 1993, 略有修改）

皮家沟伊克昭龙 *Ikechosaurus pijiagouensis* Liu, 2004

（图 12）

Liaoxisaurus chaoyangensis：高春玲等，2005，694 页

图 12 皮家沟伊克昭龙 *Ikechosaurus pijiagouensis*

正模（IVPP V 13283），头骨、下颌及头后骨骼背面观

正模 IVPP V 13283，一个近于完整的骨架。产自辽宁义县皮家沟。

鉴别特征 以下列特征区别于模式种孙氏伊克昭龙：吻部渐向前端变窄，中段无收缩；轭骨前伸约至泪骨之半；眼眶略有拉长；后眶骨与后额骨不愈合；上颞孔强烈后伸，远超过下颞孔后缘；髂骨骨板前突不发育；肱骨和股骨远端显著展宽。

产地与层位 辽宁义县，下白垩统九佛堂组。

评注 辽宁义县皮家沟伊克昭龙的正模保存相当完整。除了模式产地义县附近的皮家沟之外，朝阳附近的联合乡、大平房附近的袁家洼，建昌县玲珑塔等地下白垩统九佛堂组也有完整的同类化石材料发现。

高春玲等（2005）依据一不完整头骨及部分下颌及部分头后骨骼命名了朝阳辽西龙（*Liaoxisaurus chaoyangensis*）。其正模标本（DLNHM 2131）发现于辽宁义县头道弯乡毛家沟村下白垩统九佛堂组。原文对朝阳辽西龙的鉴别特征做了如下描述：下颌缝合部短，小于下颌长度的20%，牙齿齿槽近似正方形，吻部长度占头骨总长的49.8%。然而，这些特征多见于伊克昭龙不同个体之间的变异，而并非具有分类学意义的鉴别特征。由于下颌缝合部在标本上并未暴露，其实际长度并不能观察到。即使短如下颌长度的20%，也只是可将其排除于鳄龙科之外的一个原始性状。此外，吻长约占头长之半则为西莫多龙科级的鉴别特征，而"牙齿齿槽近似正方形"很有可能是下颌前部牙齿略有展宽的结果，也是西莫多龙科级的鉴别特征。就原始发表中提供的解剖特征而言，朝阳辽西龙不能与同层位产出的皮家沟伊克昭龙（*Ikechosaurus pijiagouensis*）明显区别。因此，本册将前者列为后者的晚出异名。

? 高氏伊克昭龙（属、种存疑）?*Ikechosaurus gaoi* Lü, Kobayashi et Li, 1999

（图 13）

正模 IVPP V 11477，一破碎头骨、下颌及部分零散的头后骨骼。

产地与层位 内蒙古赤峰附近（具体地点不详），下白垩统九佛堂组。

评注 Lü 等（1999）根据一件保存不佳的骨骼化石命名了伊克昭龙高氏种。原作者认为眼眶之下牙齿排列稀疏、髂骨前突不发达、股骨较为扭曲、股骨内转子较小且与股骨头分离等可作为高氏种的鉴别特征。但是这些差异可能多是伊克昭龙不同个体间的，或是不同发育阶段的变异（如：股骨扭曲程度随年龄不同而颇有变化），而不能作为种间的鉴别特征（Liu, 2004）。目前，由于正模的头骨过于破碎，缺少可靠的鉴别特征，不能确切地归入伊克昭龙属，其种名的有效性也不能确定。目前，高氏伊克昭龙应视为一个疑难名称（nomen dubium）。

图 13 ？高氏伊克昭龙（属、种存疑）?*Ikechosaurus gaoi*
不完整头骨及下颌（IVPP V 11477）腹面观

？离龙目分类位置不明 ?Choristodera incertae sedis
（图 14）

材料 JLU-RCPS-SGP 2007/6–2007/8，带有颌骨残留的零散牙齿；JLU-RCPS-SGP 2007/10，带有 5 颗牙齿的颌骨残段（注：JLU-RCPS-SGP 是吉林大学古生物学与地层学研究中心中 - 德项目标本编号）。

产地与层位 新疆乌鲁木齐南西约 40 km，准噶尔盆地硫磺沟，上侏罗统齐古组。

评注 基于比较零散的化石标本，Richter 等（2010）记述了新疆准噶尔盆地上侏罗统齐古组地层中发现的脊椎动物化石。其中除了可以比较确切鉴定为副围栏蜥科的化石之外（见本册 230 页），另有几颗零散牙齿和带有牙齿的颌骨残段在研究中鉴定为有疑问的离龙类（?Choristodera incertae familia, gen. et sp. indet.）。这些牙齿在总体形状上与侏罗纪的栉颌鳄（*Cteniogenys*）确有些相似，但是其着生形式并不能确定属于离龙类的亚槽生型（subthecodont）。因此，这些零散化石归入离龙类，如原始文献所述，仍有诸多疑问。此前，中亚费尔干纳盆地（Fergana Valley）吉尔吉斯斯坦境内出露的中侏罗统巴拉班赛组（Balabansai Formation）地层中曾经发现了一些椎骨化石，被归入离龙类（Averianov et al., 2006）。新疆准噶尔盆地齐古组发现的化石如果能够确定归入离龙类，则有可能代表与费尔干纳盆地相似的一个动物群成员。

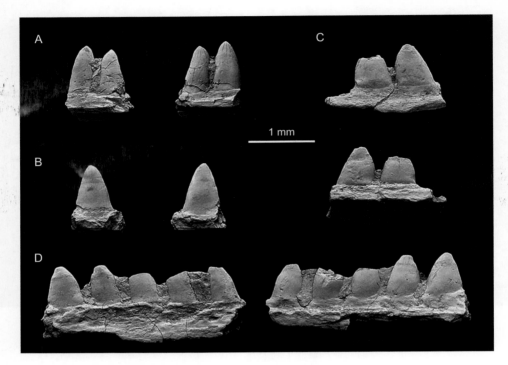

图 14　? 离龙目分类位置不明 ?Choristodera incertae sedis
A–C. 带有牙齿的颌骨残段（JLU-RCPS-SGP 2007/6–2007/8）；D. 带有 5 颗牙齿的下颌骨残段（JLU-RCPS-SGP 2007/10）（据 Richter et al., 2010）

第二部分 鱼 龙 型 类

鱼龙型类导言

一、概　述

　　鱼龙型类在骨骼结构、身体外形、运动方式，以及生理功能等方面，都是最为特化的海洋爬行动物。它们的身体呈纺锤形，四肢鳍状，脊椎分化程度很低，缺乏明显的颈部，尾部不同程度地向下弯曲；后期类型具有与鱼类相似的尾叶。这些特征表明鱼龙型类与海洋哺乳动物海豚发生了明显的趋同演化。已知最古老的鱼龙类就已经表现出充分的水生适应性特征，如似鳍状的四肢和一定程度发育的尾鳍，尽管这一阶段的鱼龙型类还没有尾弯。现有证据表明，尾弯这一鱼龙型类的主要特征是在中三叠世时出现的，并在侏罗纪和白垩纪时期逐渐强化。总体而言，鱼龙类在其整个演化过程中骨骼结构变化不明显。体形增大，尾弯逐渐发达，指（趾）节骨形态渐圆、同时数目增加是整体趋势。鱼龙型类另一个重要特征是相对于同样体形大小的其他脊椎动物而言，其眼眶直径是最大的，表明视觉在鱼龙型类生活中起非常重要的作用，也是对水下生活的重要适应。化石证据表明鱼龙型类以"胎生"的方式生育后代。有学者认为，鳍龙类是背腹扁平的动物，而鱼龙型类则更倾向于两侧扁平，这一结论主要是根据已知化石的保存和埋藏状态得出的。我国近期发现的大量中、晚三叠世鱼龙型类化石中既有侧面的埋藏，也有背腹方向的埋藏。后者多为一些大型属种，鳍状肢发达，形如机翼向两侧展开，故易于背腹状态埋藏并被保存下来。同时，也表明它们并非都是两侧扁平的体型。鱼龙型类的化石记录广泛见于欧洲、北美以及亚洲的早三叠世至晚白垩世地层，但早期的原始类型十分缺乏。已知的最为古老的鱼龙型类化石，有我国安徽龟山巢湖龙（*Chaohusaurus geishanensis* Young et Dong, 1972），但它已是"典型"的鱼龙型类了，难以为鱼龙型类最早的起源提供可靠线索。近几年在安徽巢湖（本书指巢湖市）发现的另外两种原始的鱼龙型类，柔腕短吻龙（*Cartorhynchus lenticarpus* Motani et al., 2015）和小头刚体龙（*Sclerocormus parviceps* Jiang et al., 2016），显示出了更加原始但也较为特化的特征，为鱼龙型类的起源和早期演化提供了新的信息，也使得有海相下三叠统广泛出露的华南地区成为研究鱼龙型类起源和早期演化的重要区域。

二、鱼龙型类的定义和分类

1835 年 de Blainville 建立"鱼龙目（Order Ichthyosauria）"，1840 年 Richard Owen 又建立"鱼鳍目（Order Ichthyopterygia）"，都指当时发现的侏罗纪鱼龙类（ichthyosaurs）。随着更多属种的发现，Wiman（1933）认为短尾鱼龙目（Grippidia）和 Ichthyosauria 有密切的亲缘关系，首次将 Ichthyosauria 限定为包括除 *Grippia* 以外的所有鱼鳍类（ichthyopterygians）。

但事实上，Ichthyopterygia 和 Ichthyosauria 这两个名称在之后的很长时间内没有严格的区分和定义。Romer（1956）将 Ichthyopterygia 确定为亚纲一级，其下仅包括作为目一级的 Ichthyosauria。Mazin（1982）使用 Ichthyopterygia 来包括 Ichthyosauria 和其他一些基部类型，但在正文中没有给 Ichthyopterygia 明确的定义，该类群可以解释为基于节点、基于特征或基于分类图来确定的。Motani（1999a）接受 Wiman（1933）对于 Ichthyosauria 的定义，根据分支系统分析，将 Ichthyopterygia 作为分支节点名称，定义为包括 *Ichthyosaurus communis*、*Utatsusaurus hataii* 和 *Parvinatator wapitiensis* 最近的共同祖先及其所有后裔。在分支系统分析的基础上，McGowan 和 Motani（2003）使用"鱼鳍超目（Superorder Ichthyopterygia）"包括侏儒泅鱼龙科（Parvinatatoridae）、歌津鱼龙科（Utatsusauridae）、短尾鱼龙目（Grippidia）和鱼龙目（Ichthyosauria），并将"鱼鳍超目"（Superorder Ichthyopterygia）定义为包括 *Ichthyosaurus communis*、*Utatsusaurus hataii* 和 *Parvinatator wapitiensis* 最近的共同祖先及其所有后裔，将鱼龙目（Ichthyosauria）定义为除 *Thaisaurus*、Parvinatatoridae、Utatsusauridae 之外的所有比 *Grippia longirostris* 更接近 *Ichthyosaurus communis* 的鱼鳍类（ichthyopterygians）。

Motani 等（2015a）在中国安徽巢湖的早三叠世地层中发现了比已知的鱼鳍类（ichthyopterygians）更原始的类群，依据新发现的分类单元及分支系统分析，建立鱼龙形超目（Superorder Ichthyosauriformes）。依据近年的分支系统学分类体系（Motani et al., 2015a；Ji et al., 2015；Jiang et al., 2016），我国湖北早三叠世的湖北鳄目（Hupehsuchia）被视为整个鱼龙形超目的姐妹群，二者共同构成鱼龙型巨目（Magnorder Ichthyosauromorpha）。鱼龙形超目包括了基干的鱼龙形类和鱼鳍大目（Ichthyopterygia），后者即相当于 McGowan 和 Motani（2003）的鱼鳍超目，包含若干基干的鱼鳍类，以及短尾鱼龙超科（Grippioidea）和鱼龙目（Ichthyosauria）（图 15）。

需要指出，由于最初的定义外延不确定，在 20 世纪和 21 世纪初的大部分文献中，"鱼龙类（ichthyosaurs）"这一名称，既指代鱼龙目的分子，同时也指代上述"鱼鳍大目"的分子。它包括中生代时期各种"鱼龙形"的海洋爬行动物，是比较"通俗"和流行的一种用法。

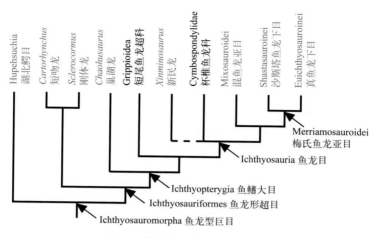

图 15　简化的鱼龙型类支序图

显示主要类群间系统关系（据 Motani et al., 2015a；Ji et al., 2015；Jiang et al., 2016 修改），红色字体是我国目前已经发现的类群

三、鱼龙型类的形态特征

　　鱼龙型类的鱼鳍类是高度特化、适应于海洋生活的"鱼形"爬行动物。身体呈纺锤状，无明显颈部；荐前椎分化不明显；尾长，尾椎可多达上百节，后部向下折弯；四肢成鳍状，指（趾）数增多，指（趾）节骨在演化过程中逐渐变短、变圆，最后又挤集在一起变成六角块状，同时数目也增加；头骨由于前颌骨拉长而加长；牙齿着生于齿窝或沟内，多尖锐，表面具纵纹；具巨大的眼眶和单颞孔（图 16）。某些特异埋藏的板状侏罗纪

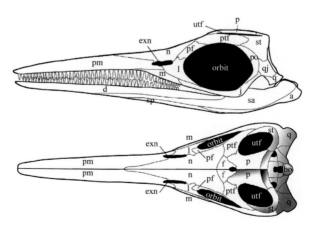

图 16　鱼鳍类头骨和下颌结构图（以鱼龙 Ichthyosaurus 头骨为例；引自 Motani, 1999a）

a, 隅骨（angular）；bo, 基枕骨（basioccipital）；d, 齿骨（dentary）；exn, 外鼻孔（external naris）；f, 额骨（frontal）；j, 轭骨（jugal）；l, 泪骨（lacrimal）；m, 上颌骨（maxilla）；n, 鼻骨（nasal）；orbit, 眼眶；p, 顶骨（parietal）；pf, 前额骨（prefrontal）；pm, 前颌骨（premaxilla）；po, 眶后骨（postorbital）；ptf, 后额骨（postfrontal）；q, 方骨（quadrate）；qj, 方轭骨（quadratojugal）；sa, 上隅骨（surangular）；sp, 夹板骨（splenial）；st, 上颞骨（supratemporal）；utf, 上颞窗（upper temporal fenestra）

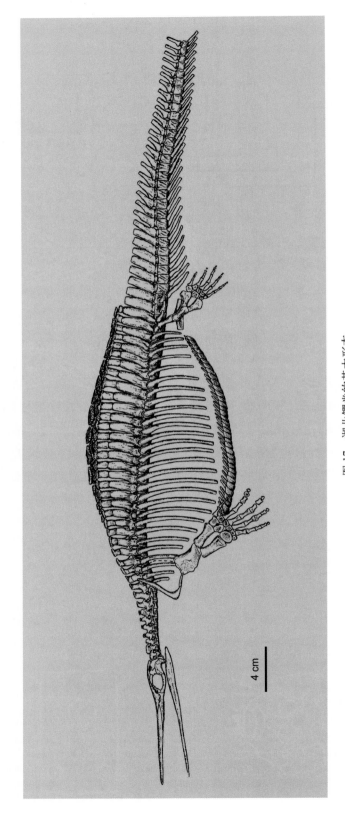

4 cm

图 17 湖北鳄类的基本形态

南漳湖北鳄 *Hupehsuchus nanchangensis* 骨架复原图（引自 Carroll et Dong, 1991, Fig. 5）

鱼龙化石上保存有动物的身体轮廓，这些标本显示此类鱼龙具有背鳍，形如鲨鱼的背鳍，但内部没有任何骨性支撑；标本同时显示其尾部为"倒歪尾"，即具有对称的上下两叶，尾椎向后延伸进入下叶，从而形成尾弯。湖北鳄类吻部长且扁，无齿；颈部和躯干神经棘上覆盖有1–3层的骨质板；神经棘分节，后部背椎神经棘的近节彼此排列紧密；腹膜肋较宽，叠覆于腹部构成中部腹板（图17）。

四、中国鱼龙型类化石的分布

　　鱼龙型类在中国的地史分布为早三叠世奥伦尼克期（Olenekian）至晚三叠世诺利期（Norian），已知标本产自安徽、湖北、贵州、云南、西藏5省区（图18、图19）。安徽巢湖的南陵湖组产丰富的小型原始鱼龙形类，如柔腕短吻龙、小头刚体龙和龟山巢湖龙。南陵湖组灰岩的时代为早三叠世奥伦尼克期，此地产出的这些属种也是世界上已知最古老的鱼龙形类化石。湖北远安和南漳产湖北鳄类，远安的张家湾也出产巢湖龙类，时代同样是早三叠世奥伦尼克期。西南部的云贵地区是我国乃至世界范围内鱼龙化石最为丰富的地区。产自贵州茅台的茅台混鱼龙，迄今仅有极为破碎和零星的头后骨骼作为代表，时代约为中三叠世早期。贵州盘州地区中三叠世安尼期（Anisian）的关岭组II段产出盘县混鱼龙和压碎新民龙，其中前者亦见于云南罗平的相应层位。贵州兴义及云南富源地区中三叠世拉丁期（Ladinian）的法郎组竹杆坡段含大型鱼龙型类化石。关岭地区晚三叠世卡尼期（Carnian）的法郎组瓦窑段产周氏黔鱼龙和至少两种大型的沙斯塔鱼龙（曾译

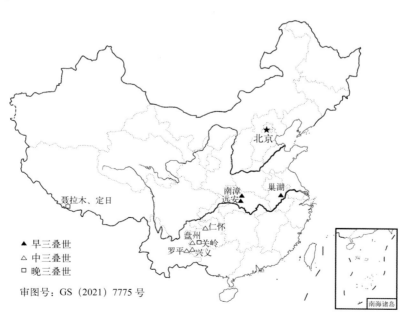

审图号：GS（2021）7775号

图18　中国鱼龙型类化石分布图

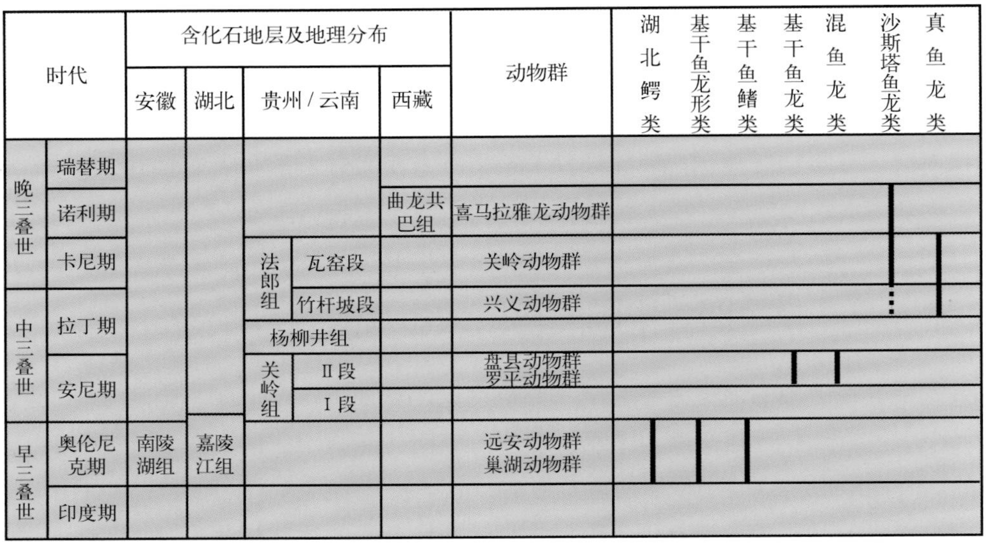

时代		含化石地层及地理分布				动物群	湖北鳄类	基干鱼龙形类	基干鱼鳍类	基干鱼龙类	混鱼龙类	沙斯塔鱼龙类	真鱼龙类
		安徽	湖北	贵州/云南	西藏								
晚三叠世	瑞替期												
	诺利期				曲龙共巴组	喜马拉雅龙动物群							∣
	卡尼期			法郎组 瓦窑段		关岭动物群							∣
中三叠世	拉丁期			法郎组 竹杆坡段		兴义动物群						⋮	
				杨柳井组									
	安尼期			关岭组 II段		盘县动物群 罗平动物群					∣	∣	
				关岭组 I段									
早三叠世	奥伦尼克期	南陵湖组	嘉陵江组			远安动物群 巢湖动物群	∣	∣	∣				
	印度期												

图 19　中国含鱼龙型类化石地层

为萨斯特鱼龙）类。西藏定日和聂拉木的上三叠统含极为破碎的鱼龙类骨骼化石，基本都鉴定为西藏喜马拉雅龙。

系 统 记 述

鱼龙型巨目 Magnorder ICHTHYOSAUROMORPHA Motani, Jiang, Chen, Tintori, Rieppel, Ji et Huang, 2015

概述　Motani 等（2015a）依据在湖北下三叠统发现的新的湖北鳄类属种及分支系统分析，建立了新的湖北鳄类和"鱼龙类"的分类体系，并识别出两者间的亲缘关系，即湖北鳄目（Hupehsuchia）为整个鱼龙形超目（Ichthyosauriformes）的姐妹群，二者共同构成鱼龙型巨目（Magnorder Ichthyosauromorpha）。

定义　包括 *Ichthyosaurus communis* de La Beche et Conybeare, 1821 和 *Hupehsuchus nanchangensis* Young, 1972 最近的共同祖先及其所有后裔。

形态特征　肱骨和桡骨发育前翼缘（anterior flange）；尺骨远端与近端等宽或宽于近端；前肢长于后肢或与后肢等长；手长至少为上臂加前臂长度的四分之三；腓骨延伸方向比股骨更偏向体轴后方；颈椎横突短或不发育。

湖北鳄目 Order HUPEHSUCHIA Carroll et Dong, 1991

概述　1959 年王恭睦报道了产自湖北南漳下三叠统一特殊的海生爬行动物，命名为孙氏南漳龙（*Nanchangosaurus suni* Wang, 1959），并据颞孔等特征归入鳍龙目。1972 年杨钟健描述了产自南漳的另一与南漳龙外形比较接近的海生爬行动物，命名为南漳湖北鳄（*Hupehsuchus nanchangensis* Young, 1972）并建立了湖北鳄科（Hupehsuchidae）和湖北鳄亚目（Hupehsuchia），认为可能属双孔类的槽齿类。Carroll 和 Dong（1991）再研究后认为，南漳龙和湖北鳄的头骨均具有长且扁平的吻部，同时均具骨板和缩短的脊椎横突，应互为姐妹群，同属于其新建立的湖北鳄目（Hupehsuchia）之下的南漳龙科（Nanchangosauridae）。湖北鳄类头骨结构尤其是颞孔特征显示其为确定无疑的双孔类，但其在双孔类中的系统位置一直未有定论。其扁长的吻部、略短的颈部、异常发育的前鳍、独特的骨板结构显示与已知的鳍龙类有较大差异，杨钟健（1972c）指出湖北鳄头部和躯干部的外形和早三叠世的鱼龙类 *Grippia* 相似。Carroll 和 Dong（1991）逐一列举和对比了湖北鳄目与鳞龙型类和主龙型类的异同，认为其与任何一类均未表现出较强的亲缘性。同时认为湖北鳄类的许多衍征是二次适应水生后趋同的结果，依据当前材料的分支系统分析暂时无法确定该类群与鳍龙类、传统的鱼龙类、海龙类等海生双孔类的具体系统发育关系，但在文中的最后根据湖北鳄类身体侧向摆动的游泳方式和椎体显著缩短的横突推测可能与鱼龙类具有共同的祖先。之后的鱼鳍类分支系统分析或支持湖北鳄类与鱼龙类具有共同祖先这一结论（Motani, 1999a），或仅将湖北鳄类作为鱼鳍类外类群考虑（Maisch, 2010）。Motani 等（2015a）的研究认为湖北鳄类与鱼龙形类互为姐妹群。

定义与分类　湖北鳄目是一单系类群，包括与 *Hupehsuchus nanchangensis* Young, 1972 而非 *Ichthyosaurus communis* de La Beche et Conybeare, 1821 亲缘关系最近的所有鱼龙型类。目前已知类群包括南漳龙科和湖北鳄科，以及科未定的始湖北鳄属（*Eohupehsuchus*）。

形态特征　头骨眶前区显著伸长，具扁平的吻部，细长的下颌和长的反关节突；无齿。具至少 36 节荐前椎；颈部和躯干神经棘上覆盖有骨板；前后相邻的后部背椎，它们的第一节（近节）神经棘之间没有空隙。肋骨至少在近端发育有后翼缘；腹膜肋的侧段呈回旋镖形，其转折处指向前方并与前一段腹膜肋重叠，其短支指向中部。肱骨前边缘发育翼缘，桡腕骨大于其他的近侧腕骨。

南漳龙科 Family Nanchangosauridae Wang, 1959

模式属　南漳龙属 *Nanchangosaurus* Wang, 1959

定义与分类　为一单系类群，包括与 *Nanchangosaurus suni* Wang, 1959 而非 *Hupehsuchus nanchangensis* Young, 1972 和 *Eohupehsuchus brevicollis* Chen, Motani, Cheng, Jiang et Rieppel, 2014 亲缘关系最近的所有湖北鳄目成员。仅包括南漳龙属。

鉴别特征　一小型湖北鳄类，成年个体荐椎之前体长约为 20 cm。神经棘低矮；每一神经棘顶部仅覆盖一层骨板，骨板表面无纹饰。前肢较短小，具有较短的肱骨、桡骨和尺骨。

中国已知属　仅模式属。

分布与时代　湖北南漳、远安，早三叠世。

评注　南漳龙最初记载发现于早三叠世大冶组（王恭睦，1959），Carroll 和 Dong （1991）认为其产于中三叠统。李锦玲等（2002）对湖北的三叠纪海生爬行动物再研究认为这些海生爬行动物均产自下三叠统。Chen 等（2014b）研究了产自嘉陵江组的孙氏南漳龙归入标本（WGSC 26006），认为孙氏南漳龙的模式标本产出层位应为嘉陵江组，原记述产自大冶组为早期研究者的误判。Wu 等（2003）报道了一产于湖北南漳嘉陵江组具多指畸形的羊膜动物化石（SSTM 5025），图版说明为南漳龙类。其前肢 7 指、后肢 6 趾，原作者认为该类群是一种水生爬行动物，具有的多指肢是适应水生生活的结果，是验证早期四足动物趋同演化的一个特例。

南漳龙属 Genus *Nanchangosaurus* Wang, 1959

模式种　孙氏南漳龙 *Nanchangosaurus suni* Wang, 1959
鉴别特征　同科。
中国已知种　仅模式种。
分布与时代　湖北南漳、远安，早三叠世晚期。

孙氏南漳龙 *Nanchangosaurus suni* Wang, 1959

（图 20）

正模　GMC V636，不完整骨架，吻部最前端、四肢和尾部缺失。产自湖北南漳巡检乡凉水泉。

归入标本　WCCGS（WGSC）26006，不完整骨架，大部分吻部和尾部缺失。

鉴别特征　同属。

产地与层位　湖北南漳、远安，下三叠统嘉陵江组。

评注　正模保存长度为 28.5 cm，推测全身长大于 33 cm（王恭睦，1959）。

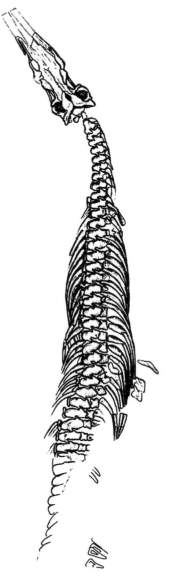

2 cm

图 20　孙氏南漳龙 *Nanchangosaurus suni*

正模（GMC V646），骨骼背视照片（上）和线条图（下）（线条图引自 Carroll et Dong, 1991, Fig. 14)

湖北鳄科 Family Hupehsuchidae Young, 1972

模式属 湖北鳄属 *Hupehsuchus* Young, 1972

定义与分类 为一单系类群,包括 *Hupehsuchus nanchangensis* Young, 1972 和 *Eretmorhipis carrolldongi* Chen, Motani, Cheng, Jiang et Rieppel, 2015 最近的共同祖先及其所有后裔。

鉴别特征 具至少 28 节背椎;背椎神经棘分裂为近节和远节两段;背部具三层膜质骨板,第三层膜质骨板约有或超过两节椎体长;肋骨加粗,不具有纵向的沟槽;部分背肋与两节背椎相关节。

中国已知属 湖北鳄 *Hupehsuchus* Young, 1972,副湖北鳄 *Parahupehsuchus* Chen, Motani, Cheng, Jiang et Rieppel, 2014, 扇桨龙 *Eretmorhipis* Chen, Motani, Cheng, Jiang et Rieppel, 2015,共 3 属。

分布与时代 湖北南漳、远安,早三叠世晚期。

评注 湖北鳄科(杨钟健,1972c)建立之初仅包括湖北鳄(*Hupehsuchus*)一属。Carroll 和 Dong(1991)曾将湖北鳄属归入南漳龙科,废弃了湖北鳄科。随着近年来湖北鳄类更多新属种的发现,Chen 等(2014a, 2015)对湖北鳄科做了重新修订,并建立了副湖北鳄亚科(Parahupehsuchinae)。

湖北鳄属 Genus *Hupehsuchus* Young, 1972

模式种 南漳湖北鳄 *Hupehsuchus nanchangensis* Young, 1972

鉴别特征 身体窄高,侧向强烈压扁,总体呈纺锤形。轭骨具后突,鳞骨和轭骨相交将眶后骨排除于下颞孔外;具 37 节荐前椎;背椎神经棘的近节远长于远节。腹膜肋的侧段呈回旋镖形,外侧支长于内侧支。颈部和躯干部脊椎上覆有三层膜质骨板;在左右两腹膜肋汇合的腹中线上,有一列小的膜质骨板。肩胛骨呈扇形(fan-shaped);髂骨呈棒形(bar-shaped)。

中国已知种 仅模式种。

分布与时代 湖北南漳、远安,早三叠世晚期。

评注 Carroll 和 Dong(1991)以及 Wu 等(2016)对湖北鳄属做过重新修订。

南漳湖北鳄 *Hupehsuchus nanchangensis* Young, 1972

(图 21)

正模 IVPP V 3232,为一基本完整骨架。产自湖北南漳巡检乡白河川。

归入标本 IVPP V 4068,一具由骨骼(仅保存在头部)和印痕构成的骨架;IVPP V

4069a，一较大个体的尾部骨骼；IVPP V 4069b，躯干和后肢的一部分。WCCGS (WGSC) 26004，一件几乎完整的个体，仅尾椎最后部缺失（Chen et al., 2014a）。ZMNH M8217，一件几乎完整的个体，仅尾椎最后部缺失（Wu et al., 2016）。

鉴别特征 同属。

产地与层位 湖北南漳、远安，下三叠统嘉陵江组。

评注 正模（IVPP V 3232）保存长度为 76.4 cm，头骨长 12.4 cm，颈部长 7.4 cm，推测全身长大约 85 cm。躯干部位最高处为 12.4 cm，位于肩带和腰带之间，身体呈纺锤形。

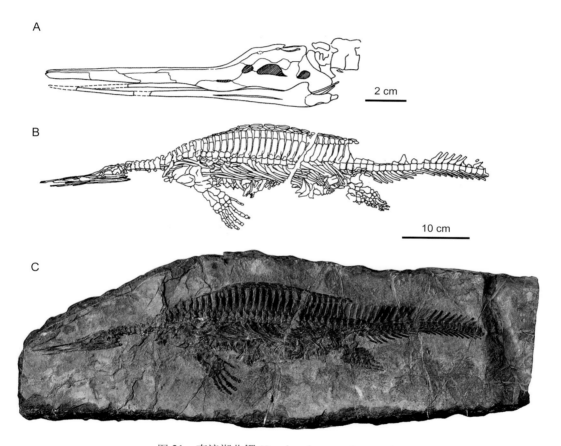

图 21 南漳湖北鳄 *Hupehsuchus nanchangensis*
正模（IVPP V 3232）：A. 头骨侧视线条图（引自杨钟健，1972c，图 1）；B, C. 正模骨架线条图和照片
（线条图引自 Li J. L. et al., 2008, Fig. 149）

副湖北鳄亚科 Subfamily Parahupehsuchinae Chen, Motani, Cheng, Jiang et Rieppel, 2015

模式属 副湖北鳄属 *Parahupehsuchus* Chen, Motani, Cheng, Jiang et Rieppel, 2014

定义与分类 为一单系类群，包括与 *Parahupehsuchus longus* Chen, Motani, Cheng, Jiang et Rieppel, 2014 而非 *Hupehsuchus nanchangensis* Young, 1972 亲缘关系最近的所有湖北鳄科成员。

鉴别特征 具 30 节或更多的背椎；靠前部背肋的前后缘均具翼缘（flange），且背肋彼此叠覆；前部尾椎也上覆膜质骨板；第五掌骨粗壮，具增生的远侧腕骨和远侧跗骨。

中国已知属 副湖北鳄 *Parahupehsuchus* Chen, Motani, Cheng, Jiang et Rieppel, 2014 和扇桨龙 *Eretmorhipis* Chen, Motani, Cheng, Jiang et Rieppel, 2015 两属。

分布与时代 湖北南漳、远安，早三叠世晚期。

副湖北鳄属 Genus *Parahupehsuchus* Chen, Motani, Cheng, Jiang et Rieppel, 2014

模式种 长身副湖北鳄 *Parahupehsuchus longus* Chen, Motani, Cheng, Jiang et Rieppel, 2014

鉴别特征 背肋前后缘都具有明显的翼缘；除了肩带和腰带附近，其他部位的前后背肋之间缺乏肋间间隙；躯干长，具约 38 节背椎；胸腔在背腹向的高度变化不大；近侧的腕骨/跗骨有更多枚骨化；远侧腕骨、掌骨及远侧跗骨、蹠骨的前部，有增生的骨骼。

中国已知种 仅模式种。

分布与时代 湖北远安、南漳，早三叠世晚期。

长身副湖北鳄 *Parahupehsuchus longus* Chen, Motani, Cheng, Jiang et Rieppel, 2014

（图 22）

正模 WCCGS (WGSC) 26005，侧压保存的大部分头后骨骼，缺少前端颈椎和末端尾椎。产自湖北远安。

鉴别特征 同属。

产地与层位 湖北远安，下三叠统嘉陵江组。

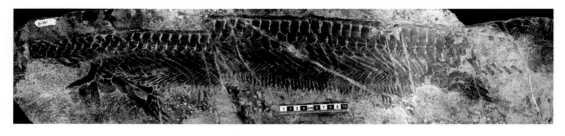

图 22 长身副湖北鳄 *Parahupehsuchus longus*
正模 [WCCGS (WGSC) 26005] 照片（引自 Chen et al., 2014a, Fig. 1A）

扇桨龙属 Genus *Eretmorhipis* Chen, Motani, Cheng, Jiang et Rieppel, 2015

模式种 卡罗尔董氏扇桨龙 *Eretmorhipis carrolldongi* Chen, Motani, Cheng, Jiang et Rieppel, 2015

鉴别特征 背椎约 30 节；背侧的最上层（第三层）骨板较大，最大延展可覆盖四节脊椎；第二层骨板不受上覆骨板的约束；有两节尾椎同时具有脉棘（hemal spine）和尾肋；腹膜肋的侧部较大。手部和足部延展呈扇形的鳍状肢，肱骨中轴偏向上肢的前侧，尺骨近端略向外突出；籽骨靠近近侧腕骨，增生的近侧腕骨前缘凹入，增生于轴前部的近侧跗骨较小；指骨短，最多具 4 枚指节骨。

中国已知种 仅模式种。

图 23 卡罗尔董氏扇桨龙 *Eretmorhipis carrolldongi*

A. 正模 [WCCGS (WGSC) 26020]；B. 归入标本（IVPP V 4070），几乎全为化石骨骼印痕；C. 归入标本（YAGM V 1401）（A, B 引自 Chen et al., 2015, Fig. 2；C 照片由远安地质博物馆提供）

分布与时代 湖北远安、南漳，早三叠世晚期。

卡罗尔董氏扇桨龙 *Eretmorhipis carrolldongi* Chen, Motani, Cheng, Jiang et Rieppel, 2015

（图 23）

正模 WCCGS (WGSC) 26020，一件几乎完整的头后标本，躯干部分背视保存，腰带和尾部侧视保存。产自湖北远安。

归入标本 IVPP V 4070，头后骨骼印痕，躯干部分不清晰，四肢及尾部较清晰。产自湖北南漳。YAGM V 1401，完整骨架。产自湖北远安。

鉴别特征 同属。

产地与层位 湖北远安、南漳，下三叠统嘉陵江组。

湖北鳄目科未定 Hupehsuchia incertae familiae

始湖北鳄属 Genus *Eohupehsuchus* Chen, Motani, Cheng, Jiang et Rieppel, 2014

模式种 短颈始湖北鳄 *Eohupehsuchus brevicollis* Chen, Motani, Cheng, Jiang et Rieppel, 2014

鉴别特征 以下列特征与湖北鳄类其他属区分：额骨的前后部分没有加宽；顶骨前缘与上颞窝的前缘在同一水平线上；颈短，颈椎 6 节；间锁骨具有长的前突；第三层膜质骨板短小，仅约一节脊椎的长度。

中国已知种 仅模式种。

分布与时代 湖北远安，早三叠世晚期。

评注 南漳龙科和湖北鳄科的一共同特征是颈部长度中等，具 9–10 节颈椎。本属颈部短，仅具 6 节颈椎。此外，本属额骨窄、顶骨前缘位置相对靠后的特征，在湖北鳄类中也非常独特，因此无法归入湖北鳄目已知科中（Chen et al., 2014c）。

短颈始湖北鳄 *Eohupehsuchus brevicollis* Chen, Motani, Cheng, Jiang et Rieppel, 2014

（图 24）

正模 WCCGS (WGSC) 26003，包括头骨的全身骨架，大部分尾部缺失。产自湖北远安。

鉴别特征 同属。

产地与层位 湖北远安，下三叠统嘉陵江组。

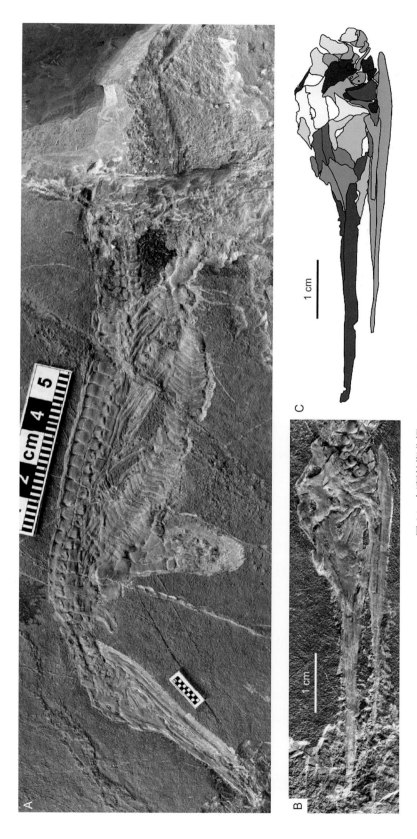

图 24　短颈始湖北鳄 *Eohupehsuchus brevicollis*

正模 [WCCGS (WGSC) 26003]：A. 骨架照片；B. 头骨照片；C. 头骨线条图（引自 Chen et al., 2014c, Figs. 1, 2）

鱼龙形超目 Superorder ICHTHYOSAURIFORMES
Motani, Jiang, Chen, Tintori, Rieppel, Ji et Huang, 2015

概述 Motani 等（2015a）在中国安徽巢湖地区的早三叠世地层中发现了比已知的鱼鳍类（ichthyopterygian）更原始的类群，依据分支系统分析，建立鱼龙形超目（Superorder Ichthyosauriformes）。包括鱼鳍大目（Ichthyopterygia）和基干鱼龙形类的短吻龙（*Cartorhynchus*）。之后，Jiang 等（2016）在相同地点的略下部的层位发现短吻龙的姐妹类群刚体龙（*Sclerocormus*），并建立了包含这两个属的新的分类单元——鼻吻龙类（Nosorostra）。

定义 包括与 *Ichthyosaurus communis* de La Beche et Conybeare, 1821 而非 *Hupehsuchus nanchangensis* Young, 1972 亲缘关系更近的所有鱼龙型类。

形态特征 鼻骨前伸远超过外鼻孔的前缘；具较大的、充满了眼眶的巩膜环；吻部存在收缩；指骨汇聚，指间距较小。

短吻龙属 Genus *Cartorhynchus* Motani, Jiang, Chen, Tintori, Rieppel, Ji et Huang, 2015

模式种 柔腕短吻龙 *Cartorhynchus lenticarpus* Motani, Jiang, Chen, Tintori, Rieppel, Ji et Huang, 2015

鉴别特征 吻部仅占头骨总长的三分之一；顶孔非常大；舌骨发达；下颌较高。躯干部分较其他鱼龙形类短，至少缺少五节脊椎。椎体横突与前一脊椎的边缘接触；肋骨粗壮，近侧肋间间隔比肋骨窄；腹膜肋缺乏中间段。间锁骨十字架形，肩胛骨远端比近端宽。前肢强烈弯向身体后方；四肢远侧部分骨化弱，留有较大的空隙，手部仅有三指骨化。

中国已知种 仅模式种。

分布与时代 安徽巢湖马家山，早三叠世晚期。

柔腕短吻龙 *Cartorhynchus lenticarpus* Motani, Jiang, Chen, Tintori, Rieppel, Ji et Huang, 2015
（图 25）

正模 AGM AGB6257，几乎完整的骨架，仅尾椎后部缺失，右侧视保存。产自安徽巢湖马家山采石场。

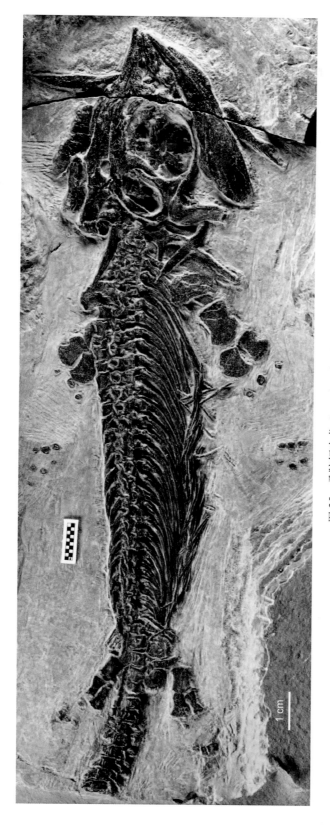

图 25　柔腕短吻龙 *Cartorhynchus lenticarpus*

正模（AGM AGB6257），骨架照片（引自 Motani et al., 2015a, Fig. 2）

1 cm

鉴别特征 同属。

产地与层位 安徽巢湖马家山，下三叠统南陵湖组上段。

评注 本种是目前发现的体型最小的，也是最基干的鱼龙形类。其前肢比后肢大，但同时躯干和吻部较短，推测具有水陆两栖的习性，且为吞吸式捕食（Motani et al., 2015a）。

刚体龙属 Genus *Sclerocormus* Jiang, Motani, Huang, Tintori, Hu, Rieppel, Fraser, Ji, Kelley, Fu et Zhang, 2016

模式种 小头刚体龙 *Sclerocormus parviceps* Jiang, Motani, Huang, Tintori, Hu, Rieppel, Fraser, Ji, Kelley, Fu et Zhang, 2016

鉴别特征 头骨非常短，仅占总长度的 6.25%；尾部长，约占总长度的 58%；躯干短而高。眶前吻部具收缩且极短，约为头骨长度的 30%；眼眶大，其长度超过头骨全长的三分之一；顶孔大，位于额骨 - 顶骨缝合处；鼻骨大。肋骨扁平，末端钝；腹膜肋粗壮，紧密排列呈篮筐状；背椎神经棘高且垂直，前侧和后侧边缘具翼缘，中间的骨干加厚；尾椎神经棘矮，顶端外凸。股骨较直，骨干无收缩。

中国已知种 仅模式种。

分布与时代 安徽巢湖马家山，早三叠世晚期。

评注 Jiang 等（2016）将本属和短吻龙属归入新建立的鼻吻龙类（Nasorostra），但未说明该分类阶元的等级。其鉴定特征为：鼻骨向前方延长直至吻部最前端；眼眶前和眼眶后的头骨长度相等；额骨不具侧后突；下颌后部较高，具倾斜的末端和关节面；肩胛骨远端比近端更宽阔。Jiang 等（2016）的分支系统分析显示鼻吻龙类是鱼龙形类的基干类群。

小头刚体龙 *Sclerocormus parviceps* Jiang, Motani, Huang, Tintori, Hu, Rieppel, Fraser, Ji, Kelley, Fu et Zhang, 2016

（图 26）

正模 AGM AGB6265，几乎完整的骨架。产自安徽巢湖马家山采石场。

鉴别特征 同属。

产地与层位 安徽巢湖马家山，下三叠统南陵湖组上段。

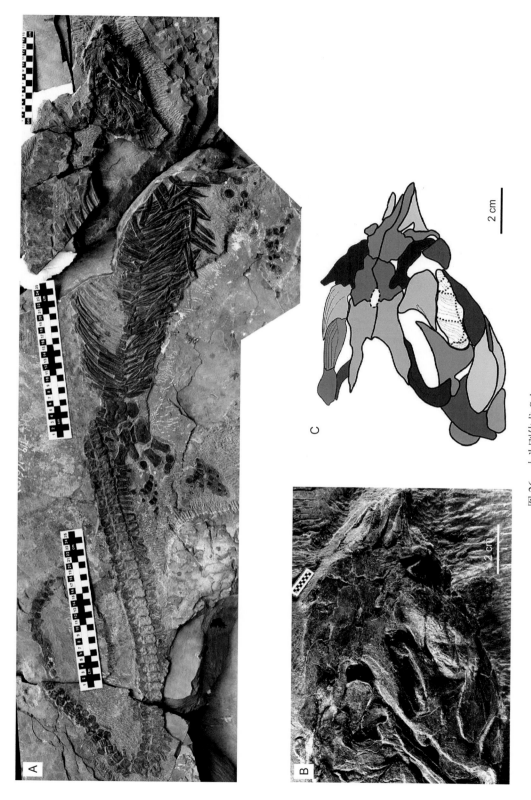

图 26 小头刚体龙 *Sclerocormus parviceps*

正模（AGM AGB6265）: A. 骨架照片; B. 头骨背视; C. 头骨背视线条图（引自 Jiang et al., 2016）

鱼鳍大目 Grandorder ICHTHYOPTERYGIA Owen, 1840

概述　鱼鳍大目名称"Ichthyopterygia"由 Richard Owen（1840）创立，名称源自希腊文 ιχθύς（ichthys, a fish，鱼）和 πτέρυξ（pterygs, a fin，鳍），代表当时发现的所有"鱼龙类"。因"鱼龙类"另有先起名称 Ichthyosauria（de Blainville, 1835），Romer（1956）采用 Ichthyopterygia 为亚纲（Subclass）级名称，用 Ichthyosauria 为目（Order）级名称。Mazin（1982）采用 Ichthyopterygia 为超目（Superorder）级名称，用 Ichthyosauria 为亚目（Suborder）级名称。根据对"鱼龙类"全面的分支系统学研究 Motani（1999a）用 Ichthyopterygia 作为"鱼龙类"演化分支节点名称，代表 Ichthyosauria 和除 Ichthyosauria 之外的早期鱼鳍类，后者包括 *Utatsusaurus* 和 *Grippia* 等。之后，多数研究者（Sander, 2000；McGowan et Motani, 2003；Motani, 2005；Ji et al., 2015）采用了这一划分方案。但仍有极少数研究者主张弃用 Ichthyopterygia 一词（Maisch et Matzke, 2000；Maisch, 2010）。

定义与分类　包括 *Ichthyosaurus communis* de La Beche et Conybeare, 1821，*Grippia honirostris* Wiman, 1929 和 *Chaohusaurus geishanensis* Young et Dong, 1972 最近的共同祖先及其所有后裔。由巢湖龙属（*Chaohusaurus*）、短尾鱼龙超科（Grippioidea）和鱼龙目（Ichthyosauria）的成员组成。

早期鱼鳍类分类体系是建立在对三叠纪后（主要是侏罗纪）鱼鳍类研究的基础上，强调前肢特征，并根据前肢特征将鱼龙划分为两大类群，分别为宽鳍足类（Latipinnates）和长鳍足类（Longipinnates）。长鳍足类以低于正常指数为特征［通常 3 或 4 指（趾），且与远侧腕骨直接相接］，如 *Stenopterygius*；宽鳍足类以前肢具正常或超常的指数为特征［多于 4 指（趾）］，如 *Ichthyosaurus*。这种分类体系建立于 19 世纪后期（Kiprijanoff, 1881；Lydekker, 1889），并几乎占据了整个 20 世纪鱼鳍类研究历史。20 世纪 70 年代后期，McGowan（1976）和 Appleby（1979）分别指出之前建立在前肢特征基础上的分类体系并未真实地反映出鱼鳍类系统演化关系。Appleby（1979）进而将"鱼龙亚纲"划分为三个目，分别是 Longipinnatoidea、Latipinnatoidea 和 Heteropinnatoidea。之后，Mazin（1982）在前肢特征之外，根据头部骨骼特征对比，对鱼鳍类的系统发育进行了分析，首次建立了鱼鳍大目的系统演化图，并将鱼鳍大目划分为几个分类位置未定的原始类群和除原始类群之外的真鱼鳍目（Euichthyopterygia），后者又分为混鱼龙亚目（Mixosauria）和鱼龙亚目（Ichthyosauria）。直至 20 世纪末，基于分支系统分析方法的应用，及对全部（包括三叠纪和三叠纪后的所有有效鱼龙属种）鱼鳍类分类单元的分析（Motani, 1999a；Maisch et Matzke, 2000；Sander, 2000），建立了鱼鳍类的新的分类系统。各家的意见虽略有差异，但总的分类体系接近一致。McGowan 和 Motani（2003）采用"鱼鳍超目"（Ichthyopterygia）来包括所有鱼鳍类。更多早期类群的发现，使鱼鳍类的外延和内涵都不断扩大。Motani

等（2015a）建立鱼龙形超目（Ichthyosauriformes），包括了更原始的鼻吻龙类，而将原"鱼鳍超目"降级为鱼鳍大目。在鱼鳍大目中，巢湖龙的分类位置也存在争议。其曾被认为属于短尾鱼龙类（Motani, 1999a；McGowan et Motani, 2003），但新的研究（Motani et al., 2015a；Ji et al., 2015；Jiang et al., 2016）认为可能属于鱼鳍大目的基干类群。

基于 Motani（1999a）、Maisch 和 Matzke（2000）、McGowan 和 Motani（2003）、Motani 等（2015a）、Ji 等（2015）和 Jiang 等（2016）的建议，将鱼鳍大目划分为基干类群的巢湖龙属，包含侏儒泗鱼龙（*Parvinatator*）、歌津鱼龙（*Utatsusaurus*）和短尾鱼龙（*Grippia*）等的短尾鱼龙超科（Grippioidea）（Ji et al., 2015），以及鱼龙目（Ichthyosauria）。鱼龙目下分基干类群、混鱼龙亚目（Mixosauroidei）和梅氏鱼龙亚目（Merriamosauroidei），后者包括沙斯塔鱼龙下目（Shastasauroinei）和真鱼龙下目（Euichthyosauroinei）。

形态特征　后额骨存在后突；上颞孔前平台发育（在进步类型缺失）；顶骨的上颞骨突长；翼间窝不发育或显著缩小；无外翼骨；指（趾）骨排列紧密，无指（趾）间间隔；尾部脊椎具"峰突"，存在向前倾的神经棘。

评注　关于鱼鳍超目的起源，在传统定义的鱼龙类近二百年的研究历史上，几乎所有主要爬行动物类群，都曾被认为可能是鱼龙类的姐妹群（Callaway, 1989；Massare et Callaway, 1990）。据分支系统学研究（Caldwell, 1996；Motani et al., 1998），目前多认为现代意义上的鱼龙型类属双孔亚纲（Diapsida），接近 Sauria 分支（Gauthier, 1984：包括鳞龙型类和主龙型类），但尚不清楚其属于 Sauria 分支的内类群还是外类群（McGowan et Motani, 2003；Motani, 2005）。另有极端观点提出不能完全排除鱼鳍类从副爬行动物亚纲的原始无孔类起源的可能性（Maisch, 2010），但几乎没有共鸣者。

巢湖龙属 Genus *Chaohusaurus* Young et Dong, 1972

模式种　龟山巢湖龙 *Chaohusaurus geishanensis* Young et Dong, 1972

鉴别特征　小型鱼鳍类，体长小于 1 m。后部牙齿在唇舌方向宽，侧视呈丘状；肱骨前侧翼缘不宽大，前缘存在缺口或大的凹入；第一远侧腕骨不发育；每指具不超过 4 枚的指节骨；前肢豌豆骨不发育；第一和第二远侧跗骨不发育。

中国已知种　龟山巢湖龙 *Chaohusaurus geishanensis* Young et Dong, 1972，张家湾巢湖龙 *C. zhangjiawanensis* Chen, Sander, Cheng et Wang, 2013，巢县巢湖龙 *C. chaoxianensis* (Chen, 1985) Motani, Jiang, Tintori, Rieppel, Chen et You, 2015，共 3 种。

分布与时代　安徽、湖北，早三叠世晚期。

评注　继国内最早的鱼龙化石——巢湖龙在安徽巢县（今巢湖市）被发现后（杨钟健、董枝明，1972b），陈烈祖（1985）又报道了在安徽巢湖马家山下三叠统发现的鱼龙化石材料，命名为巢县安徽龙（*Anhuisaurus chaoxianensis*）和小巧安徽龙（*Anhuisaurus* *faciles*)。因与一有鳞类重名，Mazin 等（1991）将 *Anhuisaurus* 改为 *Chensaurus*。Motani 和 You（1998b）对产自安徽的全部鱼龙属种标本进行了深入研究，根据标本个体大小，以及骨骼结构尤其是前肢的对比，认为这些标本代表了巢湖龙从小到大不同个体发育阶段，后来命名的巢县安徽龙和小巧安徽龙是龟山巢湖龙的同物异名。Motani 等（2015b）根据新材料，又将巢县安徽龙和小巧安徽龙归入新合并的巢县巢湖龙。

巢湖龙在命名时曾被归入短头鱼龙科（Omphalosauridae），Motani（1999a）认为它与 *Grippia* 互为姐妹群，归入短尾鱼龙科（Grippidae）。Motani 等（2015a）、Ji 等（2015）和 Jiang 等（2016）的分支系统分析显示巢湖龙属可能是鱼鳍类的基干类群。Motani 等（2015b）虽然对巢湖龙进行了再研究，但未讨论该属在鱼鳍超目的分类位置。在安徽巢湖发现的含胚胎的巢湖龙化石（AGM I-1）表明其是卵胎生的类群（Motani et al., 2014）。

龟山巢湖龙 *Chaohusaurus geishanensis* Young et Dong, 1972
（图 27）

正模 IVPP V 4001（目前保存在安徽省地质博物馆），为一不完整骨架，吻部和尾部缺失，标本被劈成正负两块。产自安徽巢湖。

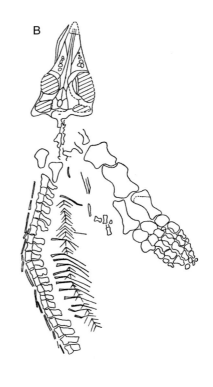

图 27 龟山巢湖龙 *Chaohusaurus geishanensis*
正模（IVPP V 4001）：A. 背视照片；B. 背视线条图（线条图引自杨钟健、董枝明，1972b，图 1）

归入标本　AGM P45-H85-25, P45-H85-20, P45-H85-24, P45-H85-23；IVPP V 11361,
V 11362（Motani et You, 1998b）；AGM-MT10010, GMPKU-P-1118（Motani et al., 2015b）。

鉴别特征　吻部相对较长；前鳍状肢直，前缘略内凹或平直；肱骨前缘略带翼缘或
平直，桡骨略长于肱骨，桡骨前部没有翼缘；成年个体中第三和第四远侧腕骨愈合，小
个体中至少有两枚远侧腕骨骨化；第三远侧跗骨骨化；指节骨和掌骨排列紧密，每指的
指节骨数不超过四枚；手部指式为 2-3(4)-4-4-2。

产地与层位　安徽巢湖，下三叠统南陵湖组。

张家湾巢湖龙 *Chaohusaurus zhangjiawanensis* Chen, Sander, Cheng et Wang, 2013

（图 28）

正模　WCCGS (WHGMR) V26001，一不完整骨架，肩带、腰带和肢骨大部分缺失。
产自湖北远安张家湾。

归入标本　WCCGS (WHGMR) V26025，一不完整骨架，尾部缺失。

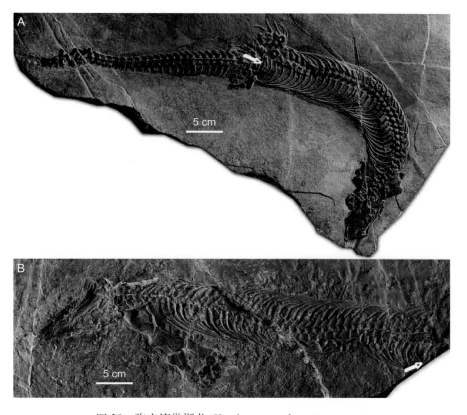

图 28　张家湾巢湖龙 *Chaohusaurus zhangjiawanensis*
A. 正模［WCCGS (WHGMR) V26001］；B. 归入标本［WCCGS (WHGMR) V26025］。箭头处为第一节荐椎
（引自 Chen et al., 2013）

鉴别特征　头骨背腹向扁平；具大且形状不规则的眼眶；背椎横突发育良好；两对荐肋中，第一荐肋远端扩展，第二荐肋远端收缩、形状与尾肋相同但小于尾肋。

产地与层位　湖北远安张家湾，下三叠统嘉陵江组 II 段。

巢县巢湖龙 *Chaohusaurus chaoxianensis* (Chen, 1985) Motani, Jiang, Tintori, Rieppel, Chen et You, 2015

（图 29）

Anhuisaurus chaoxianensis：陈烈祖，1985，140 页

Anhuisaurus faciles：陈烈祖，1985，142 页

Chensaurus chaoxianensis：Mazin et al., 1991, p. 1208；Motani et You, 1998a, p. 133

Chensaurus faciles：Mazin et al., 1991, p. 1208

图 29　巢县巢湖龙 *Chaohusaurus chaoxianensis*
正模（AGM P45-H85-25），骨架照片（安徽省地质博物馆提供）

Chaohusaurus geishanensis：Motani et You, 1998b, p. 534 (part)

Chaohusaurus geishanensis：McGowan et Motani, 2003, p. 65 (part)

正模　AGM P45-H85-25，一件几乎完整的骨架。产自安徽巢湖马家山。

归入标本　AGM P45-H85-20，AGM CHS-3, 7, 14，AGM CH-628-12, 16–20, 23，IVPP V 11361，V 11362。

鉴别特征　吻部比 *C. geishanensis* 的短；肱骨前缘具缺口，桡骨略短于肱骨，桡骨发育前部翼缘；第三和第四远侧腕骨不愈合，指节骨和掌骨间有间隙；每指最多三枚指节骨；第三远侧跗骨未骨化；手部指式为 1-2(3)-3-3-1；前鳍状肢弯向后方，具有向外凸的前缘。

产地与层位　安徽巢湖马家山，下三叠统南陵湖组上段。

鱼龙目 Order ICHTHYOSAURIA de Blainville, 1835

概述　鱼龙目 Ichthyosauria 一词最早由 de Blainville（1835）创立，之后曾一度与"鱼鳍超目"Ichthyopterygia 一词混用，Wiman（1933）最早将 Ichthyosauria 限定为包括除 *Grippia* 之外的所有 Ichthyopterygia。Motani（1999a）根据分支系统分析证实并沿用了这一划分。Maisch 和 Matzke（2000）则另建 Hueneosauria 目代表除 *Grippia* 之外的鱼鳍类群。鱼龙目是目前包括属种数最多的海生爬行动物类群，除三叠纪分子外，还包括侏罗纪和白垩纪的全部鱼鳍类属种。

定义与分类　包括 *Xinminosaurus catactes* Jiang, Motani, Hao, Schmitz, Rieppel, Sun et Sun, 2008，*Cymbospondylus piscosus* Leidy, 1868 和 *Ichthyosaurus communis* de La Beche et Conybeare, 1821 最近的共同祖先及其所有后裔。即现今包括除原始的鱼鳍类和短尾鱼龙超科之外的所有三叠纪和后三叠纪鱼鳍类成员。

形态特征　外鼻孔朝向两侧，仅于背侧有少许暴露；前额骨和后额骨构成眼眶背缘；在侧视面，眶后骨被排除于上颞孔之外；顶孔位于顶骨和额骨相接处；翼骨的横向凸缘发育差；尺骨扁平或有缺口；后部背椎的椎体呈圆饼状。

鱼龙目科未定 Ichthyosauria incertae familiae

新民龙属 Genus *Xinminosaurus* Jiang, Motani, Hao, Schmitz, Rieppel, Sun et Sun, 2008

模式种　压碎新民龙 *Xinminosaurus catactes* Jiang, Motani, Hao, Schmitz, Rieppel, Sun et Sun, 2008

鉴别特征 吻部前端可能无齿，上颌骨和齿骨后部具球状且侧扁的碾压型齿，齿冠基部不收缩；上颌骨和齿骨的替换齿位于齿窝内侧，构成第二列齿；尺骨远端接合面显著扩展，延展接近超过前肢中轴区域；第三和第四远侧腕骨及第三和第四远侧跗骨分别愈合，第一远侧腕骨及第一远侧跗骨未骨化。

中国已知种 仅模式种。

分布与时代 贵州盘州，中三叠世安尼期。

评注 本属建立时科未定，Ji 等（2015）和 Jiang 等（2016）根据分支系统分析将本属归入杯椎鱼龙科（Cymbospondylidae），但由于一些头部特征不详，支持的证据不充分。Maisch（2010）认为该属的牙齿特征非常接近产自欧洲下壳灰岩层（Lower Muschelkalk）的 *Tholodus schmidi*。

压碎新民龙 *Xinminosaurus catactes* Jiang, Motani, Hao, Schmitz, Rieppel, Sun et Sun, 2008

（图 30）

正模 GMPKU-P-1071，一近完整骨架。产自贵州盘州新民乡羊槛村（又称羊圈村，现已并入雨那村）。

1 cm

图 30 压碎新民龙 *Xinminosaurus catactes*
正模（GMPKU-P-1071），骨架照片（由北京大学江大勇提供）

鉴别特征　同属。

产地与层位　贵州盘州新民乡，中三叠统关岭组 II 段。

混鱼龙亚目 Suborder MIXOSAUROIDEI Motani, 1999

概述　Motani（1999a）根据分支系统分析，将混鱼龙科提升为亚目一级分类单位，作为同时识别出的梅氏鱼龙亚目（Merriamosauroidei）的姐妹群。前者仅包括中三叠世混鱼龙类，后者包括中、晚三叠世的沙斯塔鱼龙类和包含全部侏罗纪、白垩纪鱼龙在内的真鱼龙类。

形态特征　同混鱼龙科。

定义与分类　包括相对于 *Ophthoalmosaurus icenicus* Seeley, 1974 系统关系与 *Mixosaurus cornalianus* (Bassani, 1886) 更近的所有非杯椎鱼龙科（Cymbospondylidae）成员，以及非新民龙（*Xinminosaurus*）的鱼龙类（Ichthyosauria）。现今仅包括混鱼龙科。

混鱼龙科 Family Mixosauridae Baur, 1887

定义与分类　为一单系类群，由 *Mixosaurus cornalianus* (Bassani, 1886) 和 *Phalarodon fraasi* (Merriam, 1910) 最近的共同祖先及其所有后裔组成。包括混鱼龙（*Mixosaurus*）和瘤齿龙（*Phalarodon*）。

鉴别特征　前颌骨后端尖，几乎不进入外鼻孔；矢状嵴（sagittal crest）长，前伸至鼻骨；上颞孔前平台大，伸达鼻骨；后部牙齿比前部牙齿粗壮。神经棘高且窄，中部尾椎尺寸增大；耻骨大小是坐骨的两倍多；肱骨近端肱骨头的前部具略内凹的平台。

中国已知属　混鱼龙 *Mixosaurus* Baur, 1887 和瘤齿龙 *Phalarodon* Merriam, 1910 两属。

分布与时代　分布于欧洲的德国、法国、波兰、瑞士、意大利、挪威和瑞典等地，北美的加拿大和美国，以及中国南方，中三叠世。

评注　19 世纪中叶，在德国、意大利等地侏罗纪典型的鱼龙层之下陆续发现鱼龙脊椎和牙齿等化石，多数鉴定为 *Ichthyosaurus* 属分子。Baur（1887）描述了在意大利北部 Besano 发现的 *Ichthyosaurus cornalianus* (Bassani, 1886) 材料，认为其四肢结构与侏罗纪鱼龙类型有较大差异，因此将该种从 *Ichthyosaurus* 分离出来，建立了第一个三叠纪鱼龙分类单元——混鱼龙科（Mixosauridae）混鱼龙属（*Mixosaurus*）。至今混鱼龙类已广泛发现于加拿大、美国、法国、德国、意大利、波兰、俄罗斯、挪威、瑞典、印度尼西亚、土耳其和中国等多个地区的中三叠统（Callaway, 1997），是三叠纪分布最广、数量最多的鱼龙类群。中国最早发现的混鱼龙类是产于贵州茅台镇的茅台？混鱼龙（*Mixosaurus maotaiensis* Young, 1965?），21 世纪初大量混鱼龙类化石在贵州南部和云南等地被发现，后陆续建立一些新种。

科内属的划分争议较大，Motani（1999a, b）认为混鱼龙科仅有 *Mixosaurus* 一属，其他混鱼龙类 *Phalarodon*、*Contectopalatus*、*Sangiorgiosaurus* 均为 *Mixosaurus* 晚出异名。Maisch 和 Matzke（2000）认为可划分为 *Mixosaurus*、*Phalarodon*、*Contectopalatus* 三属。McGowan 和 Motani（2003）将 *Tholodus* 归入本科，划分为 *Mixosaurus* 和 *Tholodus* 两属，Jiang 等（2006c）认为可划分为 *Mixosaurus* 和 *Phalarodon* 两属。Maisch（2010）划分为两亚科，其中 Mixosaurinae 亚科之下包括 *Mixosaurus* 一属，Phalarodontinae 亚科之下包括 *Phalarodon* 和 *Contectopalatus* 两属。

混鱼龙属 Genus *Mixosaurus* Baur, 1887

模式种 科氏混鱼龙 *Mixosaurus cornalianus* (Bassani, 1886)

鉴别特征 肱骨短宽且长宽接近；上颌骨具齿沟（dental groove）。

中国已知种 盘县混鱼龙 *Mixosaurus panxianensis* Jiang, Schmitz, Hao et Sun, 2006，库氏混鱼龙 *M. kuhnschnyderi* (Brinkmann, 1998) Brinkmann, 1998，新店混鱼龙 *M. xindianensis* Chen et Cheng, 2010，茅台? 混鱼龙 *M. maotaiensis* Young, 1965?，共 4 种。

分布与时代 欧洲的瑞士、意大利等地，中国西南地区，中三叠世。

评注 混鱼龙类虽然分布较广，但很多发现的混鱼龙类化石仅能归入混鱼龙科分类位置不明或 *Mixosaurus* 的未定种（Mixosauridae incertae sedis 或 *Mixosaurus* sp.）（Mazin, 1983；Callaway et Massare, 1989）。Callaway（1997）厘定后认为属内仅有 *M. atavus* 和 *M. cornalianus* 两个有效种。McGowan 和 Motani（2003）认为有 *M. atavus*、*M. cornalianus*、*M. nordenskioeldii*、*M. fraasi* 和 *M. kuhnschnyderi* 五个有效种。Jiang 等（2006c）建立新种 *Mixosaurus panxianensis*，同时否认了 *Mixosaurus maotaiensis* 的有效性，其分支系统分析仅认定属内 *Mixosaurus cornalianus*、*M. kuhnschnyderi* 和 *M. panxianensis* 为有效属种。

盘县混鱼龙 *Mixosaurus panxianensis* Jiang, Schmitz, Hao et Sun, 2006

（图 31）

Phalarodon sp.：Jiang et al., 2003, p. 657

Barracudasaurus maotaiensis：Jiang et al., 2005a, p. 870

Barracudasauroides panxianensis：Maisch, 2010, p. 161

正模 GMPKU-P-1033，一不完整骨架。产自贵州盘州新民乡羊槛村（又称羊圈村，现已并入雨那村）。

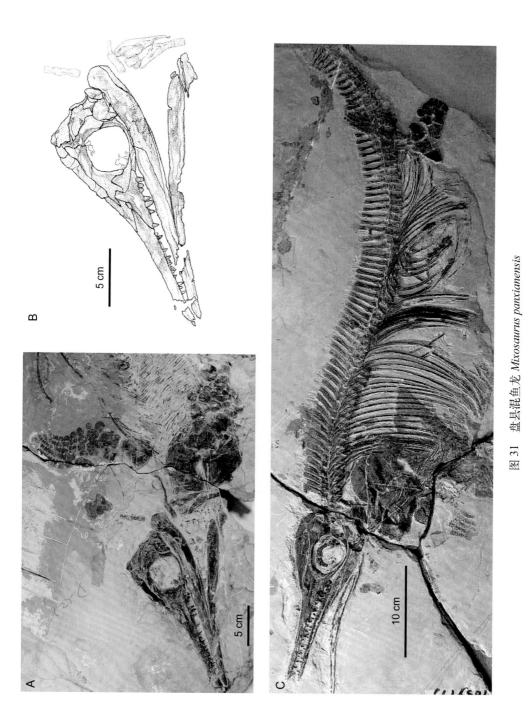

图 31 盘县混鱼龙 *Mixosaurus panxianensis*

A. 正模 (GMPKU-P-1033); B. 正模头骨和下颌左侧视素描图; C. 归入标本 (GMPKU-P-1009) (引自 Jiang et al., 2006c, Figs. 3, 4, 6)

副模 GMPKU-P-1039，一完整骨架。

归入标本 GMPKU-P-1008（原编号：GMPKU2000008），GMPKU-P-1009（原编号：GMPKU2000009）。

鉴别特征 轭骨具短的后腹侧突起，轭骨与方轭骨在外侧面不相接。

产地与层位 贵州盘州、普安，中三叠统关岭组 II 段。

库氏混鱼龙 *Mixosaurus kuhnschnyderi* (Brinkmann, 1998) Brinkmann, 1998

(图 32)

Phalarodon sp.：Brinkmann, 1997, p. 72

Sangiorgiosaurus kuhnschnyderi：Brinkmann, 1998a, p. 132

正模 PIMUZ T1324，一接近完整的骨架。产自瑞士提契诺州圣乔治山。

归入标本 YIGMR SPCV-0810，一不完整骨架，后半部缺失。

鉴别特征 小型混鱼龙，下颌后部锥型齿和丘型齿交替出现。

产地与层位 欧洲意大利、瑞士，中三叠统 Grenzbitumen 层；中国云南罗平，中三叠统关岭组 II 段。

评注 陈孝红和程龙（2009）根据中国云南的一小型混鱼龙标本，其下颌后部牙齿具有锥型齿和丘型齿交替出现的 *Mixosaurus kuhnschnyderi* 的独有衍征，将它归入本种，并对种特征进行了补充和修订：亚槽生齿，仅在上颌骨前部发育不明显的齿沟；上颌齿大于相咬合的下颌齿；上颌骨最后一枚牙齿变粗，齿冠变钝；下颌最后三颗牙齿变粗，由两枚穹形齿夹一枚锥型齿组成。间锁骨宽 T 形，后突短粗。Liu 等（2011a）报道了一件同样产于云南罗平关岭组 II 段的混鱼龙类标本（CCCGS LPV 30986），属种未定。受保存所限，其牙齿特征尚难以与本种直接对比，仅从大小、头骨形态判断，可能与陈孝红和程龙（2009）描述的本种材料为同种。

新店混鱼龙 *Mixosaurus xindianensis* Chen et Cheng, 2010

(图 33)

正模 YIGMR SPCV-0732，一完整骨架。产自贵州普安新店。

鉴别特征 成年个体长约 1 m。下颌中后部牙齿稀疏；上颌骨最后两齿和齿骨最后一齿粗且矮，齿冠钝；间锁骨 T 形，后突较侧支细长；肱骨前缘直；尺骨后缘发育缺口。

产地与层位 贵州普安，中三叠统关岭组 II 段。

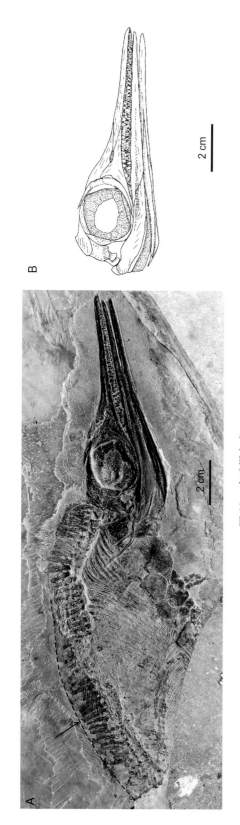

图 32　牟氏混鱼龙 *Mixosaurus kuhnschnyderi*
归入标本 (YIGMR SPCV-0810)：A. 标本照片；B. 头骨侧视线条图 (标本照片由中国地质调查局武汉地质调查中心陈孝红提供，线条图引自陈孝红，程龙，2009)

图 33　新居混鱼龙 *Mixosaurus xindianensis*
正模 (YIGMR SPCV-0732)：A. 骨架照片；B. 头骨侧视线条图 (标本照片由中国地质调查局武汉地质调查中心陈孝红提供；线条图引自陈孝红，程龙，2010)

茅台? 混鱼龙 *Mixosaurus maotaiensis* Young, 1965?

（图 34）

正模 IVPP V 2468，部分头后骨骼，包括乌喙骨、肱骨和少量脊椎骨、肋骨等。产自贵州仁怀茅台新桥。

鉴别特征 间锁骨前缘较直；乌喙骨呈矩形轮廓；肱骨短而宽。

产地与层位 贵州仁怀，中三叠统下部。

评注 "茅台种"由于材料过于破碎，不具有独有的鉴定特征，一些研究者对该种的命名表示质疑，认为应属无效名称（Motani, 1999a）。但也有研究者强调该种的特殊性，建议保留（Maisch et Matzke, 2003）。Jiang 等（2005a）依据"茅台混鱼龙"的模式标本，并参考盘州的新材料，曾建立一新属 *Barracudasaurus*。后 Jiang 等（2006c）将盘州的材料另建立新种 *Mixosaurus panxianensis*，认为 *Barracudasaurus* 的建立无效。刘冠邦和尹恭正（2008）也曾将盘州的部分鱼龙化石材料归入"茅台混鱼龙"，此外还建立 *Mixosaurus yangjuanensis* 一新种和识别出另一混鱼龙 *Mixosaurus cornalianus*。江大勇等（2008）认为刘冠邦和尹恭正（2008）对"茅台混鱼龙"的厘定未指出其特有的鉴定特征，

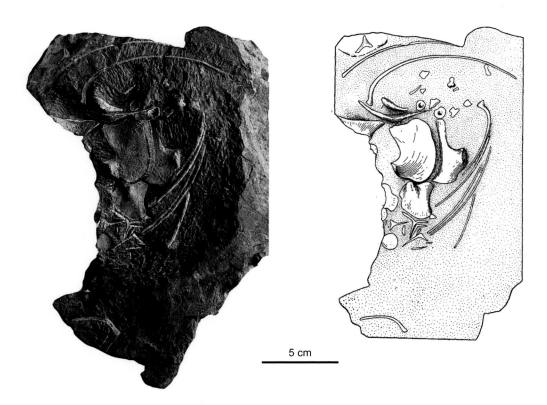

5 cm

图 34 茅台? 混鱼龙 *Mixosaurus maotaiensis*?
正模（IVPP V 2468），部分头后骨骼照片和素描图（素描图引自杨钟健，1965，图 1）

所有特征均为混鱼龙科的共性特征，应属无效；新命名的种缺乏有效鉴定特征，描述不准确，存在疑问；其识别出的"*Mixosaurus cornalianus*"鉴定错误。

"茅台混鱼龙"是中国三叠纪鱼龙的最早报道，与后来发现的混鱼龙类产地均不同，这里作为混鱼龙类有疑问的种。

瘤齿龙属 Genus *Phalarodon* Merriam, 1910

模式种 弗氏瘤齿龙 *Phalarodon fraasi* Merriam, 1910

鉴别特征 鼻区具显著的鼻骨平台；上颌骨齿具替换齿窝。

中国已知种 弗氏瘤齿龙（相似种）*Phalarodon* cf. *P. fraasi* Merriam, 1960 和始祖瘤齿龙 *P. atavus* (Quenstedt, 1852) Jiang, Schmitz, Hao et Sun, 2006 两种。

分布与时代 欧洲的德国、波兰和挪威，北美，中国的西南部，中三叠世。

评注 瘤齿龙属是 Merriam（1910）根据产于美国内华达州 West Humboldt Range 中三叠统灰岩中的鱼龙化石建立，模式种为 *Phalarodon fraasi*。建种时他即指出，*Phalarodon fraasi* 与发现于欧洲意大利的 *Mixosaurus* (?) *atavus* (Fraas, 1891) 的牙齿特征非常相似，鉴于后者不同于其他混鱼龙属种，如果没有发现其他更多可资区别的特征，可以将 *Mixosaurus* (?) *atavus* 归入瘤齿龙属。之后的近一个世纪里，关于瘤齿龙是否一有效属，一直争议较多。例如，在瘤齿龙建立后不久，Huene（1916）即根据与 *M. atavus* 的对比，指出瘤齿龙是无效属。Huene（1956）、Romer（1956）、McGowan（1972）、Nicholls 等（1999）、McGowan 和 Motani（2003）、Schmitz（2005）等也均认为瘤齿龙是无效属。而 Carroll（1988）、Callaway 和 Brinkman（1989）则坚持保留瘤齿龙为独立的属。Jiang 等（2003）报道了发现于中国贵州盘州关岭组 II 段的一瘤齿龙属未定种，后（Jiang et al., 2006c）认为原标本（GMPKU 2000008）并不具有瘤齿龙的共有衍征，而将该标本归入其建立的一混鱼龙属新种——盘县混鱼龙。同时，根据中国混鱼龙材料的研究以及分支系统分析，Jiang 等（2006c）认为混鱼龙科由两个单系类群——混鱼龙和瘤齿龙构成。其中，瘤齿龙属的共有衍征是鼻区发育显著的鼻骨平台，上颌骨不具齿沟，共包含 *Phalarodon fraasi*、*P. callawayi* 和 *P. atavus* 三个种。再后，Jiang 等（2007）又描述了同产于贵州盘州关岭组 II 段的一混鱼龙类新材料（GMPKU-P-1032），认为其属于弗氏瘤齿龙的相似种。

始祖瘤齿龙 *Phalarodon atavus* (Quenstedt, 1852) Jiang, Schmitz, Hao et Sun, 2006

（图 35）

Ichthyosaurus atavus：Quenstedt, 1852, p. 129

Mixosaurus atavus atavus：Fraas, 1891, p. 37

Mixosaurus atavus：Huene, 1916, p. 3；Motani, 1999b, p. 925；McGowan et Motani, 2003, p. 67

Contectopalatus atavus：Maisch et Matzke, 1998, p. 115；Maisch et Matzke, 2001, p. 1128

选模 IMGPUT (GPIT/RE/411)，几乎完整的右侧上颌骨、泪骨和部分前额骨。产自德国 Calw-Althengstett。

归入标本 GPIT/RE/79, 98, 107, 407–410，SMNS 56315, 153787，骨架等标本；产自德国（Maisch and Matzke, 2001）。CCCGS LPV 30872，几乎完整的骨架；产自我国云南罗平（Liu et al., 2013a）。

鉴别特征 牙齿为锥状的同型齿；在最大且完全长出的牙齿齿根上具深的纵向沟；下颌未见齿沟；肩胛骨的腹缘平直；第 V 掌骨大于第四远侧腕骨。

产地与层位 德国，中三叠统下壳灰岩层（Lower Muschelkalk）；中国云南，中三叠统关岭组 II 段。

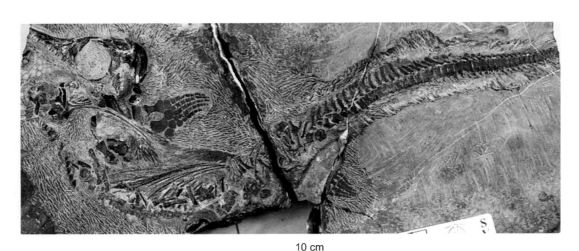

10 cm

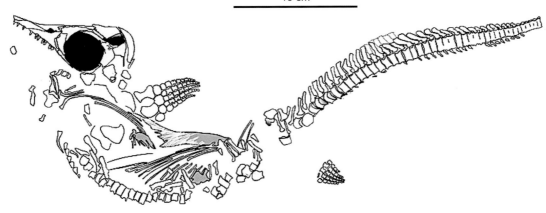

图 35 始祖瘤齿龙 *Phalarodon atavus*
归入标本（CCCGS LPV 30872），骨架照片和线条图（引自 Liu et al., 2013a, Fig. 3）

评注　本种建立之初所依据的材料破碎且零散，后人主要根据一些归入标本对本种的特征做进一步的补充和研究。Maisch 和 Matzke（1998）详细研究了 Quenstedt 于 1852年建立本种时所依据的材料及一些被后人归入到本种的标本，指定了 GPIT/RE/411 作为选模（Lectotype），还指定了 Huene（1916）描述的本种的一件不完整的、立体保存的头骨（SMNS 153787）作为新模（Neotype）。同时，根据本种的头骨特征与 *Mixosaurus* 的模式种 *M. cornalianus* 的不同，建立新属 *Contectopalatus*。之后，Motani（1999b）、McGowan 和 Motani（2003）均未承认该新属，仍沿用 *Mixosaurus atavus*。他们同时指出，根据国际动物命名法规（International Code of Zoological Nomenclature），在原始描述的材料还存在的情况下，没有必要重新指定一个新模，Maisch 和 Matzke（1998）指定的新模是无效的。事实上，Maisch 和 Matzke（2001）根据对 GPIT/RE/411 的重新研究，认为其保存了一些可资鉴定的特征，也修正了之前基于该选模未保存鉴定特征而指定新模的错误。

依据分支系统分析，Jiang 等（2006c）将本种归入 *Phalarodon*，但未详细指出归入的理由，仅说明它与 *Phalarodon fraasi* 和 *P. callawayi* 均具有 *Phalarodon* 的共同衍征。Liu 等（2013a）描述了一在中国云南发现的混鱼龙材料（CCCGS LPV 30872），根据其齿根部有深的沟槽（a deep groove on the tooth root）的特征，与 Maisch 和 Matzke（2001）描述的欧洲 Germanic Basin 的 "*Contectopalatus*" *atavus* 的独有衍征相同，将该材料归入本种。文中未交代 "*Contectopalatus*" 与 *Mixosaurus* 或 *Phalarodon* 的关系，而是直接引用 Jiang 等（2006c）对本种归属的结论，将 Maisch 和 Matzke（2001）原描述的 *Contectopalatus atavus* 在引用时改为 *Phalarodon atavus*。本书编者对 CCCGS LPV 30872是否真的暴露出牙齿的根部特征持有保留意见。

始祖瘤齿龙的标本之前仅发现于欧洲 Germanic Basin，罗平发现的这件标本为该种第一件具有头后骨骼的标本。

弗氏瘤齿龙（相似种）*Phalarodon* cf. *P. fraasi* Merriam, 1960

（图 36）

标本　GMPKU-P-1032，头骨和少量的神经棘等头后骨骼，头骨主要暴露右侧视和背视，经修理后也可以观察到左侧视的部分骨骼。产自贵州盘州新民乡羊槛村（又称羊圈村，现已并入雨那村）。

产地与层位　贵州盘州，中三叠统关岭组 II 段。

评注　标本（GMPKU-P-1032）鼻骨平台发育、上颌骨无齿沟等特征显示其确定无疑为瘤齿龙（Jiang et al., 2007）。其下颌齿无论形态还是大小均与 *Phalarodon fraasi*（Merriam, 1910；Motani, 2005）相似，但上颌骨齿小于 *P. fraasi* 者，且外鼻孔之下齿不粗壮、齿冠顶部似乎缺乏纵向脊（mesiodistal ridges），与 *P. fraasi* 相比仍有一定差异（Jiang et al., 2007）。

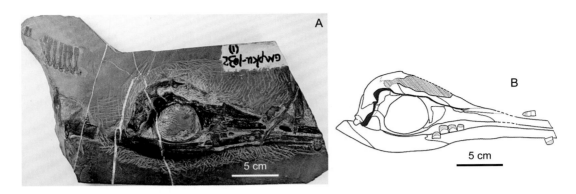

图 36　弗氏瘤齿龙（相似种）*Phalarodon* cf. *P. fraasi*
标本（GMPKU-P-1032）：A. 标本照片；B. 头骨侧视线条图（A 由北京大学江大勇提供，B 引自 Jiang et al., 2007, Fig. 2）

梅氏鱼龙亚目 Suborder MERRIAMOSAUROIDEI Motani, 1999

概述　Motani（1999a）根据鱼鳍类分支系统学研究建立梅氏鱼龙亚目（Merriamosauroidei），与混鱼龙亚目互为姐妹群。Ji 等（2015）增加更多的本亚目鉴定特征。亚目下包括沙斯塔鱼龙下目和真鱼龙下目。

定义　包括 *Shastasaurus pacificus* Merriam, 1895 和 *Ichthyosaurus communis* de La Beche et Conybeare, 1821 最近的共同祖先及其所有后裔。

形态特征　后额骨内侧向后延伸超过上颞孔的前缘；方轭骨高大于长。肩胛骨无前突，前缘稍凸或近直，肩胛骨的乌喙骨接合面等于或小于关节窝面；无乌喙骨孔，乌喙骨前缘和后缘均凹入。肱骨远端和近端宽度接近相等；桡骨周缘变扁或全部扁平；第 I 掌骨未骨化，第 III 掌骨扁平，第 II 指远侧的指节骨存在缺口或外周变扁；足部无第 I 趾。

沙斯塔鱼龙下目 Infraorder SHASTASAUROINEI Motani, 1999

定义　包括与 *Shastasaurus pacificus* Merriam, 1895 亲缘关系近于 *Ichthyosaurus communis* de La Beche et Conybeare, 1821 的所有梅氏鱼龙类（Merriamosaurians）。

鉴别特征　肱骨近似四边形；闭孔局部开放但大部分位于耻骨内；荐前椎数超过 55 节。

沙斯塔鱼龙科 **Family Shastasauridae Merriam, 1902**

定义与分类 为一单系类群，由 *Shastasaurus* 和 *Besanosaurus* 最近的共同祖先及其所有后裔组成。包括 *Besanosaurus*、沙斯塔鱼龙（*Shastasaurus*）、秀尼鱼龙（*Shonisaurus*）、贵州鱼龙（*Guizhouichthyosaurus*）、关岭鱼龙（*Guanlingsaurus*）和喜马拉雅龙（*Himalayasaurus*）。

鉴别特征 个体大小超过 6 m，荐前椎数目在 55 节以上。肩胛骨长轴与肩胛骨关节窝面形成约 60° 角；乌喙骨宽大于长；闭孔大部分在耻骨内，但一侧开放；桡骨较宽，约为尺骨宽的 1.5 倍；股骨远端宽扁。

中国已知属 贵州鱼龙 *Guizhouichthyosaurus* Cao et Luo in Yin, Zhou, Cao, Yu et Luo, 2000，关岭鱼龙 *Guanlingsaurus* Yin in Yin, Zhou, Cao, Yu et Luo, 2000，喜马拉雅龙 *Himalayasaurus* Dong, 1972，共 3 属。

分布与时代 欧洲意大利、瑞士，北美，中国贵州、云南和西藏，中三叠世至晚三叠世。

评注 McGowan 和 Motani（2003）定义的沙斯塔鱼龙科，仅包括沙斯塔鱼龙、秀尼鱼龙和喜马拉雅龙。Ji 等（2015）根据分支系统分析，将更多的属归入沙斯塔鱼龙科。

贵州鱼龙属 **Genus *Guizhouichthyosaurus* Cao et Luo in Yin, Zhou, Cao, Yu et Luo, 2000**

模式种 邓氏贵州鱼龙 *Guizhouichthyosaurus tangae* Cao et Luo in Yin, Zhou, Cao, Yu et Luo, 2000

鉴别特征 中 - 大型鱼龙。长吻；前颌骨鼻下支不发育，鼻上支向后伸至外鼻孔后缘附近；上颞孔前平台中度发育；顶骨具窄的顶脊，顶脊前端呈 V 型分叉；方轭骨和轭骨不相接；具约 65 节荐前椎；2 节荐椎；尾部具尾弯；间锁骨呈 T 型，具小而细的后突；肩胛骨呈宽镰刀状，前缘平滑外凸；后肢第 II 趾的近侧趾节骨显著小于其后的远侧趾节骨。

中国已知种 仅模式种。

分布与时代 贵州关岭，晚三叠世卡尼期。

邓氏贵州鱼龙 ***Guizhouichthyosaurus tangae* Cao et Luo in Yin, Zhou, Cao, Yu et Luo, 2000**

（图 37）

Cymbospondylus asiaticus：李淳、尤海鲁，2002，9 页

Panjiangsaurus epicharis：陈孝红、程龙，2003，229 页

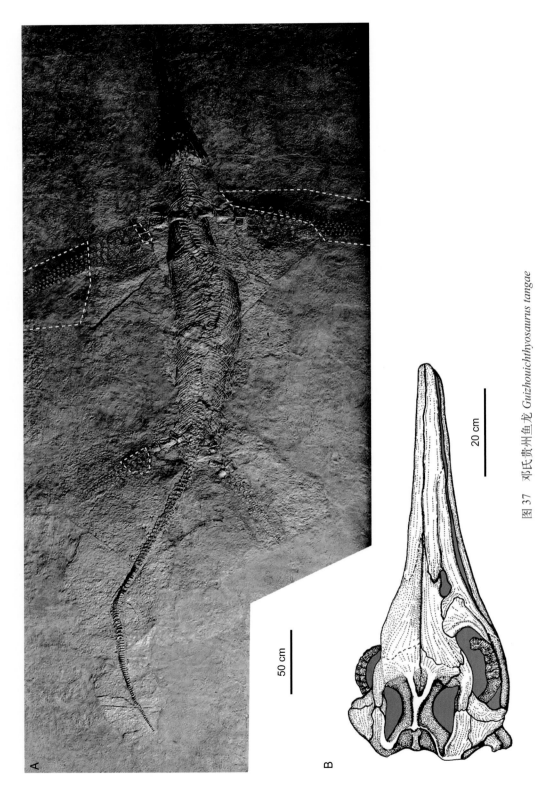

图 37 邓氏贵州鱼龙 *Guizhouichthyosaurus tangae*

A. 归入标本（IVPP V 11853），骨架腹视；B. 归入标本（GNG dq-41），头骨背侧线条图（引自 Maisch et al., 2006, Fig. 3）

50 cm

20 cm

Callawayia wolonggangense：陈孝红等，2007，975 页

Shastasaurus tangae：Shang et Li, 2009, p. 178；尚庆华等，2012，773 页

正模　GIRGS (Gmr) 009，一不甚完整骨架，缺失绝大部分的尾椎和后肢。产自贵州关岭卧龙岗。

归入标本　IVPP V 11865, V 11869（李淳、尤海鲁，2002）；IVPP V 11853（Shang et Li, 2009）；YIGMR TR 00001, YIGMR SPCV30014（陈孝红、程龙，2003）；GNG dq-41, dq-46, dq-22（Maisch et al., 2006）；YIGMR SPCV10305, 10306（陈孝红等，2007）；IGGCAS 2005F001（尚庆华等，2012）。

鉴别特征　同属。

产地与层位　贵州关岭，上三叠统法郎组瓦窑段。

评注　产自贵州关岭地区的晚三叠世长吻大型鱼龙曾描述有 4 属 4 种，包括邓氏贵州鱼龙（*Guizhouichthyosaurus tangae*）、亚洲杯椎鱼龙（*Cymbospondylus asiaticus*）、美丽盘江龙（*Panjiangsaurus epicharis*）和卧龙岗卡洛维龙（*Callawayia wolonggangense*）。目前多数研究者认同前三者为同一属种，即邓氏贵州鱼龙。Shang 和 Li（2009）曾根据对邓氏贵州鱼龙头后骨骼的研究将其归入沙斯塔鱼龙（*Shastasaurus*）属。*Shastasaurus* 是一分布较广的晚三叠世大型鱼龙化石属，最初建立于美国加利福尼亚州的 Shasta 地区，包括 5 个种（Merriam, 1895, 1902, 1908），但建立这些种的化石材料保存较差，特别是模式种仅建立于几节背椎、背肋和两块耻骨之上。考虑到沙斯塔鱼龙属的一些特征定义不明确，歧义较多，这里仍沿用原来的贵州鱼龙作为本种的属名。对于卧龙岗卡洛维龙的归属尚存争议。其与邓氏贵州鱼龙的头后骨骼特征的确存在一些差异，但初步研究表明邓氏贵州鱼龙可能存在两性异型的现象（Shang et Li, 2013），卧龙岗卡洛维龙应也是邓氏贵州鱼龙的晚出异名。

关岭鱼龙属 Genus *Guanlingsaurus* Yin in Yin, Zhou, Cao, Yu et Luo, 2000

模式种　梁氏关岭鱼龙 *Guanlingsaurus liangae* Yin in Yin, Zhou, Cao, Yu et Luo, 2000

鉴别特征　短吻；具约 80 节荐前椎；前肢骨骨化较差，仅具 3 指。

中国已知种　仅模式种。

分布与时代　贵州关岭，晚三叠世卡尼期。

评注　最初建立时归入同时建立的关岭鱼龙科（Family Guanlingsauridae Yin in Yin, Zhou, Cao, Yu et Luo, 2000）。Ji 等（2015）的分支系统分析显示本属与 *Shonisaurus* 互为姐妹群，且与 *Shastasaurus* 亲缘关系较近（Ji et al., 2015；Jiang et al., 2016），将本属归入重新定义的沙斯塔鱼龙科。

梁氏关岭鱼龙 *Guanlingsaurus liangae* Yin in Yin, Zhou, Cao, Yu et Luo, 2000

(图 38)

Shastasaurus liangae：Sander et al., 2011, p. 2

正模 GIRGS (Gmr) 014，一近于完整骨架。产自贵州关岭卧龙岗。

归入标本 YIGMR SPCV03107–03109（Sander et al., 2011）

鉴别特征 同属。

产地与层位 贵州关岭，上三叠统法郎组瓦窑段。

评注 迄今为止产自贵州关岭地区的大型鱼龙化石主要包括两种类型，一即此短吻类型，另一为长吻类型的贵州鱼龙类（见上文）。Sander 等（2011）曾将本种归入沙斯塔鱼龙属，并对沙斯塔鱼龙属进行了重新修订，认为其主要特征是短吻、无齿。他们推测本种的取食方式为吞食，主要以无壳的头足类和鱼类为食。本种头后骨骼特征与沙斯塔鱼龙属有较大差异，应代表一独立的分类单元。本书暂时同意 Ji 等（2015）观点，归入沙斯塔鱼龙科。

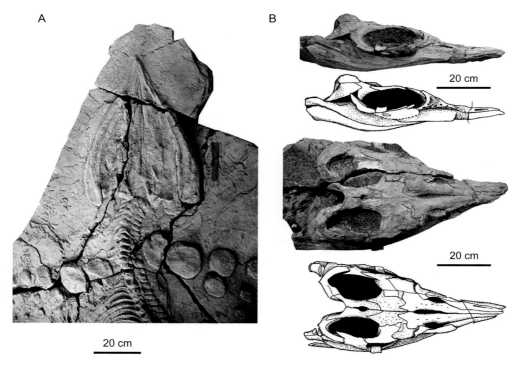

图 38 梁氏关岭鱼龙 *Guanlingsaurus liangae*

A. 正模 [GIRGS (Gmr) 014]，头骨腹视；B. 归入标本（YIGMR SPCV03107），头骨右侧视和背视的照片及
线条图（引自 Sander et al., 2011, Fig. 2）

喜马拉雅龙属 Genus *Himalayasaurus* Dong, 1972

模式种 西藏喜马拉雅龙 *Himalayasaurus tibetensis* Dong, 1972

鉴别特征 大型沙斯塔鱼龙类，体长可能超过 15 m。齿冠唇舌向压扁，两侧（近侧和远侧）呈刃脊，唇、舌侧视齿冠外形膨大；桡骨后缘骨干厚，但前缘扁平化；颈椎椎体短，宽长比值约为 3。

中国已知种 仅模式种。

分布与时代 西藏聂拉木、定日，晚三叠世诺利期。

评注 产自西藏地区的大型鱼龙化石曾报道有两种：一是 *Himalayasaurus tibetensis* Dong, 1972，另一是 *Tibetosaurus tingjiensis* Young, Liu et Zhang, 1982。后者基于非常破碎的材料，仅包括保存很差的四枚牙齿（IVPP V 2798）和少量头后骨骼，缺乏足够的鉴定特征。张雄华等（2003）报道了发现于定日的鱼龙化石，产出层位与西藏喜马拉雅龙相同，但仅为两枚肋骨，具体分类位置待定。

西藏喜马拉雅龙 *Himalayasaurus tibetensis* Dong, 1972

（图 39）

Tibetosaurus tingjiensis：杨钟健等，1982

图 39　西藏喜马拉雅龙 *Himalayasaurus tibetensis*
A. 正模（IVPP V 4003），下颌及部分脊椎骨；B. 复原图（引自董枝明，1972，图 3）

正模　IVPP V 4003，部分下颌骨、部分脊椎（包括尾椎）和桡骨。产自西藏聂拉木土隆地区。

鉴别特征　同属。

产地与层位　西藏聂拉木、定日，上三叠统曲龙共巴组。

评注　Motani 等（1999）再研究后将原作者描述的乌喙骨鉴定为桡骨，并对本种鉴定特征进行了修订，证实了本种与沙斯塔鱼龙类的亲缘关系较近。

真鱼龙下目 Infraorder EUICHTHYOSAUROINEI Motani, 1999

定义　包括与 *Ichthyosaurus communis* de La Beche et Conybeare, 1821 亲缘关系要近于 *Shastasaurus pacificus* Merriam, 1895 的所有梅氏鱼龙类（Merriamosaurians）。

鉴别特征　肱骨远端两关节面的长度几乎相等；桡骨具前缺口；耻骨的闭孔宽；尾中部脊椎高度突然下降，尾根部脊椎大小约为最大背椎的 1/2 或更小，尾部前部的脊椎数约为尾部之前的脊椎数的 2/3 或更多。

穿胫鱼龙科 Family Toretocnemidae Maisch et Matzke, 2000

定义与分类　为一单系类群，由 *Toretocnemus californicus* Merriam, 1903 和 *Qianichthyosaurus zhoui* Li, 1999 最近的共同祖先及其所有后裔组成。目前仅包括穿胫鱼龙（*Toretocnemus*）、黔鱼龙（*Qianichthyosaurus*）两属。

鉴别特征　肩胛骨不向后方扩展；乌喙骨前缘近圆弧形或多边形，无前、后缘凹口；乌喙骨接合面长而直；桡骨和尺骨等长，两者相接近的部位保留骨干，而周缘部位变薄、变短；指节骨呈多边形且紧密排列；股骨中部强烈收缩，形成狭窄的骨干，而远端强烈扩展；胫骨周缘变薄；具第 II、III 和 IV 指；后部背肋的近端为双头。

中国已知属　黔鱼龙 *Qianichthyosaurus* Li, 1999。

分布与时代　北美、中国西南，中三叠世到晚三叠世。

黔鱼龙属 Genus *Qianichthyosaurus* Li, 1999

模式种　周氏黔鱼龙 *Qianichthyosaurus zhoui* Li, 1999

鉴别特征　前颌骨后端尖，无后背侧突和后腹侧突；尺骨外边缘扁平或具缺口；胫骨外边缘完整；前肢具 3 个原生指和 1 个增生指；后肢具 4 趾。

中国已知种　周氏黔鱼龙 *Qianichthyosaurus zhoui* Li, 1999 和兴义黔鱼龙 *Q. xingyiensis*

Ji, Jiang et Motani, 2013 两种。

分布与时代 贵州兴义、关岭，中三叠世拉丁期到晚三叠世卡尼期。

兴义黔鱼龙 *Qianichthyosaurus xingyiensis* Ji, Jiang et Motani in Yang, Ji, Jiang, Motani, Tintori, Sun et Sun, 2013

（图 40）

正模 XNGM WS2011-46-R1，一具完整的含头骨骨架。产自贵州兴义乌沙泥麦古村。

归入标本 XNGM WS2011-50-R7，一具几乎完整的头后骨架及少部分头骨。

鉴别特征 吻部与头骨中线长之比略 >60%（在周氏黔鱼龙为 <60%）；肱骨远端的桡骨关节面明显长于尺骨关节面；闭孔未闭合；腓骨后缘有一明显后突；坐骨为扁平的亚三角形。

产地与层位 贵州兴义，中三叠统法郎组竹杆坡段。

周氏黔鱼龙 *Qianichthyosaurus zhoui* Li, 1999

（图 41）

Mixosaurus guanlingensis：尹恭正等，2000，12 页

正模 IVPP V 11839，为一近完整骨架。产自贵州关岭新铺乡卧龙岗。

副模 IVPP V 11838，为一近完整骨架。

归入标本 GIRGS (Gmr) 006, 007, 008（尹恭正等，2000），CQMNH V1412/C1120 (Nicholls et al., 2002)。

鉴别特征 小型短吻鱼龙。前颌骨渐尖，后伸至外鼻孔前缘；上颞骨覆于眶后骨之上，参与构成眼眶；齿冠表面纵纹不发育。具约 42 节荐前椎；股骨等于或长于肱骨，远端扩展；肢骨具 3 个原生指（趾）和 1 个增生指（趾），其中每一指含 13–15 枚指节骨，每一趾含 5–8 枚趾节骨；鳍前缘和后缘的指（趾）节骨均具缺口。

产地与层位 贵州关岭，上三叠统法郎组瓦窑段。

评注 本种建立时科未定，Nicholls 等（2002）认为本种股骨远端扩展，前、后肢均具有 3 个原生指（趾）和 1 个增生指（趾），且鳍前缘和后缘的指（趾）节骨均具缺口等特征与北美的 *Toretocnemus californicus* 相同，将黔鱼龙属归入 Toretocnemidae。这也是该科在北美之外的首次发现，为论证鱼龙类横跨古太平洋的地理交流提供了证据。根据尾椎近尾弯处椎体大小未见明显变化以及荐前椎数目约 45 节等特征，Li J. L. 等

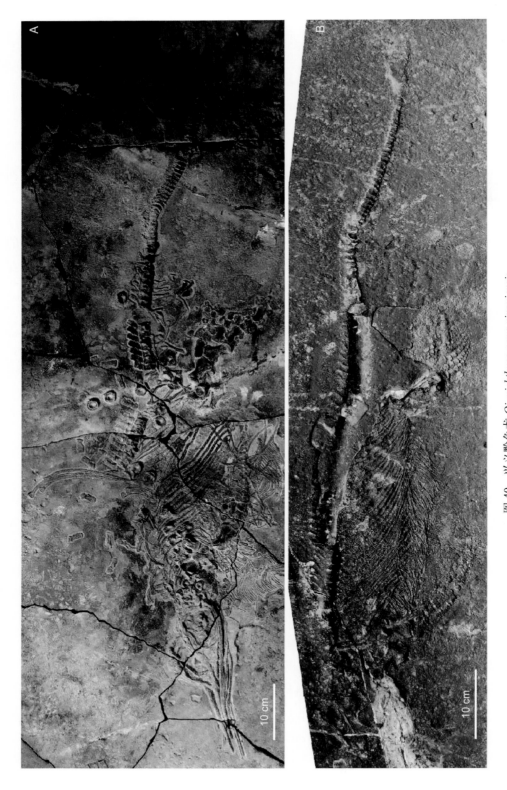

图 40　兴义黔鱼龙 *Qianichthyosaurus xingyiensis*
A. 正模 (XNGM WS2011-46-R1)；B. 归入标本 (XNGM WS2011-50-R7) (引自杨鹏飞等，2013)

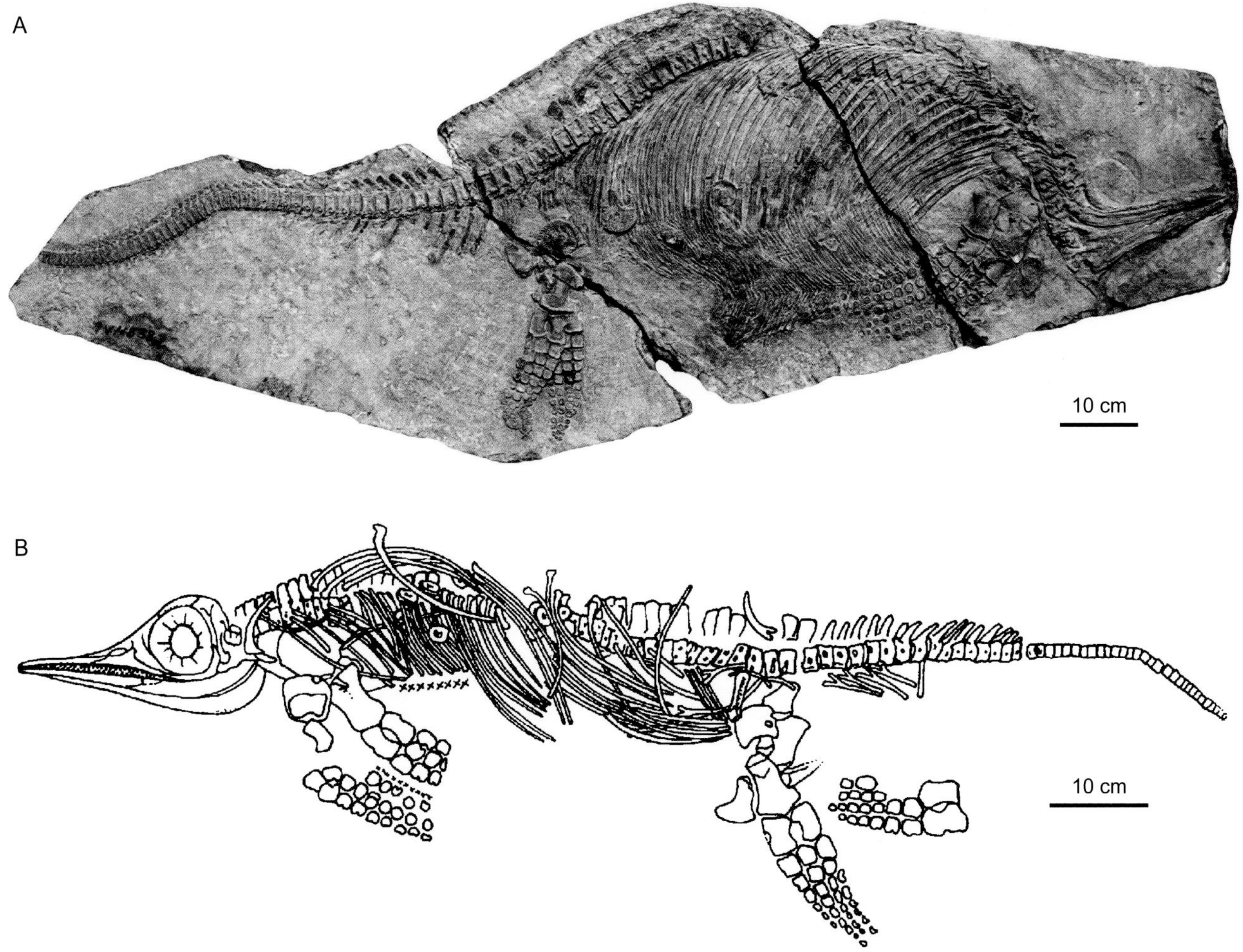

图 41 周氏黔鱼龙 *Qianichthyosaurus zhoui*

A. 副模 (IVPP V 11838) 侧视照片；B. 归入标本 (CQMNH VI412/C1120) 骨架线条图 (线条图引自 Nicholls et al., 2002, Fig. 1)

（2008）认为依据关岭的材料建立的 *Mixosaurus guanlingensis*（尹恭正等，2000）不应归于混鱼龙属，而与周氏黔鱼龙非常相似，*Mixosaurus guanlingensis* 应为周氏黔鱼龙的晚出异名。

第三部分　海　龙　类

海龙类导言

一、概　　述

　　海龙类是一类只生存在三叠纪的海洋爬行动物，它们在中-晚三叠世广泛分布于特提斯海及古太平洋沿岸浅海中。成年个体一般 1 m 以上，有的种类体长可达 4 m。尾部特别长，占体长的一半以上；外形侧扁。游泳时主要依靠身体的侧向摆动推动身体前进，四肢形态基本没有因为适应水生生活而改变，依然适合陆地行走。头骨可分为长吻和短吻两种类型，吻部主要由前颌骨组成。鼻孔位置靠后。上颞孔缩小甚至消失，下颞弓不完整。枕部强烈向前凹，枕脊存在，枕髁位于下颌关节处之前。下颌有显著的冠状突。

　　海龙类已知的化石发现于北美、欧洲及中国。这个类群物种多样性不高，曾经归入的属有十多个，种有 20 多个；不过形态分异度高，外形可以有很大的差异。欧美命名的大多属种只发现了一件标本，只有 4 种保存有较为完整的骨架。中国发现的属种都有基本完整的骨架，而且数量众多，为这一门类的深入研究提供了重要的资料。

　　1904 年 Merriam 根据美国加利福尼亚州晚三叠世的材料命名了 *Thalattosaurus alexandrae*，并建立了海龙科（Thalattosauridae）和海龙目（Thalattosauria）。1905 年他新建立了 *Nectosaurus halius*，也归入此类。Storrs（1991a）报道了加拿大不列颠哥伦比亚省 Pardonet 组（晚三叠世诺利期）的海龙。1993 年 Nicholls 和 Brinkman 根据时代更早的 Sulphur Mountain 组（中三叠统，可能包括下三叠统）的材料命名了 *Thalattosaurus borealis*、*Paralonectes merriami* 和 *Agkistrognathus campbelli*。在美国内华达中-晚三叠世的 Favret 组及 Natchez Pass 组都发现过破碎的海龙类骨骼。最近在美国的阿拉斯加以及俄勒冈晚三叠世地层中发现了保存完好的海龙类化石，尚在研究中。

　　1925 年匈牙利古生物学家 Nopsca 根据意大利-瑞士边界的圣乔治山发现的破碎的中三叠世的头后骨骼命名了 *Askeptosaurus italicus*，后来 Kuhn-Schnyder（1952）描述了完整的标本，并建立了谜龙科（Askeptosauridae）。Peyer（1936a, b）命名了 *Clarazia* 以及 *Hescheleria*，并建立 Claraziidae。这两个属的系统位置争议很大，直到 Rieppel（1987）

才最终确立它们海龙类的地位。Renesto（1984）研究了一具产自意大利诺利期的无牙的骨架，命名为 *Endennasaurus*，后来归入海龙类（Renesto, 1992），不过有人并不认同（Carroll, 1988；Rieppel et al., 2000）。德国拉丁期的 *Blezingeria ichthyospondyla* 曾经被认为可能是海龙（Rieppel et Hagdorn, 1998），不过现有的材料并不足以将其归入海龙类（Müller, 2002）。在西班牙、奥地利也有海龙类化石的报道（Rieppel et Hagdorn, 1998；Müller, 2007）。

中国最早归入海龙类的属种是湖北汉江蜥（*Hanosaurus hupehensis* Young, 1972），不过后来的研究表明它属于鳍龙类（Rieppel, 1998a）。真正的第一种海龙是黄果树安顺龙（*Anshunsaurus huangguoshuensis* Liu, 1999）（Rieppel et al., 2000）。后来又有了孙氏新铺龙（*Xinpusaurus suni*）的报道（尹恭正等，2000），该种最初被归入鱼龙，后来才确立为海龙（Liu et Rieppel, 2001）。后来陆续命名的属种包括巴毛林新铺龙（*X. bamaolinensis* Cheng, 2003）、戈氏新铺龙（*X. kohi* Jiang et al., 2004）、兴义新铺龙（*X. xingyiensis* Li et al., 2016）、乌沙安顺龙（*A. wushaensis* Rieppel et al., 2006）、黄泥塘安顺龙（*A. huangnihensis* Cheng et al., 2007a）、短吻贫齿龙（*Miodentosaurus brevis* Cheng et al., 2007b），以及双列齿凹棘龙（*Concavispina biseridens* Zhao et al., 2013）。不过这里面有些种应该是同物异名。此外还有几个描述但没有定种的海龙类标本（Sun et al., 2005；瞿清明等，2008）。

中国的海龙类化石基本上产自贵州兴义乌沙的法郎组竹杆坡段，关岭的法郎组瓦窑段，仅有一件谜龙科的标本来自云南罗平的关岭组 II 段（图 42、图 43）。

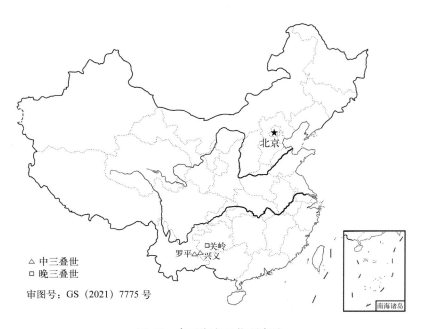

图 42　中国海龙目化石产地

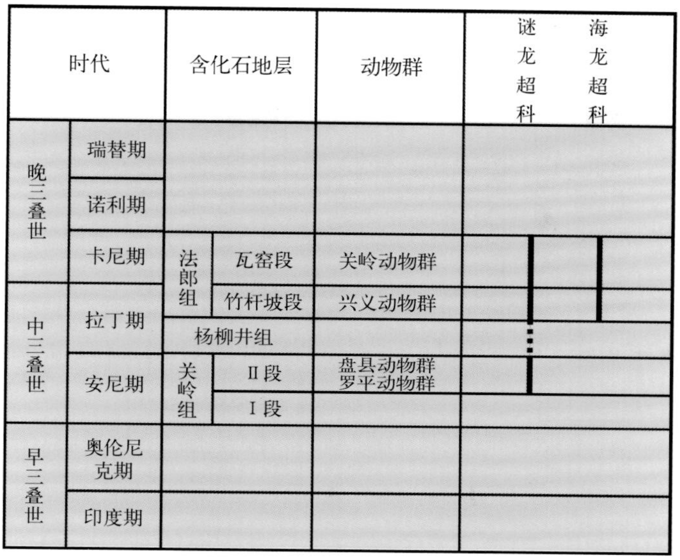

时代		含化石地层		动物群	谜龙超科	海龙超科
晚三叠世	瑞替期					
	诺利期					
	卡尼期	法郎组	瓦窑段	关岭动物群		
中三叠世	拉丁期		竹杆坡段	兴义动物群		
		杨柳井组				
	安尼期	关岭组	Ⅱ段	盘县动物群 罗平动物群		
			Ⅰ段			
早三叠世	奥伦尼克期					
	印度期					

图 43　中国海龙目化石层位

二、海龙类的系统发育关系和分类

海龙类作为双孔类基本上已被大家认同，但是如同许多水生爬行动物类群一样，其形态因为特化的生活方式发生改变，常常难以确定其确切的系统位置。双孔类主要可以分为两支：鳞龙型类及主龙型类；此外还包括一些不能归入上述两支的类群。最初的研究者（Merriam, 1905）将 *Thalattosaurus* 归入"喙头类 Rhynchocephalia"。而 Kuhn-Schnyder（1952）认为 *Askeptosaurus* 就是早期的蜥蜴。Romer（1956）将它们都归于海龙目海龙科，并认为它们是原始的鳞龙型类。Rieppel（1987）再研究 *Clarazia* 和 *Hescheleria* 时也持此观点。还有一些学者认为海龙与原蜥形类（prolacertiforms）关系很近，而它们都可以归入主龙型类（archosauromorphs）（Evans, 1988）。

在分支系统分析的方法兴起之后，问题依然没有解决。Müller（2004）分析双孔类关系时，将海龙类置于双孔类冠群 Sauria 之外，不属于鳞龙型类和主龙型类。Motani 等（2015a）分析了主要水生爬行类的关系，发现当排除水生适应性状时，海龙类与鱼龙类、湖北鳄类形成一个单系类群，位于冠群 Sauria 之外（图 44A）；而使用所有性状时，这个大类群还包括鳍龙类、赑屃类，且与主龙型类构成姐妹群（图 44B）。后面这个结果与 Neenan 等（2015）的结果基本一致（图 44C）。Scheyer 等（2017）分析的结果支持水生的鳍龙类、鱼龙类以及海龙类等构成一个支系，并不属于鳞龙型类及主龙型类（图 44D）。最近在分析有鳞类起源时 Simões 等（2018）基于简约原则的支序分析方法发现海龙类与原龙类、鳍龙类组成一个单系类群，与鱼龙类加湖北鳄类组成姐妹群，都在

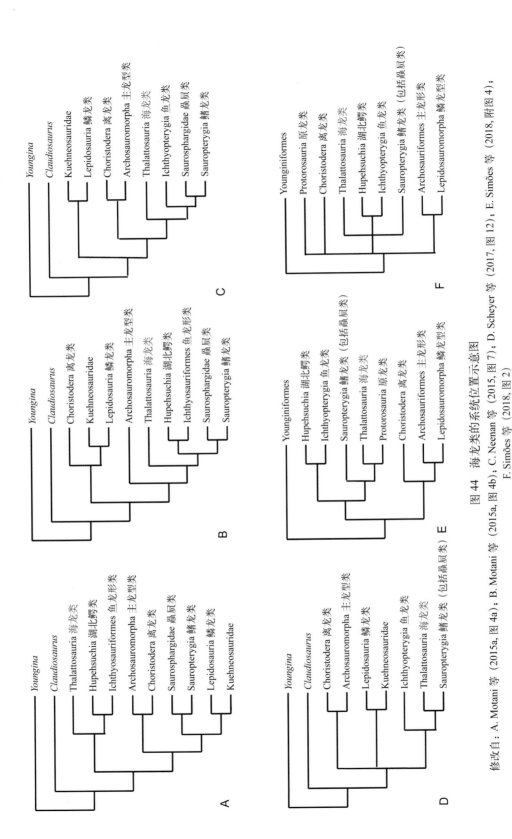

图 44　海龙类的系统位置示意图

修改自：A. Motani 等（2015a，图 4a）；B. Motani 等（2015a，图 4b）；C. Neenan 等（2015，图 7）；D. Scheyer 等（2017，图 12）；E. Simões 等（2018，附图 4）；F. Simões 等（2018，图 2）

冠群 Sauria 之外（图 44E）；而根据贝叶斯方法得出的结果，海龙类与鱼龙类、鳍龙类等构成一个单系类群，在主龙型类一支内，还属于双孔类冠群（图 44F）。

Nicholls（1999）将 *Endennasaurus*、*Thalattosaurus* 以及 *Askeptosaurus* 的最近共同祖先及其所有后裔定义为 Thalattosauriformes。她将 *Askeptosaurus* 排除在 Thalattosauria 之外，与以前的用法不一致。本书的海龙目 Thalattosauria 与 Nicholls（1999）的 Thalattosauriformes 含义相同。目前海龙目一般分为海龙超科（Thalattosauroidea）和谜龙超科（Askeptosauroidea）。在近些年的分支系统分析中 *Endennasaurus* 都位于谜龙超科中（图 45）。海龙超科还包括一个海龙科（Thalattosauroidae Merriam 1904），定义为 *Thalattosaurus* 以及 *Nectosaurus* 的最近共同祖先及其所有后裔。而谜龙超科也包括一个谜龙科（Askeptosauridae Kuhn, 1952），定义为 *Askeptosaurus* 与 *Anshunsaurus* 的最近共同祖先及其所有后裔。

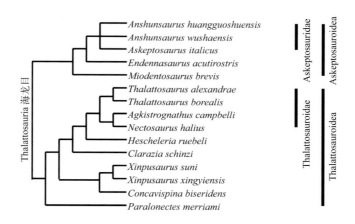

图 45　海龙目内部系统关系图（据 Liu et al., 2013a 及 Li Z. G. et al., 2016 改编）

系 统 记 述

海龙目 Order THALATTOSAURIA Merriam, 1904

定义与分类　海龙（*Thalattosaurus*）和谜龙（*Askeptosaurus*）的最近共同祖先及其所有后裔。目前一般分为谜龙超科（Askeptosauroidea）和海龙超科（Thalattosauroidea）。

形态特征　上颞孔缩小甚至消失，下颞孔下部不完整；左、右鼻骨不在中线相遇；眶后骨与后额骨愈合；方轭骨缺失。腓骨远端扩展。成体体长 1–5 m，尾部长而扁。

分布与时代　欧洲（瑞士、意大利、奥地利、西班牙）、北美洲（加拿大、美国）和中国，中、晚三叠世（可能包括早三叠世）。

评注　Nicholls（1999）将 *Endennasaurus*、海龙（*Thalattosaurus*）以及谜龙（*Askeptosaurus*）的最近共同祖先及其所有后裔定义为 Thalattosauriformes。根据 Liu 和 Rieppel（2005）、Müller（2005）和 Wu 等（2009）的研究，Thalattosauriformes 等同于此处的海龙目 Thalattosauria。

谜龙超科 Superfamily Askeptosauroidea Kuhn-Schnyder, 1971

定义与分类　谜龙超科包括与谜龙关系比海龙更近的所有海龙类，目前包括 *Anshunsaurus*、*Askeptosaurus*、*Endennasaurus* 以及 *Miodentosaurus* 4 属。

鉴别特征　头骨扁平；腭面的翼骨、犁骨无齿；额骨的后侧突向后延伸远超过下颞孔前缘；顶孔大且靠前；颈长（颈椎数目超过 10 节）。

中国已知属　安顺龙 *Anshunsaurus* Liu, 1999 及贫齿龙 *Miodentosaurus* Cheng, Wu et Sato, 2007 两属。

分布与时代　瑞士、意大利和中国，中、晚三叠世。

贫齿龙属 Genus *Miodentosaurus* Cheng, Wu et Sato, 2007

模式种　短吻贫齿龙 *Miodentosaurus brevis* Cheng, Wu et Sato, 2007

鉴别特征　吻直且极短；前颌骨沿前背中央有一隆嵴；上颌仅前颌骨有 6 枚圆锥形齿，无上颌骨齿；上颌骨沿前腹侧缘有一沟槽；下颌齿骨齿都集中在前端且至多不超过 6 枚。

中国已知种　仅模式种。

分布与时代　贵州，晚三叠世卡尼期。

短吻贫齿龙 *Miodentosaurus brevis* Cheng, Wu et Sato, 2007

（图 46，图 47）

正模　NMNS 004727/F003960，一具近于完整的骨架。据推测产自贵州关岭。

归入标本　ZMNH M8742，一具完整骨架。

鉴别特征　同属。

产地与层位　贵州关岭，上三叠统法郎组瓦窑段。

评注　正模的产地不清楚，根据 Zhao 等（2010）描述的归入标本（ZMNH M8742）得以确定正模标本的产地。

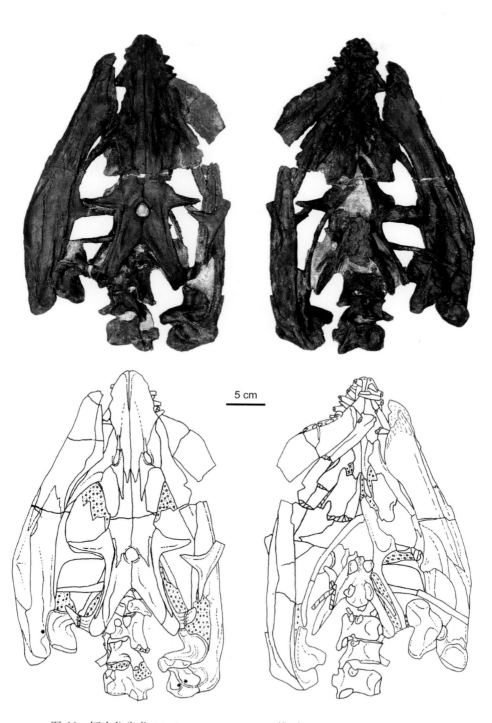

图 46　短吻贫齿龙 *Miodentosaurus brevis* 正模（NMNS 004727/F003960）
头骨顶视（左）及腹视（右）（线条图引自 Cheng et al., 2007）

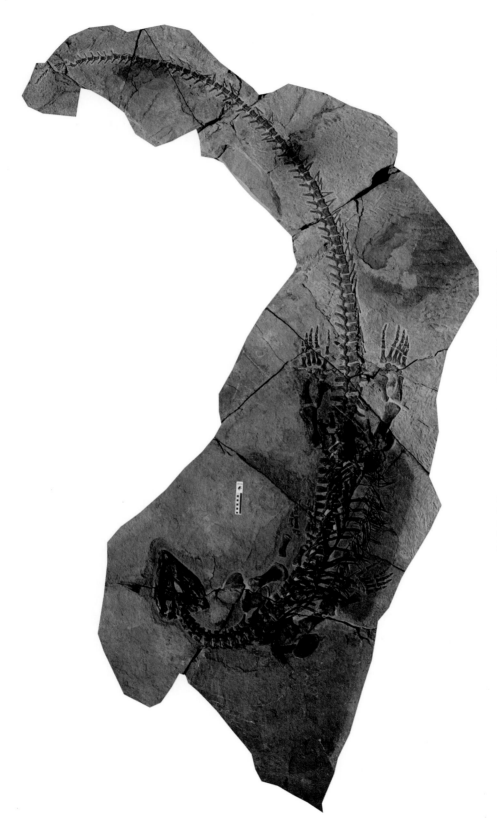

图 47 短吻贫齿龙 *Miodentosaurus brevis* 归入标本 (ZMNH M8742)
—完整骨架；比例尺为 10 cm

谜龙科 Family Askeptosauridae Kuhn, 1952

定义与分类　谜龙科包括 *Anshunsaurus* 与 *Askeptosaurus* 的最近共同祖先及其所有后裔，目前包括 *Anshunsaurus* 及 *Askeptosaurus* 两属。

鉴别特征　吻部长，末端钝，两侧在外鼻孔前近于平行；额骨与顶骨呈指状交叉相交，二者骨缝的内侧部分横向排列。

中国已知属　安顺龙 *Anshunsaurus* Liu, 1999。

分布与时代　瑞士、意大利，中三叠世；中国，中、晚三叠世。

安顺龙属 Genus *Anshunsaurus* Liu, 1999

模式种　黄果树安顺龙 *Anshunsaurus huangguoshuensis* Liu, 1999

鉴别特征　上颌骨组成眼眶的前腹缘；额骨的后侧突向后延伸远超过下颞孔的前缘，接近但不与上颞骨接触；鳞骨细长的腹支延伸至面颊的下缘；轭骨具有延长的后突；隅骨与上隅骨在外侧面出露相当；肱骨的三角肌嵴（deltopectoral crest）发育；腓骨扩展。

中国已知种　黄果树安顺龙 *Anshunsaurus huangguoshuensis* Liu, 1999 和乌沙安顺龙 *A. wushaensis* Rieppel, Liu et Li, 2006 两种。

分布与时代　贵州，中三叠世（拉丁期）—晚三叠世（卡尼期）。

评注　安顺龙最初依据一头骨顶面建立，被描述为鳍龙类（刘俊，1999）；化石经修理再研究后，被鉴定为中国的第一个海龙，与谜龙 *Askeptosaurus* 关系最近（Rieppel et al., 2000）。程龙等（2010）将一个前肢（YIGM SPV V 0832-2）归入安顺龙，后来发现与䮷顾类 *Largocephalosaurus* 的形态比较一致，应该归入此类。

黄果树安顺龙 *Anshunsaurus huangguoshuensis* Liu, 1999

（图 48）

正模　IVPP V 11835，一不完整的骨架，包括头骨、躯干和四肢。产自贵州关岭新铺乡。

归入标本　IVPP V 11834，一具近完整的骨架；GMPKU 2000-028，一个小型骨架。

鉴别特征　头骨相对较长（相对肩臼至髋臼长度）；间锁骨近于 T 形，前突短；肱骨远端的髁、突等结构不发育；第 V 指有四节指节骨。

产地与层位　贵州关岭，上三叠统法郎组瓦窑段（小凹组）。

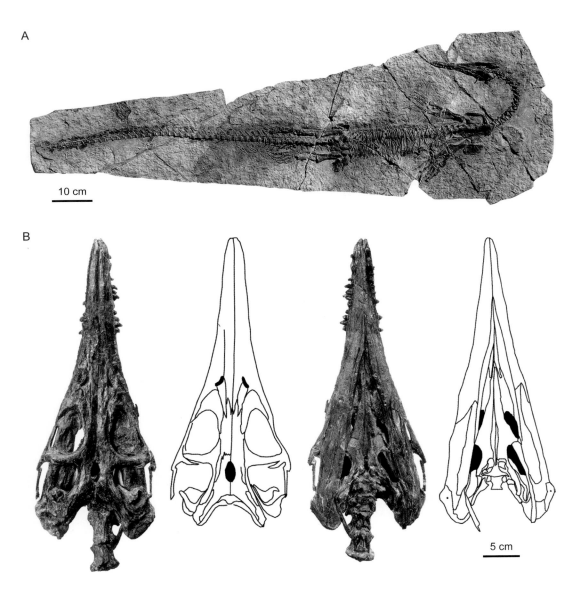

图 48 黄果树安顺龙 *Anshunsaurus huangguoshuensis*

A. 归入标本（IVPP V 11834），完整骨架；B. 正模（IVPP V 11835），头骨顶视及腹视（引自 Liu et Rieppel, 2005）

乌沙安顺龙 *Anshunsaurus wushaensis* Rieppel, Liu et Li, 2006

（图 49）

cf. *Askeptosaurus*：Sun et al., 2005, p. 195

Anshunsaurus huangnihensis：程龙等，2007，1345 页；Cheng et al., 2011, p. 1231

图 49 乌沙安顺龙 *Anshunsaurus wushaensis*

A. 正模（IVPP V 13782），完整骨架；B. 头骨和下颌左侧视（引自 Rieppel et al., 2006）

2 cm

10 cm

正模　IVPP V 13782，一具近于完整的骨架。产自贵州兴义乌沙。

归入标本　KM 512，一具骨架，缺失部分肢骨及尾部；YIGM V 30017，近于完整的骨架，缺失尾部。

鉴别特征　轭骨后突短，仅延伸到颞孔一半左右；后部背椎的神经棘高度小于前后向的宽度，其背缘有垂向沟脊；间锁骨十字形，前突基部宽；肱骨外髁沟明显，内髁很发育，在内腹侧有脊但无孔；第 V 掌骨比第 IV 掌骨稍长；第四指失去一个指节骨；髂骨骨板向后背向展开。

产地与层位　贵州兴义，中三叠统法郎组竹杆坡段。

评注　程龙等（2007）基于 YIGM V 30017 命名了黄泥河安顺龙，其头骨背面未修理出来，而腹侧形态与乌沙种正型一致；头后特征也与后者一致，包括神经棘背缘有垂向沟脊。在头骨背侧被部分修理出来后，研究者提出具有小的后额骨是其鉴别特征（Cheng et al., 2011）。不过文中识别为后额骨的骨片可能是挤压所致，本类群中已知未完全愈合的后额骨都明显比它大，故本志中将其归入乌沙种。

海龙超科 Superfamily Thalattosauroidea Nopcsa, 1928

定义与分类　海龙超科包括与海龙关系比谜龙更近的所有海龙类。目前包括 *Thalattosaurus*、*Nectosaurus*、*Agkistrognathus*、*Paralonectes*、*Clarazia*、*Hescheleria*、*Xinpusaurus* 和 *Concavispina*。

鉴别特征　吻部向腹侧弯曲；上颌骨短高，有窄而直的上升突；鼻骨不与前额骨接触；后部颈椎与胸椎神经脊高为宽的两倍以上；桡骨末端扩展。

中国已知属　新铺龙 *Xinpusaurus* Yin, 2000 和凹棘龙 *Concavispina* Zhao, Liu, Li et He, 2013 两属。

分布与时代　欧洲、北美洲以及中国，中、晚三叠世。

新铺龙属 Genus *Xinpusaurus* Yin in Yin, Zhou, Cao, Yu et Luo, 2000

模式种　孙氏新铺龙 *Xinpusaurus suni* Yin in Yin, Zhou, Cao, Yu et Luo, 2000

鉴别特征　吻部适度延长，微微折向腹侧；外鼻孔背缘由鼻骨组成；上颌骨前端背向弯曲，具有大的倒伏的牙齿；前端牙齿（在前颌骨、上颌骨以及齿骨前部）锥状尖锐，后端牙齿可能较钝；前颌骨齿与上颌骨齿无明显间隙；犁骨与翼骨具齿；下颌明显比头骨短（前颌骨向前延伸远超过齿骨）；下颌纤细，齿骨联合部向前变尖。颈椎数目小于 7；前部尾椎神经棘细长；肱骨近端比远端宽；桡骨显著加宽。

中国已知种　孙氏新铺龙 *Xinpusaurus suni* Yin in Yin, Zhou, Cao, Yu et Luo, 2000 和

兴义新铺龙 *X. xingyiensis* Li, Jiang, Rieppel, Motani, Tintori, Sun et Ji, 2016 两种。

分布与时代 贵州，晚三叠世（卡尼期）。

评注 新铺龙最初被归入鱼龙类，中文名称是新铺鱼龙（尹恭正等，2000）。Liu 和 Rieppel（2001）研究了与正模产自同一地点和层位的一个基本完整的头骨和下颌（IVPP V 11860），将其归入新铺龙并给出了有效的鉴定特征，同时确认新铺龙是海龙类的成员。

孙氏新铺龙 *Xinpusaurus suni* Yin in Yin, Zhou, Cao, Yu et Luo, 2000
（图 50）

Xinpusaurus cf. *X. suni*：Liu et Rieppel, 2001, p. 78；Liu, 2001, p. 1

Xinpusaurus bamaolinensis：Cheng, 2003, p. 274；Rieppel et Liu, 2006, p. 200

Xinpusaurus kohi：Jiang et al., 2004, p. 80；Maisch, 2014, p. 48

Xinpusaurus sp.：瞿清明等，2008，891 页

正模 GIRGS (Gmr) 010，一具近于完整的骨架。产自贵州关岭新铺乡。

归入标本 GIRGS (GGSr) 001，骨架前部，含近完整头骨；IVPP V 11860，压扁头骨及下颌；IVPP V 12673，骨架前部，含不完整头骨；IVPP V 14372，幼年头骨及下颌；YIGMR (YIGM) SPCV30015，不完整骨架，头骨及下颌完好（"巴毛林种"正型）；GMPKU 2000/005，不完整骨架（"戈氏种"正型）；GMPKU-P-1230，不完整头骨。

鉴别特征 肩胛骨窄高；腓骨特别宽大。

产地与层位 贵州关岭，上三叠统法郎组瓦窑段。

评注 Jiang 等（2004）订立的戈氏新铺龙（*X. kohi*）被 Rieppel 和 Liu（2006）认为是 *X. bamaolinensis* 的后出同物异名；后 Liu（2013）认为瓦窑段的新铺龙均为同一种。不过 Maisch（2014）以及 Li Z. G. 等（2016）坚持 *X. kohi* 为有效种。

兴义新铺龙 *Xinpusaurus xingyiensis* Li, Jiang, Rieppel, Motani, Tintori, Sun et Ji, 2016
（图 51）

正模 XNGM WS-53-R3，一具近完整的骨架。产自贵州兴义乌沙泥麦古。

鉴别特征 轭骨后突缺失；乌喙骨卵圆形；桡骨长度大约为肱骨之半；髂骨背腹缘大致等宽；股骨中部几乎不收窄；腓骨不膨大。

产地与层位 贵州兴义，中三叠统法郎组竹杆坡段。

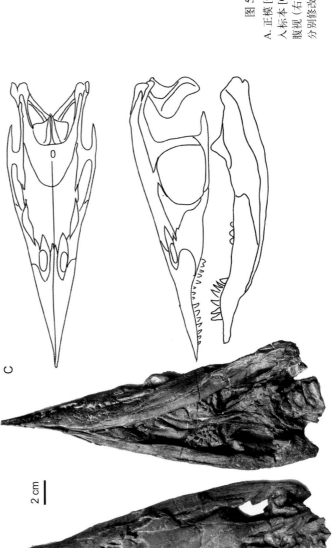

图 50 孙氏新铺龙 *Xinpusaurus suni*

A. 正模 [GIRGS (Gmr) 010]，近于完整骨架；B. 归入标本 [GIRGS (GGSr) 001]，头骨背视（左）和腹视（右）；C. 头骨背视（上）及骨复原图（下），分别修改自 Liu et Rieppel (2001)，罗永明和喻美艺（2002）和 Liu (2013)

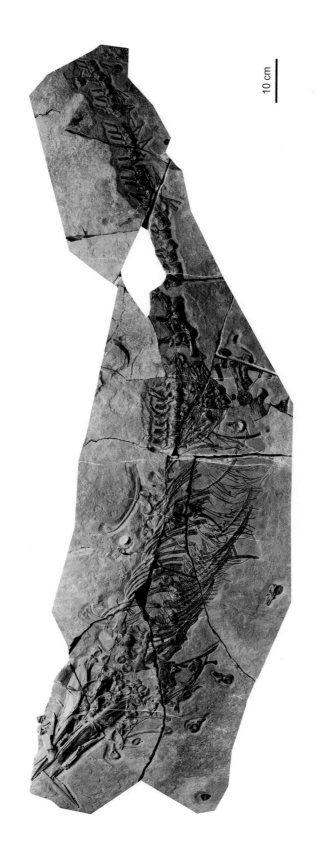

10 cm

图 51　兴义新铺龙 *Xinpusaurus xingyiensis*
正模（XNGM WS-53-R3），不完整骨架

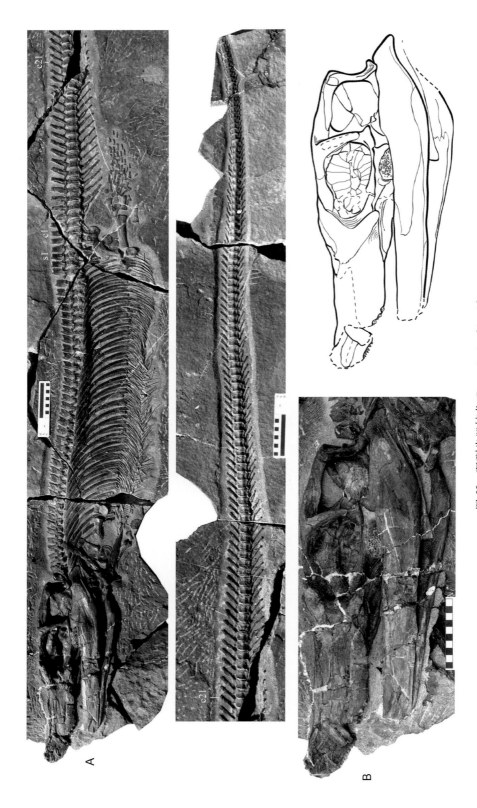

图 52　双列齿凹棘龙 *Concavispina biseridens*

正模（ZMNH M8804）：A. 完整骨架；B. 头骨及下颌左侧视；比例尺为 10 cm

凹棘龙属 Genus *Concavispina* Zhao, Liu, Li et He, 2013

模式种 双列齿凹棘龙 *Concavispina biseridens* Zhao, Liu, Li et He, 2013

鉴别特征 体型大，头长；上颌骨前端有两列钝的牙齿，后部无齿；背椎神经棘低，不超过前后长度的两倍，下宽上窄，背缘形成 V 形缺口；肩胛骨低宽；股骨骨干仅轻微收缩。

中国已知种 仅模式种。

分布与时代 贵州，晚三叠世卡尼期。

双列齿凹棘龙 *Concavispina biseridens* Zhao, Liu, Li et He, 2013
（图 52）

正模 ZMNH M8804，一具近于完整的骨架。产自贵州关岭新铺乡。

鉴别特征 同属。

产地与层位 贵州关岭，上三叠统法郎组瓦窑段。

第四部分 鳍 龙 类

鳍龙类导言

一、概　　述

　　鳍龙类是繁盛于中生代海洋的一类已经灭绝的爬行动物。对鳍龙类最早的描述可以追溯到古脊椎动物学（Vetebrate Paleontology）作为一门自然科学建立和发展的初期（Rieppel, 2000）。18 世纪末已经有楯齿龙类化石的记录，19 世纪初期到中期，产于英格兰的蛇颈龙类（de La Beche et Conybeare, 1821）、德国南部的楯齿龙类、幻龙类（H. v. Meyer, 1847–1855）、意大利北部的鳍龙类（Curioni, 1847）等相继被报道和描述。虽然鳍龙类在早期脊椎动物研究中扮演了重要角色，但鳍龙目概念的建立以及确定它们与其他爬行动物间的相互关系却很迟。1860 年 Richard Owen 识别出幻龙类（nothosaurs）、蛇颈龙类（plesiosaurs）和楯齿龙类（placodonts）之间的亲缘关系，建立了鳍龙目（Order Sauropterygia）。名称原意为"具鳍的蜥蜴"（lizard flippers），源自于早期发现和研究的蛇颈龙类具似鳍状四肢这一特征。实际上鳍龙类很多原始的类群并不具有鳍状的四肢。依据拉丁文原意，也有人将鳍龙类直译为蜥鳍类。

　　虽然 Owen 确认了幻龙类与蛇颈龙类以及和楯齿龙的亲缘关系，但对于鳍龙类与其他爬行动物类群的关系，以及楯齿龙是否属于鳍龙类，在其后的一个多世纪里一直有很大争议，且几度反复。随着爬行动物根据头骨颞部的骨骼结构来进行分类的观念逐渐占据主流，根据新材料的发现，鳍龙类的系统位置也经历了从属于下孔类（synapsids）（Williston, 1917）到 Synaptosauria（Williston, 1925），到调孔类（euryapsids）（Romer, 1968），再回到双孔类（diapsids）（Jaekel, 1910；Kuhn-Schnyder, 1980；Carroll, 1981）等的不断改变。虽然鳍龙类在 20 世纪后期已被普遍接受为属双孔类，但楯齿龙类依然被部分学者认为与鳍龙类没有密切的亲缘关系（Sues, 1987）。Rieppel（1989）发现楯齿龙类在分支系统分析中非常稳定地表现为鳍龙类的姐妹群，同时根据楯齿龙类肩胛骨与锁骨的接触关系与鳍龙类的相同等特征，证实了两者间具有密切的亲缘关系。Rieppel（1994）建立始鳍龙目（Eosauropterygia），包括所有非楯齿龙类的鳍龙类，之后他在《古两栖类爬行类百科全书 12A：鳍龙类 I》（Rieppel, 2000）中，采用 Sauropterygia 来包括楯齿龙类和其他鳍龙类群，将鳍龙目提升为鳍龙超目（Superorder Sauropterygia）。

同其他海生爬行动物门类一样，早期的鳍龙类研究主要是依据传统分类学进行分类，主要分类单元的建立也多数是根据欧洲和北美的材料。20 世纪 80 年代末和 90 年代初分支系统学方法的广泛应用，翻开了鳍龙类系统发育学研究的新篇章。其中尤以 O. Rieppel 的工作最具代表性。他在全面总结、对比和修订世界各地鳍龙类化石记录的基础上，发表了大量有关鳍龙类系统发育和分类的文章（共 50 余篇，见参考文献）。并厘定了三叠纪基干鳍龙类，即非蛇颈龙类的鳍龙类有效属种 27 属 57 种（Rieppel, 2000）。文中涉及中国 20 世纪 50–70 年代发表的鳍龙类有效属种 5 属 7 种。中国鳍龙类的研究始于 20 世纪 50 年代末，在半个多世纪的研究中，已经描述 26 属 35 种，其中 24 种是 2000 年之后建立的。

鳍龙类是中生代海生爬行动物类群中分异度最高、统治海洋时间最长的两个类群之一（另一类群是鱼龙型类）（Motani, 2009）。它在海洋中生存了大约 1.85 亿年，几乎贯穿了整个中生代。由于起源于陆生类型的爬行动物，鳍龙类与其他支系的海生爬行动物具有类似的演化历程，即在二叠纪末生物大灭绝事件之后，由于生态位空缺而进入海洋，所以从形态特征到生理习性等，均表现出次生的水生适应性特点。早期类群（如三叠纪的基干鳍龙类）主要生活在边缘海地区，晚期类群（如侏罗纪至白垩纪的蛇颈龙类）逐步向远洋辐射演化，后者还产生了鳍状肢，并演化出了"水下飞行"（underwater flight）的运动方式。鳍龙类在早三叠世主要分布于特提斯海东部及古太平洋的边缘海或近海区域（化石发现于中国华南东部和美洲西部）。中三叠世安尼期时鳍龙类开始大规模的辐射演化，广泛分布于特提斯海东缘（化石发现于中国贵州、云南、广西、四川等地）和特提斯海西缘（化石发现于欧洲西班牙、法国、瑞士、意大利、德国、波兰等地和西亚以色列、土耳其和沙特阿拉伯等地）。其中，化石比较集中产于欧洲中部的 Germanic Basin 和阿尔卑斯山南部的圣乔治山（Monte San Giorgio）。侏罗纪、白垩纪时鳍龙类冠类群——蛇颈龙类与上龙类进化出更强的游泳能力，具有世界性分布。一些类群甚至进入淡水水系。我国的蛇颈龙类化石主要发现于非海相沉积中，如在四川、重庆等地的侏罗纪河、湖相沉积中发现上龙类的踪迹。

鳍龙类的两个主要类群的演化历史又有差异。楯齿龙类在地理分布上仅局限于特提斯海且时间上仅限于三叠纪。事实上，十多年前楯齿龙类被认为仅限于西特提斯区，但本世纪初，中国贵州新的化石发现改变了这一观点（李淳，2000；Li et Rieppel, 2002）。最古老的楯齿龙化石来自德国的下 Muschelkalk 统，曾被认为可向下延伸至下三叠统，但根据全球三叠纪地层对比，这种观点也受到质疑（Kozur et Bachmann, 2005）。因此，目前还没有早三叠世楯齿龙类的确切记录。与楯齿龙类相比，始鳍龙类（包括蛇颈龙类）在地理上分布更广，时间上跨度更大，是跨度最长的海洋爬行动物。始鳍龙类在早三叠世末（Storrs, 1991b；李锦玲等，2002；Jiang et al., 2014）就已经并广泛分布于特提斯海东部和古太平洋的东部（化石发现于中国和美国）。之后一直延续到白垩纪末期，和恐龙等其他门类生物一起灭绝（也称为 K/T 灭绝），其延续的地质时间跨度约有 1.85 亿年。

基干鳍龙类在晚三叠世晚期全部消失，而沿袭了演化世系的蛇颈龙类，在上三叠统存在一个巨大的化石记录间断。最早的蛇颈龙类记录发现于卡尼期（Dalla Vecchia, 2006；Fabbri et al., 2014），而之后的诺利期以及瑞替期（Rhaetian）有关的化石记录缺失。蛇颈龙类起源、演化和绝灭几乎与非鸟类恐龙同步，时限从晚三叠世至白垩纪晚期。

二、鳍龙类的定义、系统关系和分类

鳍龙超目（Superorder Sauropterygia）定义是包括 *Placodonta bleokeri* Neenan et al., 2013 和 *Dolichorhynchops orsborni* Williston, 1902 最近的共同祖先及其所有后裔。鳍龙超目由始鳍龙目（Eosauropterygia）和楯齿龙目（Placodontia）组成。

虽然鳍龙超目直接的陆地祖先类型仍然未知，目前多数学者认为鳍龙超目属双孔亚纲的 Sauria 分支。它在 Sauria 分支内的位置仍有争议，大多研究者将鳍龙超目归入鳞龙型下纲（Lepidosauromorpha）（Rieppel, 1994, 1998d；de Braga et Rieppel, 1997；Li et al., 2011；Benton, 2015），也有研究者将其归入主龙型下纲（Archosauromorpha）（Merck, 1997；Lee, 2013）。

鳍龙超目内楯齿龙类的系统位置曾经争议较多，目前多数研究者采用 Rieppel（1994, 1998d, 2000）的观点，即楯齿龙类是其他鳍龙类的姐妹群。前者归入楯齿龙目（Placodontia），后者归入始鳍龙目（Eosauropterygia）。

楯齿龙目传统上包括楯齿龙亚目（Placodontoidea，即本册志书的 Placodontoidei）和豆齿龙亚目（Cyamodontoidea，即本册志书的 Cyamodontoidei），后者又包含豆齿龙超科（Cyamodontoidea）和楯龟龙超科（Placochelyoidea）及其下属各科。由于豆齿龙亚目成员具类似于龟类的背甲，以及在德国三叠系发现最早的龟类等信息，曾有人怀疑它们可能与龟类有关。但这种假定关系后来被详细的比较解剖学和组织学研究所否定（Rieppel, 2000；Scheyer, 2007）。近些年来，由于欧洲新发现的 *Platodonta bleekeri*（Neenan et al., 2013）被认为是比其他楯齿龙类更为原始，且不具有豆状牙齿的楯齿龙类，因而在原有的楯齿龙目上加入该属种而建立楯齿龙形目（Placodontiformes）（Neenan et al., 2013, 2015；Wang et al., 2019），而本书不含欧洲属种，且为了与传统体系呼应，仍沿用楯齿龙目来概括中国的属种。

始鳍龙目基干类群包括肿肋龙类（pachypleurosaurs）和与其相似的"似肿肋龙形类"（Pachypleurosaur-like forms）、幻龙类（nothosaurs）和纯信龙类（pistosaurs）等类群。这些类群的系统发育关系目前也有较大争议。Rieppel（2000）曾将幻龙下目

（Nothosauroidea，即本册志书的 Nothosauroinei）和纯信龙下目（Pistosauroidea，即本册志书的 Pistosauroinei）组成真鳍龙亚目（Eusauropterygia），并认为它与肿肋龙亚目（Pachypleurosauria）互为姐妹群。之后部分中国鳍龙类新属种的研究表明幻龙类和欧洲肿肋龙类及众多中国的"似肿肋龙形类"具有较密切的亲缘关系，因此真鳍龙亚目的存在与否也有较多争议（Holmes et al., 2008；Wu et al., 2011；Cheng et al., 2016；Shang et al., 2017a）。由于 2000 年后中国发现的新属种较多，始鳍龙类内各类群的系统位置及类群间的系统发育关系尚未趋于一致，本志书采用的分类方案综合了 Rieppel（2000）的结论和近期多数学者的研究成果（图 53）。

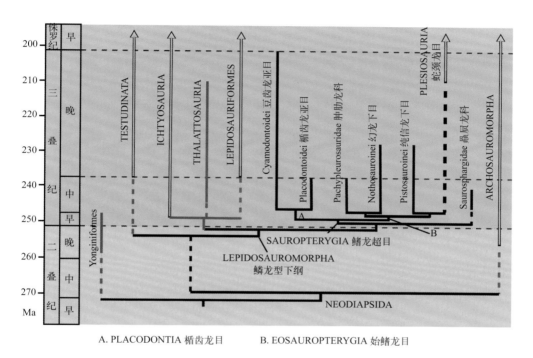

图 53　三叠纪鳍龙超目系统关系（据 Rieppel, 2000；Benson et al., 2012；Benton, 2015 修改）

冠类群蛇颈龙目（Plesiosauria）主要包括蛇颈龙超科（Plesiosauroidea）和上龙超科（Pliosauroidea）。但也有学者认为上龙超科和蛇颈龙超科可能是并系类群（O' Keefe, 2001；Druckenmiller et Russell, 2008）。

三、鳍龙类的形态特征及其演化

鳍龙类头骨为不动型（akinetic），仅下颌活动（Rieppel, 2000）。头骨外形多扁平，后部加宽。在适应水生生活过程中，外鼻孔向后移，更加靠近眼眶，且两外鼻孔比较接近，位于头骨背侧。虽然起源于陆生双孔型爬行动物，但头骨未呈现标准的双颞孔

（图 54、图 55）。下颞孔腹缘（下颞弓）缺失，仅保留完整的上颞孔（supratemporal fenestra 或 upper temporal fenestra）。多数类群上颞孔较大，且在很大程度上也是朝向背侧。顶孔发育。

与头骨外部形态相对应，前颌骨较大，构成外鼻孔之前吻部的大部分，且后缘常发育伸至两鼻骨之间的后突。鼻骨较小，一些类型甚至缺失。上颌骨加长，向后可延伸至颞孔下方。轭骨相对小，很少向前伸展超过眼眶及向后沿颞弓延伸至较远处。鳞骨构成颞弓的大部分。方轭骨一般缺失；如果存在，多较小，位于鳞骨后腹侧，并覆盖在方骨外侧。与外鼻孔后移相对应，内鼻孔也后移，且向内靠拢接近腭部中线。原始类型的前颌骨腹支进入内鼻孔前缘，而衍生类型的前颌骨被上颌骨腭部分隔，未构成内鼻孔前缘。腭面为一位于颅骨基部下方的宽阔平面；左右两侧翼骨，有时加上腭骨，沿中线的联合几乎贯穿了整个或大部分的腭面。腭骨发育良好；大部分类群具有外翼骨；眶下腭窗（suborbital palatal vacuity）不发育。两个翼骨的联合通常向后延续到蝶骨区域，因此翼骨的方骨支很短，且多数类群是指向侧方而不是后方。上翼骨较发达，具有加宽的基部和变窄的上升支，后者向背侧延伸抵达顶骨。方骨近乎直立，上端与鳞骨紧密缝合。泪骨（lacrimal）和上颞骨（supratemporal）缺失，后顶骨（postparietal）和板骨（tabular）在少数种类中是否存在有待证实。

顶骨在颞孔之后弯向外侧和鳞骨一起构成垂直的枕部上缘，显著的副枕骨突向后外侧方伸至鳞骨甚至到方骨。后颞窗（posttemporal fenestra）形态变化较大，或呈较大的开口或呈小的缝隙。外枕骨和后耳骨一般愈合在一起。球状的枕髁几乎全部由基枕骨构成，基枕骨具突出的腹侧结节。多数类群耳部骨骼和基蝶骨骨化较好。

下颌联合部坚固，冠状突大小不一，反关节突发育，关节骨的上颌关节面具一定程度的横向扩展。

颈部（除枢椎与寰椎外）和背部脊椎的间椎体缺失，椎体腹面或侧面略收缩，脊椎为双凹型（amphicoelous），有些为平凹型（platycoelous）。一些类型脊椎具除前、后关节突之外的辅助关节，如楯齿龙（*Placodus*）的下椎弓突（hyposphene）和下椎弓凹（hypantrum）。颈椎数目有增多的趋势（楯齿龙类中次生性减少），荐椎三节或更多。除晚期的蛇颈龙类外，其余类群的颈肋为双头肋，背肋为单头。荐肋和尾肋未与各自的椎体愈合。腹膜肋发达，分段的数目在原始和衍生类群中有变化。带骨和肢骨表现出对水生生活的适应性变形。间锁骨后突缩短或消失，锁骨的前内腹侧面末端，以复杂的关节面与间锁骨侧边缘接触，或两锁骨在间锁骨的前腹面互相缝合。锁骨与肩胛骨在肩胛骨的内侧或前内侧相交。肩胛骨缩小，左右两乌喙骨可能在中央相互接触。髂骨小，常可分为腹侧扩张的髋臼部分和向背后方伸出的背突部分。上臂骨骼近端短粗，远端扁平；肱骨弯曲，供背阔肌附着的突起缩小，内上髁和外上髁发育较差，内髁孔并不总是存在。桡骨与尺骨近乎等长，一些始鳍龙类具明显加宽的尺骨。多数基干鳍龙类常具较少的骨化腕骨。股骨通常

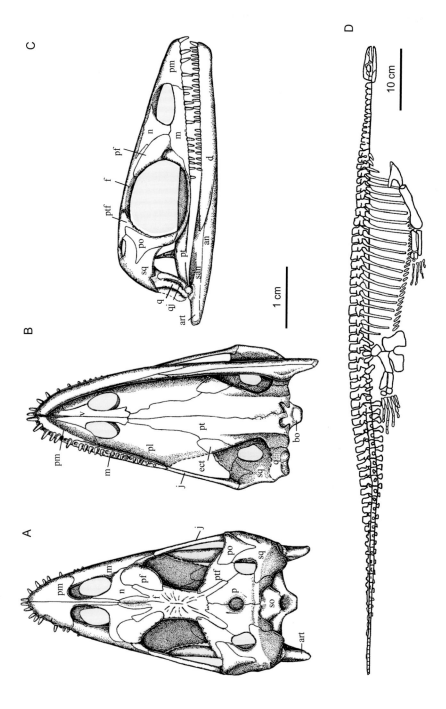

图 54　鳍龙类骨骼基本形态与结构 (一)

A, B, C, D. 始鳍龙类 *Neusticosaurus edwardsii* 头骨背面视. 腹面视. 侧面视和骨骼复原图 (引自 Carroll et Gaskill, 1985)。

an,隅骨 (angular); art,关节骨 (articular); bo,基枕骨 (basioccipital); d,齿骨 (dentary); ect,外翼骨 (ectopterygoid); f,额骨 (frontal); j,轭骨 (jugal); m,上颌骨 (maxilla); n,鼻骨 (nasal); p,顶骨 (parietal); pf,前额骨 (prefrontal); pl,腭骨 (palatine); pm,前颌骨 (premaxilla); po,眶后骨 (postorbital); pt,翼骨 (pterygoid); ptf,后额骨 (postfrontal); q,方骨 (quadrate); qj,方轭骨 (quadratojugal); san,上隅骨 (surangular); so,上枕骨 (supraoccipital); sq,鳞骨 (squamosal); v,犁骨 (vomer)

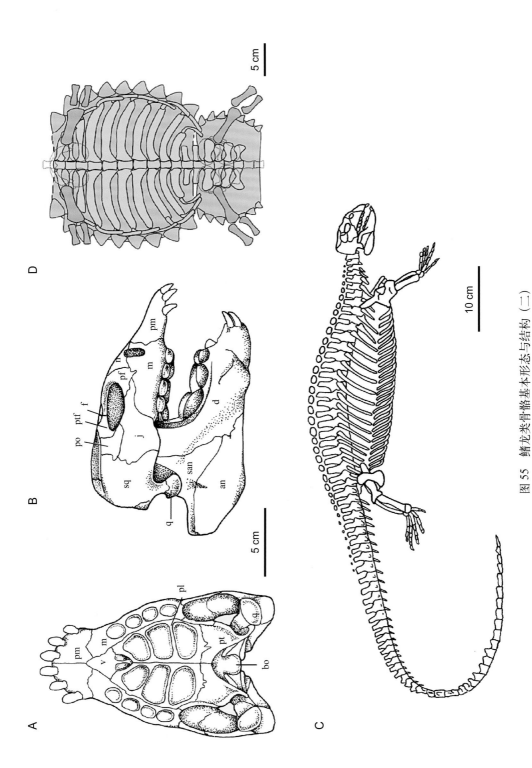

图 55 鳍龙类骨骼基本形态与结构（二）

A, B. 楯齿龙 *Placodus* 头骨腹面视、侧面视，C. 头骨和头后骨骼形态复原图（引自 Benton, 2015, Fig. 6.3）；D. 豆齿龙 *Cyamodus* sp. 头后骨骼及骨板复原图（引自 Scheyer, 2010）。简字说明同图 54

比肱骨更细长，内转子缩小。胫骨和腓骨近乎等长。骨化的跗骨数通常也较少。基干鳍龙类多保留原始的指（趾）式，少数类群具多指（趾）节骨（hyperphalangy）现象。

三叠纪的鳍龙类多生活于潟湖、陆表海或陆缘海环境。虽然生活环境比较接近，各分类群在对水生生活的适应中演化出不尽相同的骨骼结构和骨架形态。它们体型差异较大，从约 20 cm（如小型肿肋龙类）到超过 4 m（如大型纯信龙类）不一。四肢的结构虽然较原始的爬行动物有很大改变，但仍然可以和陆相类型对比。

始鳍龙类头骨相对较小且细长，多扁平，不具碾磨齿，颈部和尾部均较长。其中，肿肋龙类多数个体较小，少数中等体形；上颞孔小，眶后区长度短于眶前区长度；肿骨现象比较发育。幻龙类多数为中到大型个体，上颞孔长于眼眶，偶见肿骨现象。纯信龙类为中到大型个体，通常具有更多的颈椎数，未见肿骨现象。

大多数的楯齿龙类头骨短而坚固，颞凹相当深，以容纳强大的下颌肌。腭部和上、下颌边缘具有顶部变平的牙齿（Motani, 2009），提示其壳食性（即捕食具壳的猎物）。根据存在或不存在甲板（或某些分类群中的前部和后部甲板），楯齿龙类又分成两类：身着甲板的豆齿龙类（cyamodontoids）和没有甲板的狭义的楯齿龙类（placodontoids）。然而，即便是狭义的楯齿龙类，在沿着脊柱顶部的皮肤中可能也具有额外的骨骼，构成有限的"护甲"。

蛇颈龙类以上龙类（pliosaurs）和薄片龙类（elasmosaurs）为代表，主要生活于侏罗纪和白垩纪的广海中，体长最长可达 15 m，是中生代海洋最成功的捕食者。身体的比例和四肢的结构均非常适应水中生活，躯干紧凑，肩带和腰带在腹侧呈宽阔的板状，四肢演变为桨状。蛇颈龙类的掌（足）（palm/foot）的骨骼以及各指（趾）节骨间均紧密相接，而其他鳍龙类掌（足）的骨骼以及各指（趾）节骨间常保留了很多空间。这些差异表明蛇颈龙类动物可能比其他的鳍龙类动物更加依赖和惯用鳍状肢游泳。蛇颈龙类也具有两极的身体结构，通常被称为短颈形和长颈形，或称为上龙形和蛇颈龙形（O' Keefe, 2002）。与总身长相比，短颈蛇颈龙类有相对较短的颈部和较大的头部，而长颈蛇颈龙类则相反。需要指出，即使是短颈蛇颈龙类，相对于爬行动物标准的总长度而言也是长颈的。

四、中国鳍龙类化石的分布

中国鳍龙类化石主要见于华南三叠纪海相地层（图56、图57）。

早三叠世鳍龙类主要分布于中、下扬子区，化石发现于安徽巢湖地区的下三叠统上部的南陵湖组（产马家山龙）和湖北省西部的远安和南漳地区的嘉陵江组（产"贵州龙"、汉江蜥）。它们也是迄今为止世界最早的鳍龙类化石记录之一。

中三叠世鳍龙类开始大规模的辐射，广泛分布于中、上扬子区。

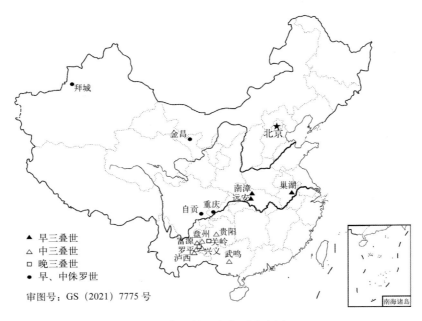

图 56　中国鳍龙类化石分布图

时代		主要含化石地层及地理分布						动物群	「似肿肋龙形类」	幻龙类	纯信龙类	楯齿龙类	鳍龙类	蛇颈龙类
		安徽	湖北	广西	贵州、云南	四川、重庆	甘肃							
中侏罗世	卡洛夫期					下沙溪庙组 新田沟组	青土井群							
	巴通期													
	巴柔期													
	阿林期													
早侏罗世	托阿尔期					自流井组								
	普林斯巴期													
	辛涅缪尔期													
	赫塘期													
晚三叠世	瑞替期													
	诺利期													
	卡尼期				法郎组 瓦窑段 竹杆坡段			关岭动物群						
中三叠世	拉丁期				杨柳井组			兴义动物群						
	安尼期			板纳组	关岭组 II段 I段			盘县动物群 罗平动物群						
早三叠世	奥伦尼克期	南陵湖组	嘉陵江组					远安动物群 巢湖动物群						
	印度期													

图 57　中国鳍龙类地史和地理分布图

安尼期化石主要发现于贵州贵阳清镇中三叠统（可能为花溪组）（产清镇龙）、贵阳三桥附近中三叠统下部（可能为关岭组）（产三桥龙）、盘州和普安关岭组 II 段的"盘县动物群"（产幻龙、鸥龙、乌蒙龙、楯齿龙等），云南罗平关岭组 II 段的"罗平动物群"（产滇东龙、滇肿龙、幻龙、滇美龙、大洼子龙等）。在广西武鸣板纳组（产广西龙），以及四川和重庆的中三叠统也有零星化石发现。

拉丁期晚期化石发现于贵州兴义的顶效、乌莎、岷米和云南富源等地的法郎组竹杆坡段的"兴义动物群"（产贵州龙、幻龙、黔西龙、云贵龙、王氏龙、雕甲龟龙等）。此外，云南泸西县东南相当于法郎组的薄层灰岩中发现了一个不完整的、较大型的鳍龙类骨骼化石，杨钟健将其命名为泸西广西龙（杨钟健，1978）。

晚三叠世目前仅在贵州关岭地区卡尼期的法郎组瓦窑段（或小凹组）发现楯齿龙类的中国豆齿龙、砾甲龟龙和豆齿龙化石。

三叠纪卡尼期以后我国无基干鳍龙类记录。

鳍龙类冠类群的蛇颈龙类在中国主要分布于西南地区和西北的侏罗纪河湖相沉积地层中。化石主要有重庆早侏罗世自流井组的璧山上龙、四川威远早侏罗世自流井组尚有争议的中国上龙、重庆北碚中侏罗世新田沟组的渝州上龙、四川自贡中侏罗世下沙溪庙组的璧山上龙。此外，还有新疆拜城下-中侏罗统的蛇颈龙类零散骨片（吴绍祖，1985）和甘肃金昌青土井中侏罗统的上龙科未知属种的牙齿化石（Gao et al., 2019）。

五、中国鳍龙类化石的研究历史

中国三叠纪鳍龙类化石（也是中国第一块海生爬行动物化石）最早是由当时在北京地质博物馆工作的胡承志先生发现的。1957 年他到贵州南部进行野外考察，在兴义市西北部顶效的一个布依族村寨——绿荫村，意外地发现了一些个体虽小但保存完整的爬行动物化石。后经我国古脊椎动物事业的奠基人杨钟健先生研究定名为胡氏贵州龙，归属鳍龙目肿肋龙科。1958 年石油地质局的一支野外考察队在广西武鸣地区发现了与此不同的另一类海生爬行动物化石，化石保存于灰色薄层板状泥灰岩中，个体远大于胡氏贵州龙，但保存不太完整。经杨钟健鉴定将其命名为东方广西龙，归属鳍龙目幻龙科（Young，1959a）。1959 年王恭睦报道了湖北省南漳县的农民在采石建房时发现的一块非常奇特的海生爬行动物化石材料，并将其命名为孙氏南漳龙。当时因对其分类的位置不很清楚，而归为鳍龙目，实际产出层位也不确切。

20 世纪 60 年代，伴随着各省区区域地质调查和石油普查工作的广泛开展，在西南地区陆续又发现了很多鳍龙类的化石材料，虽然化石多为单一个体且保存较破碎，但经杨钟健进行仔细研究后，部分化石建立了相应的种名。它们分别是发现于湖北远安的远安贵州龙、发现于贵州顶效的意外兴义龙 [后经 Rieppel（1998b）再研究认为应该是属于幻龙属一未定种]、发现于贵州贵阳清镇的宋氏清镇龙和贵阳三桥附近的邓氏三桥龙（Young, 1965），以及发现于云南开远的似宋氏清镇龙（杨钟健，1972a）。60 年代还有一些其他重大的发现，如在湖北南漳县巡检乡相当于大冶石灰岩的地层 [后经李锦玲等（2002）研究为嘉陵江组二段]，发现了后来被归为肿肋龙科的湖北汉江蜥（杨钟健，1972b）。

相对于 60 年代鳍龙类化石在我国中南和西南地区广泛发现，70 年代起新发现的化石材料相对很少，仅在云南省泸西县东南相当于法郎组的薄层灰岩中发现一个不完整的、较大型的鳍龙类骨骼化石，杨钟健将其命名为泸西广西龙（杨钟健，1978）。此后海生爬行动物化石的发现和研究基本处于停滞阶段，既鲜有新材料的发现，也未有研究单位开展相关的发掘和研究。

总体上看，虽然这一较长时间段里有许多新发现，但有关海生爬行动物化石的研究都是分散、不系统的，其产出层位的记述也较为含混。同时除胡氏贵州龙等少数几个属种保存有完好的骨骼外，其他化石大多零星破碎且数量稀少，因而对它们的形态特征与分类位置仍存有许多争议。

90 年代后期，随着国家经济的蒸蒸日上，各地均兴建了许多石灰厂、水泥厂，而碳酸盐岩作为主要原料被大量开采。此外，道路和桥梁等工程也使更多的岩层展露出来，一直深埋在岩层中的大量脊椎动物化石暴露在了世人的面前，进而引发了大范围的脊椎动物化石发掘热潮。其中最著名的就是贵州省关岭县新铺乡周缘地区和之后兴义市顶效绿荫村、乌莎镇数以百计的、姿态各异的海生爬行动物骨骼化石的大规模发现。

中国科学院古脊椎动物与古人类研究所的发掘队最早开始了这一地区的野外发掘工作，并获得了大量中三叠世晚期鳍龙类化石新材料，且据此建立了杨氏幻龙和兴义鸥龙（Li et al., 2002；Li et Rieppel, 2004）。同时根据在贵州关岭地区晚三叠世卡尼期法郎组瓦窑段发现的材料建立了楯齿龙类两个新属种——新铺中国豆齿龙和多板砾甲龟龙（李淳，2000；Li et Rieppel, 2002）。

之后，中国科学院古脊椎动物与古人类研究所、贵州省地质调查院、北京大学、中国地质调查局成都地质调查中心、宜昌地质矿产研究所（现中国地质调查局武汉地质调查中心）等单位以及国内外的研究者相继在贵州以及云南等地有了更多发现，除法郎组竹杆坡段外，在中三叠世早期关岭组也发现了大量保存精美的海生爬行动物化石材料。其中尤以贵州盘县（今盘州）和云南罗平等地产出的化石最引人注目。依据在盘县动物群发现的化石材料，后续研究相继建立了幻龙、鸥龙、乌蒙龙和楯齿龙的新属种（Jiang et al., 2005b, 2006a, b, 2008a, c；Shang, 2006）以及与鳍龙类有一定亲缘关系的赑屃龙类新属种（Li et al., 2014）。

依据在罗平动物群发现的化石材料，在后续的研究中相继建立了滇东龙、滇肿龙、滇美龙、大洼子龙等新属种（Shang et al., 2011, 2017a；Liu et al., 2011b, 2014；Shang et Li, 2015；Cheng et al., 2016）。此外，罗平动物群中还发现了另一类赑屃龙类化石（Li et al., 2011；Cheng L. et al., 2012），以及可能属鳍龙类，但分类位置尚不明确的植食性的滤齿龙（Cheng et al., 2014）。

与此同时，在兴义动物群的主要产地贵州兴义以及相邻的云南富源，进一步的发掘也发现了更多新的鳍龙类群，有纯信龙类新属种（Cheng et al., 2006；Ma et al., 2015）、鳍龙类新的基干类群（Cheng Y. N. et al., 2012）和新的楯齿龙类属种（Zhao et al., 2008a）等。同时也开展了对贵州龙卵胎生和性双形的识别（Cheng et al., 2004, 2009）等生态学研究。

目前对华南三叠纪这三大主要海生爬行动物群中的鳍龙类化石研究仍在持续，后期仍会有更多的研究成果。此外，近些年，由北京大学和安徽省地质博物馆组织的对巢湖早三叠世南陵湖组海生爬行动物化石的发掘中，发现了新的早期鳍龙类化石马家山龙（Jiang et al., 2014）。对湖北远安和南漳地区嘉陵江组的远安 - 南漳动物群的更深入研究，相信在不远的将来也同样会有更多的发现。

中国的蛇颈龙类，由于材料比较零星而且多不完整，研究比较薄弱。迄今为止，该类化石均发现于河、湖相沉积中。在我国仅在西藏和东北那丹哈达等地有少量侏罗纪海相沉积，未发现侏罗纪海生的蛇颈龙类。

系 统 记 述

鳍龙超目 Superorder SAUROPTERYGIA Owen, 1860

楯齿龙目 Order PLACODONTIA Cope, 1871

概述 一类外形似龟的海生爬行动物，既处于鳍龙类基干位置，同时又高度特化。楯齿龙类具有专食贝类和甲壳类的食性，从而演化出了厚实的头骨，粗壮的颞弓（temporal arch）和发达的冠状突（coronoid process），当然最特别的是其扁平的、磨盘状的牙齿，用于压碎食物的外壳，"楯齿龙"（placodont）也因此得名。原始的楯齿龙类不发育骨板（osteoderm），或仅在脊柱背侧有单列骨板；衍生的楯齿龙类（即豆齿龙亚目）骨板发育良好，相互连接形成似龟甲的背甲，部分成员还具腹甲和腰带背侧的独立臀甲。

定义与分类 包括 *Paraplacodus* Peyer, 1931 和 *Psephochelys* Li et Rieppel, 2002 最近的共同祖先及其所有后裔。楯齿龙目是由楯齿龙亚目（Placodontoidei）和豆齿龙亚目（Cyamodontoidei）组成的单系类群，与始鳍龙目互为姐妹群关系（图53、图58）。

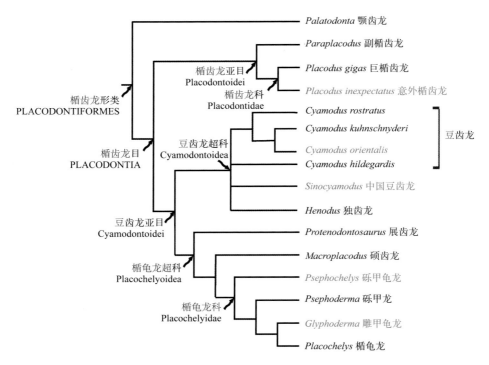

图 58　楯齿龙目支序图

据 Neenan et al., 2015 修改，红色字体为在中国发现的属种

形态特征　头骨整体宽大，且面颊区域较高，不如始鳍龙类那样扁平。颞弓粗壮，除独齿龙（*Henodus*）之外，其他楯齿龙类头骨的眶后部分没有显著加长。前颌骨不像始鳍龙类那样加长，顶骨通常在上颞孔之间形成狭长的平面，顶孔（parietal foramen）位于两个上颞孔前缘之间。鳞骨向前延伸不超过上颞孔的中线，方骨高而厚实，向腹侧延伸远。

腭部中央完全封闭。沿腹侧中线处相接的两腭骨构成腭板（palatal plate）的绝大部分（仅在独齿龙中例外），翼骨局限在腭板的后部且远短于腭骨。两内鼻孔彼此靠近，中间被愈合的犁骨分隔开。犁骨前侧支参与构成内鼻孔前缘，将前颌骨排除在内鼻孔之外。外翼骨垂直位于腭部两侧，构成下颞窝开放区域的增厚内壁。下颌高且厚实，发育有显著的冠状突和反关节突。

边缘齿数量少于始鳍龙类，且扁平圆钝。前颌骨齿不多于三枚，前颌骨齿和上颌骨齿之间存在间隙。上颌骨齿、腭骨齿和后部的下颌齿圆而扁平，形成齿板，其中腭骨齿板发育极为良好，特化呈扁平宽大的磨盘状，下颌的齿骨上形成与之对应的宽大齿板。在进步的楯齿类中，牙齿数量进一步减少，楯龟龙科（Placochelyidae）前颌骨齿不发育，形成细长的尖吻。

荐前椎数量少于始鳍龙类，有约 19 到 28 节，颈椎约 6 到 12 节，荐椎 3 节。*Placodus* 和 *Paraplacodus* 的椎体在前后关节突之下发育辅助的下椎弓突（hyposphene）和下椎弓凹

(hapantrum) 关节。腹膜肋一定程度增多，笔直的横向排列，每排由中间和两侧共三段组成，两侧各段的外侧端强烈的上折。锁骨构型多变，通常有一定程度的膨大，但不会明显变得过于短粗，与肩胛骨连接也不紧密。间锁骨呈棒状或板状，横向加长。乌喙骨大而圆，在中线处相互不接触，存在乌喙骨孔。耻骨与坐骨均横向加宽，盾状孔（thyroid fenestra）缩小或缺失，存在闭孔（obturator foramen）。在原始类群中不发育骨板，或仅在脊椎背侧有单列的骨板；在衍生类群中，发育有背甲和腹甲，部分种类在腰带处有独立的臀甲，在有腹甲的类群中腹膜肋的两侧段可能与之合并。

分布与时代 分布于东、西特提斯动物区，化石发现于欧洲中部的 Germanic Basin、阿尔卑斯山地区，及西亚的以色列、沙特阿拉伯等地，还有中国西南部的贵州南部以及云南贵州的交界区域。时代从早三叠世晚期至晚三叠世晚期。

评注 最早的楯齿龙类化石发现于 1830 年，在德国的巴伐利亚壳灰岩层中找到了极为破碎的头骨和孤立的牙齿，当时被认为属于某种硬齿鱼类（pycnodont fish），直到 1860 年 Richard Owen 识别出了其属于爬行动物，并与幻龙类和蛇颈龙类有密切联系。楯齿龙类因其特化的形态，曾经被单独列于鳍龙类之外，与鳍龙类的关系也存在过一定争议（Carroll, 1981；Sues, 1987）。然而，原始的楯齿龙类，头骨表现出鳍龙类的原始特征，头后骨骼与幻龙类十分相似，随着材料的积累和分支系统学研究的深入，楯齿龙类作为基干鳍龙类的结果得到了广泛认可（Neenan et al., 2015）。原先的化石分布仅局限于西特提斯区（Pinna, 1990），自 2000 年李淳报道了在中国发现的首个楯齿龙类——新铺中国豆齿龙（*Sinocyamodus xinpuensis*）以来，又陆续有新的楯齿龙类属种在中国西南被发现，因此将其分布范围扩大到了东特提斯区，同时也反映了三叠纪时特提斯海西区与东区海生爬行动物群的广泛交流。

楯齿龙亚目 Suborder PLACODONTOIDEI Cope, 1871

定义与分类 非豆齿龙类的基干楯齿龙类。包括副楯齿龙科（Paraplacodontidae）的副楯齿龙属（*Paraplacodus*），及楯齿龙科（Placodontidae）的楯齿龙属（*Placodus*）。

形态特征 楯齿龙亚目早期成员与晚期的楯齿龙类相比，头骨整体显得更高且相对窄长。内鼻孔融合为一个开口；基枕骨腹侧的一对结节明显延长，与基蝶骨和翼骨相接触；上翼骨的背侧翼突窄；下颌冠状突的相当一部分由齿骨构成。牙齿数量相对更多，前颌骨齿和齿骨的前部牙齿呈凿子形（chisel-shaped），腭骨前部的齿板（tooth-plate）横向加长而接近方形。脊椎存在下椎弓突 - 下椎弓凹形成的椎间辅助关节；两侧的腹膜肋有显著的折角。

分布与时代 副楯齿龙属仅发现于瑞士的圣乔治山，楯齿龙属则广泛分布于欧洲中部和南部，以及中国西南部。时代为中三叠世。

评注　尽管以上的形态特征支持楯齿龙亚目是由副楯齿龙科和楯齿龙科组成的单系类群（Rieppel, 2000），但楯齿龙科有着更接近豆齿龙亚目的特征，所以楯齿龙亚目很可能是一个并系类群，代表了若干基干的楯齿龙类支系（Neenan et al., 2015）。最近在欧洲发现的更原始的类型，包括布氏颚齿龙（*Palatodonta bleekeri*）和狄氏双弓龙（*Pararcus diepenbroeki*）（前者是已知最原始的楯齿龙类）丰富了对基干楯齿龙类的认知。

楯齿龙科 Family Placodontidae Cope, 1871

模式属　楯齿龙属 *Placodus* Agassiz, 1833

定义与分类　仅包含 *Placodus* Agassiz, 1833 的一个单系类群。

鉴别特征　大型的楯齿龙类，吻端为铲状。前颌骨齿较长且呈凿子形，向外倾斜；腭骨齿三枚，为横向加长的近方形齿板。成年个体中，两鼻骨、两额骨和两顶骨均各自愈合；轭骨向前延伸，超过眼眶的前缘；前额骨和后额骨在眼眶背缘相接；翼骨退缩到腭面的后部；下颌缝合部加长，由齿骨和夹板骨构成；肱骨变宽且远端扁平，内上髁孔缺失。

中国已知属　仅模式属。

分布与时代　欧洲中部和南部、中国西南部，中三叠世。

楯齿龙属 Genus *Placodus* Agassiz, 1833

模式种　巨楯齿龙 *Placodus gigas* Agassiz, 1833

鉴别特征　同科，因本属是该科的唯一已知属。

中国已知种　意外楯齿龙 *Placodus inexpectatus* Jiang, 2008。

分布与时代　同科，因本属是该科的唯一已知属。

意外楯齿龙 *Placodus inexpectatus* Jiang, 2008

（图 59）

正模　GMPKU-P-1054，一件几乎完整的全身骨架，长约两米。产自贵州盘州新民乡羊槛村（又称羊圈村，现已并入雨那村）。

归入标本　IVPP V 14996，一件立体保存的完整头骨。

鉴别特征　前颌骨齿比模式种更短而圆；前额骨参与构成外鼻孔后缘；眶后骨不具有向前伸入眼眶的前突；后部的颈椎发育侧向延伸的横突关节面与颈肋相关节；锁骨相对纤细。

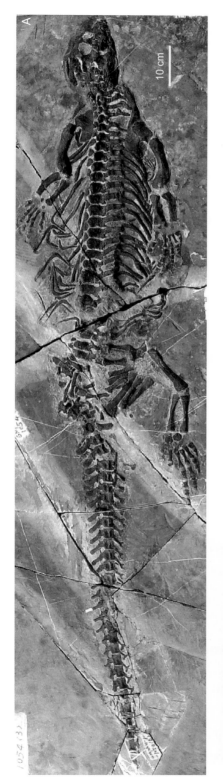

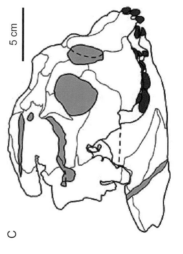

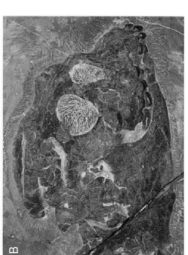

图 59　意外楯齿龙 *Placodus inexpectatus*

正模（GMPKU-P-1054）：A. 骨架照片（引自 Jiang et al., 2008b）；B, C. 头骨侧视照片和线条图（引自 Neenan et al., 2015）

产地与层位　贵州盘州新民乡，中三叠统关岭组上段。

评注　这是我国发现的时代最早的楯齿龙类，与欧洲的巨楯齿龙十分相似，但意外楯齿龙依然具有稳定的自有衍征与模式种相区别，且二者地理位置相隔甚远。

豆齿龙亚目 Suborder CYAMODONTOIDEI Nopsca, 1923

定义与分类　包括 *Cyamodus* Meyer, 1863 和 *Psephochelys* Li et Rieppel, 2002 最近的共同祖先及其所有后裔。代表衍生的楯齿龙类，是包含豆齿龙超科（Cyamodontoidea）和楯龟龙超科（Placochelyoidea）的一个单系类群。豆齿龙超科包括豆齿龙科（Cyamodontidae）和独齿龙科（Henodontidae）；楯龟龙超科包括 Macroplacidae、Protenodontosauridae 和楯龟龙科（Placochelyidae）。

鉴别特征　头骨整体较原始类群更低扁，上颞孔宽大，颞弓发达，头骨后半部分明显更宽阔。顶孔位置前移；后额骨被隔离在上颞孔边缘之外；骨质的结节次生性的附着于鳞骨上，鳞骨的耳突发育。上翼骨背侧突宽大，上翼骨与腭骨缝合相接，在后颞窝的背侧边缘处与鳞骨相接。上颌骨齿两枚，腭骨齿板两枚，其中靠前的一枚为圆形。下颌反关节突较短，表面倾斜。大量骨板在背部相连接，形成完整的背甲。

分布与时代　在西特提斯区发现于德国、瑞士、意大利、匈牙利、以色列等多个化石点，时代从中三叠世早期到晚三叠世晚期。在东特提斯区，集中发现于中国的云南和贵州地区，时代从中三叠世晚期到晚三叠世早期。

评注　分支系统分析表明，豆齿龙亚目是一个稳定的单系类群，其中的豆齿龙超科与楯龟龙超科构成姐妹群，前者表现出了诸多从原始楯齿龙类到衍生类群的过渡型性状，例如前颌骨具有牙齿，但已不是凿子形而呈扁圆形。豆齿龙亚目多样性高，延续时间长，分布地域也非常广，其中各个支系起源和生物地理也较为复杂。早期研究中，欧洲和阿拉伯半岛的化石材料较为破碎，部分属种（例如"*Psephosaurus*"）仅仅是依据孤立的背甲而建立的。中国大量豆齿龙类完整骨架的发现，带来关于全身形态和背甲形态的更多可靠的新信息。

豆齿龙超科 Superfamily Cyamodontoidea Nopcsa, 1923

定义与分类　包括 *Cyamodus* Meyer, 1863 和 *Henodus* Huene, 1936 最近的共同祖先及其所有后裔。

鉴别特征　轭骨在眼眶腹缘之下没有显著的向前延伸；眼眶下缘存在沟槽（在豆齿龙属的某些种中缺失）；顶骨前部具明显的前外侧突，插入额骨和后额骨之间；后额骨的侧缘呈一个向内凹的折角；副枕突的末端有后腹侧的结节；两外枕骨在基枕骨枕髁上方相接。

分布与时代　分布于欧洲中部的德国、波兰和南阿尔卑斯地区，以及中国的西南部，在中国主要产于关岭生物群。时代从中三叠世的安尼期到晚三叠世的卡尼期。

评注　豆齿龙科在欧洲发现了大量标本，但彼此间差异较小，均归为豆齿龙属（*Cyamodus*），其中包含亚成年个体。独齿龙科仅独齿龙单属单种（*Henodus chelyops*），完整的骨架仅发现于德国南部的蒂宾根（Tübingen）的半咸水潟湖相沉积中。独齿龙形态极其特别，仅在腭骨后部有一对缩小的齿板，前颌骨和上颌骨均无齿，但具细密的齿槽或沟槽，据推测为滤食性动物。独齿龙的形态特征与豆齿龙超科的其他种类差别巨大，由于过于特化，其具体的分类位置难以明确，现有的分支系统分析将其归入豆齿龙超科之中。

豆齿龙科　Family Cyamodontidae Nopcsa, 1923

模式属　豆齿龙 *Cyamodus* Meyer, 1863

定义与分类　包括 *Cyamodus* Meyer, 1863 和 *Sinocyamodus* Li, 2000 最近的共同祖先及其所有后裔。

鉴别特征　上颌骨的前端向内侧延展形成外鼻孔的基底；轭骨沿下颞窝的前内侧缘向后延伸，在下颞窝的前缘与腭骨相交；额骨向后延伸，超过上颞孔前缘的位置；上颞孔长度是眼眶长度的两倍；前颌骨齿呈小圆球状，带有横向的脊；翼骨凸缘带有两个向腹侧延伸的突起；冠状骨下端接近下颌的下缘。

中国已知属　中国豆齿龙 *Sinocyamodus* Li, 2000。

分布与时代　欧洲中部的德国、波兰和南阿尔卑斯地区，中国的西南部，主要集中于关岭生物群，时代从中三叠世安尼期到晚三叠世卡尼期。

中国豆齿龙属　Genus *Sinocyamodus* Li, 2000

模式种　新铺中国豆齿龙 *Sinocyamodus xinpuensis* Li, 2000

鉴别特征　与豆齿龙属相比，眼眶相对较大，上颞孔相对较小，即眼眶长轴与上颞孔长轴长度之比相对较大；吻部短而钝，前颌骨具有两枚小球状的牙齿。肱骨外上髁孔缺失，发育有明显的外上髁沟，远端凹陷；前足指式 2-3-4-4-3，后足趾式 2-3-4-4-2。背甲完整且高度愈合，但未覆盖肩带和腰带部分，腰带与尾部有骨板覆盖。

中国已知种　仅模式种。

分布与时代　贵州关岭，晚三叠世卡尼期。

新铺中国豆齿龙 *Sinocyamodus xinpuensis* Li, 2000

（图 60）

正模　IVPP V 11872，一件完整的未成年个体全身骨架，总长约 50 cm，背视保存于板状围岩中，头骨和躯干部分修理出背腹面。产自贵州关岭。

鉴别特征　同属。

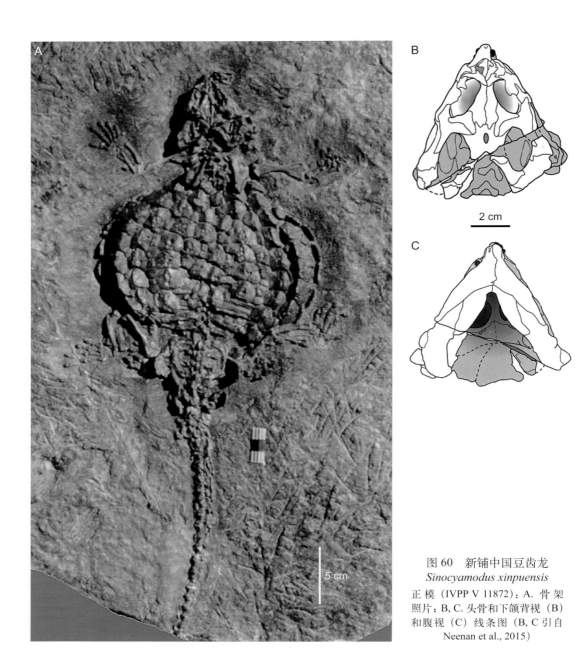

图 60　新铺中国豆齿龙
Sinocyamodus xinpuensis
正 模（IVPP V 11872）：A. 骨 架
照片；B, C. 头骨和下颌背视（B）
和腹视（C）线条图（B, C 引自
Neenan et al., 2015）

产地与层位 贵州关岭，上三叠统法郎组瓦窑段。

评注 我国发现的首例楯齿龙类化石，与欧洲的豆齿龙属头骨形态接近，表明东、西特提斯区衍生的楯齿龙类有广泛交流。欧洲的豆齿龙属化石发现于中三叠世安尼期，生存时代早于中国豆齿龙属，所以豆齿龙科很可能起源于西特提斯区再向东扩散。因正型标本齿式与 *Cyamodus hildegardis* 的亚成年个体齿式一致（Neenan et al., 2014），参考其个体大小及头骨愈合程度，可判断其也是亚成年个体，另已有总长约 1.5 m 中国豆齿龙成年个体标本被发现，还待后续描述和研究。

豆齿龙属 Genus *Cyamodus* Meyer, 1863

模式种 尖吻豆齿龙 *Cyamodus rostratus* Munster, 1839

鉴别特征 吻部短而钝，前颌骨有豆状牙齿（数量存在属内差异）；额骨向后延伸，超过上颞孔前缘所在水平位置；上颞孔发达，其直径是眼眶直径的两倍多；翼枕孔（pteroccipital foramen）开口朝向背侧，从背侧透过后颞孔可见；冠状突发育，冠状骨宽大，其下缘接近下颌下缘；背甲边缘发育有结节状的大型骨板。

中国已知种 东方豆齿龙 *Cyamodus orientalis* Wang, Li, Scheyer et Zhao, 2019。

分布与时代 欧洲中部的德国、波兰及阿尔卑斯地区，亚洲的以色列和中国贵州，中三叠世安尼期至晚三叠世卡尼期。

东方豆齿龙 *Cyamodus orientalis* Wang, Li, Scheyer et Zhao, 2019

（图 61）

正模 ZMNH M8820，几乎完整的全身骨架，头骨立体保存，头后骨骼背视保存。产自贵州关岭。

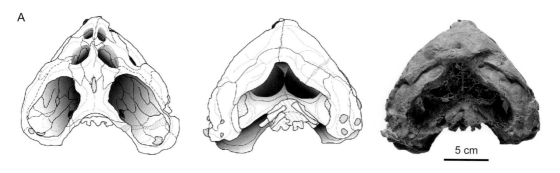

图 61 东方豆齿龙 *Cyamodus orientalis*

图 61 东方豆齿龙 *Cyamodus orientalis*（续）

正模（ZMNH M8820）：A. 头骨和下颌背视（左）、腹视线条图（中）和腹视照片（右）；B. 骨骼背视照片
（线条图引自 Wang et al., 2019, Fig. 2）

鉴别特征　额骨侧前突缺失，顶骨前中部突起缺失，上翼骨完全骨化；一枚豆状前颌骨齿，两枚上颌骨齿，两枚腭骨齿（包括破碎用的巨大齿板），三枚齿骨齿；臀甲缺失。

产地与层位　贵州关岭，上三叠统法郎组瓦窑段。

评注　首例在东特提斯区上三叠统发现的豆齿龙属种，其正型标本也是世界上该属最完整的、具有相关联的头骨及头后骨骼的标本。

楯龟龙超科 Superfamily Placochelyoidea Romer, 1956

定义与分类　包括 *Placochelys* Jaekel, 1902 和 *Protenodontosaurus* Pinna, 1990 最近的共同祖先及其所有后裔。是包含 *Macroplacodus*、*Protenodontosaurus*，以及楯龟龙科的单系类群。楯龟龙超科与豆齿龙超科互为姐妹群。

鉴别特征　上颌骨前端在吻部侧面逐渐尖灭，向前并入前颌骨之下；上颌骨与轭骨在眼眶下缘的中部，以近乎竖直的骨缝连接；眶后骨具内腹侧突，临近上翼骨。吻端的腹面存在凹陷；腭骨侧向扩展，与轭骨相交。

分布与时代　欧洲的中部及南阿尔卑斯地区，中国的西南地区，中三叠世拉丁期至晚三叠世瑞替期。

评注　它是楯齿龙类中衍生程度最高的，也是多样性最高的一个支系，生存年代相对较晚。楯龟龙超科的齿列进一步特化，牙齿数量减少，特别是前颌骨无齿或仅有一到两枚牙齿，吻端特化呈倒 U 形，腭骨上压碎食物用的齿板（crushing tooth plate）极度扩大。

楯龟龙科 Family Placochelyidae Romer, 1956

模式属　楯龟龙属 *Placochelys* Jaekel, 1902

定义与分类　包括 *Placochelys* Jaekel, 1902 和 *Psephochelys* Li et Rieppel, 2002 最近的共同祖先及其所有后裔；包含楯龟龙属（*Placochelys*）、砾甲龙属（*Psephoderma*）、砾甲龟龙属（*Psephochelys*）和雕甲龟龙属（*Glyphoderma*）。

鉴别特征　头骨整体较扁平，吻部较窄且明显加长，呈倒 U 形；吻部的腹面有一对向内鼻孔延伸的沟槽；翼骨在腭面的可见部分相对其他科的楯齿龙类较长；副枕突的末端紧贴鳞骨拱臂。前颌骨无齿；齿骨与前颌骨对应的下颌区域也无齿。

中国已知属　砾甲龟龙 *Psephochelys* Li et Rieppel, 2002 和雕甲龟龙 *Glyphoderma* Zhao, Li, Liu et He, 2008 两属。

分布与时代　欧洲中部及南阿尔卑斯地区，中国西南地区，中三叠世拉丁期至晚三叠世瑞替期。

砾甲龟龙属 Genus *Psephochelys* Li et Rieppel, 2002

模式种 多板砾甲龟龙 *Psephochelys polyosteoderma* Li et Rieppel, 2002

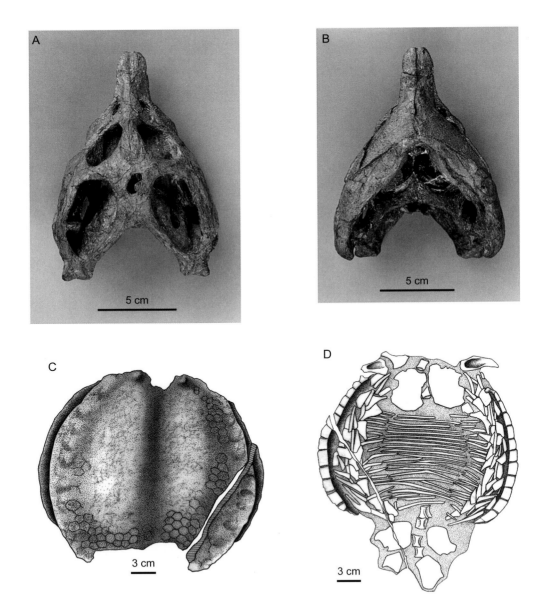

图 62 多板砾甲龟龙 *Psephochelys polyosteoderma*
正模（IVPP V 12442）：A, B. 头骨和下颌背视（A）、腹视（B）照片；C, D. 头后骨骼背视（C）、腹视（D）
线条图（C, D 引自 Li et Rieppel, 2002）

鉴别特征　上颌骨齿两枚；前颌骨后突（或前颌骨鼻骨突）向后延伸与额骨接触，将鼻骨分隔在两侧。背甲中轴发育纵向的沟槽，整个背甲由大量六边形和五边形骨板构成，单个骨板上有辐射状纹饰；腹甲不存在，但身体两侧的骨板与腹膜肋侧端相连。

中国已知种　仅模式种。

分布与时代　贵州关岭，晚三叠世卡尼期。

多板砾甲龟龙 *Psephochelys polyosteoderma* Li et Rieppel, 2002
（图 62）

正模　IVPP V 12442，完整的头骨和完整的背甲，部分中轴骨及带骨。产自贵州关岭。

鉴别特征　同属。

产地与层位　贵州关岭，上三叠统法郎组瓦窑段。

评注　最新的分支系统分析表明，砾甲龟龙很可能是最原始的楯龟龙科成员（Neenan et al., 2015），楯龟龙类很可能起源于东特提斯区，之后向西扩散并进一步分化。

雕甲龟龙属 Genus *Glyphoderma* Zhao, Li, Liu et He, 2008

模式种　康氏雕甲龟龙 *Glyphoderma kangi* Zhao, Li, Liu et He, 2008

鉴别特征　前颌骨后突向后延伸与鼻骨相接；一对鼻骨相互接触（与砾甲龟龙相区别）；鳞骨上附着三到四枚骨质结节；背甲由 400 余片骨板构成，单片骨板上有放射纹饰和刻点。

中国已知种　仅模式种。

分布与时代　云南富源，中三叠世拉丁期。

康氏雕甲龟龙 *Glyphoderma kangi* Zhao, Li, Liu et He, 2008
（图 63）

正模　ZMNH M8729，一件完整的骨架，全长约 90 cm，背视保存在板状围岩中。产自云南富源。

鉴别特征　同属。

产地与层位　云南富源，中三叠统法郎组竹杆坡段。

评注　生存时代早于其他楯龟龙科成员。与欧洲的楯龟龙属（*Placochelys*）形态接近，构成姐妹群。

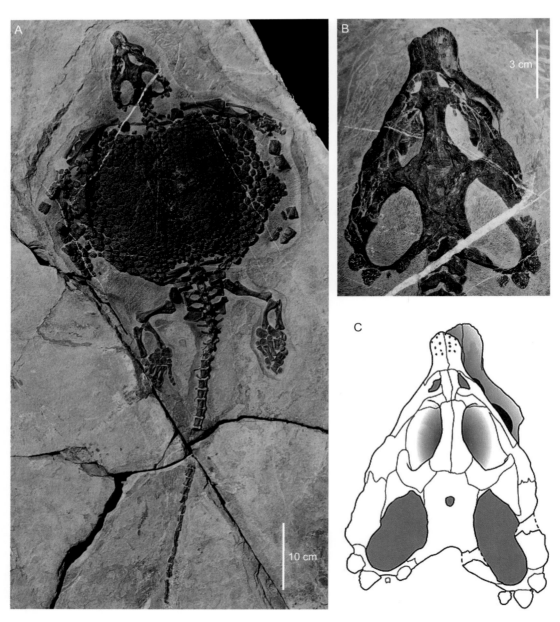

图 63　康氏雕甲龟龙 *Glyphoderma kangi*
正模（ZMNH M8729）：A. 标本照片（引自 Zhao et al., 2008a）；B, C. 头骨背视照片（B）和线条图（C）
（引自 Neenan et al., 2015）

始鳍龙目 Order EOSAUROPTERYGIA Rieppel, 1994

概述　始鳍龙目由 Rieppel 在 1994 年创立，代表除楯齿龙类外其他鳍龙类。三叠纪类群的化石主要发现于欧洲、亚洲和北美洲；侏罗和白垩纪类群的化石遍布世界各大洲，在我国仅发现在非海相地层中。

定义与分类　始鳍龙目是鳍龙超目中的一单系类群，包括幻龙下目（Nothosauroinei）和纯信龙下目（Pistosauroinei），以及肿肋龙科（Pachypleurosauridae）、"似肿肋龙形类"（"Pachypleurosaur-like forms"）和几个始鳍龙类基干类群。前两者经常在不同的研究中构成次一级的单系类群，其他十几个"似肿肋龙形类"属种则在任何系统分析中均未构成单系类群（Wu et al., 2011；Cheng Y. N. et al., 2012；Ma et al., 2015；Shang et Li, 2015；Cheng et al., 2016；Shang et al., 2017a）。幻龙下目包括扁鼻龙科（Simosauridae）、德意志龙（或译日耳曼龙）科（Germanosauridae）和幻龙科（Nothosauridae）。纯信龙下目由浪龙科（Cymatosauridae）、纯信龙科（Pistosauridae）和冠类群的蛇颈龙目（Plesiosauria）组成。始鳍龙目内次级分类单元间系统关系见图64。

　　形态特征　非蛇颈龙类的始鳍龙类头骨扁平，眼眶和颞孔开口朝向背部。吻部比例变化较大，或宽圆或呈倒U形或修长。前颌骨较大，构成吻部的大部分，常具延伸于外鼻孔之间的鼻骨突，甚至后伸至额骨。鼻骨多较小，沿中线相接或被分隔。额骨较长，多进入眼眶边缘。眶后骨在某些类群中构成上颞孔边缘的一部分，但在有些类群中被排除在外。顶骨后外侧支与鳞骨相交。上颌骨高度发达，参与构成吻部，向后延长至眼眶后缘甚至颞弓下部的位置。轭骨缩小，有时仅为上覆眶后骨和下伏上颌骨之间一细长的骨骼。*Nothosaurus* 中，轭骨常被排除在眼眶之外。鳞骨在方骨外侧方下伸至头骨腹面。一些类型存在小的方轭骨，但方轭骨前突不发育。细长的犁骨分隔两内鼻孔，沿中线缝合，后部与翼骨相接。在典型的幻龙中，两翼骨沿中线相接并延伸至头骨后部，翼间腔（interpterygoid vacuity）不发育。腭骨发育良好，自内鼻孔之后沿腭部两侧向后外侧延伸。外翼骨发育。上翼骨基部较宽，上支在到达顶骨的地方常收缩。在 *Nothosaurus* 中，上翼骨在基部和顶部都有扩展，呈沙漏状。翼骨的方骨支多在水平方向上扩展。枕部封闭、呈板状，后颞孔缩小为小的开口。副枕骨突宽短，多横向延伸。耳部区域的骨骼骨化良好（Romer, 1966；Rieppel, 2000）。

　　椎弓发育椎弓突-椎弓凹辅助关节（zygosphene-zygantrum articulation）。椎弓根在基部扩展，与同样扩展的椎体形成"蝴蝶状"或"十字形"的接合面。椎体是平凹型或微弱的双凹型。纯信龙类和蛇颈龙类的椎体腹面通常具有成对的椎体下孔（subcentral foramina）。锁骨中部加宽，两侧锁骨在间锁骨前方呈交错缝合，肩胛骨可分为扩展的腹侧关节窝部分和向背后侧伸展的骨板部分。耻骨呈前、后两边缘内凹的双凹形，腹缘有时存在缺口。坐骨通常具有收缩的背侧和扩展的外侧部分。股骨内转子缩小，内转子窝基本不发育（Rieppel, 2000）。

　　评注　如前所述，20世纪末伴随着分支系统学的兴起，许多学者对鳍龙超目的系统发育开展了详细的研究（Sues, 1987；Rieppel, 1989, 1994, 1998d；Tschanz, 1989；Storrs, 1991b），有关楯齿龙类是始鳍龙目的姐妹群（Rieppel, 1998d）还是位于始鳍龙目分类单元之中（Storrs, 1991b, 1993）目前基本已无争议，对于真鳍龙亚目（Eusauropterygia

Tschanz, 1989）是否是独立的分类类群有较多怀疑（Holmes et al., 2008；Wu et al., 2011），主要争议在肿肋龙类和其众多相似类群与其他始鳍龙类群系统关系的认识。Rieppel（1998d）曾认为肿肋龙分支和幻龙分支互为姐妹群，它们一起构成纯信龙类的姐妹群，因此弃用可能是并系类群的真鳍龙亚目。但他进一步研究后发现（Rieppel, 2000）真鳍龙亚目为单系类群，由互为姐妹群的幻龙类分支与纯信龙类分支组成，而肿肋龙类自成一亚目，构成真鳍龙亚目的姐妹群（图 64, A），这一分类方案在之后的研究中曾被广泛

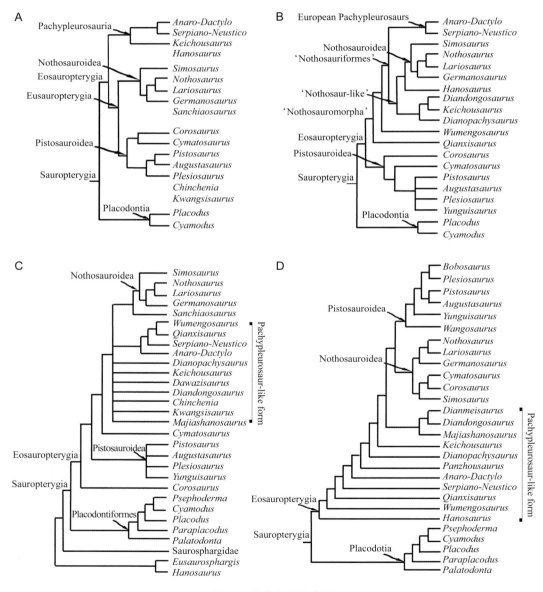

图 64　鳍龙超目支序图

A. Rieppel, 2000 观点；B. Cheng Y. N. et al., 2012 观点；C. Cheng et al., 2016 观点；D. Jiang et al., 2019 观点；
Anaro-Dactylo 和 *Serpiano-Neustico* 是 *Anarosaurus-Dactylosaurus* 和 *Serpianosaurus-Neusticosaurus* 的简写

采用（Li J. L. et al., 2008）。自本世纪初大量中国鳍龙类化石材料的发现及对已知属种的修订，使始鳍龙类分类体系较 Rieppel（2000）提出的分类观点有较大的改动，其主要表现在幻龙类和肿肋龙类及其相似属种和幻龙类与纯信龙类系统发育关系的反复改变（Holmes et al., 2008；Shang et al., 2011；Liu et al., 2011b；Wu et al., 2011；Cheng Y. N. et al., 2012；Ma et al., 2015；Shang et Li, 2015；Cheng et al., 2016；Shang et al., 2017a）。其中较早有代表性的变动是 Cheng Y. N. 等（2012）加入中国新材料后对鳍龙类全面的分支系统分析建立的分类方案（图 64, B），认为幻龙类与肿肋龙类及其一些相似属种组成一单系类群，否认了真鳍龙亚目的存在。这一观点也得到后来的一些研究的支持，如 Jiang 等（2014）。之后新的发现和分析使 Cheng 等（2016）又提出"似肿肋龙形类"（Pachypleurosaur-like forms）这一非正式名称（图 64, C）。在中国发现的"似肿肋龙形类"分子与欧洲的肿肋龙类的确切亲缘关系变动较大，与幻龙类和纯信龙类的亲缘关系也时有变化，这里将这些属集中放入始鳍龙目的一非自然类群里介绍，其真正的亲缘关系有待更多研究证实。鉴于研究仍然在持续中，目前我们采用的分类方案仅是暂时方案。

"似肿肋龙形类" "Pachypleurosaur-like forms"

概述　如前所述，"似肿肋龙形类"（"Pachypleurosaur-like forms"）是一非自然类群，仅暂时用此名称包括在中国发现的、与已知的欧洲的肿肋龙类亲缘关系尚不明确的，既非幻龙类、也非纯信龙类的始鳍龙类成员。

在始鳍龙类的研究过程中，随着新成员的不断加入，这些"似肿肋龙形类"分子在鳍龙类分支系统分析中，或者与幻龙类一起构成欧洲的肿肋龙类的姐妹群（Cheng Y. N. et al., 2012；Shang et al., 2017a），或者与幻龙类和欧洲的肿肋龙类均表现为并系关系（Jiang et al., 2014；Cheng et al., 2016），或者逐级与幻龙类和纯信龙类组成的分支形成姐妹关系（Ma et al., 2015；Jiang et al., 2019）。其中，汉江蜥、乌蒙龙和黔西龙的系统位置虽然在一些分析中有变动（Cheng et al., 2016），但多数分析（Cheng Y. N. et al., 2012；Ma et al., 2015；Shang et al., 2017a；Jiang et al., 2019）指示了其位于始鳍龙类的基干部位。依据最近的分支系统分析（Jiang et al., 2019），在中国发现的这些"似肿肋龙形类"成员也多数位于始鳍龙类的基干部位。

汉江蜥属 Genus *Hanosaurus* Young, 1972

模式种　湖北汉江蜥 *Hanosaurus hupehensis* Young, 1972

鉴别特征　为一小型鳍龙类。鼻骨长于额骨；两额骨愈合；顶孔位于前方；耻骨和坐骨外形圆；两者之间的盾状孔（thyroid fenestra）发育较差；背肋加粗。

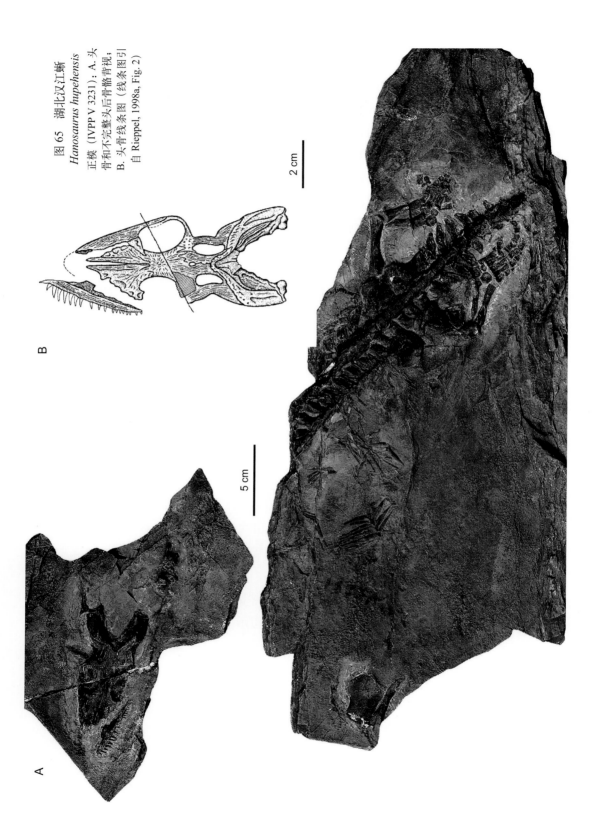

图 65 湖北汉江蜥
Hanosaurus hupehensis
正模 (IVPP V 3231)：A. 头骨和不完整头后骨骼背视；B. 头骨线条图（线条图引自 Rieppel, 1998a, Fig. 2）

中国已知种　仅模式种。

分布与时代　湖北，早三叠世晚期。

评注　本属为单种属，建立时曾归入海龙类，Rieppel（1998a）研究认为模式标本的上枕骨在顶骨平台之后呈水平展布，吻部发育适中，两鼻骨沿中线相接，上颞孔卵形，上颞骨不发育，尾椎横突发育，肋骨加粗，具有非常典型的鳍龙类肿肋龙科特征，分支系统分析严格合意树结果表明汉江蜥与欧洲的肿肋龙类为并系关系（Rieppel, 1998a, Fig. 7A）。近期的研究指示本属为始鳍龙类的基干类群（Jiang et al., 2019）。

湖北汉江蜥 *Hanosaurus hupehensis* Young, 1972

（图 65）

正模　IVPP V 3231，标本保存为两部分，一为基本完整的头骨，另一为不完整的头后骨骼。产自湖北南漳巡检乡松树沟老湾。

鉴别特征　同属。

产地与层位　湖北南漳，下三叠统嘉陵江组。

评注　本种为鳍龙类在世界上最早的代表之一。正模头骨的吻端至顶骨平台后缘长为 64.5 mm；吻端至方骨下颌髁后缘长为 96 mm；头骨两方骨下颌髁外缘之间宽为 43 mm。右侧眼眶长 19.5 mm，宽 12.5 mm；右侧颞孔长 10 mm，宽 4 mm。

马家山龙属 Genus *Majiashanosaurus* Jiang, Motani, Tintori, Rieppel, Chen, Huang, Zhang, Sun et Ji, 2014

模式种　盘状乌喙骨马家山龙 *Majiashanosaurus discocoracoidis* Jiang, Motani, Tintori, Rieppel, Chen, Huang, Zhang, Sun et Ji, 2014

鉴别特征　中等大小的始鳍龙类。乌喙骨呈近圆板状，两侧不收缩且前、后两边缘呈外凸状；肩胛骨宽大且向腹侧扩展的近关节窝一端，与具直的后背侧缘的叶片状后突之间具有显著的收缩；间锁骨不具后突；肱骨骨体等宽且均匀弯曲；桡骨也同样等宽且均匀弯曲；有两枚较大的近侧腕骨（中间腕骨和尺腕骨）和两枚较小的远侧腕骨（远侧第四和第三腕骨）。

中国已知种　仅模式种。

分布与时代　安徽巢湖，早三叠世晚期。

评注　根据分支系统分析，Jiang 等（2014）认为本属和肿肋龙类亲缘关系较近，但与贵州龙和滇肿龙的亲缘关系未解。之后的分析（Cheng et al., 2016；Shang et al., 2017a）表明本属与中国其他"似肿肋龙形类"亲缘关系较近。虽然本属为目前在中国乃至世界

图 66 盘状乌喙骨马家山龙 *Majiashanosaurus discocoracoidis* 正模（AGM-AGB5954），不完整头后骨架（照片由安徽省地质博物馆提供）

发现的最早的始鳍龙类类群之一，但分支系统分析并未指示其为始鳍龙类的基干类群，分析可能受到属种数据不完善或本属缺失头骨解剖学信息等因素的影响。

盘状乌喙骨马家山龙 *Majiashanosaurus discocoracoidis* Jiang, Motani, Tintori, Rieppel, Chen, Huang, Zhang, Sun et Ji, 2014
（图 66）

正模 AGM-AGB5954，一不完整头后骨架。产自安徽巢湖马家山。

鉴别特征 同属。

产地与层位 安徽巢湖马家山，下三叠统南陵湖组上段。

大洼子龙属 Genus *Dawazisaurus* Cheng, Wu, Sato et Shan, 2016

模式种 短背大洼子龙 *Dawazisaurus brevis* Cheng, Wu, Sato et Shan, 2016

鉴别特征 体长小于 50 cm 的小型始鳍龙类。外鼻孔距眼眶近，距吻端远，椭圆形的上颞孔与眼眶等长但窄于后者；顶骨平台上颞孔间隔窄于眼眶间隔；鼻孔间隔由前颌骨和鼻骨共同构成；鼻骨较大，沿头骨中线相接；眶后骨后突呈不对称的叉状；头骨平台后缘呈深 V 型凹入；下颌反关节突长，背侧具显著的背脊；前颌骨和上颌骨具獠齿；躯干短；背椎关节突非常小；具 20 节颈椎，16 节背椎，4 节荐椎和 37 节尾椎；6 枚腕骨和 3 枚跗骨；前足指式 2-3-4-4-?，后足趾式 2-3-4-5-4。

中国已知种 仅模式种。

分布与时代 云南，中三叠世。

评注 Cheng 等（2016）的分支系统分析虽然证实了幻龙类和纯信龙类是单系类群，且显示本属与幻龙类亲缘关系较近，但本属与贵州龙属、滇肿龙属和欧洲肿肋龙类的亲缘关系未解。

短背大洼子龙 *Dawazisaurus brevis* Cheng, Wu, Sato et Shan, 2016
（图 67）

正模 NMNS 000933-F034397，一接近完整的骨架，以背面向上保存。产自云南罗平大洼子。

鉴别特征 同属。

产地与层位 云南罗平，中三叠统关岭组 II 段。

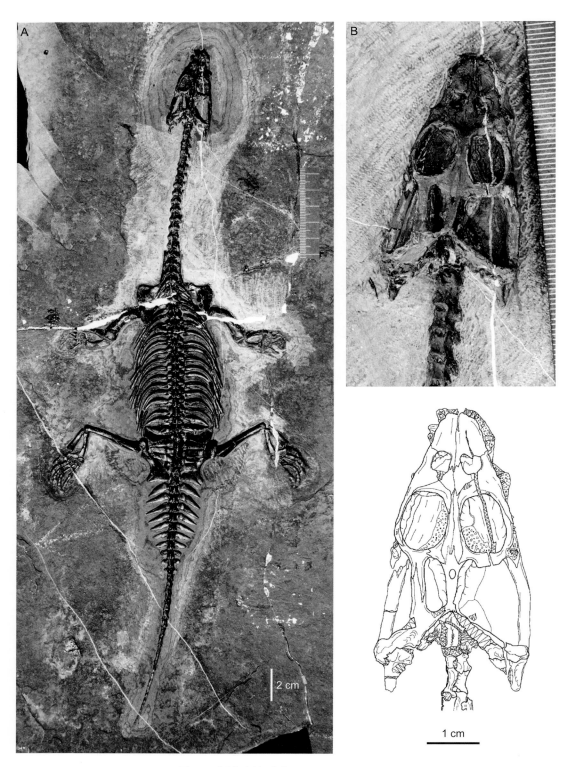

图 67　短背大洼子龙 *Dawazisaurus brevis*

正模（NMNS 000933-F034397）：A. 骨架背视；B. 头骨背视照片（上）和线条图（下）（照片由加拿大自然博物馆吴肖春提供，线条图引自 Cheng et al., 2016, Fig. 2d）

滇东龙属 Genus *Diandongosaurus* Shang, Wu et Li, 2011

模式种 利齿滇东龙 *Diandongosaurus acutidentatus* Shang, Wu et Li, 2011

鉴别特征 小型始鳍龙类。前颌骨和下颌缝合部獠齿显著发育，上颌骨具一或两枚獠齿；吻部短，两侧不收缩；眶前区域长于眶后区域；眼眶大于上颞孔；两额骨和两顶骨分别愈合；前额骨和后额骨沿眼眶背缘相接；额骨两后外侧支的末端后延超过上颞孔前缘；顶孔位置靠前，前缘超过上颞孔前缘；方轭骨发育；锁骨前外侧缘具一前突；具19节颈椎，19节背椎，3节荐椎，约40节尾椎；最前部尾肋外侧端未见明显收缩，第三对至第八对尾肋长度超过荐肋；具两枚骨化的腕骨和两枚骨化的跗骨；后足末端发育异常膨大的爪趾骨；前足指式2-4-5-6-3；后足趾式2-3-4-6-5。

中国已知种 仅模式种。

分布与时代 云南，中三叠世安尼期。

评注 本属既具有肿肋龙类（包括 *Dactylosaurus*、*Anarosaurus*、*Serpianosaurus* 和 *Neusticosaurus*）吻部两侧不收缩、眶前区域长于眶后区域、眼眶大于上颞孔等典型特征，同时又具有幻龙类（包括 *Simosaurus* 和 Nothosauridae）前颌骨和下颌缝合部獠齿发育、上颌骨具一或两枚獠齿等典型特征。本属两额骨和两顶骨均愈合，额骨两后外侧支的末端后延超过上颞孔前缘，轭骨和鳞骨相交将眶后骨排除于下颞孔之外，方轭骨发育，锁骨前外侧缘具一前突，三对荐肋以及最前部尾肋的外侧端均未见明显收缩，这些特征也多表现出肿肋龙类和幻龙类的混合特征。最初的分支系统分析表明，滇东龙既不是肿肋龙类也不是幻龙类，它可能与由乌蒙龙、幻龙类和传统的肿肋龙类所构成的分支亲缘关系最近，为始鳍龙类基干类群（Shang et al., 2011）。Cheng Y. N. 等（2012）的分支系统分析研究认为本属是'似幻龙类'基干类群，与贵州龙和滇肿鳍龙亲缘关系较近。Shang 等（2017a）的分支系统分析结果表明，本属与其他中国"似肿肋龙形类"一起构成幻龙类的姐妹群分支。而 Jiang 等（2019）的分支系统分析结果指示，本属与滇美龙和马家山龙一起构成幻龙类＋纯信龙分支的姐妹群。

利齿滇东龙 *Diandongosaurus acutidentatus* Shang, Wu et Li, 2011

（图68）

正模 IVPP V 17761，一完整骨架。产自云南罗平大洼子。

归入标本 NMNS 000933-F034398，一基本完整的骨架，仅尾部最末端缺失（Sato et al., 2014a）；BGPDB-R0001，一基本完整的骨架，仅尾部末端和右后肢破损（刘学清等，2015）。均产自云南罗平。

鉴别特征 同属。

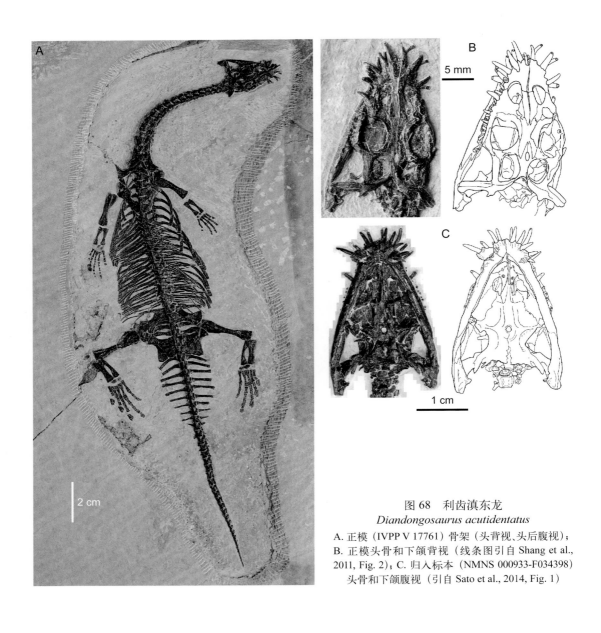

图 68　利齿滇东龙
Diandongosaurus acutidentatus
A. 正模（IVPP V 17761）骨架（头背视、头后腹视）；
B. 正模头骨和下颌背视（线条图引自 Shang et al.,
2011, Fig. 2）；C. 归入标本（NMNS 000933-F034398）
头骨和下颌腹视（引自 Sato et al., 2014, Fig. 1）

产地与层位　云南罗平，中三叠统关岭组 II 段。

滇美龙属　Genus *Dianmeisaurus* Shang et Li, 2015

模式种　纤细滇美龙 *Dianmeisaurus gracilis* Shang et Li, 2015

鉴别特征　小型始鳍龙类（推测成年个体长度小于 50 cm）。吻部短小，无收缩；眼
眶间距窄，小于颞孔间距的 1/2；顶孔位于顶骨前部；下颌缝合部短，夹板骨参与下颌缝
合部构成；前颌骨和下颌缝合部具小型獠齿，数目多于 4 枚；具一枚上颌骨獠齿；具 23

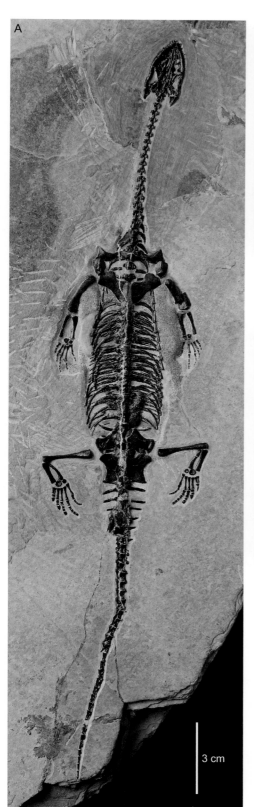

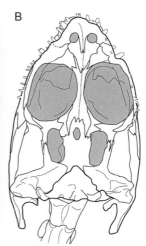

5 mm

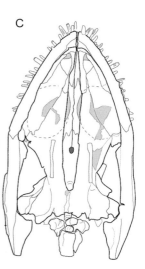

5 mm

图 69 纤细滇美龙 *Dianmeisaurus gracilis*

A. 正模（IVPP V 18630）骨架腹视；B. 副模（IVPP V 17054）
头骨和部分下颌背视（线条图引自 Shang et al., 2017a, Fig. 2）；
C. 正模（IVPP V 18630）头骨和下颌腹视（线条图引自 Shang
et Li, 2015, Fig. 2B）

节颈椎，18 节背椎，多于 37 节尾椎（推测 38–39 节）；前部尾椎的肋骨呈细长条状；不具肿肋现象；锁骨的三角形前外侧突粗壮、前端钝；肱骨具内髁孔；尺骨近端扩展，宽于远端；腕骨 3 枚；跗骨 2 枚；第一蹠骨明显加宽；具爪指（趾）骨；前足指式 2-3-5-5-3(4?)，后足趾式 2-3-4-5-5。

中国已知种 仅模式种。

分布与时代 云南罗平，中三叠世。

评注 Shang 和 Li（2015）和 Shang 等（2017a）的分支系统分析，显示滇美龙与滇东龙互为姐妹群，同时它们与贵州龙、马家山龙和滇肿龙一起构成了一仅由在中国发现的属种组成的单系类群。这一单系类群与幻龙类的亲缘关系近于它们与欧洲肿肋龙类（*Dactylosaurus*、*Anarosaurus*、*Serpianosaurus* 和 *Neusticosaurus*）的亲缘关系。Jiang 等（2019）的分支系统分析结果表明，本属与滇东龙和马家山龙一起构成幻龙类＋纯信龙分支的姐妹群。

纤细滇美龙 *Dianmeisaurus gracilis* Shang et Li, 2015

（图 69）

正模 IVPP V 18630，一完整的骨架，头骨和大部分头后骨架以腹面向上保存。产自云南罗平大洼子。

副模 IVPP V 17054，一接近完整的骨架，以背面向上保存。

鉴别特征 同属。

产地与层位 云南罗平，中三叠统安尼阶关岭组 II 段。

滇肿龙属 Genus *Dianopachysaurus* Liu, Rieppel, Jiang, Aitchison, Motani, Zhang, Zhou et Sun, 2011

模式种 丁氏滇肿龙 *Dianopachysaurus dingi* Liu, Rieppel, Jiang, Aitchison, Motani, Zhang, Zhou et Sun, 2011

鉴别特征 小型始鳍龙类。头骨眶后区域长于眶前区域；宽大的额骨后外侧支后伸超过上颞孔前缘和顶孔前缘；顶骨宽，仅在后半部微弱收缩；尺骨和桡骨等长；具至少四枚骨化的腕骨；成年个体耻骨闭孔开放；后足趾式 1/2-3-4-5-4。

中国已知种 仅模式种。

分布与时代 云南罗平，中三叠世。

评注 根据分支系统分析，Liu 等（2011b）认为本属和贵州龙属构成肿肋龙类欧洲类群的姐妹群，共同归入贵州龙科，并将贵州龙科定义为：两额骨愈合；方骨后缘直；

5 mm

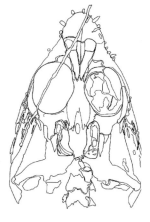

图 70 丁氏滇肿龙
Dianopachysaurus dingi
正模（CCCGS LPV 31365）；A. 骨
架背视；B. 头骨背视（照片由合
肥工业大学刘俊提供，线条图引
自 Liu et al., 2011b, Fig. 3B)

上颌骨具一或两枚獠齿；外上髁沟开放不具有前凹口；具三枚以上骨化的腕骨。之后的分支系统分析（Jiang et al., 2014, 2019；Ma et al., 2015；Cheng et al., 2016；Shang et al., 2017a 等）表明本属与贵州龙以及欧洲的肿肋龙未构成单独的分支。

丁氏滇肿龙 *Dianopachysaurus dingi* Liu, Rieppel, Jiang, Aitchison, Motani, Zhang, Zhou et Sun, 2011

（图 70）

正模 CCCGS LPV 31365，一接近完整的骨架。产自云南罗平大洼子。

鉴别特征 同属。

产地与层位 云南罗平，中三叠统安尼阶关岭组 II 段。

乌蒙龙属 Genus *Wumengosaurus* Jiang, Rieppel, Motani, Hao, Sun, Schmitz et Sun, 2008

模式种 纤颌乌蒙龙 *Wumengosaurus delicatomandibularis* Jiang, Rieppel, Motani, Hao, Sun, Schmitz et Sun, 2008

鉴别特征 小到中型的始鳍龙类。吻部长且尖；上下颌具大量的小齿，数量超过 65 枚，齿冠基部膨大，顶部尖，替换齿位于功能齿的舌侧；外鼻孔呈长椭圆形；轭骨的背后侧部伸入眶后骨和鳞骨之间；上颞弓宽；宽大的额骨后外侧突靠近上颞孔；反关节突短且粗壮，不具有背孔（鼓索神经孔 chorda tympani foramen）；具 3–5 枚尾肋；肩胛骨背板后端扩展；间锁骨呈长菱形；板状的耻骨外形略呈矩形；板状的坐骨具短且宽的髂骨突；第 I 和第 II 掌骨长度分别与第 V 和第 IV 掌骨长度相当，第 I 和第 II 蹠骨长度分别与第 V 和第 IV 蹠骨长度相当。

中国已知种 仅模式种。

分布与时代 贵州，中三叠世。

评注 一些骨骼的形态与肿肋龙类接近，如显著发育的前额骨、顶骨平台较宽等，因此早期研究认为本属为肿肋龙科的姐妹群（Jiang et al., 2008c）。根据对更多本属材料研究，Wu 等（2011）认为 Rieppel（2000）定义的肿肋龙类不是单系，本属以及贵州龙的许多特征与欧洲的肿肋龙差异较大，其明显小于眼眶的上颞孔、强烈缩小的翼骨凸缘、两侧平行的椎体、远端收缩的荐肋、近于等长的尺骨和桡骨等特征强烈支持本属位于由幻龙类（Nothosauroinei）和狭义的肿肋龙类（'Pachypleurosauria'）所构成分支的基干位置，即为始鳍龙目基干类群，并将本属鉴别特征做重新修订。

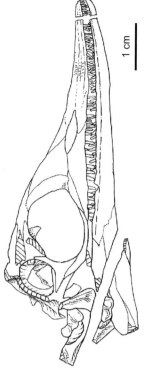

图 71　纤颌乌蒙龙 *Wumengosaurus delicatomandibularis*

A. 归入标本（IVPP V 15314）骨架背视；B. 归入标本（NMNS-KIKO-F071129-Z）头骨和下颌右侧视照片（左）及线条图（右）（引自 Wu et al., 2011, Fig. 2A, B）

纤颌乌蒙龙 *Wumengosaurus delicatomandibularis* Jiang, Rieppel, Motani, Hao, Sun, Schmitz et Sun, 2008

（图 71）

正模　GMPKU-P-1210，一完整骨架。产自贵州盘州新民乡羊槛村（又称羊圈村，现已并入雨那村）。

副模　GMPKU-P-1209，一头骨不完整的骨架。

归入标本　NMNS-KIKO-F071129-Z, IVPP V 15314, ZMNH M8758（Wu et al., 2011）。

鉴别特征　同属。

产地与层位　贵州盘州，中三叠统关岭组 II 段。

盘州龙属 Genus *Panzhousaurus* Jiang, Lin, Rieppel, Motani et Sun, 2019

模式种　圆吻盘州龙 *Panzhousaurus rotundirostris* Jiang, Lin, Rieppel, Motani et Sun, 2019

鉴别特征　小型始鳍龙类。吻部宽短，前端圆；眶后区明显长于眶前区；上颞孔细长，长度仅为眼眶纵向长度的一半左右；前额骨小；额骨成对，无前、后突，与鼻骨在眼眶前缘连线处相遇；额骨顶骨缝合线凸向后方；两顶骨愈合，形成宽而平的顶骨平台；顶孔位于顶骨平台前部；颈部短于躯干部；具 24 节颈椎，20 节背椎，3 节荐椎；桡骨扁平，与尺骨等长；尺骨直，前、后缘向内凹；具至少 6 枚骨化的腕骨（分别是中间腕骨、尺腕骨和远侧第四、三、二、一腕骨），具至少 4 枚骨化的跗骨（分别是距骨、跟骨和远侧第四和三跗骨）。

中国已知种　仅模式种。

分布与时代　贵州，中三叠世。

圆吻盘州龙 *Panzhousaurus rotundirostris* Jiang, Lin, Rieppel, Motani et Sun, 2019

（图 72）

正模　GMPKU-P-1059，一完整骨架。产自贵州盘州新民乡羊槛村（又称羊圈村，现已并入雨那村）。

鉴别特征　同属。

产地与层位　贵州盘州，中三叠统关岭组 II 段。

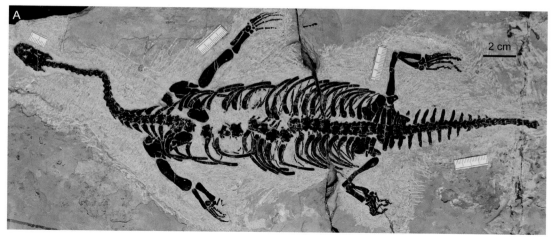

图 72 圆吻盘州龙
Panzhousaurus rotundirostris
正模（GMPKU-P-1059）：A. 骨架背视；
B. 头骨照片（上）及线条图（下）
（引自 Jiang et al., 2019, Figs. 1, 2）

贵州龙属 Genus *Keichousaurus* Young, 1958

模式种 胡氏贵州龙 *Keichousaurus hui* Young, 1958

鉴别特征 小—中型始鳍龙类。吻短且圆；上颞孔椭圆形，长径短于眼眶；鼻骨缩小；成年个体两额骨愈合，前端逐渐收缩，后端具两外侧突；顶孔位置靠前，在成年个体趋向闭合；鳞骨的后侧支发育较差；方骨窝发育，方骨关节髁后突缺失；牙齿存在分异，前颌骨齿和下颌前部的牙齿略大，上颌骨具一对獠齿；下颌缝合部和反关节突均显著伸长；冠状突发育完好；颈部比躯干部长；具 25–26 节颈椎，18–19 节背椎，3 节荐椎，约 37 节尾椎；雄性成年个体肱骨长于股骨；尺骨显著加宽；成年个体具 5 枚骨化的腕骨；具肿骨现象。

中国已知种 胡氏贵州龙 *Keichousaurus hui* Young, 1958 和远安贵州龙？*Keichousaurus? yuananensis* Young, 1965 两种。

分布与时代 贵州、云南、湖北，早三叠世晚期至中三叠世。

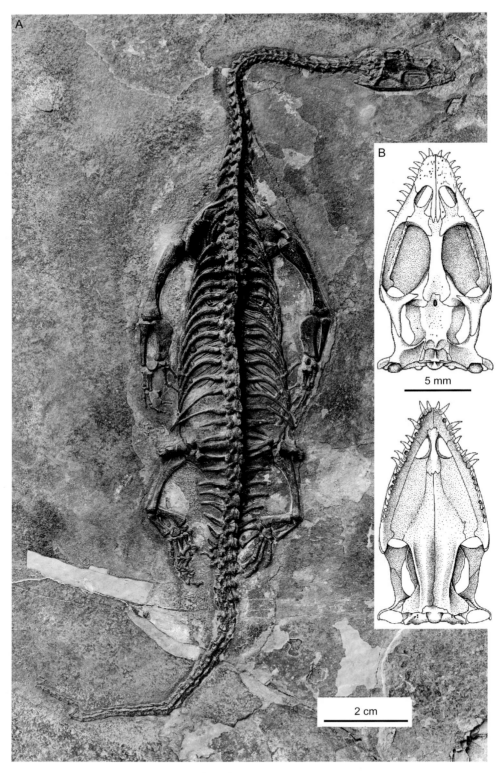

图 73　胡氏贵州龙 *Keichousaurus hui*

A. 归入标本（IVPP V 13506）背视；B. 头骨背、腹面复原图（引自 Holmes et al., 2008, Fig. 3）

评注　贵州龙属在建立之初被认为是肿肋龙类在东特提斯区的典型代表，系统学位置，经 Rieppel（1998a）研究认为是欧洲肿类龙类群的姐妹群。根据对胡氏贵州龙头骨的再研究，Holmes 等（2008）认为贵州龙可能是幻龙下目基干类群代表。Cheng Y. N. 等（2012）的研究确定贵州龙属是"似幻龙类"基干类群，真正意义上的肿肋龙类主要分布于西特提斯区德国、瑞士和意大利的中三叠统。之后，Cheng 等（2016）的分支系统分析指示本属为中国"似肿肋龙形类"。

胡氏贵州龙 *Keichousaurus hui* Young, 1958
（图 73）

正模　IVPP V 952，为一成年个体头骨与 21 节颈椎背视。产自贵州兴义顶效绿荫村。

副模　IVPP V 953–956，不完整头骨和头后骨骼；GMC (Vm) 001–004, 012–014, 025，不完整头骨和头后骨骼。

归入标本　IVPP V 7917, 7919；GPM (GXD) 7601–7603, 7613, 7621, 835002, 838028（Lin et Rieppel, 1998）。NMNS-cyn-2003-25, NMNS-cyn-2005-05, 12, 15, 18, 24（Holmes et al., 2008）。IVPP V 13506（本书）。

鉴别特征　同属。

产地与层位　贵州兴义，云南富源、师宗，中三叠统法郎组竹杆坡段。

评注　20 世纪 90 年代以后，数以百计的胡氏贵州龙标本被发现，促进了对该种的系统发育关系以及形态功能等方面的深入了解（Lin et Rieppel, 1998；Cheng et al., 2004；Holmes et al., 2008）。胡氏贵州龙成年个体大小一般约在 20–25 cm，为卵胎生。具两性异形，雄性体长大于雌性，肱骨相对粗壮，明显长于股骨。胎儿吻 - 肛长度（SVL: snout-vent length）平均为 40.4 mm。达到性成熟时雄性吻 - 肛长约为 126 mm，雌性约为 122 mm。成年个体雄性吻 - 肛长平均为 161 mm，雌性平均为 149 mm（Cheng et al., 2009）。

远安贵州龙？ *Keichousaurus? yuananensis* Young, 1965
（图 74）

标本　IVPP V 2799，一具保存不完整的头后骨骼印模化石。湖北远安望城乡。

特征　背椎数目为 19–20 节；背部长 145 mm，腰带部位宽 48 mm；肩带特征与肿肋龙类相似；肋骨近端加粗，远端正常；肱骨长 48 mm，远端未见加宽现象；股骨长 31 mm，较纤细。

产地与层位　湖北远安，下三叠统奥伦尼克阶嘉陵江组。

评注　特征主要来自原作者对不完整的模式标本的描述（Young, 1965）。根据对模式

2 cm

图 74 远安贵州龙? *Keichousaurus? yuananensis*
正模 (IVPP V 2799) 照片

标本的再观察，肱骨长度可能仅为 28 mm，细长的尺骨和桡骨特征也与贵州龙属有一定差异，应该不属于贵州龙属。因未开展更多的研究，这里对本种的归属存疑。本种最初记述产于中三叠统下部，后李锦玲等（2002）确定产出地层时代为早三叠世晚期，与湖北汉江蜥同为始鳍龙类在世界上最早的代表之一。

黔西龙属 Genus *Qianxisaurus* Cheng, Wu, Sato et Shan, 2012

模式种 岔江黔西龙 *Qianxisaurus chajiangensis* Cheng, Wu, Sato et Shan, 2012

鉴别特征 中等大小始鳍龙类，躯干相对长。眶前长度长于其后的头骨中线长；前颌骨仅参与构成长卵形外鼻孔的很小部分；眶后骨形状不规则，具宽平的背面和呈叉状的后端；具 8 枚前颌骨齿；齿冠呈短圆锥形，基部略收缩；上颞孔非常小，尺寸仅稍大于顶孔；下颌反关节突短而坚固，后端削截状，无背侧面凹陷；具 28 节背椎，4 节荐椎；背肋的后背侧面具纵向槽（与 *Corosaurus*、*Sanchiaosaurus*、*Kwangsisaurus* 和 *Chinchenia* 相同）；乌喙骨外侧窄呈柱状，内侧扩展呈足形。

中国已知种 仅模式种。

分布与时代 贵州、云南，中三叠世。

评注 根据分支系统分析，Cheng Y. N. 等（2012）曾认为本属是欧洲肿肋龙类和幻龙类组成的分支的姐妹群。后续研究表明本属为始鳍龙类的基干类群（Cheng et al., 2016；Shang et al., 2017a；Jiang et al., 2019）。

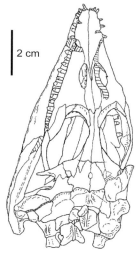

图 75 岔江黔西龙
Qianxisaurus chajiangensis
正 模（NMNS-KIKO-F044630）：
A. 骨架背视；B. 头骨顶视照片
（上）及线条图（下）（引自 Cheng
Y. N. et al., 2012, Fig. 2A, D)

岔江黔西龙 *Qianxisaurus chajiangensis* Cheng, Wu, Sato et Shan, 2012

（图 75）

正模 NMNS-KIKO-F044630，一基本完整的骨架。产自贵州兴义岔江附近。

鉴别特征 同属。

产地与层位 贵州兴义，中三叠统拉丁阶法郎组竹杆坡段。

幻龙下目 Infraorder NOTHOSAUROINEI Baur, 1889

概述 Baur（1889）建立了第一个被广泛接受的幻龙类科级分类单元——Nothosauridae。Arthaber（1924）首次建立幻龙类分类体系，在幻龙亚目（Suborder Nothosauria）之下划分幻龙科（Nothosauridae）和鸥龙科（Lariosauridae），两科包含了当时幻龙类所有已知属。由于化石材料的稀少和不完整，对一些分类单元的了解有限，无论是 Arthaber（1924）的分类还是之后各时期众多分类方案（如 Romer, 1945, 1956, 1966；Huene, 1948, 1952, 1961），均比较混乱，其中比较典型的例子是一些属的归属，如 *Corosaurus*、*Cymatosaurus*、*Pistosaurus*、*Rhaeticonia* 和 *Simosaurus*，在一个时期认为是幻龙类（nothosaurs），在另一时期又认为是蛇颈龙类（plesiosaurs）（Storrs, 1991b）。Rieppel（1998c）根据分支系统分析对幻龙类重新厘定，将与蛇颈龙类亲缘关系更近的类群从之前更广义的幻龙类中分开，分别建立了 Nothosauroidea 和 Pistosauroidea 分支。

定义与分类 为一单系类群，包括 *Simosaurus* 和 *Nothosaurus* 最近的共同祖先及其所有后裔。

形态特征 头骨眶后区显著长于眶前区；成年个体两顶骨完全愈合；顶孔略靠后，顶骨平台收缩；基枕骨突和横向延伸的翼骨呈复杂的接触关系；上颌齿列后延至上颞孔前三分之一处；锁骨具扩展的前外侧转角；肱骨外上髁沟清晰且远端无凹口；髂骨背突缩小且后伸不超过髂骨髋臼的后缘；耻骨腹缘内凹；距骨前端边缘凹入。

分布与时代 分布于西特提斯区的欧洲大部、非洲北部、亚洲西部，东特提斯区的中国华南地区和西太平洋区的北美西部，三叠纪。

评注 广义的幻龙类通常指幻龙下目。20 世纪中期，杨钟健（Young, 1959a, 1960, 1965；杨钟健，1972b, 1978）曾多次报道中国南方发现的幻龙化石，并建立了宋氏清镇龙（*Chinchenia sungi*）、邓氏三桥龙（*Sanchiaosaurus dengi*）、东方广西龙（*Kwangsisaurus orientalis*）、泸西广西龙（*Kwangsisaurus lusiensis*），以及幻龙科 3 个未定属种，它们分布于贵州清镇、贵阳，重庆，广西武鸣，云南开远、泸西等地。后经 Rieppel（1999）研究认为，三桥龙属于幻龙下目分类位置不明的属，而清镇龙、广西龙应属于纯信龙下目。而杨钟健 1965 年建立的扁鼻龙科意外兴义龙（*Shingyisaurus unexpectus*），经 Rieppel

(1998b, 2000）研究被归入幻龙科幻龙属，因其模式标本保存差，无有效鉴定特征，建议废除原命名。

幻龙科 Family Nothosauridae Baur, 1889

模式属 幻龙 *Nothosaurus* Münster, 1834

定义与分类 单系类群，包括幻龙（*Nothosaurus*）和鸥龙（*Lariosaurus*）最近的共同祖先及其所有后裔。

鉴别特征 成年个体两额骨愈合；顶骨平台强烈收缩（至少后部）；翼骨凸缘伸展至翼骨方骨支的最后部；枕骨嵴发育，两侧鳞骨在顶骨之后不相接；上枕骨在顶骨平台之后呈近水平展布；下颌缝合部伸长，呈倒 U 形；具一或两枚上颌骨獠齿；椎体侧缘互相平行；荐肋远端无明显的扩展；肱骨内髁孔发育。

中国已知属 幻龙 *Nothosaurus* Münster, 1834 和鸥龙 *Lariosaurus* Curioni, 1847 两属。

分布与时代 欧洲中部和南部、非洲北部、亚洲西部和东部，中三叠世至晚三叠世卡尼期。

幻龙属 Genus *Nothosaurus* Münster, 1834

模式种 奇异幻龙 *Nothosaurus mirabilis* Münster, 1834

鉴别特征 小型至大型的幻龙类，上颌齿列向后延伸，超过上颞孔的前缘；一对上颌骨獠齿之后是明显变小呈栅栏状排列的锥型齿；上颞孔的纵向长度是眼眶纵向长度的 2–4 倍；成年个体腕骨或跗骨骨化数目不超过 3 枚。

中国已知种 杨氏幻龙 *Nothosaurus youngi* Li et Rieppel, 2004，小吻幻龙 *N. rostellatus* Shang, 2006，羊圈幻龙 *N. yangjuanensis* Jiang, Maisch, Hao, Sun et Sun, 2006，张氏幻龙 *N. zhangi* Liu, Hu, Rieppel, Jiang, Benton, Kelley, Aitchison, Zhou, Wen, Huang, Xie et Lü, 2014，幻龙（未定种）*Nothosaurus* sp., 共 5 种。

分布与时代 欧洲、非洲北部、亚洲西部和东部，三叠纪安尼期早期至卡尼期早期。

杨氏幻龙 *Nothosaurus youngi* Li et Rieppel, 2004

（图 76）

正模 IVPP V 13590，一近于完整的骨架，包括头骨、下颌及不完整的头后骨骼。产自贵州兴义。

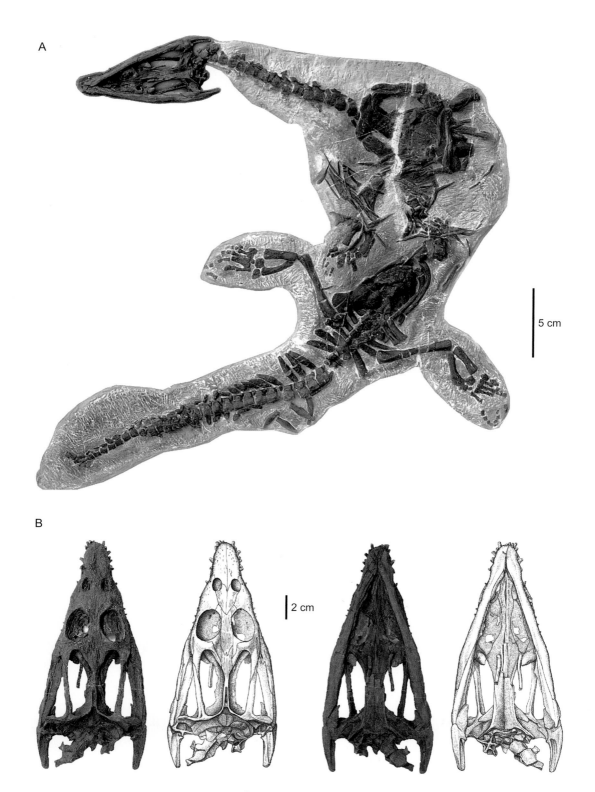

图 76 杨氏幻龙 *Nothosaurus youngi*

正模（IVPP V 13590）：A. 骨架腹视；B. 头骨背视、腹视（线条图引自 Li et Rieppel, 2004, Figs. 2, 3）

归入标本　XNGM WS-30-R24，一基本完整的骨架，仅后部尾椎缺失。产自贵州兴义（Ji et al., 2014）。

鉴别特征　幻龙属中、小型种。吻部适度发育，吻端钝圆，后部有明显的收缩；具5枚呈匍匐状的前颌骨獠齿和4枚弯曲向上的下颌缝合部獠齿；细条状的轭骨前端未伸达眼眶边缘；上颌骨和眶后骨在轭骨之后相接；眶后弓窄；外翼骨具明显的腹向凸缘；下颌具清晰的冠状突，夹板骨前端进入下颌缝合部；腕骨4枚。

产地与层位　贵州、云南，中三叠统法郎组竹杆坡段。

小吻幻龙 *Nothosaurus rostellatus* Shang, 2006
（图 77）

正模　IVPP V 14294，完整的头骨及不完整的下颌与头后骨架。产自贵州盘州新民乡羊榄村（又称羊圈村，现已并入雨那村）。

鉴别特征　幻龙属一中等大小种（头骨中线长 210 mm）。吻部短而小，具4枚前颌骨獠齿，其后是第五枚明显较小的前颌骨齿；一对上颌骨獠齿前有6枚小型上颌骨齿，之后有约23枚小型上颌骨齿；眼眶较大，卵圆形，朝向背外侧方向；细条状轭骨前端接近眼眶的后外侧缘，后端靠近鳞骨前支；腭骨参与构成内鼻孔后缘，具内鼻槽；外翼骨后缘具腹向突；下颌具冠状突；背椎神经棘较低。

产地与层位　贵州盘州，中三叠统关岭组 II 段。

评注　本种与羊圈幻龙产于同一地点的同一层位，头骨各部位骨骼形态接近。主要区别在于，前者个体略小，上颌骨獠齿前齿数和獠齿后齿数均多于后者，轭骨与鳞骨不相接，顶孔后为窄的顶脊，外翼骨后缘具腹向突。

羊圈幻龙 *Nothosaurus yangjuanensis* Jiang, Maisch, Hao, Sun et Sun, 2006
（图 78）

Nothosaurus sp.；Jiang et al., 2005b, p. 565

正模　GMPKU-P-1080，一保存完整的头骨。产自贵州盘州新民乡羊榄村（又称羊圈村，现已并入雨那村）。

鉴别特征　幻龙属一较大型种（头骨中线长 348 mm）。吻部宽短且圆，具4枚前颌骨獠齿，其后是第五枚明显较小的前颌骨齿；一对上颌骨獠齿前有5枚小型上颌骨齿，之后有约16枚小型上颌骨齿；外鼻孔较宽，呈肾形；细条状轭骨向后延伸与鳞骨相交；顶孔宽且圆，后部形成浅的凹槽。

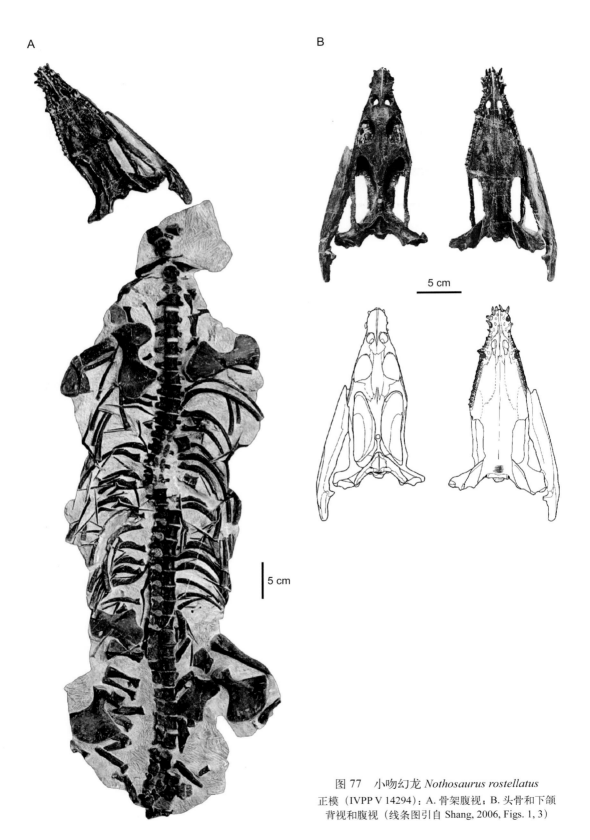

图 77　小吻幻龙 *Nothosaurus rostellatus*

正模（IVPP V 14294）：A. 骨架腹视；B. 头骨和下颌
背视和腹视（线条图引自 Shang, 2006, Figs. 1, 3）

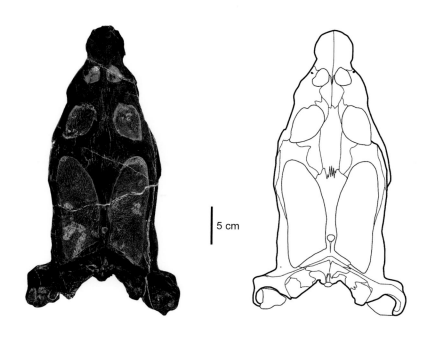

图 78　羊圈幻龙 *Nothosaurus yangjuanensis*
正模（GMPKU-P-1080），头骨背视（线条图引自 Jiang et al., 2006a, Fig. 2）

产地与层位　贵州盘州，中三叠统关岭组 II 段。

张氏幻龙 *Nothosaurus zhangi* Liu, Hu, Rieppel, Jiang, Benton, Kelley, Aitchison, Zhou, Wen, Huang, Xie et Lü, 2014

（图 79）

正模　CCCGS LPV 20167，一对完整下颌支和少量零散的头后骨骼。产自云南罗平大洼子。

鉴别特征　为一巨型幻龙种，头骨长度接近或超过目前已知的三叠纪最大的幻龙 *Nothosaurus giganteus*，与后者区别在于具短的下颌缝合部；较高的神经脊；前关节骨（prearticular）中部显著扩展；非常短的关节骨后突。

产地与层位　云南罗平，中三叠统关岭组 II 段。

幻龙（未定种）*Nothosaurus* sp.

（图 80）

Shingyisaurus unexpectus：Young, 1965, p. 318；Rieppel, 2000, p. 96

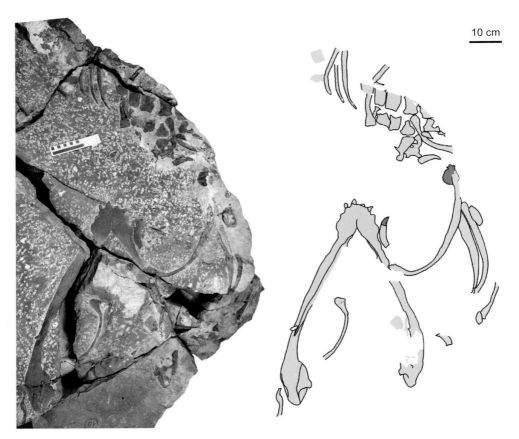

图 79　张氏幻龙 *Nothosaurus zhangi*

正模（CCCGS LPV 20167），标本照片和线条图（引自 Liu et al., 2014, Fig. 2a, b）

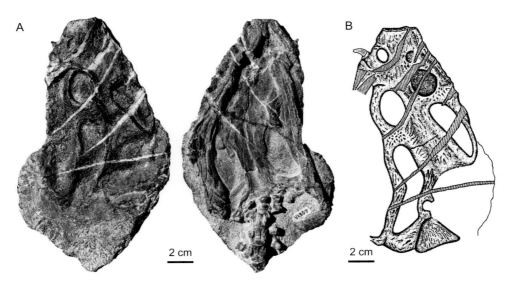

图 80　幻龙（未定种）*Nothosaurus* sp.

GMC Vm 1308：A. 头骨背视、腹视；B. 头骨背视线条图（引自 Rieppel, 1998b, Fig. 3）

材料　GMC Vm 1308，一保存较差的头骨。

产地与层位　贵州兴义，中三叠统法郎组竹杆坡段。

评注　杨钟健（1965）据一保存较差的头骨（GMC Vm 1308）建立意外兴义龙（*Shingyisaurus unexpectus*），归扁鼻龙科。Rieppel（1998b）在进一步研究中认为，其正型标本保存差，无有效鉴定特征，属种名称存疑，将其归入幻龙科幻龙属。

鸥龙属　Genus *Lariosaurus* Curioni, 1847

模式种　巴尔萨莫鸥龙 *Lariosaurus balsami* Curioni, 1847

鉴别特征　小型至大型幻龙类。椎骨关节突肿厚；具 4 枚或更多的荐肋；间锁骨为长菱形（或三角形），后突不发育；髂骨背侧骨板缩小为略粗壮的背突；成体闭孔开放；尺骨中部加宽；桡骨比尺骨短；前肢为多指节型。

中国已知种　兴义鸥龙 *Lariosaurus xinyiensis* Li, Liu et Rieppel, 2002 和红果鸥龙 *L. hongguoensis* Jiang, Maisch, Sun, Sun et Hao, 2006 两种。

分布与时代　鸥龙属在西特提斯区仅见于晚安尼期和拉丁期地层。大量的化石材料来自阿尔卑斯山的安尼期 - 拉丁期界线地层。其他零散的化石材料分别来自德国南部拉丁阶上部（Schultze et Wilczewski, 1970），法国比利牛斯山西部拉丁阶（Mazin, 1985），西班牙西北部壳灰岩统（Rieppel et Hagdorn, 1998）和以色列的壳灰岩统（Rieppel et al., 1999）。在东特提斯区目前仅见于中国西南地区的中三叠统。

兴义鸥龙　*Lariosaurus xinyiensis* Li, Liu et Rieppel, 2002
（图 81）

正模　IVPP V 11866，一近于完整的骨架。产自贵州兴义。

鉴别特征　小型鸥龙类。头骨细长，眶前部是整个头长的 40%；在外鼻孔之前吻的两侧有明显收缩；上颌骨后端伸达上颞孔 1/4 处的下方；上颞孔长度是眼眶长度的两倍；顶骨平台窄长，顶孔之后形成矢状嵴；肱骨短，其长度是股骨长度的 0.75；尺骨近端无明显加宽；腕骨 5 枚。

产地与层位　贵州、云南，中三叠统法郎组竹杆坡段。

红果鸥龙　*Lariosaurus hongguoensis* Jiang, Maisch, Sun, Sun et Hao, 2006
（图 82）

正模　GMPKU-P-1011，一接近完整的骨架。产自贵州盘州新民乡羊檻村（又称

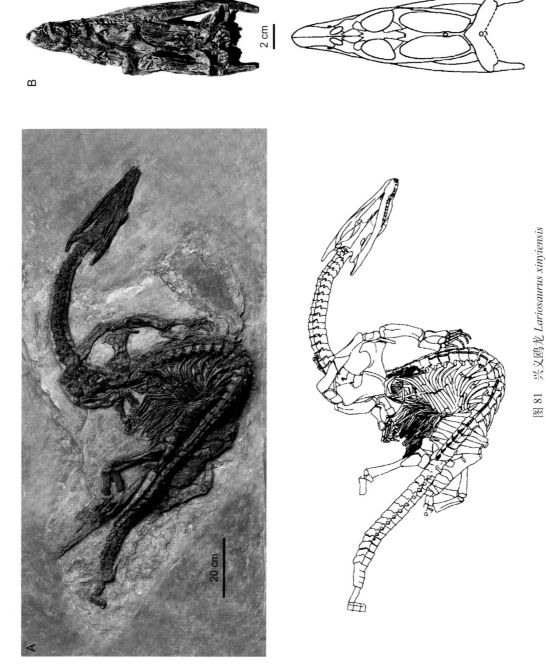

图 81 兴义鸥龙 *Lariosaurus xinyiensis*

正模 (IVPP V 11866): A. 骨架照片及线条图; B. 头骨背视照片及线条图 (线条图引自 Li et al., 2002, Fig. 1B)

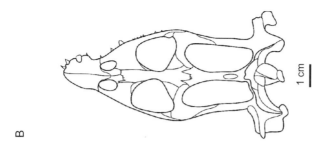

B

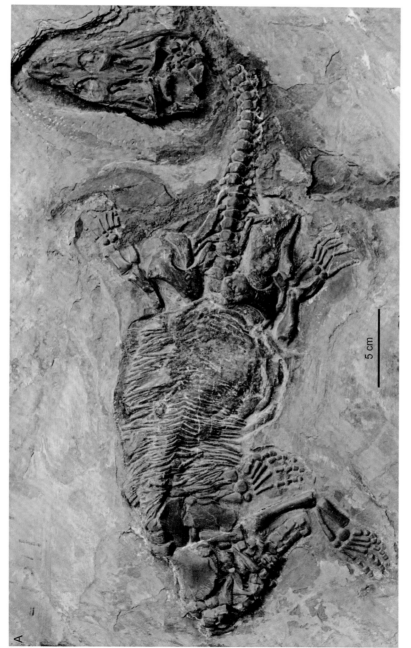

图 82　红果鸥龙 *Lariosaurus hongguoensis*

正模（GMPKU-P-1011）：A. 骨架腹视，头骨背视；B. 头骨背视线条图（线条图引自 Jiang et al., 2006b, Fig. 3）

羊圈村，现已并入雨那村）。

鉴别特征 前颌骨齿多达 7 枚；吻部收缩明显；两侧鼻骨相接；上颞孔和眼眶长度比为 1.52；轭骨发育；顶骨平台在顶孔后未收缩；顶孔相对靠后，但远离顶骨后缘；额骨顶骨缝合略呈锯齿状；顶骨平台后缘略凹入；具非常大的鼓索孔（foramen chordae tympani）；肱骨前缘平缓弯曲，内髁孔发育，但外髁沟处仅见浅的凹入；桡骨两端宽度相等；尺骨略长于桡骨；前、后肢均为多指（趾）节型；具 5 枚腕骨，2 枚跗骨。

产地与层位 贵州盘州，中三叠统关岭组 II 段。

评注 为目前鸥龙属最早的化石记录。

幻龙下目内分类位置不明 Nothosauroinei incertae sedis

三桥龙属 Genus *Sanchiaosaurus* Young, 1965

模式种 邓氏三桥龙 *Sanchiaosaurus dengi* Young, 1965

鉴别特征 下颌缝合部较长，呈倒 U 形；背椎椎弓横突远端扩展；髂骨无前髋臼突，背板宽，球形的表面布满密集的小瘤，未区分出明显的髋臼接合面；肱骨具有背腹向压扁的、显著扩展的远端，内髁孔不发育。

中国已知种 仅模式种。

分布与时代 贵州，中三叠世。

评注 本属为单种属，建立时曾归入幻龙科。Rieppel（1999）再研究认为，模式标本仅髂骨较特殊，其自有衍征不具备分类意义。据乌喙骨两侧收缩的特征和分支系统分析，Rieppel（1999）将本属归入幻龙下目。

邓氏三桥龙 *Sanchiaosaurus dengi* Young, 1965

（图 83）

正模 IVPP V 3228，不完整的头骨与下颌的腹面印模，部分头后骨骼。产自贵州贵阳三桥金钟桥。

鉴别特征 同属。

产地与层位 贵州贵阳，中三叠统关岭组 I 段。

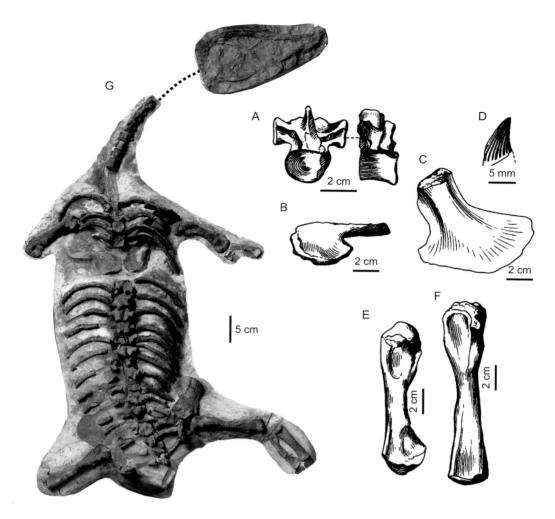

图 83 邓氏三桥龙 *Sanchiaosaurus dengi*

正模（IVPP V 3228）：A. 第十七节脊椎前视（左）和侧视（右）；B. 肩胛骨侧视；C. 坐骨腹视；D. 牙齿唇侧观；E. 右侧肱骨腹视；F. 左侧股骨腹视（线条图引自 Li J. L. et al., 2008, Fig. 168）；G. 正模骨架复位照片

纯信龙下目 Infraorder PISTOSAUROINEI Baur, 1887–1890

概述 Baur 最早建立纯信龙科（Pistosauridae），出现于 Zittel（1887–1890）所编著的《Handbuch der Palaeontologie》中。Rieppel（1998c）确定纯信龙下目为幻龙下目的姐妹群，包括西北龙（*Corosaurus*）和纯信龙超科（Pistosauroidea）。此后纯信龙下目内各属的系统位置有较大调整（Rieppel, 2000）。

定义与分类 为一单系类群，包括 *Cymatosaurus* 和 *Pistosaurus* 最近的共同祖先及其所有后裔。由浪龙科（Cymatosauridae）、纯信龙科（Pistosauridae），以及侏罗纪-白垩纪冠类群蛇颈龙类组成。浪龙科由美国西部怀俄明州的西北龙和欧洲中部的浪龙

（*Cymatosaurus*）组成，纯信龙科包括欧洲大陆的纯信龙（*Pistosaurus*）和美国西部内华达州的奥古斯特龙（*Augustasaurus*）（Rieppel, 2000；Rieppel et al., 2002）。中国三叠纪的广西龙（*Kwangsisaurus*）、清镇龙（*Chinchenia*）、云贵龙（*Yunguisaurus*）和王氏龙（*Wangosaurus*）在纯信龙下目内的分类位置未定。

形态特征 额骨后突靠近上颞孔，顶骨平台略收缩或收缩成嵴状，无方轭骨，枕部不封闭，鳞骨具明显的凹口接合副枕骨突远端，方骨后缘平直，上隅骨具强烈突出的侧脊。前颌骨和齿骨前部具强烈匍匐状獠齿，上颌骨具一或两枚獠齿，上颌骨齿列后伸至眼眶后外侧角之下或上颞孔前外侧角之下的位置。背椎横突远端显著加厚，一些衍生类型椎体具椎体下孔，颈椎数目显著增多。肩胛骨背突后端腹向加宽。

分布与时代 三叠纪时主要分布于西特提斯区、东特提斯区和西太平洋区，侏罗纪至白垩纪世界性分布。

纯信龙下目科未定 Pistosauroinei incertae familiae

广西龙属 Genus *Kwangsisaurus* Young, 1959

模式种 东方广西龙 *Kwangsisaurus orientalis* Young, 1959

鉴别特征 背椎横突较长，远端扩展；乌喙骨宽大、扁平，内侧缘（中央接合面）较圆，前、后侧缘呈钟形；肱骨弯曲，内上髁孔不发育；具 3 枚骨化的腕骨。

中国已知种 东方广西龙 *Kwangsisaurus orientalis* Young, 1959 和泸西广西龙? *Kwangsisaurus*? *lusiensis* Young, 1978 两种。

分布与时代 广西、云南，中三叠世。

评注 本属最初被归入幻龙类（Young, 1959a），后 Rieppel（1999）再研究认为本种远端加宽的椎体横突和宽阔的、板状的乌喙骨的特征与纯信龙下目更接近，归入纯信龙下目分类位置不明属。

东方广西龙 *Kwangsisaurus orientalis* Young, 1959

(图 84)

正模 IVPP V 2338，一不完整的头后骨架。产自广西武鸣仙湖邓柳（今仙湖镇邓柳村）。

鉴别特征 同属。

产地与层位 广西武鸣，中三叠统下部北泗组。

评注 化石产出地层经尚庆华等（2014）研究认为是中三叠统下部。

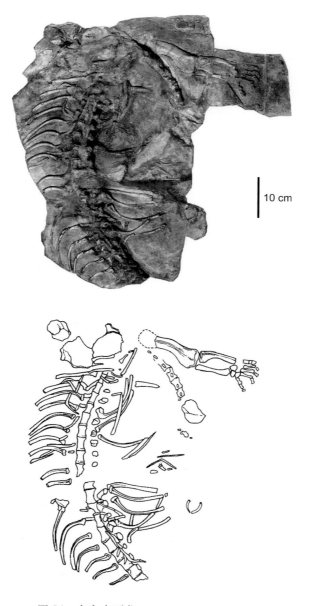

图 84 东方广西龙 *Kwangsisaurus orientalis*
正模（IVPP V 2338），骨架腹视（线条图引自 Li J. L. et al., 2008, Fig. 171）

泸西广西龙？ *Kwangsisaurus? lusiensis* Young, 1978

（图 85）

材料 IVPP V 26634，一不完整的头后骨架印痕。产自云南泸西三塘乡俱九村。

鉴别特征 较大型鳍龙类；颈椎 24 节，背椎约 23–24 节；颈部和背腰部长度接近相等，约为 570 mm；肱骨较硕大、粗壮。

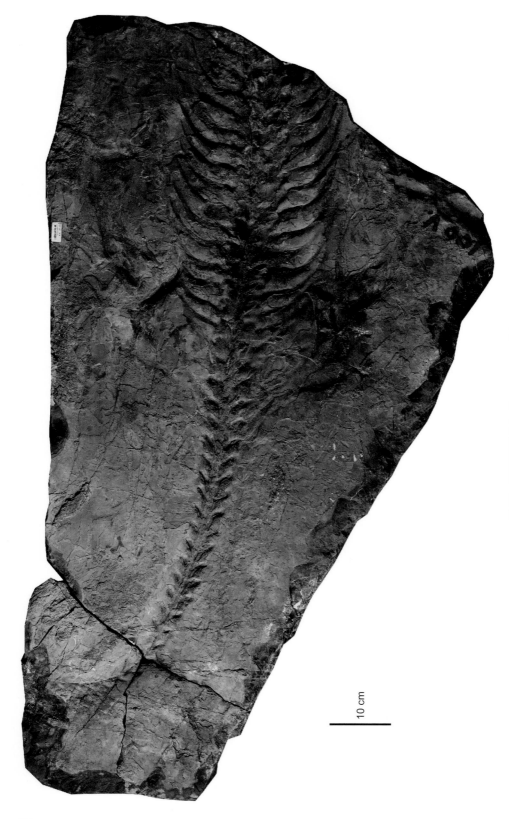

10 cm

图 85　泸西广西龙? *Kwangsisaurus? lusiensis*
骨架背视印模（IVPP V 26634）

产地与层位　云南泸西，中三叠统法郎组。

评注　原文（杨钟健，1978）描述的材料没有编号，本书对该件收藏在中国科学院古脊椎动物与古人类研究所标本馆的标本重新申请了编号。标本未保存可资鉴定的近裔性状，原描述中也未有本种的鉴定特征。Rieppel（1999）根据标本肋骨和神经棘扩展的特点，认为泸西广西龙与广西龙差别较大，可能更接近鸥龙。

清镇龙属　Genus *Chinchenia* Young, 1965

模式种　宋氏清镇龙 *Chinchenia sungi* Young, 1965

鉴别特征　下颌缝合部坚固且未显著拉长；下颌齿骨前部具三枚獠齿，其中第三齿位于下颌缝合部之后；背肋背侧缘呈明显的脊状，后侧面在近端肩部附近具略深的凹槽；肱骨内上髁孔不发育。

中国已知种　宋氏清镇龙 *Chinchenia sungi* Young, 1965 和宋氏清镇龙（相似属、种）cf. *Chinchenia sungi* Young, 1965 两种。

分布与时代　贵州、云南，中三叠世。

评注　本属最初被归入幻龙科（Young, 1965），后 Rieppel（1999）再研究认为本种的下颌骨、脊椎骨和肋骨的特征与纯信龙下目的 *Corosaurus* 非常接近，但个体比后者小，归入纯信龙下目分类位置不明属。

宋氏清镇龙　*Chinchenia sungi* Young, 1965
（图 86）

材料　IVPP V 3227，一左下颌的前部，右侧肱骨、股骨。产自贵州清镇沧溪桥。

鉴别特征　同属。

产地与层位　贵州清镇，中三叠统安尼阶关岭组 I 段。

评注　建立时未指定正型标本，除下颌外，原描述材料中大量分散保存的头后骨骼，至少来自四个个体，原文推测它们属于同一种，但 Rieppel（2000）认为有可能属于不同的分类单元。

宋氏清镇龙（相似属、种）cf. *Chinchenia sungi* Young, 1965
（图 87）

材料　IVPP V 4004，一不完整的头后骨架。具约 16 个脊椎骨，若干肋骨，一肱骨，一股骨。产自云南开远白土坪林场。

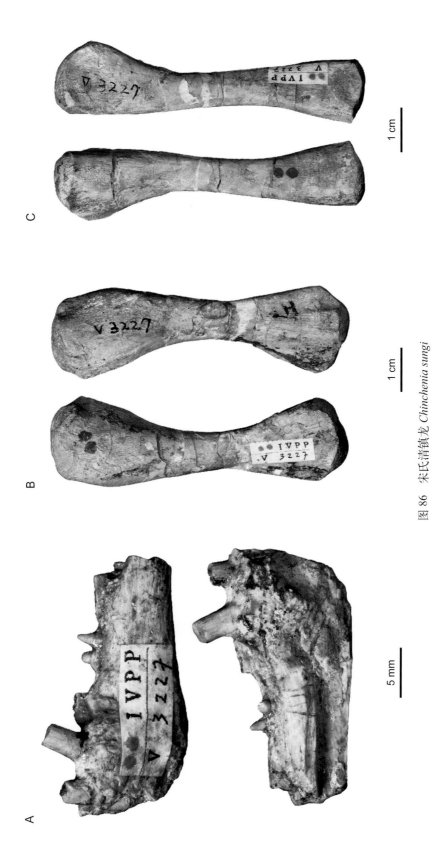

图 86 宋氏清镇龙 *Chinchenia sungi*

IVPP V 3227: A. 下颌唇侧视和舌侧视; B. 右侧肱骨腹视和背视; C. 右侧股骨背视和腹视

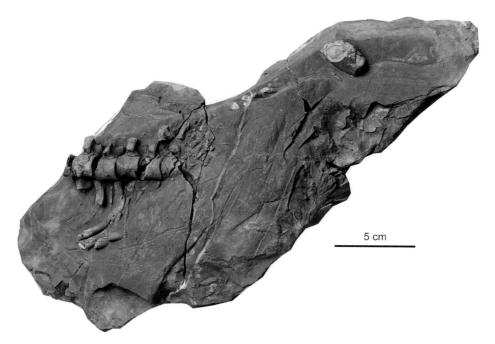

图 87 宋氏清镇龙（相似属、种）cf. *Chinchenia sungi*
IVPP V 4004 标本照片

特征　个体大小大于宋氏清镇龙，但小于邓氏三桥龙。椎体双凹型，中部略收缩；神经棘低；肋骨远端扩展；肱骨粗壮；股骨直而细，长 116 mm。

产地与层位　云南开远，中三叠统。

评注　杨钟健（1972a）报道了这件产自云南开远的化石材料，化石保存较差，未保存可资鉴定的骨骼特征。

云贵龙属 Genus *Yunguisaurus* Cheng, Sato, Wu et Li, 2006

模式种　李氏云贵龙 *Yunguisaurus liae* Cheng, Sato, Wu et Li, 2006

鉴别特征　吻部长，具至少 6 枚细长的前颌骨獠齿；鼻骨发育；顶孔位于额骨与顶骨之间；顶骨嵴陡立；翼间腔前部窄；副蝶骨向前伸展；下颌缝合部长；冠状突发育；颈椎约有 50 节，椎弓短，具辅助的椎弓突 / 椎弓凹关节；锁骨呈镰刀状；肩胛骨小，无腹侧板，背突略加宽；乌喙骨缺乏关节窝侧增厚；耻骨半圆形；肱骨、掌骨和指骨（epipodials）较细；尺骨呈沙漏状；成体具至少 11 枚腕骨和 8 枚跗骨；前肢为多指节型。

中国已知种　仅模式种。

分布与时代　贵州、云南，中三叠世拉丁期。

评注　本属顶骨具矢状嵴，下颌关节位于枕髁之后等特点均为纯信龙下目的典型特征（Rieppel, 2000）。此外，本属既有蛇颈龙类较原始的特征，如具鼻骨，椎体下孔（subcentral foramina）不发育，长的肢骨中部收缩等；也有衍生的特征，如翼间腔发育等。本属产出地层的时代曾被创立者认为是晚三叠世早期，后人研究（Li J. L. et al., 2008）确定时代是中三叠世拉丁期。

李氏云贵龙 *Yunguisaurus liae* Cheng, Sato, Wu et Li, 2006

（图 88，图 89）

Yunguisaurus cf. *Y. liae*：Zhao et al., 2008b, p. 283

正模　NMNS 004529/F003862，一近于完整的骨架，仅尾部后部缺失。产自贵州兴义岔江附近。

归入标本　ZMNH M8738，一基本完整的骨架，仅右前肢和尾部有少量破损；产自云南富源黄泥河西岸（Zhao et al., 2008b；Sato et al., 2014b）。IVPP V 14993，一不太完整的骨架，背中后部有缺失；产自云南富源祭羊山（Shang et al., 2017b）。

鉴别特征　同属。

产地与层位　贵州兴义、云南富源，中三叠统拉丁阶法郎组竹杆坡段。

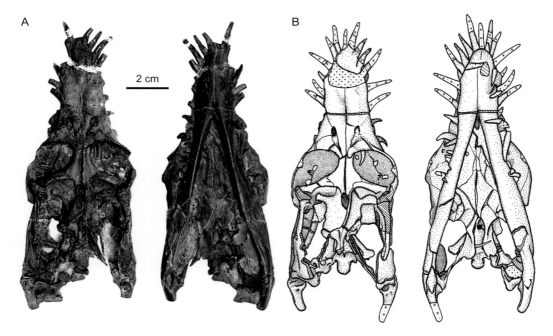

图 88　李氏云贵龙 *Yunguisaurus liae* 正模（NMNS 004529/F003862）
A. 头骨背视、腹视照片；B. 线条图（引自 Cheng et al., 2006, Fig. 1）

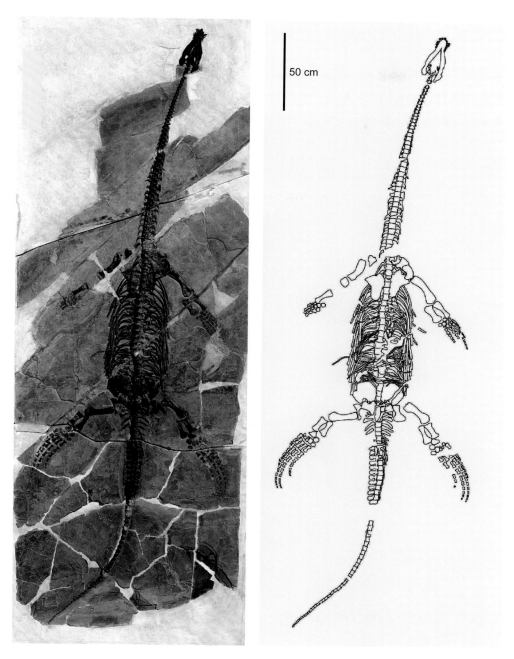

图 89　李氏云贵龙 *Yunguisaurus liae* 归入标本（ZMNH M8738）
骨架（腹视）照片及线条图（引自 Sato et al., 2014b, Fig. 2）

　　评注　模式标本原描述的化石产地是贵州兴义的岔江附近，经实地考察编者认为应该是黄泥河西岸属云南省富源的十八连山乡地区。后者曾产出李氏云贵龙相似种（Zhao et al., 2008b），多数头骨特征与李氏云贵龙相同，但个体大，吻部略短，舌骨纤细。后经Sato 等（2014b）再研究将其并入李氏云贵龙。

王氏龙属 Genus *Wangosaurus* Ma, Jiang, Rieppel, Motani et Tintori, 2015

模式种 短吻王氏龙 *Wangosaurus brevirostris* Ma, Jiang, Rieppel, Motani et Tintori, 2015

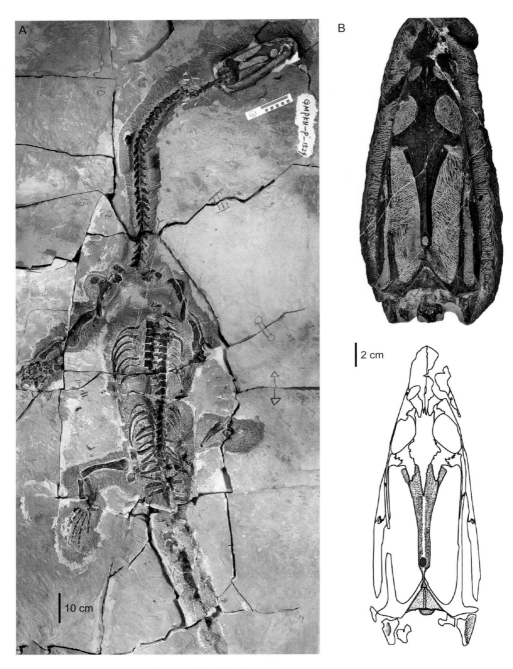

图 90 短吻王氏龙 *Wangosaurus brevirostris*

正模（GMPKU-P-1529）：A. 骨架（背视）照片；B. 头骨（背视）照片和线条图（引自 Ma et al., 2015, Figs. 1, 2A, 2B）

鉴别特征 顶孔位于顶骨平台后部，后者呈矢状嵴；上颞孔纵向长度是眼眶长的 3.1 倍；枕部平；上枕骨在顶骨之后呈水平向延展；具至少 33 节颈椎；具 5 枚骨化的腕骨和 4 枚骨化的跗骨；第四趾为多趾节型。

中国已知种 仅模式种。

分布与时代 贵州兴义，中三叠世晚期。

评注 本属为单种属。根据显著的顶骨平台矢状嵴、33 节颈椎和多趾节型后肢等特征，Ma 等（2015）认为本属与纯信龙类具有较近的亲缘关系。其分支系统分析表明本属与已知的三叠纪纯信龙类互为姐妹群。

短吻王氏龙 *Wangosaurus brevirostris* Ma, Jiang, Rieppel, Motani et Tintori, 2015

（图 90）

正模 GMPKU-P-1529，一不完整的骨架。产自贵州兴义乌沙。

鉴别特征 同属。

产地与层位 贵州兴义，中三叠统拉丁阶法郎组竹杆坡段。

顶效龙属？ Genus *Dingxiaosaurus* Liu, Yin, Wang, Wang et Huang, 2002?

？绿荫顶效龙 ?*Dingxiaosaurus luyinensis* Liu, Yin, Wang, Wang et Huang, 2002

（图 91）

材料 KM 化 8，一对不完整的前肢，部分脊椎骨。产自贵州兴义顶效。

特征 个体中等大小的海生爬行动物。前肢长，桨状；尺骨、桡骨中部收缩，尺骨略宽于桡骨；腕骨七枚；指骨细长，为多指节型；脊椎骨椎体长，双凹型。

产地与层位 贵州兴义顶效，中三叠统拉丁阶法郎组竹杆坡段下部。

评注 刘冠邦等（2002）根据一对保存不完整的肢骨和部分脊椎骨、肋骨建立了顶效龙科（Dingxiaosauridae）和绿荫顶效龙，认为它与原始鱼龙类有一定的亲缘关系。Cheng 等（2006）根据其掌骨、指骨纤细，多指节型和可能 7 枚腕骨等特点，认为该化石应为纯信龙类。并通过与乌蒙龙的对比指出，标本是一对前肢骨而非原文描述的后肢骨。同时，原文对腕骨数量和大小的描述可能有误。因为标本仅为前肢骨的局部，未保存严格的具有分类意义的鉴定特征，Li J. L. 等（2008）将其归入纯信龙下目有疑问的属种。原描述曾认为产自中三叠统杨柳井组，Sun 等（2016）修正为法郎组竹杆坡段下部。

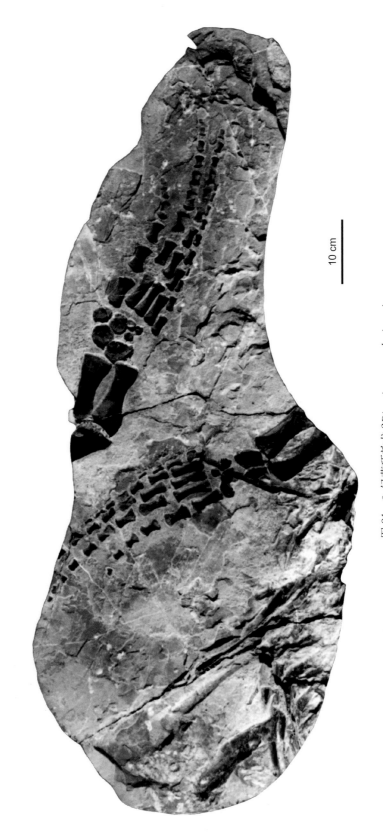

图 91 ? 绿荫顶效龙 ?*Dingxiaosaurus huyinensis*

KM 化 8 标本照片

10 cm

蛇颈龙目 Order PLESIOSAURIA de Blainville, 1835

概述 "plesiosaur" 一词，原意为"近似蜥蜴"（near-lizard），Conybeare（1822）最早用其指代产自英国 Lias 的一未知海生爬行动物化石。de Blainville（1835）建立蛇颈龙目（Plesiosauria），后经不断修订、补充被广为接受。传统蛇颈龙类分类体系主要为形态学分类，依据各部位的比例，尤其是头的大小和颈部的长短，划分为颈长、头小的蛇颈龙超科（Plesiosauroidea）和颈短、头大的上龙超科（Pliosauroidea）两大类（Welles，1943），其起源和演化也长期未知。近二十余年，更多的特征，特别是头骨特征应用于系统分类学研究，原分类体系不断受到挑战。O' Keefe（2001）认为传统意义的"上龙超科"为复系类群，其所包含的双臼椎龙科（Polycotylidae）与蛇颈龙超科的薄片龙类（elasmosaurs）亲缘关系更近。Druckenmiller 和 Russell（2008）的分支系统分析结果支持传统的二分方案，但在"上龙超科"内识别出新的单系类群 Leptocleididae。Benson 等（2012）认为"上龙超科"为并系类群，其所包含的彪龙科（Rhomaleosauridae）与由上龙分支和蛇颈龙分支共同组成的新蛇颈龙支（Neoplesiosauria）互为姐妹群。同时，三叠纪新材料的发现和对鳍龙类全面的分支系统学研究表明，蛇颈龙类与纯信龙类（pistosauroids）互为姐妹群，于三叠纪 - 侏罗纪之交从基干鳍龙类演化而来，属鳍龙类冠类群（Sues，1987；Storrs，1991b；Rieppel，1997，1999，2000）。

定义与分类 始鳍龙目的一单系类群，包括 *Plesiosaurus dolichodeirus* Conybeare，1824 和 *Peloneustes philarchus* (Seeley, 1869) 最近的共同祖先及其所有后裔。暂时划分为蛇颈龙超科（Plesiosauroidea）和上龙超科（Pliosauroidea）。

形态特征 头骨与基干鳍龙类一样，下颞弓消失，不存在下颞孔，但比基干类型较少扁平化，特别是在颞部。眼眶与上颞孔大小之比在 1 : 1 与 2 : 3 之间（Druckenmiller et Russell, 2008），未有幻龙类常见的显著伸长的颞区。前颌骨发育良好，一对窄的后突向后伸至额骨或插入两额骨之间，在有些类群甚至与顶骨相接。鼻骨强烈缩小，一些类群甚至缺失。发育巩膜环（scleral rings）。后额骨构成眼眶和颞孔的边缘，但有时被排除于眼眶之外。顶骨较大，前部扩展，后部形成顶嵴。在上颞孔之后，两鳞骨向内延伸，覆盖顶骨，在中线相接或几乎相接，将顶骨从枕部排除。

板状的腭部在形态上与三叠纪始鳍龙类非常相似，不同之处在于两翼骨之间缺乏完全的联合。翼骨发育小且短的翼间腔（interpterygoid vacuity），左右翼间腔被扁平条状的副蝶骨（parasphenoid）分开。在前部，两翼骨之间常具窄长的空隙，它们在空隙之后相接或不相接。方骨较高，基本垂向放置，略前倾，下端抵达至低于齿面的位置。翼骨的方骨支呈垂向伸展。

枕部具开放的后颞窗（posttemporal fenestra）。后颞窗之下细长的副枕骨突向外伸展至方骨。基枕骨发达的结节（basioccipital tuber）可能参与构成与翼骨连接的辅助关节，而非仅用于肌肉附着（Romer, 1966）。

典型的蛇颈龙类具宽扁的身体和较短的尾部，四肢演化为巨大的鳍状肢。相对于较少变化的躯干部位，头骨和颈椎改变较大。颈部长度的变化主要由颈椎数量的增加来实现，而非单个脊椎的伸长。脊椎是双凹型或平凹型，辅助的椎弓突和椎弓凹关节不发育。早期的类型，颈肋为双头；后期类型，颈肋为单头。背椎具成对的椎体下孔（subcentral foramina），尾椎人字骨发育。

肩带和腰带演化为位于躯干下方的宽的骨板。肩胛骨较小，乌喙骨演化为大的骨板，覆盖胸部的大部分。髂骨也非常小，坐骨和耻骨构成腰带的主要骨板。肩带和腰带的骨板通过由成对的腹肋构成的胸甲（plastron）连为一体。

前肢和后肢的骨骼相似。肱骨和股骨演化为大而平的骨骼，外端显著扩展。外侧的小臂和小腿的骨骼也变得扁平，具多指（趾）节骨现象。

分布与时代　蛇颈龙类是中生代分布最广、演化最"成功"的海生爬行动物类群。最早的完整保存的骨架发现于英国 Lias 期（侏罗纪早期），部分支系延续至白垩纪最晚期（Maastrichtian）。它们在白垩纪末期全部灭绝。欧洲侏罗纪蛇颈龙类化石记录非常丰富，北美洲白垩纪化石记录也很丰富，我国仅见生活于淡水沉积的上龙类。蛇颈龙类主要生存于海洋环境，非海相沉积中的蛇颈龙类化石主要发现于英国、加拿大、澳大利亚和中国。

评注　蛇颈龙类个体逐渐变大。发现于英国和西伯利亚（侏罗纪最早期）演化早期的始游龙（*Archaeonectrus*），体长仅四米多，颈椎 20 余节，后鳍比前鳍大很多。侏罗纪时，蛇颈龙类开始繁盛，至白垩纪晚期已经从小型、颈椎最多 30 余节，发展到长达 14 m，颈椎多达 70 节的大型动物。蛇颈龙类完全不同于其他中生代海生爬行动物，它运动时没有使用轴向波动产生的推力（Storrs，1993），而是精巧地使用前后肢的上举力作为推力。这种运动方式的演化，使得它非常适应远洋生活，能够快速多样化，可根据猎物大小演化出不同的形态类型（Massare，1988；O'Keefe，2002）。

本书的中国蛇颈龙目系统记述中未包括无详细描述的材料，如吴绍祖（1985）记述的产自新疆拜城的蛇颈龙类；少数未定属种，如 Gao 等（2019）记述的产自甘肃金昌青土井的蛇颈龙类，化石材料仅为保存不完整的牙冠，也暂未收录到本志书中。

上龙超科 Superfamily Pliosauroidea (Seeley) Welles, 1943

上龙超科科未定 Pliosauroidea incertae familiae

璧山上龙属 Genus *Bishanopliosaurus* Dong, 1980

模式种　杨氏璧山上龙 *Bishanopliosaurus youngi* Dong, 1980

鉴别特征　一中等大小短颈蛇颈龙类；具至少 17 节颈椎，19 节背椎，3 节荐椎和 26

节尾椎；荐肋末端分叉；乌喙骨窄长；耻骨近似扁圆形；肱骨上缘发育隆凸。

中国已知种 杨氏璧山上龙 *Bishanopliosaurus youngi* Dong, 1980 和自贡璧山上龙? *Bishanopliosaurus*? *zigongensis* Gao, Ye et Jiang, 2004 两种。

分布与时代 四川、重庆，早、中侏罗世。

评注 璧山上龙曾被归入上龙超科的彪龙科[①] (Rhomaleosauridae)（董枝明，1980）。模式种标本头骨缺失，只有少部分头后骨骼特征可以用于科的鉴别，因此璧山上龙与其他蛇颈龙类的系统关系不清。Sato 等（2003）认为，就目前的材料而言，璧山上龙的科级地位难以确定。

杨氏璧山上龙 *Bishanopliosaurus youngi* Dong, 1980

（图 92）

正模 IVPP V 5869，一保存不完整的头后骨架，包括 63 节椎体、肋骨、大部分的肩带、腰带骨骼和部分四肢骨。产自重庆璧山。

鉴别特征 同属。

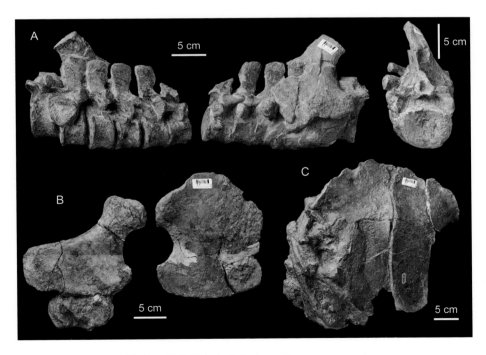

图 92 杨氏璧山上龙 *Bishanopliosaurus youngi*
正模（IVPP V 5869）：A. 背椎侧视、后视；B. 耻骨、坐骨腹视；C. 乌喙骨腹视

[①] Rhomaleosauridae 原中文译名为"拉玛劳龙科"（董枝明，1980），Rhomaleos，希腊文，意为强壮、彪悍；此处译为彪龙科。

产地与层位　重庆，下侏罗统自流井组东岳庙段。

自贡璧山上龙？　*Bishanopliosaurus? zigongensis* Gao, Ye et Jiang, 2004

（图 93）

正模　ZDM 0185，一不完整的头后骨架，保存部分背椎和荐椎、背肋、基本完整的左侧腰带和后肢。

鉴别特征　背椎双凹型，神经棘板状；中部背肋长；荐肋短小，末端加宽成薄板状；髂骨的近端小而侧扁，远端粗壮；胫骨长度为股骨的 2/5；第 I、V 蹠骨较扁，第 II、III、IV 蹠骨厚实；第 V 趾具 8 枚趾节骨。

产地与层位　四川自贡永安乡彭石村，中侏罗统下沙溪庙组。

评注　Li J. L. 等（2008）认为该种模式标本未显示可资鉴定的近裔性状，所列鉴别特征在许多上龙类中均很常见。从不分叉的荐肋和髂骨的形态上看与杨氏璧山上龙有很大不同，二者耻骨形态也有一些差异，因此两种很可能并非同属。高玉辉等（2004）指出该种与产自重庆北碚中侏罗世新田沟组的澄江渝州上龙（张奕宏，1985）的区别在于椎体腹面无纵嵴，但其他差异不明。

10 cm

图 93　自贡璧山上龙？　*Bishanopliosaurus? zigongensis*
正模（ZDM 0185）照片（由自贡恐龙博物馆提供）

渝州上龙属 Genus *Yuzhoupliosaurus* Zhang, 1985

模式种 澄江渝州上龙 *Yuzhoupliosaurus chengjiangensis* Zhang, 1985

鉴别特征 个体中等大小，身长 4 m 左右。下颌长约 54 cm；下颌缝合部长，呈勺状，具 4–5 枚獠齿；下颌齿 23–24 枚，齿冠表面具细密的纵向条纹；颈椎短而高，双凹型，椎体腹侧中央具纵嵴；肩胛骨具窄长的后突；乌喙骨前后向延长，后外侧突不发育；坐骨短；胫骨长大于宽。

中国已知种 仅模式种。

分布与时代 重庆，中侏罗世。

评注 渝州上龙建立时归入彪龙科（Rhomaleosauridae）（张奕宏，1985）。模式种标本保存较差，所列鉴定特征在上龙类中较常见，很难根据自有衍征确定与其他蛇颈龙类的系统关系，Li J. L. 等（2008）认为渝州上龙科级地位尚难以确定。

澄江渝州上龙 *Yuzhoupliosaurus chengjiangensis* Zhang, 1985

（图 94）

正模 CQMNH CV. 00218，一不完整骨架，包括不完整下颌，部分颈椎、背椎，部分

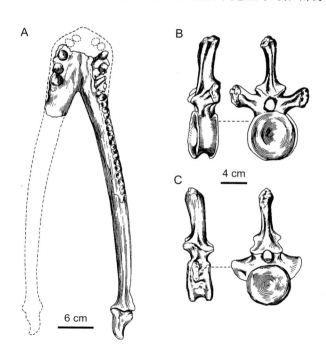

图 94　澄江渝州上龙 *Yuzhoupliosaurus chengjiangensis*
正模（CQMNH CV. 00218）线条图：A. 下颌背视；B. 中部背椎侧视、后视；C. 后部颈椎侧视、前视
（引自 Li J. L. et al., 2008, Fig. 172）

肩带、腰带骨骼和一股骨、一胫骨。

鉴别特征 同属。

产地与层位 重庆北碚，中侏罗统新田沟组。

中国上龙属？ Genus *Sinopliosaurus* Young, 1944?

？威远中国上龙 ?*Sinopliosaurus weiyuanensis* Young, 1944

标本 IVPP V 140，1 枚牙齿，3 节脊椎；IVPP V 157，3 节脊椎；IVPP V 229，一右侧坐骨。产自四川威远。标本已丢失。

特征 牙齿小（保存长度 18 mm），略弯曲，齿冠表面具纵向纹；椎体为平凹型，长大于宽；股骨为蛇颈龙型，较细长；坐骨呈斧头状，中部收缩，远端扩张。

产地与层位 四川威远，下侏罗统自流井组。

评注 该种标本仅为少量破损的牙齿和骨骼，缺乏明确的鉴定特征，Li J. L. 等（2008）确定为存疑属种。产自广西扶绥早白垩世那派组的扶绥中国上龙（*Sinopliosaurus fusuiensis*）（侯连海等，1975），同样仅保存几枚破损的牙齿，后经 Buffetaut 等（2008）研究认为其牙齿特征与产于泰国早白垩世的 *Siamosaurus suteethorni*（暹罗龙）近似，应属兽脚类恐龙 spinosaurid（棘龙）类。

双孔亚纲内分类位置不明 Subclass DIAPSIDA incertae sedis

龙龟龙科 Family Saurosphargidae Li, Rieppel, Wu, Zhao et Wang, 2011

模式属 龙龟龙属 *Saurosphargis* von Huene, 1936

定义与分类 为一单系类群，包括 *Saurosphargis* 和 *Sinosaurosphargis* 最近的共同祖先及其所有后裔。

鉴别特征 一水生的双孔类爬行动物：外鼻孔缩窄，且更接近眼眶，而远离吻端；轭骨与鳞骨相交；上颞骨与方骨接触面宽；颅骨平台的后缘强烈凹入；外翼骨发育，存在翼间腔，腭部后方开放；齿冠呈叶状，舌侧凹陷，唇侧外凸；背椎横突延长，神经棘低矮，神经棘顶部平且有骨板覆盖；前后背肋互相接触构成封闭的篮筐状；一侧的中段腹膜肋的外侧常分叉，外侧段的腹膜肋加宽且相互接触；间锁骨较大，呈回旋镖状或呈带有短小后突的 T 形；肱骨的两端均无扩展。

中国已知属　中国鼢凫龙属 *Sinosaurosphargis* Li, Rieppel, Wu, Zhao et Wang, 2011 和大头龙属 *Largocephalosaurus* Cheng, Chen, Zeng et Cai, 2012 两属。

分布与时代　云南与贵州交界区域，中三叠世安尼期。

评注　鼢凫龙类是一类生活于三叠纪安尼期的已灭绝的水生双孔类爬行动物。其模式种 *Saurosphargis volzi* 由 Huene（1936）依据在波兰西南 Gogolin 的下壳灰岩层（Lower Muschelkalk）发现的一不完整的头后骨骼建立，归属于楯齿龙类。由于正模标本在二战期间被毁，该属在一段时间内曾被认为是无效属种。2011 年 Li 等根据在云南罗平和贵州盘县的关岭组发现的较完整的标本，建立了中国鼢凫龙属。并根据其与 *Saurosphargis* 较近的亲缘关系，建立鼢凫龙科（Saurosphargidae）。后 Li 等（2014）又将大头龙属（*Largocephalosaurus*）归入本科。根据分支系统分析（Li et al., 2011；2014），本类群与鳍龙类亲缘关系较近，两者互为姐妹群。因本类群已知属种数较少（目前有 3 属 4 种，其中中国发现 2 属 3 种），且与鳍龙类有较密切的亲缘关系，本志书将这一类群放在鳍龙类部分。

鼢凫龙科的模式属为欧洲中三叠世的鼢凫龙属（*Saurosphargis*），但由于该属仅有的标本为部分背椎，且可能已经丢失，故该科主要依据中国的两个属种建立，鉴定特征也主要基于此二属。*Saurosphargis* 的中文译名，依拉丁文名称含义，曾有非正式的中文名称"龙龟"一词，考虑到该类群虽然形态上与龟类相似，但两者亲缘关系相差甚远，本志书采用"鼢凫龙"作为 *Saurosphargis* 的中文译名。"鼢凫"是中国古代传说中的一种神兽，外形上似龟。

中国鼢凫龙属 Genus *Sinosaurosphargis* Li, Rieppel, Wu, Zhao et Wang, 2011

模式种　云贵中国鼢凫龙 *Sinosaurosphargis yunguiensis* Li, Rieppel, Wu, Zhao et Wang, 2011

鉴别特征　上颞窗几乎封闭，颊部的下颞孔腹缘开放；躯干较短，整体轮廓圆形；躯干部分被细小的骨板覆盖，形成背甲；背肋宽而扁平，前后肋骨相接。

中国已知种　仅模式种。

分布与时代　云南罗平，中三叠世安尼期。

云贵中国鼢凫龙 *Sinosaurosphargis yunguiensis* Li, Rieppel, Wu, Zhao et Wang, 2011

（图 95）

正模　IVPP V 17040，缺失四肢和尾部的近完整骨架，背侧暴露，保存在板状围岩中。产自云南罗平。

副模　IVPP V 16076，腹视保存的躯干部分骨骼。

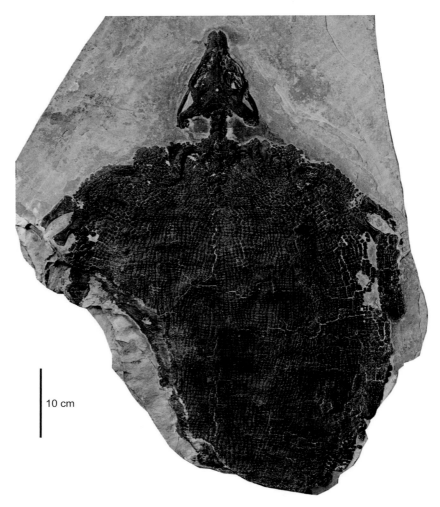

图 95　云贵中国鳞胸龙 *Sinosaurosphargis yunguiensis*
正模（IVPP V 17040）标本背视

归入标本　ZMNH M8797，背视保存的躯干骨骼及完整的右前肢。产自云南罗平。

鉴别特征　同属。

产地与层位　云南罗平，中三叠统安尼阶关岭组 II 段。

大头龙属 Genus *Largocephalosaurus* Cheng, Chen, Zeng et Cai, 2012

模式种　多腕骨大头龙 *Largocephalosaurus polycarpon* Cheng, Chen, Zeng et Cai, 2012

鉴别特征　以下列特征与同科的中国鳞胸龙属相区别：躯干轮廓呈长圆形；上颞孔存在，呈椭圆形，远小于眼眶；前颌骨不参与构成外鼻孔；具三到四枚前颌骨齿；额骨具长的后外侧突；背椎的横突和背肋的近端均较窄，宽度仅略大于横突间或肋间的间隙；

骨板未形成完整的背甲，存在大的中列骨板，覆盖于神经棘之上；肩胛骨和耻骨均呈圆形，乌喙骨孔和闭孔均是敞开的。

中国已知种　多腕骨大头龙 *Largocephalosaurus polycarpon* Cheng, Chen, Zeng et Cai, 2012 和黔大头龙 *L. qianensis* Li, Jiang, Cheng, Wu et Rieppel, 2014 两种。

分布与时代　云贵交界地区，中三叠世安尼期。

多腕骨大头龙 *Largocephalosaurus polycarpon* Cheng, Chen, Zeng et Cai, 2012
（图 96）

正模　WCCGS (WHGMR) SPC V 1009，包含不完整头骨的前半身不完整骨架。产自云南罗平。

10 cm

图 96　多腕骨大头龙 *Largocephalosaurus polycarpon*
正模［WCCGS (WHGMR) SPC V 1009］照片（中国地质调查局武汉地质调查中心程龙提供）

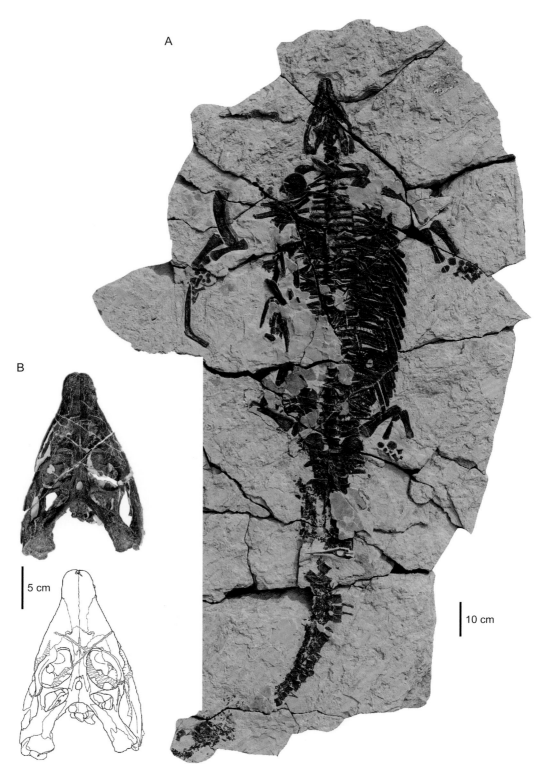

图 97　黔大头龙 *Largocephalosaurus qianensis*
正模（IVPP V 15638）：A. 标本背视；B. 头骨背视照片和线条图（引自 Li et al., 2014, Fig. 1）

鉴别特征　前颌骨齿超过 3 枚；反关节突中等发育；顶孔相对小；肱骨存在外上髁孔；具 11 枚骨化的腕骨；指式 2-3-4-5-5。

产地与层位　云南罗平，中三叠统关岭组 II 段。

评注　该种建立时，模式标本仅修理出头骨和前肢部分的骨骼，躯干和后肢部分尚未修出，以上种的鉴别特征是该种建立时的部分鉴定特征及与 *Largocephalosaurus qianensis* 相对比的特征（Li et al., 2014）的综合，尚待进一步完善和补充。同时，随着本属其他种的发现，其具有较多腕骨的特征也非自有衍征，也需修订。此外，种名多腕骨的词尾应由 -carpon 改为 -carpos 或 -carpus。

黔大头龙 *Largocephalosaurus qianensis* Li, Jiang, Cheng, Wu et Rieppel, 2014

（图 97）

正模　IVPP V 15638，腹面暴露的近完整骨架，仅尾部最末端缺失。

归入标本　GMPKU-P-1532-A，背侧暴露的头骨及部分颈椎；GMPKU-P-1532-B，部分头后骨架及下颌，大部分尾部缺失。

鉴别特征　与多腕骨大头龙相比：顶骨成对；顶孔较大，眼眶呈椭圆形；腭骨背面发育明显的腭窝（palatal fossa）；反关节突短；背部骨板呈细长颗粒状，覆盖在躯干的侧缘，间杂有较大的圆形骨板；背肋肩部扩展，形成似钩状突；荐前椎 33 节（含背椎 24 节），荐椎两节。

产地与层位　贵州盘州新民乡，中三叠统安尼阶关岭组 II 段。

双孔亚纲科未定 Diapsida incertae familiae

滤齿龙属 Genus *Atopodentatus* Cheng, Chen, Shang et Wu, 2014

模式种　奇异滤齿龙 *Atopodentatus unicus* Cheng, Chen, Shang et Wu, 2014

鉴别特征　中等体型（全身长约 275 cm）的双孔类，以下列特征与其他双孔类相区别：头部较小，仅占全身体长的 1/23；前颌骨和上颌骨的前部侧向延展，形成侧扁且向两侧突出的吻部；长且直的上、下颌前缘着生紧密排列的凿子形牙齿，而下颌的剩下部分着生密集的针状牙齿；前额骨与后额骨相接，将额骨排除在眼眶之外，后额骨参与形成上颞孔；腹侧开放的下颞孔较小；下颌粗壮，前部呈铲形；冠状骨位置靠后，接近下颌关节；结实的反关节突背侧有深窝；具 36 节荐前椎，2 节荐椎，47 节尾椎；肩胛骨扁平，前缘凸出，后缘强烈凹陷；锁骨有发育良好的后突；乌喙骨呈圆形，前中部发育一弯曲的脊；坐骨前端具有深的凹陷；肱骨明显比股骨粗壮，但前肢小于后肢；腕骨和跗骨大约

图 98　奇异滤齿龙 *Atopodentatus unicus*

A. 正模（WHGMR SPC V 1107）（引自 Cheng et al., 2014, Fig. 1）；B. 归入标本（IVPP V 20292）头骨照片；
C. 归入标本（IVPP V 20291）头骨照片；B 和 C 的比例尺为 5 cm

各有两枚，爪指（趾）骨呈蹄状。

    中国已知种   仅模式种。

    分布与时代   云南罗平，中三叠世安尼期。

    评注   本属系统发育位置未定，可能与鳍龙超目有较近的亲缘关系（Cheng et al., 2014）。

奇异滤齿龙 *Atopodentatus unicus* Cheng, Chen, Shang et Wu, 2014

（图 98）

    正模   WHGMR SPC V 1107，包含头骨的完整骨架，头颈部侧视保存，躯干部分腹侧视保存。

    归入标本   IVPP V 20291，背视保存的完整头骨及部分头后骨骼；IVPP V 20292，腹视保存的头骨。

    鉴别特征   同属。

    产地与层位   云南罗平大洼子，中三叠统安尼阶关岭组 II 段。

    评注   中文名又称"独特须齿龙"，正模标本发现之初，由于头骨保存变形，研究者对其上下颌的方向判断有误，随后更多的归入标本保存了头骨原本的形态。这种奇特的水生爬行动物前颌骨、上颌骨和齿骨上着生着数百枚凿子状和针状细齿，腭骨有大量细碎齿，指示一种先"刮"后"滤"的独特的水下取食方式，是最古老的植食性海生爬行动物的记录（Li C. et al., 2016），也是中译名取名为滤齿龙的原因。

第五部分 鳞龙类

鳞龙类导言

一、概　述

　　鳞龙超目 (Superorder Lepidosauria)，或俗称鳞龙类 (lepidosaurs)，是现生爬行动物的一个主要类群。鳞龙类的现生代表共计 10000 多种 (Uetz et al., 2019)，不仅包括喙头类 (rhynchocephalians)、蜥蜴类 (lizards) 以及蛇类 (snakes)，也包括如双足蜥类 (dibamids)、蚓蜥类 (amphisbaenians) 等高度特化的穴居型现生类群。此外，鳞龙超目也包括地史时期中生存过的崖蜥类 (aigialosaurs) 和沧龙类 (mosasaurs) 等高度水生适应的绝灭类群。鳞龙超目是一个古老的演化支系，其中喙头类以及蜥蜴类的化石记录都可追溯到三叠纪晚期，而形态和生态适应都高度特化的蛇类则出现于中侏罗世 (Caldwell et al., 2015)。喙头目的现生代表只有楔齿蜥一属一种 (*Sphenodon punctatus*)，称之为活化石，其分布仅限于新西兰东北和西南部的邻近岛屿。但是，喙头目中生代的化石几乎是全球分布的。有鳞目中的蜥蜴类和蛇类也具有世界范围的广泛分布。

　　如本册前言中所述，本册内容涉及的鳞龙类特指双孔亚纲之下的鳞龙超目，仅包括鳞龙型下纲 (Infraclass Lepidosauromorpha) 中的冠群支系喙头目 (Order Rhynchocephalia) 和有鳞目 (Order Squamata)。由于本册内容并不包括鳞龙型类中的杨氏蜥类 (Younginiformes) 等绝灭类群，这一部分不采用鳞龙型下纲 (Lepidosauromorpha) 的分类名称。同样，由于并未包括系统关系颇具争议的 *Paliguana*、依卡洛蜥 (*Icarosaurus*)、孔耐蜥 (*Kuehneosaurus*) 等绝灭类型，因而也不使用比 Lepidosauria 更具包容性的 Lepidosauriformes 超目级分类名称 (图 99)。

二、鳞龙类的定义、形态特征与分类

　　鳞龙超目 (鳞龙类) 代表双孔爬行动物中的一个单系类群，包括喙头目 (Rhynchocephalia) 以及与其互为姐妹群的有鳞目 (Squamata)。就此而言，鳞龙类可定

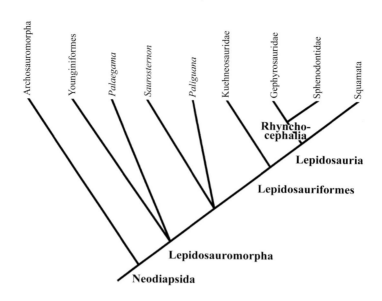

图 99　鳞龙类与其他主要双孔爬行类分支系统关系示意图（据 Gauthier et al., 1988, 略有修改）
主 龙 型 下 纲 （Archosauromorpha）；桥蜥科 （Gephyrosauridae）；孔耐蜥科 （Kuehneosauridae）；鳞龙
超 目 （Lepidosauria）；鳞龙形类 （Lepidosauriformes）；鳞龙型下纲 （Lepidosauromorpha）；新双孔类
（Neodiapsida）；古飞蜥属 （*Palaegama*）；全鬣蜥属 （*Paliguana*）；喙头目 （Rhynchocephalia）；龙胸蜥属
（*Saurosternon*）；楔齿蜥科 （Sphenodontidae）；有鳞目 （Squamata）；杨氏蜥类 （Younginiformes）

义为包括现生楔齿蜥（*Sphenodon*）在内的喙头目（Rhynchocephalia）与包括蛇类及蜥蜴类在内的有鳞目（Squamata）的最近共同祖先及其所有后裔（Gauthier et al., 1988）。

　　鳞龙类具有一系列的鉴别特征，主要包括：体被角质鳞片；具有尾自断功能；具有所谓鳞龙型膝关节（即腓骨近端关节突嵌入股骨背侧的竖向关节窝）；跟骨与距骨愈合于成年期之前。此外，该类群软体解剖的一个重要鉴别特征是雄性个体发育有半阴茎（hemipenis），即雄性交配器官由一对半阴茎构成。

　　现行分类中，喙头目下辖现生楔齿蜥科（Sphenodontidae）、桥蜥科（Gephyrosauridae）、侧喙头蜥科（Pleurosauridae）、克莱沃蜥科（Clevosauridae）。有鳞目则包括鬣蜥亚目（Iguania）、石龙子亚目（Scincomorpha）、蛇蜥亚目（Anguimorpha）、蛇亚目（Serpentes）以及与其紧密相关的诸多科级分类单元（详见本册相关章节）。

　　本册编撰过程中遇到的问题之一是分类方案的选用。继 Estes 和 Pregill （1988） 编辑的《Phylogenetic Relationships of the Lizard Families》出版之后，鳞龙类高级分类阶元的分支演化及分类研究进展很快。应用不同形态学特征针对不同分类范畴的分支系统分析结果之间产生很大的差异，特别是新近分子特征的应用对传统的分类更提出了极大的挑战，比如有些研究将鬣蜥亚目与蛇类组合成了姐妹群关系（Wiens et al., 2010）。不同的分析结果对各支系间的演化关系的认识产生了较大的分歧，并在一定程度上影响和改变了对一些分类单元（演化支系）的定义、所包含的内容以及分类方案。目前不同文献中蜥蜴类科级系列（超科、科、亚科）的分类相当混乱，有些情况下甚至会令人感到无所适从。本册采用多数学者接受的比较稳定的分类方案，对一些有争议的命名和分类尽可能做出客观的评注和明晰的说明，以求对读者自我判断有所帮助。

三、中国鳞龙类化石的分布

鳞龙类最早的化石记录以三叠纪早期出现的喙头类为代表，蜥蜴类的化石记录最早出现于晚三叠世，而蛇类最早的化石则发现于英国中侏罗世（巴通期）地层中（详见本册有关各类群的具体介绍）。中国的鳞龙类化石记录，虽然喙头目只有云南禄丰侏罗纪地层中的克莱沃蜥一属三种（Wu, 1994），但是蜥蜴类的化石从侏罗纪到第四纪都有比较广泛的地史地理分布。在分类多样性方面，除了壁虎亚目（Suborder Gekkota）目前还未发现确凿的化石记录之外，鬣蜥亚目（Suborder Iguania）、石龙子亚目（Suborder Scincomorpha）以及蛇蜥亚目（Suborder Anguimorpha）都有比较丰富的化石发现。然而与蜥蜴类状况大不相同的是，中国的蛇类化石记录至今只有山东山旺中新世的硅藻中新蛇（*Mionatrix diatomus* Sun, 1961）一属一种（图 100）。

审图号：GS（2021）7775 号

图 100　中国鳞龙类化石分布图

四、中国鳞龙类化石的研究历史

中国的鳞龙类化石研究历史可追溯到 20 世纪 40 年代，早期的化石发现与研究以辽宁早白垩世的矢部龙（*Yabeinosaurus* Endo et Shikama, 1942）和内蒙古始新世的阿累吐蜥（*Arretosaurus* Gilmore, 1943）为代表。经过半个多世纪的研究积累，如今已经命名记述的有 30 余个属种，地史分布从三叠纪延续到新近纪。但是以往的研究也揭示出许多由于演化关系不明确而引起的分类问题，有待今后更深入研究。其中有些疑难名称（如：辽宁阜新白垩纪煤系地层中发现的德氏蜥 *Teilhardosaurus* Shikama, 1947）需要重新研究，以澄清其属、种名称命名的有效性。而另外一些演化关系不明的属、种（如：安徽古新统的长江蜥 *Changjiangosaurus* Hou, 1976）仍有待修订研究，以确定其演化关系及分类位置。与此同时，辽宁热河生物群中新近发现的鳞龙类化石又增加了一些新的命名和分类问题。本册编撰过程中遇到的诸如此类的问题，非一时能够厘清。本册编撰人员根据原始文献的文图记载，结合现今的理解，对于一些历史遗留的问题（如：模式标本遗失、原始文献中的分类与现时的认识明显不符等）尽力给予比较明晰的解释。

系 统 记 述

鳞龙超目 Superorder LEPIDOSAURIA Haeckel, 1866

喙头目 Order RHYNCHOCEPHALIA Günther, 1867

概述　喙头目（Rhynchocephalia）包括现生楔齿蜥属（*Sphenodon*）及与其紧密相关的化石类型。虽然喙头目现生类型的地理分布仅限于新西兰，但已经命名的 40 多个中生代的化石属分布几乎遍及全球。除现生楔齿蜥科（Sphenodontidae）以外，三叠纪和侏罗纪的化石属种通常归入桥蜥科（Gephyrosauridae）、侧喙头蜥科（Pleurosauridae）或是克莱沃蜥科（Clevosauridae）。喙头目化石类群在欧洲的地史分布从三叠纪延续到侏罗纪，在美洲则从三叠纪延续到了晚白垩世（Fraser, 1988；Evans et Jones, 2010），乃至南美古近纪（Apesteguía et al., 2014）。中国的中生代化石仅见于云南禄丰的下侏罗统下禄丰组，系由吴肖春（Wu, 1994）鉴定为可归入克莱沃蜥属（*Clevosaurus*）的三个种（见下面关于该属的评注）。早期文献中，中国辽宁凌源发现的楔齿满洲鳄（*Monjurosuchus splendens* Endo, 1940）以及东方喙龙（*Rhynchosaurus orientalis* Endo et Shikama, 1942）曾经被错误地归入喙头目（Huene, 1942）。但是，后期的研究表明楔齿满洲鳄实际上属于离龙目的成员，而东方喙龙则已经被识别为楔齿满洲鳄的晚出异名。

定义与分类　喙头目可定义为楔齿蜥科（Family Sphenodontidae）与桥蜥科（Family Gephyrosauridae）的最近共同祖先及其所有后裔。总体而言，喙头类属于体形与蜥蜴类相似的小型双孔爬行动物。在分类上归入爬行动物纲中的双孔亚纲（Subclass Diapsida）、鳞龙型下纲（Infraclass Lepidosauromorpha）、鳞龙超目（Superorder Lepidosauria），并与包括蛇类和蜥蜴类在内的有鳞目（Order Squamata）构成姐妹群。喙头目中包括桥蜥科（Family Gephyrosauridae）、侧喙头蜥科（Family Pleurosauridae）、克莱沃蜥科（Family Clevosauridae）以及现生楔齿蜥科（Family Sphenodontidae）。

形态特征　喙头目与有鳞目具有一系列共近裔特征，包括具尾巴自断功能，以及泄殖腔横向缝状。喙头类动物身体较小，体长一般不超过 30 cm，少数早期化石类型体长可达 35 cm。喙头类的前颌骨没有牙齿且呈喙状，因而得名。喙头类的牙齿除少数早期化石类型外多为端生齿，齿基与颌骨愈合。外耳孔明显，却无鼓膜。泪骨退化消失，后额骨被后眶骨叠覆。后眶骨与顶骨不相接。方轭骨存在，与有鳞目的链接型（streptostyly）颅颌关节不同，喙头目具有固定的方骨，且与方轭骨一起构成完整的头骨下颞弓。上颞骨缺失或与顶骨后突愈合。脊椎双凹型，不同于有鳞目中常见的后凹型。喙头类的躯干腹部发育腹肋（gastralia），而有鳞目的腹肋则完全退化消失。此外，与有鳞目不同，喙头类雄性个体没有交配器，交配通过泄殖腔对置完成。

分布与时代　喙头目的地史分布从晚三叠世延续至今（Evans et Jones, 2010）。现生代表楔齿蜥属（*Sphenodon*）的地理分布仅限于新西兰东北和西南部的邻近岛屿。但是，喙头目在晚三叠世即已形成世界范围的广泛分布（Jones et al., 2009），而后期地史分布在亚洲延续到了早侏罗世，在欧洲和北美延续到了早白垩世阿尔布期（Albian），南美从晚三叠世到晚白垩世（Fraser, 1988；Evans et Jones, 2010）乃至古近纪（Apesteguía et al., 2014）。中国此类群的化石分布仅见于云南禄丰盆地的下侏罗统下禄丰组地层。根据犬齿兽类中的三列齿兽类及早期哺乳动物化石（摩根兽类）世界范围的生物地层对比研究，下禄丰组的时代被确定为早侏罗世（Sues, 1985；Luo et Wu, 1994, 1995）。

评注　通常认为喙头目的现生代表包括斑点楔齿蜥（*Sphenodon punctatus*）和甘氏楔齿蜥（*Sphenodon guntheri*）一属二种，分布于新西兰东北部和西南部的邻近岛屿。但是，近期一篇遗传学研究论文显示二者之间有可能只是亚种级别的区别（Hay et al., 2010）。关于楔齿蜥的发现记录最早可追溯到 1785 年的英国 Captain Cook 船长的第三次航行考察（见 Günther, 1867）。英国自然历史博物馆于 1831 年获得了第一件标本，经 Gray（1831）研究认为属于蜥蜴类的飞蜥科（Family Agamidae），而 Owen（1845）则认为与拟始蜥 *Homeosaurus* 关系密切。后经 Günther（1867）研究，发现其具有包括固定方骨等一系列与蜥蜴类显著不同的特征，因此，Günther 将楔齿蜥排除于蜥蜴类之外，并归入了他自己建立的喙头目。值得注意的是 Günther（1867）将其建立的喙头目与他的蜥蜴目（Order Lacertilia）和蛇目（Order Ophidia）一起归入了没有给予分类级别的有鳞类（Squamata）。但是，在现行分类中喙头目与有鳞目（蜥蜴类、蛇类等）成为姐妹群关系（见本书相关章节），而蜥蜴目已经被废弃，因为它是一个并系，仅包括蜥蜴类但不包括共有一个最近共同祖先的蛇类。值得注意的是，在有些后期分类中在喙头目中加进了喙口龙类（rhynchosaurs）等不属于该目的类群（Romer, 1956），因而使得喙头目也成了一个并系类群（Benton, 1985）。因此，有些作者建议应用 Sphenodontia 一名取代 Rhynchocephalia（如：Carroll, 1988），但是多数作者仍选择使用 Günther（1867）原意的喙头目，而将 Sphenodontia 作为喙头目中亚目级别的名称使用（如：Gauthier et al., 1988；Evans, 2003；Evans et Jones, 2010；Benton, 2015；Herrera-Flores et al., 2018）。

克莱沃蜥科 Family Clevosauridae Bonaparte et Sues, 2006

模式属 克莱沃蜥属 *Clevosaurus* Swinton, 1939

定义与分类 克莱沃蜥科可定义为喙头目中的一个演化支系，包括克莱沃蜥属（*Clevosaurus*）、多楔齿蜥属（*Polysphenodon*）、短吻蜥属（*Brachyrhinodon*）的最近共同祖先及其所有后裔（Bonaparte et Sues, 2006）。

鉴别特征 吻部圆钝，眶前部分约占头长的 1/4 左右；轭骨背突窄长，向后延伸与鳞骨相接；腭骨齿（palatine teeth）形成单列齿列；前颌骨具有一个发达的向上延伸的后突，将上颌骨排除于外鼻孔的边缘之外。

中国已知属 仅模式属。

分布与时代 北美、南美、欧洲，三叠纪、侏罗纪和白垩纪；中国，早侏罗世。

评注 由多楔齿蜥、短吻蜥以及克莱沃蜥属构成的一个演化支系，在较早一些文献中（Wu, 1994；Reynoso, 1996）非正式统称为克莱沃蜥类（clevosaurs）。其后，此一支系在分支系统分析的基础上被正式命名为克莱沃蜥科（Bonaparte et Sues, 2006），并沿用至今（Herrera-Flores et al., 2018）。

克莱沃蜥属 Genus *Clevosaurus* Swinton, 1939

模式种 哈氏克莱沃蜥 *Clevosaurus hudsoni* Swinton, 1939

鉴别特征 吻短，两上颌骨被前颌骨后背突与外鼻孔隔开；上颌骨的前颌突极短或缺失；上颌骨与轭骨连接牢固；眶下孔边缘仅由腭骨及外翼骨构成，无上颌骨参与；上颞骨存在；顶骨腰部略窄于两眼眶间宽度；颊齿数目少于 5 颗，锥形或亚锥形（conical or sub-conical）；翼骨齿两列。

中国已知种 纤细克莱沃蜥 *Clevosaurus petilus* (Young, 1982)、王氏克莱沃蜥 *C. wangi* Wu, 1994、麦吉尔克莱沃蜥 *C. mcgilli* Wu, 1994 三种。

分布与时代 欧洲、南北美洲、亚洲以及北非，晚三叠世及早侏罗世。

评注 克莱沃蜥（*Clevosaurus*）是喙头类中已经绝灭的一属，其化石记录广泛分布于泛大陆三叠纪和侏罗纪陆相沉积地层中。本属化石最早发现于英国晚三叠世地层 (Swinton, 1939)，其他地区的发现见于加拿大新斯科舍的三叠纪地层 (Sues et al., 1994) 和中国云南禄丰的早侏罗世地层 (Wu, 1994；程政武等，2004)。此外，比利时 (Duffin, 1995) 和美国 (Fraser, 1993) 的晚三叠世地层、巴西晚三叠世及中侏罗世地层 (Reynoso, 1993, 1996；Bonaparte et Sues, 2006) 以及南非和津巴布韦早侏罗世地层 (Sues et Reisz, 1995；Gow et Raath, 1997) 中，也有一些保存不全的标本被归入此属。与现生楔齿蜥相比较，中生代的克莱沃蜥虽然体型更小，但其牙齿特征与现生楔齿蜥十分相似，显示其可能主要以植物和昆虫为食。

中国云南禄丰一带的喙头类化石发现于下侏罗统下禄丰组 (Wu, 1994；Luo et Wu, 1994, 1995)。有些作者 (程政武等，2004) 主张用沙湾段和张家坳段分别取代下禄丰组和上禄丰组，并统称禄丰组。但是，这种划分目前未被广泛采用 (见 Jones, 2006；Sekiya, 2010；Barrett et Xu, 2012)。禄丰的喙头类化石由 Wu (1994) 归纳为一属三种。其后有些研究认为基于禄丰化石命名的三个种可能属于同一个种 (Jones, 2006)，也有另外的分支系统分析表明这三个种应该都是有效种 (Hsiou et al., 2015)。

纤细克莱沃蜥 *Clevosaurus petilus* (Young, 1982) Wu, 1994

(图 101)

Dianosaurus petilus：杨钟健，1982，37 页

Clevosaurus sp.：Jones, 2006, p. 558

正模 IVPP V 4007，不完整头骨及下颌骨，吻部缺失。产自云南禄丰大冲村附近。

鉴别特征 以下列特征区别于同属的其他种：上颞孔椭圆形，八字斜置；顶骨前部变窄；上颌骨后突背缘坡状升高；轭骨前突短；副基蝶骨 (parabasisphenoid) 腹侧发育独特凹陷；基蝶骨的基翼突 (basipterygoid process) 纤细；前关节骨前伸超过冠状骨下缘。

产地与层位 云南禄丰，下侏罗统下禄丰组。

评注 杨钟健 (1982) 根据一不完整的头骨及下颌骨 (IVPP V 4007) 命名了纤细滇蜥 (*Dianosaurus petilus*)，并认为有可能归入调孔亚纲的原龙目 (Protorosauria)。而后，Wu (1994) 经过研究修订，将其在分类上做了重新组合，归入了喙头目楔齿蜥科克莱沃蜥属。后来 Jones (2006) 对正模标本 (IVPP V 4007) 做了详细描述，认为根据已有的证据可将该标本鉴定为克莱沃蜥 (未定种) (*Clevosaurus* sp.)。同时 Jones (2006) 认为将来如有更完整化石发现和研究，杨钟健 (1982) 原始命名的 *Dianosaurus petilus* 仍有可能被重新启用。值得注意的是，杨钟健 (1982) 的原始命名文章系由叶祥奎代为整理发表，只有文字描述，没有标本的图片或是插图，也没有明确指出属、种的鉴别特征。因

此，纤细滇蜥原始命名的有效性值得怀疑，非在特殊必要情况下不宜重新启用。依据国际动物命名法规的第一修订者原则（ICZN, 1999），纤细克莱沃蜥（*Clevosaurus petilus*）的有效命名是由 Wu（1994）确立的。

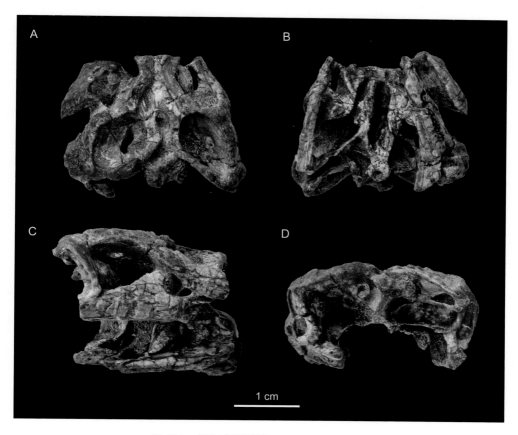

图 101　纤细克莱沃蜥 *Clevosaurus petilus*
正模（IVPP V 4007）：A. 不完整头骨背面观；B. 头骨及下颌腭面观；C. 头骨及下颌右侧观；D. 头骨及下颌枕面观

王氏克莱沃蜥 *Clevosaurus wangi* Wu, 1994

（图 102）

Clevosaurus petilus：Sues et al., 1994, p. 338；Jones, 2006, p. 558

正模　IVPP V 8271，不完整头骨的左侧大部及部分右侧上下颌骨。产自云南禄丰大洼村附近。

鉴别特征　以下列特征区别于属内其他种：上颞孔相对较小；顶骨两上颞孔间宽度略大于额骨眶间宽度；副枕骨突贴附于鳞骨腹侧凹窝内；鳞骨关节突置于方骨上关节头

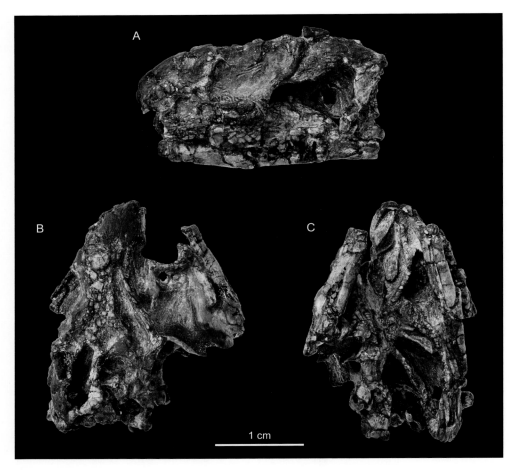

图 102　王氏克莱沃蜥 *Clevosaurus wangi*
正模（IVPP V 8271），不完整头骨及下颌：A. 左侧面观；B. 背面观；C. 腭面观

深槽内；上颞骨下伏于鳞骨中后边缘；轭骨背突向后倾斜，并在上颞孔中段之后与鳞骨叠接；翼骨三分支交汇的中间部分明显伸长。

产地与层位　云南禄丰，下侏罗统下禄丰组。

评注　Wu（1994）根据禄丰大洼村附近下禄丰组地层中发现的一不完整头骨及下颌骨命名和描述了王氏克莱沃蜥。其后有些研究认为 *Clevosaurus wangi* 可能与 *Clevosaurus petilus* 属于同一个种，而前者就成为后者的晚出异名（Sues et al., 1994；Jones, 2006）。但近年也有研究表明，二者属于独立的不同种（Hsiou et al., 2015）。

麦吉尔克莱沃蜥 *Clevosaurus mcgilli* Wu, 1994

（图 103）

Clevosaurus petilus：Jones, 2006, p. 558

正模 IVPP V 8272，一不完整头骨及下颌。产自云南禄丰大洼村附近。

副模 IVPP V 8273，一不完整头骨缺失眶后部分及不完整下颌缺失后半部分。

鉴别特征 以下列特征区别于同属的其他种：吻短，不及头长之1/4，成列的腭骨齿几乎与上颌边缘齿列平行；腭骨向后变宽，致使眶下孔呈L型；轭骨前突长，与前额骨下突在眼眶前下角相接；轭骨背突末端侧向展宽；后眶骨强烈下弯，侧视呈T型轮廓；上颞骨非对称V型。

产地与层位 云南禄丰，下侏罗统下禄丰组。

评注 Jones（2006）认为麦吉尔克莱沃蜥的情况与王氏克莱沃蜥相同，应视为同种。他指出所谓的麦吉尔克莱沃蜥区别特征主要来源于根据正模后部（IVPP V 8272）和副模（IVPP V 8273）前部的综合复原，而正模标本的后部已经被强烈挤压和变形，并不能提供可靠的形态依据。例如：上颞骨非对称V型曾被原始作者（Wu, 1994）认为是麦吉尔种的比较特殊的鉴别特征，但是Jones（2006）的研究显示正模和副模标本实际上都没有上颞骨保存。这些存疑的问题都有待新的化石发现和研究予以澄清。

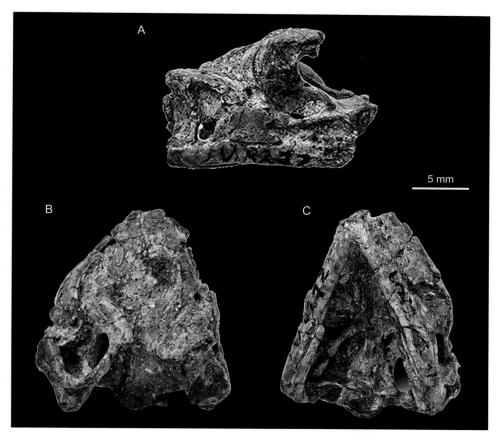

图 103 麦吉尔克莱沃蜥 *Clevosaurus mcgilli*

正模（IVPP V 8272），不完整头骨及下颌：A. 左侧观；B. 背侧观；C. 腹侧观

有鳞目 Order SQUAMATA Oppel, 1811

概述 有鳞目包括 10000 余现生种（Uetz et al., 2019），分属于蜥蜴类各亚目（科）、蛇亚目、以及诸如蚓蜥类（amphisbaenians）和双足蜥科（Dibamidae）。此外，有鳞目也包括沧龙科（Mosasauridae）、崖蜥科（Aigialosauridae）、伸龙科（Dolichosauridae）等一系列已经绝灭的白垩纪海生类群。与世界许多国家和地区一样，中国的蛇类化石发现极为有限，目前只有山东山旺中新蛇一属一种。但是，中国的蜥蜴类化石却颇为丰富，已经命名的包括 30 余属种，分属于鬣蜥亚目（Suborder Iguania）、石龙子亚目（Suborder Scincomorpha）和蛇蜥亚目（Suborder Anguimorpha）。中国目前时代最早的蜥蜴类化石发现于内蒙古宁城道虎沟的中侏罗世地层（Evans et Wang, 2007, 2009；Gao et al., 2013a）。此外，中 - 晚侏罗世蜥蜴类化石也见于新疆的石树沟组和齐古组（Clark et al., 2006；Richter et al., 2010）。需要指出的是，根据现行的爬行动物分类方案（如：Estes et al., 1988；Conrad, 2008），本册使用的术语"蜥蜴类"（lizards）不是一个特有名词，不能用来指向一个特定级别的演化支系或分类单元。所谓"蜥蜴类"是根据常规用法（见 Estes et al., 1988），作为一个普通名词应用的。因此，"蜥蜴类"可以理解为意指有鳞目中除了蛇类和蚓蜥类以外的其他支系或分类单元（见 Evans, 2003）。

定义与分类 分支系统学意义上的有鳞目可定义为：鬣蜥类（Iguania）与硬舌类（Scleroglossa）的共同祖先及其所有后裔（图 104）。也有著者将有鳞目定义为相对于楔齿蜥而言所有更接近于蛇类的有鳞类（Evans et Jones, 2010）。

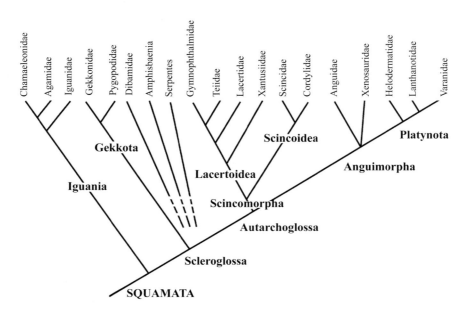

图 104 有鳞目主要演化支系分支系统图示（引自 Estes et al., 1988，略有修改）

形态特征 有鳞目具有一系列的鉴别特征，已经识别的目内各演化支系间的共有衍征多达近 70 条（详见 Estes et al., 1988）。其中显而易见的形态特征包括：体被鳞片；定期蜕皮；腹肋完全退化消失；头部具有额骨与顶骨之间的活动关节；具有内颅与其他头部骨片间的滑动关节；方轭骨缺失；具活动方骨，与鳞骨构成链接型颅 - 颌关节（streptostyly；见图 105）。

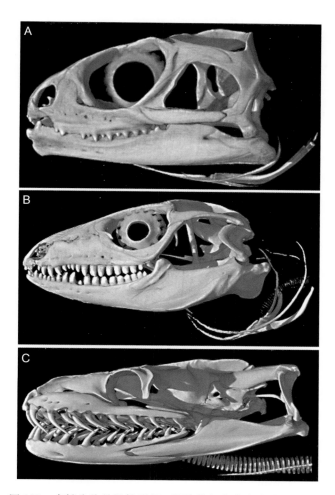

图 105　有鳞类头骨链接型颅 - 颌关节与喙头类头骨比较图示

A. 喙头类（斑点楔齿蜥 *Sphenodon punctatus*）头骨及下颌左侧面观，具有固定型方骨，上、下两个完整的颞弓和两个颞孔；B. 蜥蜴类（黑斑双领蜥 *Tupinambis teguixin*）头骨及下颌左侧面观，上颞弓完整而下颞弓完全缺失，形成具有可活动方骨的链接型颅 - 颌关节；C. 蛇类（亚洲岩蟒 *Python molurus*）头骨及下颌左侧面观，上、下颞弓均消失，形成高度活动方骨的链接型颅 - 颌关节（图像引自 Digimorph）

分布与时代 有鳞目广泛分布于除格陵兰、南极洲之外的全球陆区（见图 106），蜥蜴类和蛇类也有些特化类型适应于岛屿和海洋环境生活。根据化石记录，有鳞目的地史分布可追溯到晚三叠世，早期化石发现于印度 Tiki Formation（Evans et al., 2002）。基于线粒体基因组的分子钟研究推测有鳞目的起源可能早至二叠纪晚期（Kumazawa, 2007），

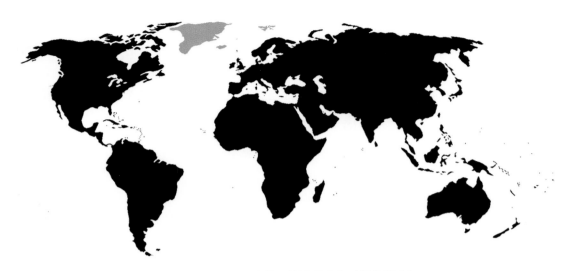

图 106　有鳞目世界范围的地理分布（黑色部分）

而基于核蛋白编码基因的分析则显示其起源时间为较晚的中三叠世（~240 Ma）（Vidal et Hedges, 2005）。

评注　传统分类中的有鳞目包括蜥蜴亚目（Suborder Lacertilia or Sauria）和蛇亚目（Suborder Serpentes or Ophidia）。随着分支系统学的广泛应用，以前的蜥蜴亚目包括并非源于同一个最近共同祖先的几个不同的演化支系，现今普遍认为属于一个复系类群，因而被废弃，取而代之的是鬣蜥亚目（Suborder Iguania）、壁虎亚目（Suborder Gekkota）、石龙子亚目（Suborder Scincomorpha）、蛇蜥亚目（Suborder Anguimorpha）等自然类群的分类单元。在现行分类系统中，有鳞目与喙头目构成姐妹群，置于爬行动物纲的双孔亚纲（Subclass Diapsida）鳞龙超目（Superorder Lepidosauria）。有鳞类的现生类型有 10000余种，其中蜥蜴类 6000 余种、蛇类 3800 余种、蚓蜥类（amphisbaenians）近 200 种（Uetz et al., 2019），广泛分布于除高纬度和南极洲之外的各大陆以及邻近岛屿（见图 106）。根据现有的化石记录，最早的有鳞类出现于晚三叠世，以端齿鬣蜥类的 *Tikiguana* 为代表（Datta et Ray, 2006；Hutchinson et al., 2012）。迄今为止，尚无可以确定为蜥蜴类或是有鳞目的化石的二叠纪的记录（见 Evans, 2003；Evans et Jones, 2010）。过去作为最早蜥蜴类报道的南非二叠纪的 *Paliguana* 和 *Palaeagama*（Carroll, 1975, 1977）都已被否定，不能归入蜥蜴类（Evans, 1988；Gauthier et al., 1988）。中生代化石类型中，欧美三叠纪的孔耐蜥类（kuehneosaurs）过去曾被视为早期蜥蜴类（如：Robinson, 1962, 1967），但是分支系统分析表明其演化位置不在有鳞目之内，而属于比有鳞目更为原始的鳞龙形类（Gauthier et al., 1988）。中国新疆阜康三叠纪的三台龙也曾被归入蜥蜴类（Sun et al., 1992），但后期研究中已确定为副爬行动物的前棱蜥类（Evans, 2001）。云南禄丰盆地下侏罗统（原始报道为上三叠统）中发现的作为蜥蜴类报道的辅棱蜥（*Fulengia* Carroll et Galton, 1977）已经证实为一个幼体原蜥脚类恐龙（Evans et Milner, 1989）。在过去近两亿年的演化历史中，有鳞类显示了生态适应上的高度分化，不同的有鳞类演化支系显示了广泛的生物地理分布和对多种环境的适应，包括掘穴（fossoriality）、地表（terrestriality）、树栖（arboreality）、淡水水生以及海洋岛屿等多种多样的环境适应，因而，成为爬行动物中最为繁盛的现生类群。

鬣蜥亚目 Suborder IGUANIA Cuvier, 1817

概述　鬣蜥亚目（或称鬣鳞亚目）在传统分类中仅包括广义的鬣蜥科（Iguanidae sensu lato）、飞蜥科（Agamidae）和避役科（Chamaeleonidae）三个亚类群。但是，近年来随着对此类群主要支系间演化关系的研究，鬣蜥亚目内的科级分类发生了巨大变动。传统分类中的鬣蜥科一般进一步划分为七个亚科（见 Etheridge et de Queiroz, 1988），而现行分类中原来广义的鬣蜥科已被分解为 12 个科，并与紧密相关的几个化石类群一起归入了侧齿下目（Infraorder Pleurodonta）。余下的飞蜥科、避役科以及与其紧密相关的化石类群一起归入了端齿下目（Infraorder Acrodonta）。本亚目内各主要支系间的确切演化关系仍待深入研究。根据形态解剖特征的分支系统分析参见 Frost 和 Etheridge（1989），根据分子生物学特征的分支系统分析参见 Macey 等（1997）、Frost 等（2001）、Schulte 等（2003）和 Townsend 等（2011）。此外，包括化石类型的演化关系研究参见 Conrad 和 Norell（2007）、Conrad（2008）。

定义与分类　鬣蜥亚目可定义为侧齿下目与端齿下目的最近共同祖先及其所有后裔。鬣蜥亚目包括超过 1880 个现生种（Uetz et al., 2019），在现行分类系统中分置于 14 个科，侧齿下目和端齿下目两个下目（Frost et al., 2001）。其中侧齿下目包括狭义的鬣蜥科（Iguanidae sensu stricto）、角蜥科（Phrynosomatidae）、盾尾蜥科（Opluridae）等 12 个科（详见侧齿下目）。端齿下目包括飞蜥科（Agamidae）和避役科（Chamaeleonidae）两个现生类群以及与其紧密相关的化石类群（详见端齿下目）。除现生科以外，鬣蜥亚目也包括诸如前飞蜥科（Priscagamidae）、阿累吐蜥科（Arretosauridae）、同齿蜥属（*Isodontosaurus*）等化石类群（图 107）。

形态特征　前颌骨愈合为单一骨骼；前额骨瘤状突发达；泪骨明显缩小或完全消失；顶孔前移，开孔于额骨与顶骨之间的关节缝或甚至更前的位置；后额骨缩小或缺失；腭区翼骨发育中腹突（ventromedial processes of pterygoids）；脊索管腔（notochordal canal）随椎体骨化完全关闭；脊椎椎体前凹型；颈椎椎体腹侧发育椎下嵴（hypapophyseal keels），尾椎自断面（autotomy planes）出现于椎体横突之后等。

分布与时代　鬣蜥亚目分布于除南北两极之外的全球各大陆（见以下评注），时代从中三叠世延续至今。

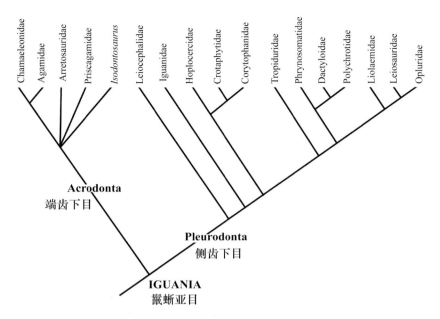

图 107　鬣蜥亚目主要演化支系间的演化关系及本册采用的宏观分类（系统关系综合据 Wiens
et al., 2012；Zheng et Wiens, 2016；Conrad, 2008；Gauthier et al., 2012）

　　评注　现生侧齿鬣蜥类（pleurodontans）主要分布于美洲大陆（以南美洲为盛），只有个别类群分布于马达加斯加、斐济和汤加岛（详见侧齿下目章节）。因此，侧齿鬣蜥类在经典生物地理学上被称之为新大陆鬣蜥类（New World iguanians）。与此相反，现生端齿鬣蜥类（acrodontans）广泛分布于亚洲、非洲和澳大利亚，不见于新大陆范围，因此称之为旧大陆鬣蜥类（Old World iguanians）。中国发现的鬣蜥亚目的化石类型包括可以归入侧齿下目的早期（晚白垩世）的化石属种，也包括可以归入端齿下目的早白垩世和新近纪的一些化石属种。其中内蒙古晚白垩世的蜥蜴化石组合呈现侧齿下目与端齿下目共生的特点，是研究鬣蜥亚目古地理演化历史极为重要的化石记录。

　　虽然鬣蜥亚目已经被广泛接受为一个单系类群，但是其与有鳞目其他亚目之间的演化关系尚存有很大争议。基于形态学证据的分支系统分析一般显示鬣蜥亚目为一个基干类群（如：Estes et al., 1988；Conrad, 2008），而基于分子证据的分析研究却趋于将该亚目置于接近巨蜥超科（Varanoidea）的位置（如：Townsend et al., 2004；Vidal et Hedges, 2005），甚至成为蛇类的姐妹群（Wiens et al., 2010）。再者，根据核基因（nuclear DNA）进行的分子钟研究推测鬣蜥亚目冠群的起源时间可能是在中侏罗世（165 Ma），最迟不晚于早白垩世（123 Ma）（Townsend et al., 2011）。然而，鬣蜥亚目中的端齿类蜥蜴已经有化石记录发现于印度中三叠世地层（Evans et al., 2002）。因此，鬣蜥亚目起源的时间至少应该不晚于中三叠世。

侧齿下目 Infraorder PLEURODONTA Cope, 1864

概述 侧齿下目在演化关系上与端齿下目构成姐妹群，二者同归鬣蜥亚目。侧齿下目在很大程度上相当于 Boulenger 原始定义的广义的鬣蜥科（Iguanidae sensu Boulenger, 1885），其涵盖内容包括所有的非端齿鬣蜥类（non-acrodontan iguanians）。侧齿下目的现生类型计有 1200 余种（Uetz et al., 2019），现行分类中分置于 12 个科（Townsend et al., 2011；Uetz et al., 2019）。其中，盾尾蜥科（Opluridae，又称马加鬣蜥科）的地理分布仅限于马达加斯加，而狭义鬣蜥科（Iguanidae sensu stricto）中的斐济鬣蜥（*Brachylophus*）仅见于斐济和汤加岛。除此之外，侧齿下目的其他现生类群都分布于南美洲及其邻近的岛屿。传统生物地理研究中长期以来认为侧齿鬣蜥类属于一个新大陆类群，而端齿下目则主要是一个旧大陆类群并与侧齿下目完全形成地理隔离分布格局。然而，蒙古国、我国内蒙古发现的晚白垩世蜥蜴化石组合既包括侧齿下目，也包括端齿下目的早期代表，表明这两个下目在早期演化历史中曾经是同域共生的（Borsuk-Białynicka et Alifanov, 1991；Gao et Hou, 1995a, b, 1996）。

定义与分类 侧齿下目可定义为鬣蜥亚目中相对于端齿鬣蜥类而言所有与鬣蜥科共有一个最近共同祖先的分类单元。此定义下的侧齿下目包括 12 个科：狭义鬣蜥科（Iguanidae）、海帆蜥科（Corytophanidae）、荆尾蜥科（Hoplocercidae）、领豹蜥科（Crotaphytidae）、卷尾蜥科（Leiocephalidae）、平鳞蜥科（Leiosauridae）、平咽蜥科（Liolaemidae）、盾尾蜥科（Opluridae）、角蜥科（Phrynosomatidae）、四鳞爪蜥（Polychrotidae）、嵴尾蜥科（Tropiduridae）和安乐蜥科（Dactyloidae）。

形态特征 侧齿下目的成员具有鬣蜥亚目的形态学鉴别特征，但是缺少端生下目的部分或是全部衍生特征（Estes et al., 1988）。目前，侧齿下目的单系仍然缺少形态学证据的支持（Estes et al., 1988；Etheridge et de Queiroz, 1988），但是得到线粒体 DNA（如：Macey et al., 1997）以及核 DNA（Townsend et al., 2011）特征的强有力支持。

分布与时代 侧齿下目的现生类群主要分布于美洲大陆及其岛屿，因而被称之为新大陆鬣蜥类（Townsend et al., 2011: New World clade）。但是，侧齿下目早期的化石记录发现于亚洲和北美晚白垩世地层（Borsuk-Białynicka et Alifanov, 1991；Gao et Hou, 1995a, b；Gao et Fox, 1996；Conrad et Norell, 2007），与现生类群的分布明显相悖。虽然最早的化石记录发现于亚洲晚白垩世地层，但是印度晚三叠世端齿鬣蜥类的化石发现（Datta et Ray, 2006；Hutchinson et al., 2012）预示着侧齿下目与端齿下目的分支演化发生于三叠纪（Evans et Jones, 2010）。

评注 侧齿下目包括除避役科和飞蜥科之外的所有鬣蜥类，Estes 等（1988）称之为非端齿鬣蜥类（non-acrodontan iguanians）。Etheridge 和 de Queiroz（1988）首先将其划分为鬣蜥亚科、盾蜥亚科等 8 个亚科。其后，Frost 和 Etheridge（1989）将这 8 个亚科升为科级单元。再后，Macey 等（1997）的研究发现线粒体 DNA 方面的证据强力支持广义鬣蜥科（即现在的侧齿下目）以及科内 8 个亚类群的单系性。然而，Frost 等（2001）基于核 DNA、线粒体 DNA 以及形态学特征的研究将侧齿下目的分类修订为 11 个科级单元。再后，Townsend 等（2011）的核 DNA 分析又从四鳞爪蜥科（Polychrotidae）中分出安乐蜥科（Dactyloidae），并由此产生了侧齿下目 12 个科的分类方案（Wiens et al., 2012；Zheng et Wiens, 2016；Uetz et al., 2019）。

侧齿下目科未定 Pleurodonta incertae familiae

黎明蜥属 Genus *Anchaurosaurus* Gao et Hou, 1995

模式种　吉氏黎明蜥 *Anchaurosaurus gilmorei* Gao et Hou, 1995

鉴别特征　以下列特征区别于与其相近的其他侧齿鬣蜥类：头伸长，吻部略显尖长；顶骨骨板略呈梯形，并具窄长上颞突（supratemporal process）；牙齿高冠，具柱形齿干，齿冠略有展宽且具三个齿尖；下颌冠状骨外侧具一显著瘤状突，但无侧板（lateral blade）；夹板骨前端缩短至下颌齿列中段位置；下颌麦氏沟前半部分由齿骨下缘卷曲而封闭，但并无愈合现象。

中国已知种　仅模式种。

分布与时代　内蒙古巴彦淖尔盟（今巴彦淖尔市。下同）乌拉特后旗巴音满都呼嘎查，晚白垩世。

评注　原始命名文章中将黎明蜥属（*Anchaurosaurus*）作为一个晚白垩世的化石类型归入传统分类中广义的鬣蜥科（Gao et Hou, 1995a）。然而，根据鬣蜥亚目分支系统学研究的进展，传统的鬣蜥科已被分解为 11–12 个不同的科，而重新定义的狭义鬣蜥科仅包括模式属 *Iguana* 及其紧密相关的属。因此，晚白垩世的黎明蜥属也应随之排除于重新定义的狭义鬣蜥科之外，但是仍可作为科未定归入侧齿下目。另有研究者（Alifanov, 2000）在未提供任何分析解释的情况下将黎明蜥属归入现生角蜥科（Phrynosomatidae）。这种分类明显缺乏特征支持，因而难于被广泛接受。其后的分支系统分析研究中，有证据显示黎明蜥属可能与蒙古国戈壁相同层位发现的风暴蜥属（*Zapsosaurus*）互为姐妹群（Conrad, 2008）。

吉氏黎明蜥 *Anchaurosaurus gilmorei* Gao et Hou, 1995

（图 108）

正模　IVPP V 10028，一不完整的骨架包括头骨、下颌及部分头后骨骼。产自内蒙古巴彦淖尔盟乌拉特后旗巴音满都呼嘎查。

副模　IVPP V 10029，一不完整的头骨及相连的两下颌骨。

鉴别特征　同属。

产地与层位　内蒙古巴彦淖尔盟乌拉特后旗巴音满都呼嘎查，上白垩统巴音满都呼组（Bayan Mandahu Formation）。

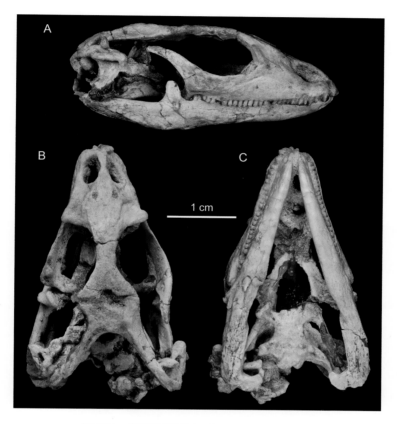

图 108　吉氏黎明蜥 *Anchaurosaurus gilmorei*
正模（IVPP V 10028），头骨及下颌：A. 右侧面观；B. 背面观；C. 腹面观

西海蜥属　Genus *Xihaina* Gao et Hou, 1995

模式种　北方西海蜥 *Xihaina aquilonia* Gao et Hou, 1995

鉴别特征　以下列特征区别于紧密相关的吉氏黎明蜥以及其他侧齿鬣蜥类：吻短，略显轻巧；牙齿纤细，前后方向略压扁；齿冠略展宽，齿尖数目似显多于三个；下颌麦氏沟前部由齿骨完全愈合封闭；前舌颌神经孔（anterior mylohyoid foramen）与前下齿槽孔（anterior inferior alveolar foramen）相距较远；下颌隅骨明显窄小，仅限于下颌底缘。

中国已知种　仅模式种。

分布与时代　内蒙古巴彦淖尔盟乌拉特后旗巴音满都呼嘎查，晚白垩世。

评注　与发现于同地点和同层位的黎明蜥一样，西海蜥在原始文献中被归入传统定义的鬣蜥科（Gao et Hou, 1995a）。但是，随着鬣蜥科定义的重新厘定本属也应移出现行分类中的狭义鬣蜥科，但可以作为科未定仍归侧齿下目。与前述黎明蜥的情况相似，有著者（Alifanov, 2000）曾将西海蜥属归入现生角蜥科，但是未作任何分析解释，不足为凭。西海蜥的头骨明显小于黎明蜥，其下颌的麦氏沟前部由齿骨完全愈合封闭，据此明显区别于个体较大但齿骨不愈合的黎明蜥属。就目前所知，这些晚白垩世的侧齿鬣蜥类很可能属于现生各科之外的干群支系（stem clade），并不能归入任何已知现生科。

北方西海蜥 *Xihaina aquilonia* Gao et Hou, 1995
（图 109）

正模　IVPP V 10030，不完整的头骨、下颌及部分头后骨骼。产自内蒙古巴彦淖尔盟乌拉特后旗巴音满都呼嘎查。

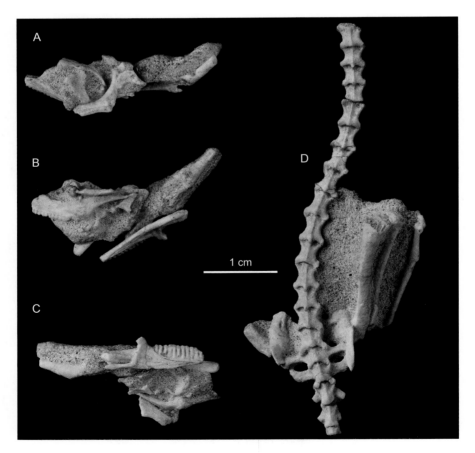

图 109　北方西海蜥 *Xihaina aquilonia*
正模（IVPP V 10030），不完整头骨及下颌：A. 背面观；B. 左侧面观；C. 右侧面观；D. 部分头后骨骼背面观

副模　IVPP V 10072，一不完整的头骨带有两下颌支。

鉴别特征　同属。

产地与层位　内蒙古巴彦淖尔盟乌拉特后旗巴音满都呼嘎查，上白垩统巴音满都呼组。

评注　本种化石仅见于我国内蒙古上白垩统巴音满都呼组，在蒙古国相当地层 [牙道黑他组（Djadochta Formation[①]）] 中尚无发现。北方西海蜥的头骨化石只发现部分零散的骨骼，下颌也不甚完整。齿冠略有展宽，显示多尖型齿冠。但是由于牙齿已遭风化破坏，不能确定齿尖数目。因此，北方西海蜥的总体头骨解剖特征尚有待新化石发现，确切的科级分类也只有在对头骨解剖特征和齿冠形态具有相当程度的了解之后才能判定。盲目将此种归入现生角蜥科（Alifanov, 2000）不可取。

端齿下目 Infraorder ACRODONTA Cope, 1864

概述　端齿下目中飞蜥科（Agamidae）有 480 余现生种，避役科（Chamaeleonidae）200 余种（Uetz et al., 2019），都分布于旧大陆范围。蒙古国、我国内蒙古晚白垩世地层中发现的一系列化石中有些过去曾被归入飞蜥科，但是现在看来都是与飞蜥科相关但不能归入该科的早期演化支系（前飞蜥科）。现生类群避役科的单系有形态学特征（Estes et al., 1988；Frost et Etheridge, 1989）和分子特征（Townsend et Larson, 2002；Townsend et al., 2009；Townsend et al., 2011）的支持。飞蜥科目前仍然缺少形态学特征支持（Estes et al., 1988；Frost et Etheridge, 1989；Conrad, 2008），但是已经获得一些分子特征分支系统分析的有力支持：例如，Honda 等（2000）线粒体 DNA 的分析；Melville 等（2009）线粒体 DNA 与核 DNA 的融合分析；以及 Townsend 等（2011）核 DNA 的分析等。然而，有些研究表明并非所有基于分子证据的分支系统分析都支持飞蜥科属于一个单系（如：Schulte et Cartwright, 2009）。

定义与分类　包括相对于侧齿下目而言与飞蜥科和避役科共有一个最近共同祖先的所有分类单元（干群定义）。此一定义下的端齿下目除现生飞蜥科和避役科之外，也包括诸如前飞蜥科（Priscagamidae）、阿累吐蜥科（Arretosauridae）以及一些尚无科级分类的早期化石类型（见评注）。

形态特征　端齿下目最突出的特征是具有端生颊齿。除了白垩纪一些化石类型外，新生代的化石类型和现生类型都具有典型的端生齿，并且终生无牙齿替换现象。端生下目的其他特征包括：后额骨消失；下颌夹板骨明显缩小或完全消失；两上颌骨前端在前颌骨内侧相接；泪孔明显增大；上、下颌后部牙齿端生，无替换；肩带锁骨直，无折曲；

---

① Djadochta Formation 曾有"德加多克塔组"、"约道黑他组"、"牙道赫达组"和"牙道黑他组"等中文译名，本书统一采用"牙道黑他组"。

胸骨前伸，几乎与间锁骨侧突相接；尾椎自断面消失等。

分布与时代 端齿下目的现生种类广泛分布于非洲（包括马达加斯加岛）、欧亚大陆、澳大利亚及东南亚岛屿。因此，被称之为一个旧大陆演化支系（Old World clade）（Townsend et al., 2011），但是北美也有始新世的化石发现。根据印度发现的化石记录（见评注），该下目的地史分布从晚三叠世延续至今。

评注 Cope（1864）命名的端齿下目包括飞蜥科（Agamidae）和避役科（Chamaeleonidae）。现行爬行动物分类学中使用的端齿下目基本上没有改变 Cope 的原有涵义（Estes et al., 1988；Frost et al., 2001）。比如，Estes 等（1988）将端齿下目定义为飞蜥科与避役科的最近共同祖先及其所有后裔。然而，这显然是只涉及冠群支系的一个节点型定义（node-based definition）。考虑到三叠纪到古近纪的非冠群支系（如：前飞蜥科、阿累吐蜥科）与现生类群的演化关系，本书采用了干群定义（stem-based definition）的端齿下目。

端齿下目最早的化石记录发现于印度上三叠统卡尼阶（Carnian）的 Tiki Formation（Datta et Ray, 2006；Hutchinson et al., 2012）。根据一件保存比较完整的下颌骨，Datta 和 Ray（2006）命名了 *Tikiguana* 一属并将其归入端齿下目。此外，印度下—中侏罗统的 Kota Formation（Prasad, 1986；Evans et al., 2002）也发现了虽不完整，但带有数以百计的端生牙齿的上颌骨和下颌骨。依据这些化石，Evans 等（2002）命名了 *Bharatagama*，并将其作为科未定归入端齿下目。中亚早—中侏罗世地层中也有不完整的上颌、下颌化石可以归入端齿下目（Nessov, 1988；Fedorov et Nessov, 1992）。

前飞蜥科 Family Priscagamidae Borsuk-Białynicka et Moody, 1984

模式属 前飞蜥属 *Priscagama* Borsuk-Białynicka et Moody, 1984

定义与分类 前飞蜥属（*Priscagama*）、丑蜥属（*Mimeosaurus*）最近的共同祖先及其所有后裔。科内各属间的演化关系尚未明了，因此尚无亚科级分类。

鉴别特征 前飞蜥科与现生端齿鬣蜥类共有的衍征包括：后额骨消失；颊齿端生；上下颌前部具有犬齿形牙齿。前飞蜥科的自有衍征包括：上颌骨外表面发育圆形骨质瘤饰；轭骨眶后突出现骨质瘤饰；眶后骨向下延伸不超过眶后缘高度之半；下颌冠状骨在齿骨外侧形成三角形的骨板；前舌颌神经孔（anterior mylohyoid foramen）与后舌颌神经孔（posterior mylohyoid foramen）均开孔于下颌支内侧。

中国已知属 前飞蜥属 *Priscagama* Borsuk-Białynicka et Moody, 1984、丑蜥属 *Mimeosaurus* Gilmore, 1943 和侧齿蜥属？*Pleurodontagama* Borsuk-Białynicka et Moody, 1984 (nomen dubium) 三属。

分布与时代 蒙古国南戈壁省、中国内蒙古乌拉特后旗巴音满都呼一带，晚白垩世。

评注　前飞蜥科是一个与现生端齿鬣蜥类紧密相关的绝灭类群，化石记录发现于亚洲中部蒙古国南戈壁和中国内蒙古戈壁沙漠地带的上白垩统。科内包括前飞蜥（*Priscagama*）、丑蜥（*Mimeosaurus*）、侧齿蜥（*Pleurodontagama*）、似角蜥（*Phrynosomimus*）等几个化石属。本科先由 Borsuk-Białynicka 和 Moody（1984）根据蒙古国戈壁巴鲁恩戈约特组（Barun Goyot Formation）发现的化石建立了前飞蜥亚科（Priscagaminae），置于飞蜥科内。后经修订升级为科（Alifanov，1989）。Conrad（2008）的分支系统分析结果表明此一化石类群可能与现生端齿鬣蜥类（飞蜥科和避役科）构成姐妹群关系，而此科与古近纪阿累吐蜥科之间的演化关系尚有待进一步研究（Conrad，2008）。

前飞蜥属 Genus *Priscagama* Borsuk-Białynicka et Moody, 1984

模式种　戈壁前飞蜥 *Priscagama gobiensis* Borsuk-Białynicka et Moody, 1984

鉴别特征　以下列特征区别于与其紧密相关的其他端齿鬣蜥类：头骨轻巧，略扁平，吻部略显尖长；上颌骨前突略有伸长，背突位于上颌齿列中段部位；下颌骨纤长，内侧隔骨突短小但前钩明显。

中国已知种　仅模式种。

分布与时代　蒙古国南戈壁、中国内蒙古戈壁沙漠地带，晚白垩世。

评注　前飞蜥（*Priscagama*）的化石发现于蒙古国上白垩统巴鲁恩戈约特组和层位更低一些的牙道黑他组（Gao et Hou, 1995a；Gao et Norell, 2000）。此外，Alifanov（1996）根据蒙古国南戈壁 Khermeen Tsav（上白垩统巴鲁恩戈约特组）发现的化石命名了两个属（*Chamaeleognathus*、*Cretagama*），并与同地点同层位发现的前飞蜥属化石一起归入前飞蜥科。但是其后的研究中发现，Alifanov 命名的两个属由于不能与前飞蜥属明显区别而应作为晚出异名并入前飞蜥属（Gao et Norell, 2000；Conrad, 2008）。

戈壁前飞蜥 *Priscagama gobiensis* Borsuk-Białynicka et Moody, 1984

（图 110）

Chamaeleognathus iordanskyi：Alifanov, 1996, p. 467

Cretagama białynickae：Alifanov, 1996, p. 468

正模　ZPAL MgR/III-32，不完整的头骨及下颌骨。产自蒙古国南戈壁省的 Khermeen Tsav，上白垩统巴鲁恩戈约特组（Barun Goyot Formation）。

归入标本　IVPP V 10038，一不完整头骨及下颌；蒙古国南戈壁省产出的其他归入标本包括 IGM 3/77–IGM 3/80（参见 Gao et Norell, 2000）。

鉴别特征 同属。

产地与层位 蒙古国南戈壁 Khermeen Tsav, Khulsan, Bayn Dzak, Ukhaa Tolgod 等化石地点，上白垩统巴鲁恩戈约特组（Barun Goyot Formation）、牙道黑他组（Djadochta Formation）；中国内蒙古巴音满都呼嘎查（Gao et Hou, 1996），上白垩统巴音满都呼组。

评注 根据蒙古国南戈壁 Khermeen Tsav 发现的化石，Alifanov（1996）命名了 *Chamaeleognathus iordanskyi* 和 *Cretagama białynickae*。但是，值得注意的是 Alifanov（1996）用于命名新属种的标本与戈壁前飞蜥的正模标本出自同一地点的同一层位，而且并不具有能与戈壁前飞蜥有效区别的形态学鉴别特征。因而，Alifanov 命名的两个属种在其他文献中一般列为模式种戈壁前飞蜥的晚出异名（Gao et Norell, 2000；Conrad, 2008）。

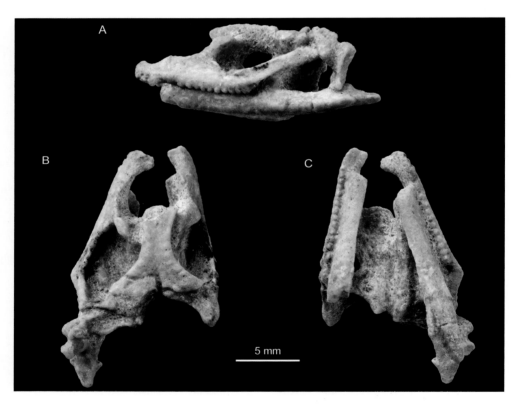

图 110　戈壁前飞蜥 *Priscagama gobiensis*
归入标本（IVPP V 10038），不完整头骨及下颌：A. 左侧观；B. 顶面观；C. 腭面观

侧齿蜥属？ Genus *Pleurodontagama* Borsuk-Białynicka et Moody, 1984 (nomen dubium)

模式种 奇妙侧齿蜥 *Pleurodontagama aenigmatodes* Borsuk-Białynicka et Moody, 1984

鉴别特征 以下列特征区别于与其相近的前飞蜥、丑蜥等其他类型：上颌及下颌较长；上下颌牙齿数目明显增多；着生牙齿，呈亚侧生状态。

中国已知种 只有 ? 奇妙侧齿蜥 ?*Pleurodontagama aenigmatodes* Borsuk-Białynicka et Moody, 1984 一种。

分布与时代 蒙古国南戈壁省及中国内蒙古巴彦淖尔盟，晚白垩世。

评注 侧齿蜥属并非一个鉴别特征明确的分类单元。侧齿蜥模式种的正模与前述戈壁前飞蜥的正模产于同一地点和同一层位。原始文献中（Borsuk-Białynicka et Moody, 1984）认为侧齿蜥只是以其较长的颌骨，以及较小、较密的牙齿与前飞蜥属相区别。头骨其他方面并未显示明显的形态差异。有研究认为模式种奇妙侧齿蜥的正模标本有可能是戈壁前飞蜥的年轻个体（Gao et Norell, 2000），但是受标本数量及完整程度所限它们之间的确切关系以及侧齿蜥属名的有效性有待进一步研究。

? 奇妙侧齿蜥 ?*Pleurodontagama aenigmatodes* Borsuk-Białynicka et Moody, 1984

正模 ZPAL MgR-III/35，一不完整的头骨及下颌骨。产自蒙古国南戈壁省 Khermeen Tsav，上白垩统巴鲁恩戈约特组。

归入标本 IVPP V 10039，一不完整的左下颌支。

鉴别特征 同属。

产地与层位 蒙古国南戈壁省 Khermeen Tsav，上白垩统巴鲁恩戈约特组（= Red beds of Khermeen Tsav）；归入标本产自我国内蒙古巴彦淖尔盟乌拉特后旗，上白垩统巴音满都呼组。

丑蜥属 Genus *Mimeosaurus* Gilmore, 1943

模式种 克拉苏丑蜥 *Mimeosaurus crassus* Gilmore, 1943

鉴别特征 上颌骨短而深，外侧观略呈矩形；上颌齿列短且直，最前两颗上颌齿略显增大，略呈犬齿型；下颌短，冠状骨外侧突（lateral coronoid process）外侧扁平，板状，具有独特的直竖方向的前嵴。

中国已知种 仅模式种。

分布与时代 蒙古国南戈壁省及中国内蒙古，晚白垩世。

评注 丑蜥属在分类上一般归入与现生端齿鬣蜥类紧密相关的前飞蜥科。但在少数文献中（Alifanov, 1989, 2000）也将此属归入侧齿下目的现生木蜥科（Hoplocercidae）。然而，颇带个人观点色彩的后一分类显然缺少特征证据的支持，至今仍未被他人所接受。

克拉苏丑蜥 *Mimeosaurus crassus* Gilmore, 1943

（图 111）

Mimeosaurus tugrikinensis：Alifanov, 1989, p. 70

正模 AMNH 6655，一带牙齿的左上颌骨与轭骨一起保存。产自蒙古国南戈壁省巴音扎克（Bayn Dzak，原作沙巴拉克乌苏 Shabarakh Usu），上白垩统牙道黑他组（Djadochta Formation）。

归入标本 IVPP V 10031–V 10037，7 件不完整的头骨及下颌骨标本。蒙古国南戈壁省产出的其他归入标本包括 IGM 3/74–IGM 3/76（参见 Gao et Norell, 2000）。

鉴别特征 同属。

产地与层位 蒙古国南戈壁省巴音扎克（Bayn Dzak，原作沙巴拉克乌苏 Shabarakh Usu），上白垩统牙道黑他组；归入标本产自蒙古国南戈壁的 Ukhaa Tolgod, Zos, Wash 等

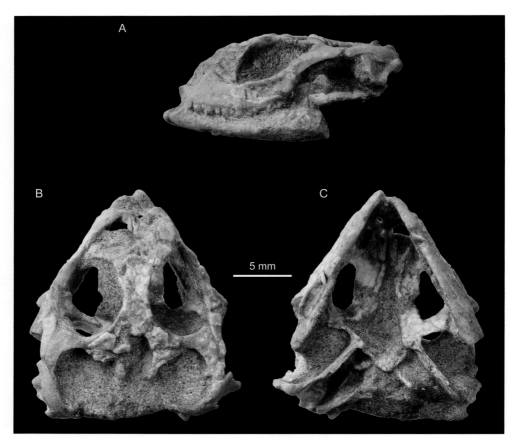

图 111 克拉苏丑蜥 *Mimeosaurus crassus*

归入标本（IVPP V 10031），不完整头骨及下颌：A. 左侧面观；B. 顶面观；C. 腭面观

地点。我国内蒙古的归入标本产自巴彦淖尔盟乌拉特后旗巴音满都呼嘎查，上白垩统巴音满都呼组。

评注　克拉苏丑蜥目前确认的只有模式种一种，属内其他已经报道的种名的有效性仍有很大疑问。Alifanov（1989）根据蒙古国戈壁 Tugrin Shire 牙道黑他组发现的一件标本命名了 *Mimeosaurus tugrikinensis*，但被其后的研究者认为实际上是模式种的异名（Gao et Norell, 2000；Conrad, 2008）。Gao 和 Hou（1995）在研究中将我国内蒙古巴音满都呼组发现的 7 件标本（IVPP V 10031–V 10037）归入了克拉苏丑蜥种。但是，Alifanov（2000）则认为巴音满都呼的标本前两个牙齿增大，在犬齿化方面与他个人命名的 *Mimeosaurus tugrikinensis* 更为相似。然而，前部牙齿犬齿化在端齿鬣蜥类中十分常见，尤以雄性个体突出，因此并非一个可靠的种级鉴别特征。由于这些标本除犬齿化之外在其他方面并未显示任何有意义的特征区别，本书将其归入同一属种。

阿累吐蜥科　Family Arretosauridae Gilmore, 1943

模式属　阿累吐蜥属 *Arretosaurus* Gilmore, 1943

定义与分类　阿累吐蜥科为鬣蜥亚目中的一个绝灭类群。本科内包含单属单种，尚未发现与其紧密相关的属类。

鉴别特征　见属的鉴别特征。

中国已知属　仅模式属。

分布与时代　仅见于内蒙古乌兰察布盟（今乌兰察布市。下同）四子王旗沙拉木伦双敖包（Twin Oboes, Shara Murun region, Inner Mongolia），晚始新世。

评注　原始文献中，Gilmore（1943）根据阿累吐蜥（*Arretosaurus*）的基本头骨解剖特征认为其与端齿鬣蜥类的飞蜥科比较接近，而 Estes（1983a）则认为阿累吐蜥并非端齿鬣蜥类，可能更接近于侧齿型的广义鬣蜥科（Iguanidae sensu lato）。目前看，阿累吐蜥的额骨愈合，顶孔缺失，方轭骨背突与鳞骨相接，下颌内侧后端发育明显的隅骨突。根据这些特征将阿累吐蜥科置于鬣蜥亚目应无争议。但是该科在鬣蜥亚目内的分类位置以及其科级分类的有效性，仍需深入研究。

阿累吐蜥属　Genus *Arretosaurus* Gilmore, 1943

模式种　奥纳杜阿累吐蜥 *Arretosaurus ornatus* Gilmore, 1943

鉴别特征　头宽大，颅顶骨骼表面具有粗糙瘤饰；眼孔和上颞孔相对较小；无顶孔迹象，可能完全缺失；轭骨发达，无后突；下颌支较为纤细；上下颌牙齿大体上亚侧生；牙齿细小，齿冠单尖；隅骨窄长，大部分位于下颌下缘及前部内侧；脊椎前凹型，所有颈椎带有间椎体；锁骨简单，无穿孔；肩胛骨无肩胛前突（prescapular process）；乌喙骨具双缘凹；身体腹侧皮肤表面具有不规则分布的细小结节状突。

中国已知种 仅模式种。

分布与时代 内蒙古乌兰察布盟四子王旗沙拉木伦，晚始新世。

评注 根据 Gilmore（1943）的原始报道，阿累吐蜥的化石由美国自然历史博物馆中亚考察团发现于我国内蒙古乌兰察布盟四子王旗沙拉木伦出露的上始新统乌兰戈楚组地层。Estes（1983a, p. 52）将化石地点误报为蒙古国沙拉木伦（Shara Murun, Mongolian People's Republic）。化石层位的时代原始报道为晚始新世，其后曾一度被认为是早渐新世，但是新近的哺乳动物群研究仍然支持晚始新世的时代断定。

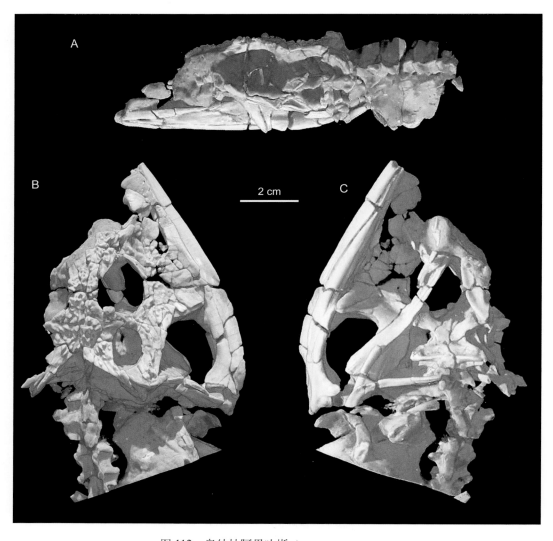

图 112　奥纳杜阿累吐蜥 *Arretosaurus ornatus*
正模（AMNH 6706），不完整头骨及下颌：A. 左侧面观；B. 背面观；C. 腭面观（标本图片摘自 Digimorph.org）

阿累吐蜥具有极其特殊的形态特征，与其他鬣蜥类群的演化关系一直难于确定。Conrad（2008）的研究显示阿累吐蜥有可能与前飞蜥科（Priscagamidae）有较近的演化关系，但是仍需分支系统分析的检验，而实施这种演化关系分析的前提则需要对阿累吐蜥标本形态解剖特征进行详细修订研究。

奥纳杜阿累吐蜥 *Arretosaurus ornatus* Gilmore, 1943

（图 112）

正模 AMNH 6706，一不完整的头骨、部分下颌骨、部分头后骨骼及部分皮肤印痕。产自内蒙古乌兰察布盟四子王旗沙拉木伦双敖包，上始新统乌兰戈楚组。

归入标本 AMNH 6708，部分零散头骨骨骼。

鉴别特征 同属。

产地与层位 内蒙古乌兰察布盟四子王旗沙拉木伦，上始新统。

飞蜥科 **Family Agamidae Gray, 1827**

模式属 飞蜥属 *Agama* Daudin, 1802

定义与分类 在端齿下目中，与避役科构成姐妹群的飞蜥科可定义为：相对于前飞蜥科（Priscagamidae）而言与避役科共有最近共同祖先的所有端齿鬣蜥类（干群定义）。Macey 等（2000）的研究将传统的飞蜥科进一步划分为 6 个亚科：飞蜥亚科（Agaminae）、飞龙亚科（Draconinae）、刺尾蜥亚科（Uromastycinae）、蜡皮蜥亚科（Leiolepidinae）、髭蜥亚科（Amphibolurinae）、帆蜥亚科（Hydrosaurinae）。

鉴别特征 飞蜥科具有端齿下目所有的形态特征，但是缺少避役科的部分或是全部衍征（Estes et al., 1988）。与其姐妹群避役科共有的衍征见端齿下目的鉴别特征。飞蜥科区别于避役科的鉴别特征包括：顶孔位于额骨与顶骨的接缝处，而不是穿孔于额骨。

中国已知属 已经命名和归入本科的化石属包括短齿蜥属（*Brevidensilacerta*）和响蜥属？（*Tinosaurus*?）。另外有 ? 中国飞蜥（?*Agama sinensis*）化石种被归入飞蜥科和飞蜥属，但是尚存疑问（见相关属的评注）。安徽潜山古新统发现的安徽蜥（*Anhuisaurus*）原始发表中归入飞蜥科（侯连海，1974），但本册将其列入有鳞目科未定范畴（见后相关属的评注）。

分布与时代 现生飞蜥科分布于旧大陆范围内，包括非洲（未见于马达加斯加）、亚洲、澳大利亚、欧洲南部温暖地带（Pianka et Vitt, 2003），时代从古新世到现代。化石分布见于欧亚大陆和北美古新世到更新世。

评注 飞蜥科通常定义为除避役科以外的端齿鬣蜥类（Estes et al., 1988）。值得注意的是分子生物学证据以及形态学与分子生物学特征融合的分支系统分析结果都支持飞蜥科是一个自然类群（如：Wiens et al., 2010；Okajima et Kumazawa, 2010）。

飞蜥属 Genus *Agama* Daudin, 1802

模式种　彩虹飞蜥 *Agama agama* (Linnaeus, 1758) [*Lacerta agama* Linnaeus, 1758]

鉴别特征　身体背腹向扁平；体表常具背嵴（dorsal crest）和喉囊（gular sac）；耳区鼓膜裸露；内耳半规管在上枕骨和外枕骨薄壁表面清晰可见；牙齿端生，异齿型，具犬齿型门齿及碾压型颊齿。

中国已知种　只有不确切的中国飞蜥一种。

分布与时代　现生类型仅见于非洲；亚洲古新世、欧洲始新世和中新世有些化石不确定地归入此属（见 Estes, 1983a）。

评注　飞蜥属是典型的非洲端齿鬣蜥类，包括约40个现生种，主要分布于撒哈拉沙漠一带。欧亚大陆有些现生种过去曾归入此属（如：喜山飞蜥 *Agama himalayana*，斑飞蜥 *Agama stellio*）经修订已经转移到岩蜥属（*Laudakia*），名称改为喜山岩蜥（*Laudakia himalayana*）和斑岩蜥（*Laudakia stellio*）。近二十年的端齿鬣蜥类生物地理研究表明，欧亚大陆并无真正飞蜥属的分布（见 Macey et al., 2000；Melville et al., 2009）。

? 中国飞蜥 *?Agama sinensis* Hou, 1994

（图 113）

正模　IVPP V 4454，一不完整的带有6颗牙齿的右上颌骨。

鉴别特征　体型小；侧生齿系，异型齿，牙齿侧扁，大小由后往前递减；上颌骨低，有一上颌孔；上颌骨后部发育，与颧骨连接处向后外侧突出；轭骨位于眼窝下边。

产地与层位　安徽潜山黄铺韩老屋，中古新统望虎墩组。

评注　侯连海（1974）依据 IVPP V 4454 标本命名了中国飞蜥 *Agama sinensis*。虽然根据其牙齿基本特征可以归入飞蜥科，但是由于化石标本过于残破，许多头骨解剖上具有分类意义的鉴别特征无法确定。特别是飞蜥属（*Agama*）本身是仅见于非洲的一个土著属（Macey et al., 2000），从地理分布来看安徽的化石标本（IVPP V 4454）在属级分类上明显存疑（Averianov et Danilov, 1996）。基于其牙齿特征（侧生同型齿），Li J. L. 等（2008）建议将此一属种移出飞蜥科。董丽萍等（2016）认为 IVPP V 4454 标本过于破碎，建议将 *Agama sinensis* 作为疑难名称处理。在更完整的化石标本发现之前，本志暂时保留原著者（侯连海，1974）所做的科级分类，但在属种级别上作为存疑名称处理。

图 113   ?中国飞蜥 *?Agama sinensis*
正模（IVPP V 4454），不完整的右上颌骨：A. 外侧观；B. 内侧观；C. 背侧观

短齿蜥属 Genus *Brevidensilacerta* Li, 1991

模式种   淅川短齿蜥 *Brevidensilacerta xichuanensis* Li, 1991

鉴别特征   前颌骨愈合；下颌高而粗壮；下颌冠状突高；齿骨向后延伸至冠状突之后；麦氏沟张开；异齿型，每侧 2–3 颗前颌骨齿、10 颗上颌骨齿和 14 颗齿骨齿；前颌骨齿和前四颗齿骨齿侧生型，上下颊齿端生，粗壮且稍侧扁；后部颊齿的磨面呈水平的透镜状。

中国已知种   仅模式种。

分布与时代   河南淅川，中始新世。

评注   短齿蜥的前颌骨愈合，显示鬣蜥亚目的特征之一。而其异型齿、颊齿端生则明显是端齿下目中飞蜥科的特征。据此，将此属归入飞蜥科似乎是较合理的。目前所知，中国山西、安徽、河南等地古近纪地层中发现较多的可以归入飞蜥科的化石，表明飞蜥科在古近纪时在这些地区曾经比较繁盛。

淅川短齿蜥 *Brevidensilacerta xichuanensis* Li, 1991

(图 114)

正模 IVPP V 9587.1，一不完整的右下颌支。

副模 IVPP V 9587.2, V 9587.3，不完整的右上颌骨及一前颌骨。

归入标本 IVPP V 9587.5–9587.8，四块不完整的上颌骨；IVPP V 9587.9, V 9587.10，两块近完整的前颌骨；IVPP V 9587.11，一不完整的左下颌支；IVPP V 9587.12–9587.15，四块不完整的颌骨。

鉴别特征 同属。

产地与层位 上述所有标本均产自河南淅川，中始新统核桃园组。

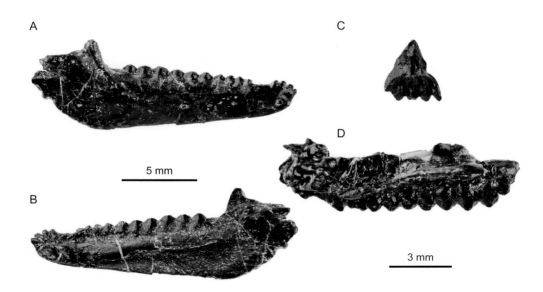

图 114 淅川短齿蜥 *Brevidensilacerta xichuanensis*
A, B. 正模（IVPP V 9587.1），右下颌支外侧观（A）和内侧观（B）；C. 副模（IVPP V 9587.3），前颌骨舌面观；
D. 副模（IVPP V 9587.2），左上颌内侧观

响蜥属？ Genus *Tinosaurus* Marsh, 1872 (nomen dubium)

模式种 扁齿响蜥 *Tinosaurus stenodon* Marsh, 1872

鉴别特征 由于化石标本残破的原因，属的鉴别特征尚不明了（见以下评注）。

中国已知种 已经命名的种有 ? 亚细亚响蜥（?*Tinosaurus asiaticus* Gilmore, 1943）、? 痘姆响蜥（?*Tinosaurus doumuensis* Hou, 1974）、? 垣曲响蜥（?*Tinosaurus yuanquensis* Li, 1991）、? 洛南响蜥（?*Tinosaurus luonanensis* Li et Xue, 2002）、? 卢氏响蜥（?*Tinosaurus lushihensis* Dong, 1965）等。

分布与时代 北美始新世，亚洲古新世至第四纪（见下面评注）。

评注 响蜥属最初由 Marsh（1872）根据美国怀俄明中始新统布拉杰组（Bridger Formation）发现的一右下颌残段命名。此属在化石蜥蜴类研究中存在极大的问题，属于一个定义模糊不清、鉴别特征不确切的分类单元（Estes, 1983a；Smith et al., 2011）。北美始新统的模式种（*Tinosaurus stenodon*）只有残破的下颌骨化石，而其他归入此属的命名种所依据的化石标本大多是比较散碎的带有牙齿的颌骨材料，头骨解剖和头后骨骼特征都知之甚少。印度早始新世地层中发现的 *Tinosaurus indicus* 也是根据保存不全的上颌、下颌骨化石命名的（Prasad et Bajpai, 2001），而中国的有些化石报道又将此属的地史分布延至第四系（李永项、薛祥煦，2002；见种的评注）。目前，响蜥属已经成为一个"废纸篓分类单元"，过去归入此属的种许多种名的命名有效性都在不同程度上存在疑问，而属级鉴别也需要依据较完整的化石标本进行必要的修订。

？亚细亚响蜥 *?Tinosaurus asiaticus* Gilmore, 1943

（图 115）

正模 AMNH 6717，一不完整右下颌带有下颌齿列的后四颗牙齿。

产地与层位 内蒙古乌兰察布盟四子王旗沙拉木伦北方山（North Mesa），中始新统乌兰希热组（Ulan Shireh Formation）。

评注 亚细亚响蜥已知的化石只有一右下颌骨残段，牙齿排列紧密，齿冠圆钝，前、后附齿尖以明显的纵沟与中间主齿尖分离。现已查明，三尖形齿冠的端生齿这一特征非常广泛地分布于蜡皮蜥亚科（Leiolepidinae）及飞龙亚科（Draconinae）的 200 多个现生种之中（Smith et al., 2011）。由于响蜥属没有明确的鉴别特征，亚细亚响蜥又基于非常残破的标本，这里只能牵强地归入存疑的响蜥属中。

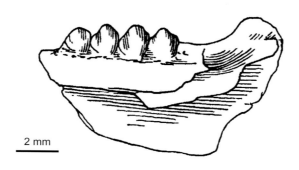

2 mm

图 115 ？亚细亚响蜥 *?Tinosaurus asiaticus*
正模（AMNH 6717），带有端生齿的右下颌残段内侧观（引自 Gilmore, 1943）

？痘姆响蜥 ?*Tinosaurus doumuensis* Hou, 1974

（图 116）

正模 IVPP V 4453，一属于同一个体的近于完整的左上颌骨带有 12 颗牙齿，不确切的左侧轭骨，近于完整的左下颌支带有 13 颗牙齿和至少三个齿位，下颌支仅上隅骨部分缺失。

产地与层位 安徽潜山黄铺冲里屋，上古新统痘姆组。

评注 痘姆响蜥命名所依据的标本是左侧上、下颌，上颌骨背突低且圆钝，不呈三角形。根据原文描述，上下颌牙齿均为三角形；上颊齿单尖，而下牙齿明显三尖。但这也可能是磨蚀程度或是保存上造成的区别。董丽萍等（2016）在对痘姆响蜥的修订中指出 IVPP V 4453 标本中紧邻上颌骨末端保存有一段残破不全的骨骼，可能是腭部翼骨的一部分，但不管这一骨骼是否完整都不能提供具有鉴别意义的特征。如前所述，响蜥属是一个有待修订的存疑属，而在响蜥属修订的内容中有关痘姆响蜥的鉴别特征和分类归属也需要进一步澄清。

图 116 ？痘姆响蜥 ?*Tinosaurus doumuensis*
正模（IVPP V 4453）：A. 左上颌及部分轭骨；B. 左下颌支外侧观

？垣曲响蜥 ?*Tinosaurus yuanquensis* Li, 1991

（图 117）

正模 IVPP V 9596.1，一对下颌的前部残段。

副模 IVPP V 9596.2，一不完整的左上颌骨。

归入标本 IVPP V 9596.3–9596.15，13 件带有牙齿的不完整的颌骨。

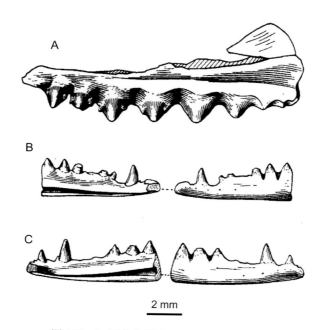

图 117　? 垣曲响蜥 *?Tinosaurus yuanquensis*

A. 副模（IVPP V 9596.2），不完整的左上颌骨内侧观；B. 正模（IVPP V 9596.1），不完整左下颌支内侧（左）及外侧观（右）；C. 正模（IVPP V 9596.1），不完整右下颌支内侧（左）及外侧（右）观（引自李锦玲，1991b）

产地与层位　所有标本均产自山西垣曲，上始新统河堤组。

评注　已知标本显示下颌前部具 4 个侧生型锥状齿；第四齿硕大，为犬齿状牙齿；下颌外侧具齿间沟；上颌后部颊齿与下颌相对应，均为三尖状齿。李锦玲（1991b）依据这些化石命名了垣曲响蜥。如前所述，响蜥属是一个定义模糊不清、鉴别特征不确切的分类单元（Smith et al., 2011），垣曲响蜥目前应视为一个疑难名称（nomen dubium）。

? 洛南响蜥　*?Tinosaurus luonanensis* **Li et Xue, 2002**

（图 118）

正模　NWU V 1134.1，一近完整的右上颌骨和 NWU V 1134.2，同一个体近完整的左下颌齿骨。

归入标本　NWU V 1135–V 1138，带有牙齿的上颌骨及下颌齿骨。

产地与层位　所有标本均产自陕西洛南县张坪，第四系下更新统。

评注　在已知响蜥类的化石标本中，洛南响蜥的上下颌骨标本保存是较为完整的。原始描述标本所显示的特征包括：异齿型牙齿系列，前部牙齿单尖，锥状；后部牙齿侧扁，具直列三尖形齿冠，中央主尖大，两侧尖较小；颊齿从后向前逐渐变小，前端靠近前部椎状齿的牙齿发育弱，甚或缺失。上颌骨在鼻孔后壁向上突起最高，后部较为平缓；下颌骨较粗壮，外侧视可见明显的齿间沟（李永项、薛祥煦，2002）。正模（NWU V 1134.1，V 1134.2）包括几近完整的右上颌与左下颌各一个，大小相若，原作者认为属于同一个体。然而，根据原始描述和图示，正模中的下颌牙齿数目似乎少于上颌牙齿数目，显然不同于下颌牙齿多于上颌齿的正常数目。如是，两件标本可能属于同一属种的两个不同个体。由于响蜥属没有明确的鉴别特征，本志将洛南响蜥也视为一个疑难名称。

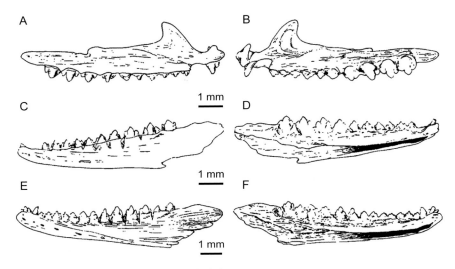

图 118 ？洛南响蜥 ?*Tinosaurus luonanensis*

A，B. 正模（NWU V 1134.1），近完整的右上颌骨外侧观（A）和内侧观（B）；C，D. 正模（NWU V 1134.2），近完整左下颌齿骨外侧观（C）和内侧观（D）；E，F. 归入标本（NWU V 1137），近完整左下颌齿骨外侧观（E）和内侧观（F）（引自李永项、薛祥煦，2002，略有修改）

？卢氏响蜥 ?*Tinosaurus lushihensis* Dong, 1965

正模 IVPP V 2899，属于同一个体的右上颌骨与左上颌中段。

产地与层位 河南卢氏孟家坡，中始新统卢氏组。

评注 正模中的两块颌骨被分别鉴定为右上颌骨及右下颌骨（董枝明，1965）。但是，后来的研究表明原始鉴定的"右下颌骨"实际上应该是左上颌骨，与另一颌骨（右上颌骨）属同一个体（李锦玲，1991a）。换言之，卢氏响蜥目前已知材料只有上颌骨和上颌牙齿。根据李锦玲（1991a）的观察，卢氏响蜥的牙齿小而侧扁，排列紧密；颊部牙齿较大，具有三尖，呈雁行式排列。然而，现有的化石标本过于残破，似不足以显示属种级区别特征。据此，现有的标本 IVPP V 2899 可确定归入飞蜥科，但是属种级别的鉴定与其他一些归入响蜥属的化石情况类似，尚有待研究修订。原始文献中将化石层位的时代认为是晚始新世（董枝明，1965），但是后来修订为中始新世（李锦铃，1991a）。

？卢氏响蜥（相似种）？*Tinosaurus* cf. *T. lushihensis* Dong, 1965

（图 119）

材料 IVPP V 9588，一左下颌的齿骨残段保存有两颗牙齿。

产地与层位 河南淅川，中始新统核桃园组。

评注 李锦玲（1991a）将河南淅川始新世桃园组地层中发现的一左下颌残段（IVPP V 9588）鉴定为卢氏响蜥（相似种）（*Tinosaurus* cf. *T. lushihensis*）。由于响蜥属已经存在的命名分类问题（见属的评注），卢氏响蜥（相似种）的属种级别的分类可能会随响蜥属的修订发生组合变化或分类位置的转移。

1 mm

图 119 ？卢氏响蜥（相似种）？*Tinosaurus* cf. *T. lushihensis*
带有两颗牙齿的左下颌残段（IVPP V 9588）：
A. 顶面观；B. 外侧观；C. 内侧面观

避役科 Family Chamaeleonidae Gray, 1825

模式属 避役属 *Chamaeleo* Linnaeus, 1759

定义与分类 避役科可定义为侏儒蜥属（*Bradypodion*）、变色龙属（*Brookesia*）、避役属（*Chamaeleo*）、枯叶避役属（*Rhampholeon*）的最近共同祖先及其所有后裔。

鉴别特征 头顶发育冠嵴、角突或结节；愈合的前颌骨极窄，其前端主体并不明显宽于后部背突；间颌骨缺失；鼻骨显著缩小，并愈合；顶孔缩小或缺失，如存在则开孔于额骨范围内；腭区翼骨与方骨间无骨质连接；方骨柱形，鼓膜嵴显著退化或完全消失；下颌夹板骨完全消失；下颌反关节突退化消失；指状隅骨突退化或消失；颈椎数目减少到 5 个；锁骨极小，随个体发育而消失；前足 1-2-3 指与 4-5 指对握，后足 1-2 趾与 3-4-5 趾对握。

中国已知属 中国没有现生属，化石属仅有安庆蜥（*Anqingosaurus* Hou, 1976）一属报道。

分布与时代 现生类型主要分布于非洲东部包括马达加斯加，少数种类的分布延伸至欧洲西班牙及葡萄牙、跨南亚至斯里兰卡。避役科化石记录极其稀少，目前已知最早的化石发现于欧洲（捷克和德国）的中新世地层（Moody et Roček, 1980；Cernansky, 2011）。中国安徽古新世地层也曾有化石报道，但是其与避役科的直接关系尚有待研究确认（见关于安庆蜥的评注）。

评注 避役科在有鳞目分类中属于高度特化的端齿鬣蜥类，现生类型包括大约8属200余种 (Uetz et al., 2019)，绝大多数种营树栖生活，极少数地栖。避役类高度特化适应树栖习性的特征包括前后肢指趾都具对握能力 (zygodactylous feet)；两眼突出，可分别向不同方向转动；舌头可极度伸长，几乎与躯干等长，能够迅速弹射出去，用于捕食昆虫。避役类蜥蜴的真皮层内具有多种色素细胞，能随时伸缩，变化身体颜色。避役类的长尾可以自由卷曲，便于缠绕树枝。

安庆蜥属 Genus *Anqingosaurus* Hou, 1976

模式种 短头安庆蜥 *Anqingosaurus brevicephalus* Hou, 1976

鉴别特征 头骨高且短，呈三角形；顶骨和鳞骨向后方伸展，顶孔封闭；额骨一块，前部强烈下倾，前额骨特别发育；下颌前部特细弱而齿列之后部又非常粗壮；牙齿端生，齿列短，齿干稍侧扁，齿冠钝；前两个上颌齿特大，锥形。

中国已知种 仅模式种。

分布与时代 此属分布仅见于安徽潜山黄铺一带，古新世。

短头安庆蜥 *Anqingosaurus brevicephalus* Hou, 1976
(图 120)

正模 IVPP V 4452，保存残破的头骨及下颌。产自安徽潜山黄铺汪大屋。

鉴别特征 同属。

产地与层位 安徽潜山，古新统望虎墩组。

评注 侯连海 (1976) 根据端生齿，头骨高，外表面有结状小突起，前额骨特别发育和下颌后部无反关节突等特征，将短头安庆蜥归入避役科。但是，从原始文献提供的描述和图示来看，将 IVPP V 4452 标本鉴定为蜥蜴类以及归入避役科存在比较明显的疑问。头骨的基本形状与已知避役类有非常明显的区别，其超短的上下颌齿列，以及粗笨的下颌支后段也显示与常见的蜥蜴类解剖特点存在较大的差异，更与避役科总体下颌形态差异极大。之后的一项研究并未发现安庆蜥具有任何可以归入避役科的证据 (Bolet et Evans, 2013)。更近的一项研究揭示出安庆蜥具有复杂的额骨-顶骨关节缝和相对较大的听囊 (otic capsule)，表明其极可能属于一个具有穴居习性的有鳞类 (董丽萍等，2016)。典型的穴居型有鳞类是身体拉长和四肢退化消失的蚓蜥类 (amphisbaenians)。但是安庆蜥的化石没有头后骨骼保存，能否归入蚓蜥类目前尚不能确定。在可靠的证据发现之前，本志暂时按原著者的分类处理。

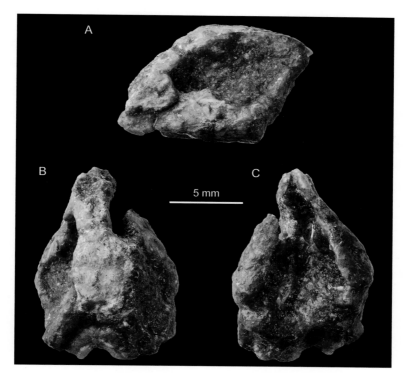

图 120　短头安庆蜥 *Anqingosaurus brevicephalus*
正模（IVPP V 4452），残破头骨及下颌：A. 左侧观；B. 顶面观；C. 腹面观（引自侯连海，1976）

端齿下目科未定 Acrodonta incertae familiae

翔龙属　Genus *Xianglong* Li, Gao, Hou et Xu, 2007

模式种　赵氏翔龙 *Xianglong zhaoi* Li, Gao, Hou et Xu, 2007

鉴别特征　以下列特征区别于其他端齿下目的蜥蜴：八节背椎的横突及与之相连的肋骨显著伸长，构成滑翔皮翼的骨骼支撑；滑翔皮翼具密集平行分布的胶原纤维（collagen fibers）作为次级支撑结构；尺骨和桡骨远端撒开；第四蹠骨略短于其他蹠骨；后足第五趾显著伸长；前足、后足第一指及趾均向腹内侧弯曲。

中国已知种　仅模式种。

分布与时代　辽宁义县，早白垩世。

评注　翔龙属为一解剖形态非常奇特的端齿鬣蜥类。迄今为止，是唯一已知的具有滑翔能力的中生代蜥蜴。原始文献中仅将此属置于鬣蜥亚目（Iguania）端齿下目（Acrodonta）之内，其根据是上下颌骨明显很短，上颌骨背突位于齿列前端，保存不佳的牙齿印痕似乎显示为排列稀疏的三角形的端生齿。翔龙属虽然有可能与飞蜥科演化关系较为接近，但是确切的科级分类受化石标本保存状况所限尚难确定。

赵氏翔龙 *Xianglong zhaoi* Li, Gao, Hou et Xu, 2007

（图 121）

正模 PMOL 000666，一近完整的骨架印模及保存完好的皮肤印模。

鉴别特征 同属。

产地与层位 辽宁义县附近砖城子，下白垩统义县组。

评注 赵氏翔龙的已知标本只有一个正模，无副模和归入标本。它的头骨结构、牙齿特点、以及脊椎骨骼解剖特征等具有分类意义的特征都尚未明了。

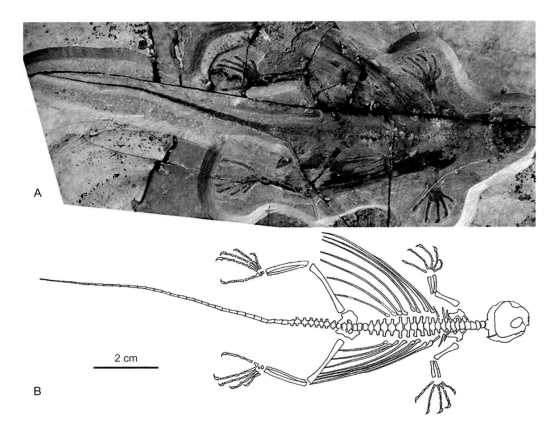

图 121 赵氏翔龙 *Xianglong zhaoi*

正模（PMOL 000666）：A.近完整骨架及滑翔皮翼印模背面观；B.正模骨骼结构示意图（引自 Li et al., 2007）

端齿下目分类位置未定 Acrodonta incertae sedis

（图 122）

材料 JLU-RCPS-CAMHD06-004，一带有完整齿列的左上颌；JLU-RCPS-CAMHD06-011，一不完整左下颌支。

产地与层位　吉林桦甸，中始新统桦甸组。

评注　Smith 等（2011）记述了吉林桦甸发现的两件蜥蜴类化石，鉴定为可归端齿下目的蜥蜴。由于只有上下颌骨化石，原始文献中未做科级以及属种级别的命名。

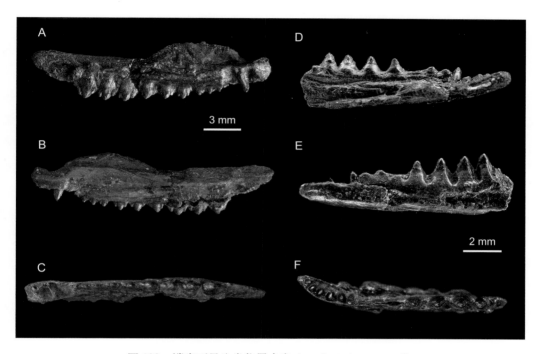

图 122　端齿下目分类位置未定 Acrodonta incertae sedis
A–C. JLU-RCPS-CAMHD06-004，带有完整齿列的左上颌支内侧观（A）、外侧观（B）、顶面观（C）；
D–F. JLU-RCPS-CAMHD06-011，不完整右下颌支内侧观（D）、外侧观（E）、背面观（F）（引自 Smith et al.,
2011，略有修改）

鬣蜥亚目科未定 Iguania incertae familiae

同齿蜥属　Genus *Isodontosaurus* Gilmore, 1943

Parauromastyx：Alifanov, 2004, p. 208

模式种　纤细同齿蜥 *Isodontosaurus gracilis* Gilmore, 1943

鉴别特征　与其他鬣蜥亚目的成员共有如下特征：额骨愈合，并显示眶间收缩；轭骨与鳞骨相接；顶孔前移，位于额骨与顶骨间的关节缝位置；下颌发育隅骨突。牙齿侧生，以此区别于所有端齿鬣蜥类蜥蜴。以下特征区别于所有非端齿鬣蜥类：鳞骨展宽，具侧嵴；翼骨的方骨突明显展宽，侧扁呈翼状；下颌冠状骨背突侧面不出露，被齿骨冠突遮掩；齿骨冠突外侧面发育明显的骨嵴供下颌收肌附着；下颌外侧在冠突之下有供下颌收肌表层肌肉附着的独特肌窝；隅骨显著前伸，于下颌内侧伸至下颌齿列中段；下颌支下缘有显著的翼颌肌滑车凹（trochlear notch for m. pterygomandibularis）；上下颌牙齿数目减少，上颌齿不多于 14 颗，下颌齿不多于 16 颗；中后部牙齿齿冠强烈侧扁，前后方向扩展，并发生齿冠间的侧向交搭；最后一颗牙齿明显缩小。

中国已知种 仅模式种。

分布与时代 蒙古国南戈壁省巴音扎克（Bayn Dzak）以及中国内蒙古巴彦淖尔盟乌拉特后旗巴音满都呼，晚白垩世（中坎潘期）。

评注 Gilmore（1943）根据蒙古国南戈壁晚白垩世地层中发现的化石命名了同齿蜥属，并据其牙齿特征将其误归蛇蜥科（Anguidae）。其后此属被 Estes（1983a）移出蛇蜥科，并作为"Lacertilia Incertae sedis"处理。再后，Alifanov（1993a）将此属归入飞蜥科（Agamidae），并建立同齿蜥亚科（Isodontosaurinae）。Alifanov 的根据是同齿蜥的隅骨伸长、齿骨冠突及上隅突存在，以及夹板骨缩小，麦氏沟不关闭。但是，所有这些都不是飞蜥科的鉴别特征，因而 Alifanov 的分类并未被他人采纳。后来 Alifanov（2004）在其原先命名的同齿蜥亚科中添加了副刺尾蜥（*Parauromastyx* Alifanov, 2004）一属，并将此亚科提升为科级（Isodontosauridae）。然而，由于 *Parauromastyx* 并不能与模式属 *Isodontosaurus* 明显区别，前者可能应为后者的晚出异名。总体而言，同齿蜥具有轭骨与鳞骨相接触、下颌发育隅骨突、以及颅顶发育较大的顶窗（parietal fontanelle）等特征，显示其应属鬣蜥亚目（Gao et Hou, 1996；Gao et Norell, 2000）。但是，此属在鬣蜥亚目中的科级分类位置尚缺乏明确认识。后来也有证据显示其可能是现生鬣蜥类的姐妹群（Conrad et Norell, 2007），或者是鬣蜥亚目中一个比古飞蜥科更为原始的演化支系（Conrad, 2008: Chamaeleoniform）。

纤细同齿蜥 *Isodontosaurus gracilis* Gilmore, 1943

（图 123）

Parauromastyx gilmorei：Alifanov, 2004, p. 208

正模 AMNH 6647，不完整的左右下颌骨及牙齿。

归入标本 IVPP V 10071, V 10073–V 10075，不完整头骨及下颌骨；蒙古国南戈壁 Ukhaa Tolgod 等几个地点产出的大量归入标本，包括 ZPAL5/301（参见 Gao et Norell, 2000）。

鉴别特征 同属。

产地与层位 正模产自蒙古国南戈壁省巴音扎克（Bayn Dzak，原作"Shabarakh Usu, Inner Mongolia"；Gilmore 1943, p. 382），上白垩统牙道黑他组。中国的归入标本产自内蒙古巴彦淖尔盟乌拉特后旗巴音满都呼嘎查，上白垩统巴音满都呼组（中坎潘阶）。

评注　内蒙古巴音满都呼出露的上白垩统地层与纤细同齿蜥的模式产地巴音扎克同属中坎潘阶，而且巴音满都呼产出的几件标本（IVPP V 10071, V 10073–V 10075）在头骨解剖和牙齿特征上无异于巴音扎克产出的正模以及南戈壁其他地点产出的同类化石。因此，Gao 和 Hou（1996）对巴音满都呼化石的鉴定分类沿用至今。

Alifanov（2004）根据蒙古国南戈壁巴音扎克发现的一较完整头骨及下颌标本（ZPAL 5/301）命名了吉氏副刺尾蜥（*Parauromastyx gilmorei* Alifanov, 2004）。其牙齿特征与同一化石点产出的纤细同齿蜥（*Isodontosaurus gracilis*）的正模（AMNH 6647）无本质差异，而头骨结构则由于纤细同齿蜥的正模标本只有下颌材料而不能直接比较。然而，根据与巴音扎克同层位的其他地点发现的相似标本的研究（Gao et Hou, 1996；Gao et Norell, 2000），Alifanov（2004）描述的标本与已经澄清的纤细同齿蜥的头骨及下颌特征相同。据此，本志将 *Parauromastyx gilmorei* Alifanov, 2004 作为 *Isodontosaurus gracilis* Gilmore, 1943 的晚出异名处理。

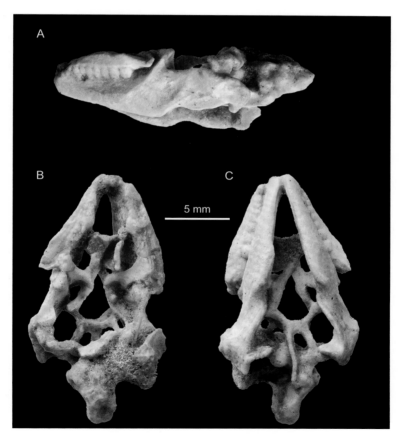

图 123　纤细同齿蜥 *Isodontosaurus gracilis*

归入标本（IVPP V 10071），不完整头骨及下颌：A. 左侧面观；B. 背面观；C. 腹面观

石龙子亚目 Suborder SCINCOMORPHA Camp, 1923

概述 石龙子亚目是蜥蜴类四个主要类群（亚目）中属种分异程度最高的一个亚目，包括超过 2500 个现生种（Uetz et al., 2019）。美国爬行动物分类学家 Camp（1923）原始命名的石龙子节（Section Scincomorpha）中包括现在仍归石龙子亚目的五个科：石龙子科（Scincidae）、正蜥科（Lacertidae）、臼齿蜥科（Teiidae，又称鞭尾蜥科）、夜蜥科（Xantusiidae）和盾蜥科（Gerrhosauridae），同时也包括蚓蜥类（Amphisbaenia）的三个科和双足蜥科（Dibamidae）。然而，后期的分支系统学研究（Estes, 1983a；Estes et al., 1988；Presch, 1988）表明，石龙子亚目不仅应包括 Camp 石龙子节中的上述五个科，也包括其原来归入蛇蜥节（Section Anguimorpha）的环尾蜥科（Cordylidae）（= Zonuridae），而蚓蜥类和双足蜥类与其他有鳞类的演化关系尚不明了。此外，原来臼齿蜥科内的裸眼蜥亚科已提升为科级分类单元（Estes et al., 1988），成为裸眼蜥科（Gymnophthalmidae）。除了这些现生科之外，另有几个侏罗纪和白垩纪的化石类群显然也在本亚目之内，这些中生代蜥蜴类包括副围栏蜥科（Paramacellodidae）、多凿齿蜥科（Polyglyphanodontidae）、吉尔默蜥科（Gilmoreteiidae）、亚当蜥科（Adamisauridae）等绝灭的化石类群（Estes, 1983a；Conrad, 2008）。本册编写过程中，我们注意到 Gauthier 等的有鳞类"生命之树"（squamate tree of life）的支序图中（Gauthier et al., 2012, fig. 6），包括多凿齿蜥类的演化支系（Polyglyphanodontia）被作为一个硬舌类（Scleroglossa）基干类群排除于石龙子亚目之外。在此一假说得到验证之前，本册采用广泛接受的方案（如 Nydam et al., 2007；Conrad, 2008），仍将包括多凿齿蜥类、吉尔默蜥类以及亚当蜥类在内的北臼齿蜥超科置于石龙子亚目之内。

定义与分类 分支系统学意义上的石龙子亚目定义为：正蜥超科（Lacertoidea）、石龙子超科（Scincoidea）以及臼齿蜥超科（Teiioidea）的最近共同祖先及其所有后裔。本亚目的现生科级类群包括石龙子科（Scincidae）、夜蜥科（Xantusiidae）、正蜥科（Lacertidae）、环尾蜥科（Cordylidae）、板蜥科（Gerrhosauridae）、臼齿蜥科（Teiidae）、裸眼蜥科（Gymnophthalmidae）。本亚目也包括副围栏蜥科（Paramacellodidae）、多凿齿蜥科（Polyglyphanodontidae）、吉尔默蜥科（Gilmoreteiidae）、亚当蜥科（Adamisauridae）等侏罗纪和白垩纪的化石类群（参见 Conrad, 2008）。

形态特征 石龙子亚目的成员具有以下鉴别特征：鼻骨与前额骨无接触，两骨骼被发达的额骨前侧突隔开；顶骨腹突（ventral downgrowths of the parietal）伸达上翼骨；颅顶骨骼发育蠕虫状膜质雕饰；下颌冠状骨侧突（lateral process of coronoid）前端被齿骨掩盖，仅呈楔状外露于齿骨与上隅骨之间；腭骨中腹部发育纵嵴，部分掩盖内鼻孔沟（choanal groove）；腹面观耻骨较长，耻联合突显著伸长并指向前方；身体背腹两侧均发育复合膜质盾甲（compound osteoderms）；舌整体发生角质化，前舌横切面呈蘑菇状；交接器沟分叉（divided hemipeneal sulcus）；下颌舌腮肌（m. branchiohyoideus）无腱膜。

分布与时代　现生和化石类群均具全球性分布，地史分布从中侏罗世延续至今。

评注　Camp（1923）建立的石龙子节（Section Scincomorpha）包括九个科，分别归入夜蜥超科（Xantusioidea）、石龙子超科（Scincoidea）、正蜥超科（Lacertoidea）以及蚓蜥超科（Amphisbaenoidea）。现今广泛采用的石龙子亚目的分类方案大体上接近于 Camp（1923）的石龙子节，而最明显的变化是将 Camp 原来归入蛇蜥节（Section Anguimorpha）的环尾蜥科（Zonuridae）归入石龙子亚目（Estes et al., 1988）。在 Estes 等（1988）的经典著作中，依据现生类群的蜥蜴类分支系统分析结果将石龙子亚目与蛇蜥亚目作为姐妹群置于更为广义的 Autarchoglossa 演化支系中。在此后的研究中，既有形态学特征支持石龙子亚目单系的证据（如：Estes et al., 1988；Presch, 1988；Evans et al., 2005），也有分子生物学分析质疑其是否属于单系（如：Townsend et al., 2004；Vidal et Hedges, 2005）。主要的问题可能源于蚓蜥类、双足蜥类等演化关系尚不明朗的几个类群。石龙子亚目最早的化石记录发现于英国中侏罗统（Evans, 1998；Evans et Jones, 2010）。

北臼齿蜥超科 Superfamily Borioteiioidea Nydam, Eaton et Sankey, 2007

概述　北臼齿蜥超科由 Nydam 等（2007）根据对臼齿蜥类及其相关化石类群的分支系统分析结果命名。根据此一分析结果，有些原来归入臼齿蜥科的北美和亚洲白垩纪化石蜥蜴类（如：*Chamops, Polyglyphanodon, Cherminsaurus*）在分支演化关系上构成一个单系类群（即北臼齿蜥超科 Borioteiioidea），与臼齿蜥超科（Teiioidea）互为姐妹群关系。据此推测，北臼齿蜥超科与臼齿蜥超科应该在早白垩世阿尔布期（Albian）之前即已分化，前一类群的辐射演化范围非常广泛，包括北美、欧亚大陆以及非洲，但在白垩纪末期绝灭；后一类群（包括臼齿蜥科和裸眼蜥科）的辐射范围限于北美和南美，并未延伸到欧亚大陆范围。

定义与分类　本超科可定义为 *Chamops*、*Prototeius*、*Polyglyphanodon*、*Dicothodon* 及 *Penetieus* 的最近共同祖先及其所有后裔（Nydam et al., 2007）。根据目前已知的分支系统关系（Conrad, 2008），此一定义下的北臼齿蜥超科不仅包括北美的多凿齿蜥科，也应包括分布于蒙古国和我国内蒙古的吉尔默蜥科（Gilmoreteiidae）、亚当蜥科（Adamisauridae）以及我国近年发现的天宇蜥（*Tianyusaurus*）和伏牛蜥（*Funiusaurus*）。

形态特征　以下列特征组合区别于地理分布限于美洲大陆的臼齿蜥超科：上颌骨发育有独特的鼻附突（narial buttress）；顶孔保留；下颌齿骨的后部背突增大，伸至冠状骨前侧表面；齿骨颌间隔（intramandibular septum）沿麦氏沟后顶部嵴状后伸，并将冠状骨的内侧突与上隅骨分开。

分布与时代　北美洲、欧亚大陆以及非洲，晚白垩世。

评注　北白齿蜥超科是一个绝灭类群，其化石记录表明此一类群仅生存于晚白垩世。以往的化石发现都在北方劳亚古陆，但是摩洛哥新近的发现表明该超科的分布扩展到了冈瓦纳古陆（Vullo et Rage, 2018）。在亚洲范围内，除了蒙古国和我国内蒙古晚白垩世地层中发现的化石类群（吉尔默蜥科和亚当蜥科）之外，我国河南及广西发现的晚白垩世的天宇蜥（*Tianyusaurus*）也被归入此一超科（Mo et al., 2010）。此外，河南发现的晚白垩世伏牛蜥（*Funiusaurus*）也应归入此一超科（见下面伏牛蜥评注）。

多凿齿蜥科 Family Polyglyphanodontidae Gilmore, 1942

模式属　多凿齿蜥属 *Polyglyphanodon* Gilmore, 1940

定义与分类　多凿齿蜥科（狭义）是生存于北美晚白垩世的一个绝灭类群，包括多凿齿蜥（*Polyglyphanodon*）、副凿齿蜥（*Paraglyphanodon*）。也包括 *Peneteius*、*Dicothodon* 等相关化石类型（Nydam et al., 2007: Polyglyphanodontini）。

鉴别特征　多凿齿蜥类的齿冠特征大体上与现生臼齿蜥类（teiids）相似，表明两个不同的类群在食性上有一定程度的相似性。多凿齿蜥科内各属共有以下衍生特征：前额骨表面平滑，不发育骨质纹饰；顶孔位于顶骨范围内；腭区前部翼骨与犁骨相接；两翼骨前段沿中线相接；上、下颌后部牙齿横向展宽，具有齿根齿冠之间的收缩；齿冠具半圆形齿嵴，连接舌面及唇面齿尖；成年个体牙齿替换停滞；锁骨直，无明显折曲；次级肩带具穿孔现象。

分布与时代　狭义多凿齿蜥科的地史地理分布仅见于北美晚白垩世；广义多凿齿蜥科的分布延伸至亚洲东部晚白垩世（见下面评注）。

评注　按照本册采用的定义和分类，中国目前没有发现狭义多凿齿蜥科的化石（见伏牛蜥评注）。但是由于直接涉及亚当蜥、吉尔默蜥的分类，也考虑到仍有许多文献将后两属归入广义的多凿齿蜥科，本册有必要对此科做一简短评述。多凿齿蜥科（Polyglyphanodontidae）包括模式属多凿齿蜥以及与其紧密相关的一些化石类型（见前一节北白齿蜥超科），代表北美晚白垩世蜥蜴类的一个演化支系。亚洲发现的亚当蜥、吉尔默蜥、*Gobinatus* 等一系列与其紧密相关的化石属，代表晚白垩世蜥蜴类在北美之外，在亚洲东部的重要演化辐射。

美国古生物学家 Gilmore（1942）最初命名的多凿齿蜥科仅包括北美晚白垩世的多凿齿蜥（*Polyglyphanodon*）和副凿齿蜥（*Paraglyphanodon*）两个属。后来，波兰古生物学家 Sulimski（1975, 1978）在对蒙古国戈壁化石的研究中创建大头蜥科（Macrocephalosauridae），包括大头蜥（*Macrocephalosaurus*）和达尔汗蜥（*Darchansaurus*）两个属，并创建了亚当蜥科（Adamisauridae），包括单属单种。认识到戈壁沙漠相关类型与北美类型的紧密关系，Estes（1983a）在对化石蜥蜴类的修订研究中将 Macrocephalosauridae 视为 Polyglyphanodontidae 的晚出异名，并将后者降级为白齿蜥科中的一个亚科（Polyglyphanodontinae）。其后，Alifanov（1993b，2000）又创建科名 Mongolochamopidae，建议重新启用科名 Macrocephalosauridae，并极大地改变了该科的定义，包含了北美晚白垩世一些原归白齿蜥科的属（*Chamops*, *Sacognathus* 等）。但是这些重复的科级命名目前一般都认为是多凿齿蜥科的异名（Conrad, 2008）。更为复杂的是 Langer（1998）发现 Sulimski（1975）原始指定的模式属名 *Macrocephalosaurus* Gilmore, 1943 与巴西三叠纪喙口龙类的 *Macrocephalosaurus* Tupi-Caldas, 1933 发生了重名。因此，*Macrocephalosaurus* Gilmore, 1943 作为一个晚出同名遭到废弃，并为新名 *Gilmoreteius* 所取代。同时，由属名 *Macrocephalosaurus* Gilmore, 1943 引申而来的科名 Macrocephalosauridae Sulimski, 1975 也随之被新名 Gilmoreteiidae 所取代（Langer, 1998）。

亚当蜥科 Family Adamisauridae Sulimski, 1978

模式属 亚当蜥属 *Adamisaurus* Sulimski, 1972

定义与分类 生存于亚洲晚白垩世的一个绝灭类群。亚当蜥科系单型科，没有亚科级分类。

鉴别特征 见模式属的鉴别特征。

中国已知属 仅模式属。

分布与时代 仅见于蒙古国南戈壁省及中国内蒙古巴彦淖尔盟，晚白垩世。

评注 Sulimski（1978）命名了亚当蜥科（Adamisauridae），并将其归入石龙子亚目。亚当蜥科内仅包括模式属的模式种，地史地理分布限于蒙古国南戈壁和我国内蒙古巴彦淖尔盟上白垩统牙道黑他组（Djadochta Formation）、巴鲁恩戈约特组（Barun Goyot Formation），以及我国内蒙古巴彦淖尔盟上白垩统巴音满都呼组（Bayan Mandahu Formation）。亚当蜥科命名之后曾被归入白齿蜥科的多凿齿蜥亚科（Estes, 1983a）。但是，分支系统分析结果表明多凿齿蜥科与白齿蜥科并非姐妹群关系（Nydam et al., 2007），而亚当蜥又与吉尔默蜥科关系密切（Conrad, 2008；Gauthier et al., 2012, fig. 2）。目前看来，根据其系统演化关系，亚当蜥不能归入美洲的白齿蜥科或是多凿齿蜥科，也不宜简单归入亚洲的吉尔默蜥科，因此有必要保留亚当蜥科的科级分类（见下面属的评注）。

亚当蜥属 Genus *Adamisaurus* Sulimski, 1972

模式种 硕齿亚当蜥 *Adamisaurus magnidentatus* Sulimski, 1972

鉴别特征　前颌骨背突展宽呈方铣状，与牙齿着生部位同宽；顶骨前端发育长方形的前突（rectangular tab）覆盖于额骨之上；上颌骨后突强烈下弯至低于上颌齿列水平；后额骨 - 轭骨相接，将眶后骨拦于眶缘之外；轭骨下后突粗壮；腭区两翼骨中线长缝相接，致使翼间腔（interpterygoid vacuity）大部分关闭；外翼骨膨大，下突强壮；下颌齿骨强烈后伸，掩盖上隅骨大部并伸至接近上隅骨后孔（posterior surangular foramen）；上隅骨外侧发育奇特结节突起；隅骨后伸至颅 - 颌关节（craniomandibular joint）下方；牙齿亚端生，基部强烈膨大，齿冠锥形；新生替换齿发育于被替换齿内侧或内后侧的牙齿基窝（basal cavity）之内。

中国已知种　仅模式种。

分布与时代　蒙古国南戈壁省及中国内蒙古巴彦淖尔盟，晚白垩世。

评注　Sulimski（1972）在原始命名文章中根据亚当蜥牙齿端生的特点曾将其不确定地归于飞蜥科(?Agamidae)。但其后他于 1978 年又单独建立了亚当蜥科（Adamisauridae），并将其置于石龙子亚目。Estes（1983a）讨论了相应的特征证据，将亚当蜥属归入白齿蜥科（Teiidae）内的多凿齿蜥亚科（Polyglyphanodontinae）。这一分类被有些学者采纳（Gao et Hou, 1996；Gao et Norell, 2000），但另有学者（Alifanov, 2000）仍建议保留亚当蜥的科级分类。之后，Mo 等的分支系统分析显示亚当蜥与多凿齿蜥科并非姐妹群关系，因而仍可以自成一科（Mo et al., 2010）。由于吉尔默蜥、达尔汉蜥、中华蚓蜥一起构成吉尔默蜥科（见本册吉尔默蜥科一节），而亚当蜥不与此科内任何一属构成姐妹群，本册仍采用亚当蜥科作为独立一科的分类。

硕齿亚当蜥 *Adamisaurus magnidentatus* Sulimski, 1972

（图 124）

正模　ZPAL MgR-II/80，一不完整头骨及下颌骨。蒙古国南戈壁省巴音扎克（Bayn Dzak），上白垩统牙道黑他组（中坎潘阶）。

归入标本　IVPP V 10053–V 10069，不完整头骨及下颌骨。

鉴别特征　同属。

产地与层位　除模式产地蒙古国南戈壁巴音扎克之外，硕齿亚当蜥的化石广泛分布于蒙古国南戈壁上白垩统牙道黑他组的许多化石点，包括 Khulsan, Ukhaa Tolgod, Tugrugeen Shireh；也见于巴鲁恩戈约特组的 Khermeen Tsav 化石点（见 Gao et Norell, 2000）。我国发现的多件归入标本产自内蒙古巴彦淖尔盟乌拉特后旗巴音满都呼嘎查，上白垩统巴音满都呼组。

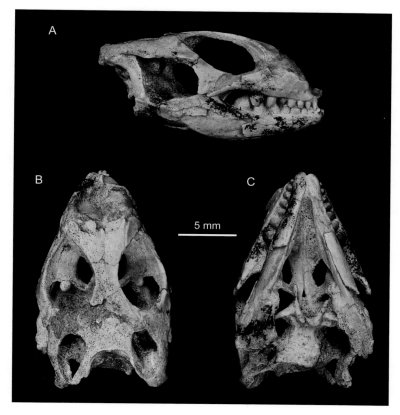

图 124 硕齿亚当蜥 *Adamisaurus magnidentatus*
归入标本（IVPP V 10054），近完整头骨及下颌：A. 右侧面观；B. 背面观；C. 腹面观

吉尔默蜥科 Family Gilmoreteiidae Langer, 1998

nom. subst. (pro Macrocephalosauridae Sulimski, 1975)

模式属 吉尔默蜥属 *Gilmoreteius*（=*Macrocephalosaurus* Gilmore, 1943）

定义与分类 吉尔默蜥（*Gilmoreteius*）与中华蚓蜥（*Sineoamphisbaena*）最近的共同祖先及其所有后裔。科内包括模式属、达尔汗蜥（*Darchansaurus*）和中华蚓蜥三属，目前尚无亚科级分类。

鉴别特征 后眶骨伸长，接近上颞孔后缘；上颞骨通过与鳞骨愈合而丢失；顶骨短，顶孔近于或是开孔于额骨 - 顶骨接缝；眶下窗（suborbital fenestra）变小，甚至关闭；下颌隅骨突缩短呈结节状；牙齿高冠，细高，齿冠侧向压扁，前后展开，并发育多个齿尖。

中国已知属 只有中华蚓蜥 *Sineoamphisbaena* Wu, Brinkman, Russell, Dong, Currie, Hou et Cui, 1993 一属。

分布与时代 蒙古国南戈壁省及中国内蒙古巴彦淖尔盟，晚白垩世。

评注 吉尔默蜥科（Gilmoreteiidae）是一个替代名称（substitute name），用于取代有

模式属重名问题的大头蜥科（Macrocephalosauridae Sulimski, 1975）（详见 Langer, 1998）。在 Sulimski（1975）的原始命名文献中，本科仅包括模式属 *Macrocephalosaurus*（现为 *Gilmoreteius*）和达尔汗蜥（*Darchansaurus*），其化石标本均产自牙道黑他组地层。Estes（1983a）将科名尚未变更的大头蜥科并入多凿齿蜥科，在后来的研究中，内蒙古相应地层中发现的中华蚓蜥（*Sineoamphisbaena*）也被归入此科（Kearney, 2003a, b）。目前吉尔默蜥科级命名与分类仍有争议，但是也有分支系统分析（Conrad, 2008；Mo et al., 2010）表明吉尔默蜥确与达尔汗蜥构成姐妹群关系，从而验证了 Sulimski（1975）将这两属归入同一科的合理性。由此看来，Estes（1983a）将原来的大头蜥科 Macrocephalosauridae（现为吉尔默蜥科 Gilmoreteiidae）并入广义多凿齿蜥科的分类动议似有不妥，应予摒弃。

中华蚓蜥属 Genus *Sineoamphisbaena* Wu, Brinkman, Russell, Dong, Currie, Hou et Cui, 1993

模式种 陆方中华蚓蜥 *Sineoamphisbaena hexatabularis* Wu, Brinkman, Russell, Dong, Currie, Hou et Cui, 1993

鉴别特征 中华蚓蜥属与其他吉尔默蜥科成员共有以下特征：鼻骨与前额骨相接；翼骨前支发育侧突；后眶骨增大，其后伸超过上颞孔并接近颅顶后缘；上颌骨背突高且窄；前额骨与泪骨愈合，构成的前额骨 - 泪骨组合（prefrontal-lacrimal complex）侧下方延伸并将上颌骨隔于眼眶之外；顶骨上颞突（supratemporal process）纤长，与鳞骨相接。中华蚓蜥属以下列特征区别于吉尔默蜥科其他属：头骨骨骼之间牢固连接，所有中线骨骼都强烈展宽；前额骨与后额骨相接；一对额骨强烈展宽，构成六方形颅顶盖；上颞孔极度缩小，仅残存；上翼骨缺失；前颌骨明显增大，前颌齿列超过上颌齿列长度之半。

中国已知种 仅模式种。

分布与时代 内蒙古巴彦淖尔盟乌拉特后旗巴音满都呼嘎查，晚白垩世。

评注 原始文献及相继发表的系统记述文献中，将中华蚓蜥作为最早的化石记录归入蚓蜥类（Wu et al., 1993, 1996）。这一结论曾引起较大的争议（Gao, 1997；Wu et al., 1997）。后经详细的特征观察，发现中华蚓蜥之所以被误归蚓蜥类主要是受到间壁隔离特征分析（partitioned analysis）的影响所致。原文献中提供的分支系统分析未包括一些系统演化上重要的特征，而加入这些特征之后的分支系统分析则表明中华蚓蜥并非蚓蜥类的成员，而是与石龙子亚目中的吉尔默蜥类关系密切（Kearney, 2003a, b）。Gans 和 Montero（2008）表示同意 Gao（1997）及 Kearney（2003a, b）的意见，认为中华蚓蜥应被排除在蚓蜥类之外。在后来的研究中，Conrad（2008）的分支系统分析结果表明中华蚓蜥属与吉尔默蜥＋达尔汗蜥（*Gilmoreteius + Darchansaurus*）构成姐妹群关系，也就是与 Kearney（2003a, b）将中华蚓蜥属归入吉尔默蜥科的研究结果相符。然而，这些都是

基于原著者（Wu et al., 1993, 1996）对头骨解剖结构的推断所做出的研究结果。Gauthier
等（2012）的形态特征分析显示中华蚓蜥属有可能代表双足蜥科及蚓蜥类之外的一个
单独支系。在其分类位置确定之前，本册暂将中华蚓蜥属置于吉尔默蜥科之内。

陆方中华蚓蜥 *Sineoamphisbaena hexatabularis* Wu, Brinkman, Russell, Dong, Currie, Hou et Cui, 1993

（图 125）

正模 IVPP V 10593 (=V 10593-1 in Wu et al., 1993)，较完整头骨、下颌及部分头后

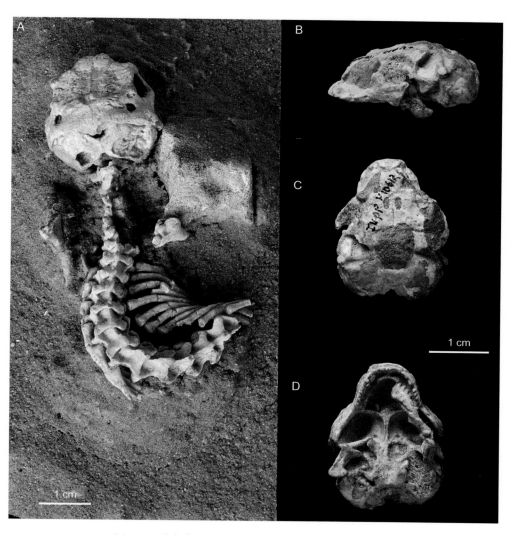

图 125 陆方中华蚓蜥 *Sineoamphisbaena hexatabularis*
A. 正模（IVPP V 10593），头骨及头后骨骼背面观；B–D. 副模（IVPP V 10612），不完整头骨和下颌左侧面观（B）、背面观（C）、腭面观（D）

骨骼。产自内蒙古巴彦淖尔盟乌拉特后旗巴音满都呼嘎查。

副模 IVPP V 10612 (=V 10593-2 in Wu et al., 1993)，较完整头骨及下颌。

鉴别特征 同属。

产地与层位 内蒙古巴彦淖尔盟乌拉特后旗，上白垩统巴音满都呼组（中坎潘阶）。

北臼齿蜥超科科未定 Borioteiioidea incertae familiae

天宇蜥属 Genus *Tianyusaurus* Lü, Ji, Dong et Wu, 2008

模式种 郑氏天宇蜥 *Tianyusaurus zhengi* Lü, Ji, Dong et Wu, 2008

鉴别特征 与北臼齿蜥类（borioteiioids）在以下几方面相似：两犁骨和两翼骨分别在腭区沿中线相接；眶下孔因外翼骨扩展而缩小；腭齿退化消失；翼骨后部发育翼骨垂突与方骨相接；翼骨凸缘（pterygoid flange）竖向伸长；锁骨展宽，中部穿孔。以下列特征区别于其他北臼齿蜥类：轭骨后突伸长，构成完整的下颞弓；方骨鼓膜嵴突具前腹缘膨展；方骨-翼骨交搭牢固；鳞骨与上颞骨愈合或部分愈合，并与方骨背侧关节突牢固相接；前颌骨侧突被展宽的上颌骨前突叠覆，不参与外鼻孔下缘构成；上颞孔窄小；下颞孔及后颞孔大；下颌支窄浅，当下颌闭合时翼骨凸缘下伸超过下颌骨下缘。

中国已知种 仅模式种。

分布与时代 河南栾川和江西赣州，晚白垩世。

评注 原始文献中（Lü et al., 2008）天宇蜥属被置于有鳞目，未涉及科级分类。后来，Mo 等（2010）根据江西赣州上白垩统南雄组发现的三件更为完整的头骨标本对此属做了补充描述，并将其归入石龙子亚目中的北臼齿蜥超科（Borioteiioidea）。天宇蜥一个极其特殊的特征是发育完整的下颞弓，而其他所有的现生有鳞类（蜥蜴类和蛇类）都无一例外地丢失了下颞弓并由活动方骨与鳞骨形成链接型颅-颌关节（streptostylic craniomandibular joint）。天宇蜥的下颞弓是由轭骨后突与方骨相连构成的（Lü et al., 2008），这与原始双孔类的由轭骨与方轭骨构成的下颞弓明显不同，并显示为一个特化的衍生特征（Mo et al., 2010）。相同形式的完整下颞弓又发现于北美晚白垩世多凿齿蜥成体标本中。有研究者认为天宇蜥和多凿齿蜥完整下颞弓的形成可能是由于颞区骨骼和肌肉发生与功能相关的方向性改变，或是由于方骨与翼骨形成稳定关节以有利于减轻下颌咬合的压力（Simões et al., 2016）。天宇蜥的牙齿也很特殊，其前颌骨齿及上颌骨齿显著增大的犬齿型牙齿都具有单尖齿冠，但是后部的上、下颌牙齿明显侧扁，齿冠具有前后方向的延展，并有多个齿尖不对称排列形成齿嵴，而下颌牙齿的齿尖排列较为对称。据此，Mo 等（2010）推测天宇蜥的牙齿可能适于食用比较饱满和多肉的果实。

郑氏天宇蜥 *Tianyusaurus zhengi* Lü, Ji, Dong et Wu, 2008

(图 126)

正模　STM 05-f702，一不完整头骨带有下颌、前八节颈椎及部分肩带骨骼。产自河南栾川，上白垩统秋扒组（Qiupa Formation）。

归入标本　NHMG 8502, 9316, 9317，三件较完整的头骨及下颌骨。产自江西赣州，上白垩统南雄组（见 Mo et al., 2010）。

鉴别特征　同属。

产地与层位　河南栾川，上白垩统秋扒组；江西赣州，上白垩统南雄组。

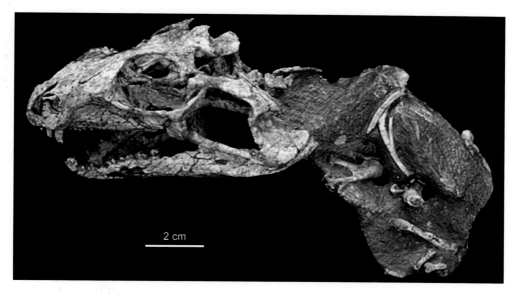

图 126　郑氏天宇蜥 *Tianyusaurus zhengi*
正模（STM 05-f702），不完整头骨、下颌及部分头后骨架左侧面观

伏牛蜥属 Genus *Funiusaurus* Xu, Wu, Lü, Jia, Zhang, Pu et Zhang, 2014

模式种　栾川伏牛蜥 *Funiusaurus luanchuanensis* Xu, Wu, Lü, Jia, Zhang, Pu et Zhang, 2014

鉴别特征　小型蜥蜴类，头长小于 30 mm，下颌长 31.5 mm。上、下颌均具 19 颗牙齿，异型齿；第三上颌齿增大，犬齿状；其后牙齿凿状；前额骨侧面具一浅窝；眶后骨发育一极长的后突；下颌冠状突显著，无齿骨或是上隅骨参与；反关节突发达，背面深凹。

中国已知种　仅模式种。

分布与时代　河南栾川潭头盆地，晚白垩世。

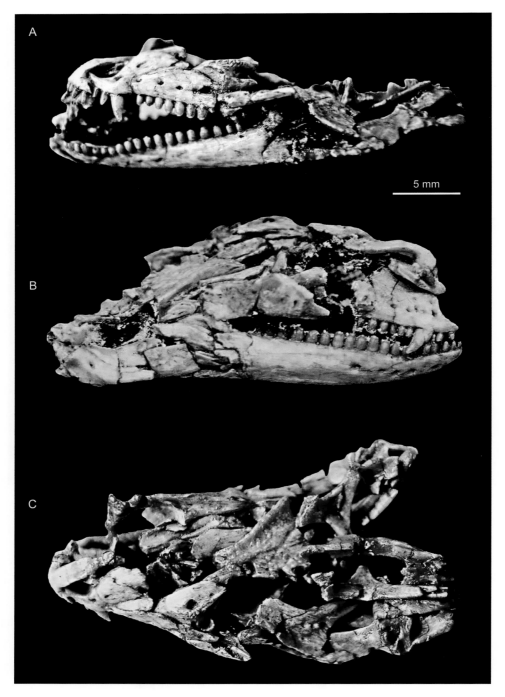

图 127　栾川伏牛蜥 *Funiusaurus luanchuanensis*

正模（HNGM 41HIII-114），不完整头骨及下颌：A. 左侧面观；B. 右侧面观；C. 顶面观（引自 Xu et al.，2014）

评注 在头骨解剖结构上，伏牛蜥显示一些多凿齿蜥类的特征，包括具有犬齿状牙齿以及伸长的眶后骨后突。与天宇蜥共有裔征包括：前额骨 - 后额骨内侧并未形成分叉结构，前颌骨牙齿远小于上颌骨齿。因正模中其顶骨部分保存不佳，顶孔位于额骨 - 顶骨骨缝或是穿过顶骨之内尚有存疑。原文中（Xu et al., 2014）揭示出伏牛蜥与天宇蜥的姐妹群关系，但并未采用北白齿蜥超科的分类，而直接将伏牛蜥归入了多凿齿蜥科。鉴于伏牛蜥与天宇蜥的亲缘关系，本册按照现行分类将前者也归入北白齿蜥超科。

栾川伏牛蜥 *Funiusaurus luanchuanensis* Xu, Wu, Lü, Jia, Zhang, Pu et Zhang, 2014
（图 127）

正模 HNGM 41HIII-114，一不完整头骨及下颌，带有保存完好的上下颌牙齿。产自河南栾川潭头盆地，上白垩统秋扒组。

鉴别特征 同属。

环尾蜥超科 Superfamily Cordyloidea Fitzinger, 1826

概述 环尾蜥超科的现生属种主要分布于非洲的马达加斯加及东部干旱、半干旱地区。过去有些文献中（如：Romer, 1956；Carroll, 1988）采用广义的环尾蜥科（Cordylidae）分类，包括 Cordylinae、Gerrhosaurinae 两个亚科，但是后来的文献中多将后两类群提升为科级（Conrad, 2008；Hedges et Vidal, 2009），同归环尾蜥超科。该超科的主要体表特征是头和身体都显扁平，具有发达的护甲，由矩形膜质盾甲构成身体和尾部成排的棘刺。在分支系统关系上，环尾蜥超科与正蜥超科互为姐妹群（见本册正蜥超科一节）。

定义与分类 相对于 *Lacerta viridis* 或是 *Anguis fragilis* 而言，与 *Cordylus cordylus* 共有一个最近共同祖先的所有分类单元。此一定义下的环尾蜥超科包括狭义环尾蜥科（Cordylidae）和板蜥科（Gerrhosauridae），也包括侏罗纪和白垩纪的绝灭类群副围栏蜥科（Paramacellodidae）。

形态特征 头和身体略显扁平，全身发育成排的带有棘刺的膜质盾甲；上颌骨外侧表面发育膜质骨饰；关节骨或前关节骨与上隅骨无愈合现象；牙冠表面发育纹饰。

分布与时代 欧洲、亚洲、北美和非洲，中侏罗世至今。

评注 依据现生类群的形态学分支系统分析，Estes 等（1988）认为石龙子亚目由石龙子超科与正蜥超科组成，而广义的环尾蜥科（包括板蜥类）因为属于石龙子超科的一部分而并未使用环尾蜥超科的名称。然而，后来的分支系统分析发现由环尾蜥科、板蜥科及其紧密相关的化石类群所构成的演化支系不能包括在石龙子超科之内，而可能与正蜥超科构成姐妹群关系（Conrad, 2008）。据此，Conrad（2008）对环尾蜥超科做了重新定义。环尾蜥超科中的板蜥科过去常被作为一个亚科置于环尾蜥科内（如：Estes et al., 1988；Zug et al., 2001），但是新近的研究通常将其作为独立一科分离于环尾蜥科之外（如：Pianka et Vitt, 2003；Uetz et al., 2019）。

副围栏蜥科 Family Paramacellodidae Estes, 1983

模式属 副围栏蜥属 *Paramacellodus* Hoffstetter, 1967

定义与分类 副围栏蜥（*Paramacellodus*）、贝氏蜥（*Becklesius*）、拟贝氏蜥（*Mimobecklesisaurus*）以及沙洛夫蜥（*Sharovisaurus*）的最近共同祖先及其所有后裔。科内目前尚无亚科级分类。

鉴别特征 小至中等大小的侏罗 - 白垩纪蜥蜴类群。前颌骨愈合成单一骨骼，并带有 9 个齿位；额骨成对，不愈合；顶骨主体略呈方形，表面发育蠕虫状纹饰；眼眶边缘具眼睑骨片；上颞孔存在，但是被后眶骨或后额骨限制缩小；牙齿齿冠钝尖形，齿冠舌面发育细密纹嵴；身体背腹侧均被长方形叠瓦状排列的膜质盾甲覆盖；身体腹侧的膜质盾甲，构成围栏结构。

中国已知属 只有拟贝氏蜥 *Mimobecklesisaurus* Li, 1985 一属。

分布与时代 欧洲（英国 Purbeck 和葡萄牙 Guimarota）、非洲（摩洛哥与坦桑尼亚）、北美（美国怀俄明）及亚洲（中国和日本），中侏罗世（巴通期）至早白垩世。

评注 副围栏蜥科（Paramacellodidae）由 Estes（1983a）命名并定义为与环尾蜥科（Cordylidae）近似的一个绝灭类群。根据广义环尾蜥科的分类变更（参见环尾蜥超科评注），本册对副围栏蜥科的定义略有改动（不同分类见 Conrad, 2008）。科内除了模式属副围栏蜥之外，归入本科的还包括贝氏蜥、拟贝氏蜥、沙洛夫蜥等属级成员。另有一些不确定的成员（*Pseudosaurillus*, *Saurillus*, *Saurillodon*）也被归入此科（Estes, 1983a）。但是这些属级成员与副围栏蜥科的直接关系的确定仍需要比较完整的化石标本的发现与研究。

拟贝氏蜥属 Genus *Mimobecklesisaurus* Li, 1985

模式种 甘肃拟贝氏蜥 *Mimobecklesisaurus gansuensis* Li, 1985

鉴别特征 牙齿细小，侧生齿，排列紧密，唇舌面均无珐琅质纹饰；尺骨稍显纤细，肘突发达；股骨粗壮，近端无分离的内侧转子；体被长方形膜质盾甲，中部发育纵嵴。

中国已知种 仅模式种。

分布与时代 甘肃肃北，早白垩世。

评注 李锦玲（1985）根据甘肃肃北下白垩统地层中发现的蜥蜴类化石命名了拟贝氏蜥属，并将其归入石龙子科（Scincidae）。其后经修订研究，改为不确切的归入副围栏蜥科（Paramacellodidae）（Li J. L. et al., 2008）。目前看来，根据牙齿特征和身体背部长方形膜质盾甲的形态，将拟贝氏蜥归入副围栏蜥科应该是比较合理的分类方案。原始文献中的化石产出层位报道为上侏罗统赤金堡群，但是后来的地层研究已经将马鬃山一带原来作为上侏罗统赤金堡群的地层修订为下白垩统新民堡群（见 Tang et al., 2001；Li J. L. et al., 2008）。

甘肃拟贝氏蜥 *Mimobecklesisaurus gansuensis* Li, 1985
（图 128）

正模 IVPP V 7699，属于同一个体的不完整左上颌骨带有牙齿、右尺骨、右股骨及

3 mm

图 128 甘肃拟贝氏蜥 *Mimobecklesisaurus gansuensis*
正模（IVPP V 7699），不完整左上颌骨：A. 外侧观；B. 内侧观

两片骨质鳞片。产自甘肃肃北马鬃山红柳疙瘩，下白垩统新民堡群（原作赤金堡群）。

鉴别特征　同属。

副围栏蜥科属种未定 Paramacellodidae gen. et sp. indet.
（图 129）

材料　JLU-RCPS-SGP 2007/1, 2007/2, 2007/4, 2007/5，两件带有牙齿的颌骨残段，以及两块膜质盾甲的残片（注：RCPS-SGP 是吉林大学古生物学与地层学研究中心中 - 德项目标本编号）。

产地与层位　新疆乌鲁木齐南西约 40 km，准噶尔盆地硫磺沟，上侏罗统齐古组。

评注　新疆准噶尔盆地齐古组地层中发现的几件蜥蜴类化石非常散碎，因此原始文献中未能做出属种级别的鉴定（Richter et al., 2010）。然而，比较完整的牙齿齿冠显示单个齿尖弯向舌面，而且齿冠舌面发育竖向的纹饰。这些都是副围栏蜥类明显的鉴别特征。归入副围栏蜥科的两块膜质盾甲也比较破碎，但是可以看出其矩形轮廓以及背侧的低嵴和稀疏的小孔。整体来看，根据这些带牙齿的颌骨及零散盾甲是可以归入副围栏蜥类的。

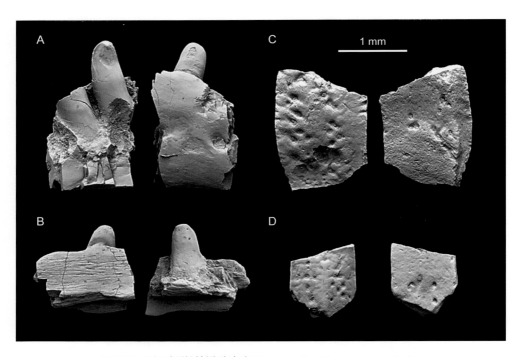

图 129　副围栏蜥科属种未定 Paramacellodidae gen. et sp. indet.
A. JLU-RCPS-SGP 2007/1，带有两颗牙齿的颌骨残段舌面及唇面观；B. JLU-RCPS-SGP 2007/2，带有一颗牙齿的颌骨残段唇面及舌面观；C. JLU-RCPS-SGP 2007/4，带有弱纵嵴的膜质盾甲背面及腹面观；D. JLU-RCPS-SGP 2007/5，膜质盾甲残片背面及腹面观

石龙子超科 Superfamily Scincoidea Oppel, 1811

概述　以石龙子科为主体的石龙子超科是蜥蜴类中的一个非常繁盛的类群，现生种数目超过了 1550 种，并且具有全球性地理分布。虽然现生属种数目很大，但是石龙子超科的化石记录却比较贫乏，仅北美和亚洲晚白垩世见有少数类型。就目前所知，石龙子超科的最早化石记录当以美国得克萨斯州上白垩统 Aguja 组（坎潘阶）发现的 *Estescincosaurus* sp. 为代表（Rowe et al., 1992）。大致同期的化石发现于加拿大艾伯塔省南部的乳河组（Milk River Formation）以及老人组（Oldman Formation）。根据保存较为完整的下颌骨命名的有 *Penemabuya, Orthorioscincus, Aocnodromeus* 等属，代表石龙子超科的早期化石记录（Gao et Fox, 1996）。在亚洲，蒙古国戈壁上白垩统牙道黑他组（中坎潘阶）发现的 *Parmeosaurus* 也被归入石龙子超科（Gao et Norell, 2000）。

定义与分类　石龙子超科可定义为：相对于正蜥属（*Lacerta*）及蛇蜥属（*Anguis*）而言，与石龙子属（*Scincus*）共有一个最近共同祖先的所有分类单元。根据这一干群定义（stem-based definition），石龙子超科包括石龙子科以及与其紧密相关的化石属种（如：北美晚白垩世的 *Estescincosaurus* 以及蒙古国南戈壁晚白垩世的 *Parmeosaurus* 等化石类型）。

形态特征　前颌骨的门齿突（premaxillary incisive process）呈双叶状；腭区锄鼻孔与内鼻孔分离，呈 neochoanate 状态；顶骨腹侧后方发育项窝（nuchal fossa）；后额骨后伸程度略小于上颞孔长度之半；腭骨发育腹中方向延伸的腭骨折突，并掩盖腭骨背侧中突大部甚至全部；两侧腭骨沿中线相接；下颌冠状骨内侧下缘直线型。

分布与时代　全球分布，从晚白垩世（坎潘期）延续至今。

评注　根据 Estes 等（1988）的定义，石龙子超科包括石龙子科与环尾蜥科的最近共同祖先及其所有后裔。然而，Estes 等（1988）之后的一系列分支系统分析显示出环尾蜥科、板蜥科、夜蜥科（Xantusiidae）以及副围栏蜥科之间演化关系有较大的变更。Conrad（2008）采用的干群定义下的石龙子超科不再包括环尾蜥科、板蜥科、夜蜥科，也不包括已经绝灭的副围栏蜥科，并以此不同于 Estes 等（1988）节点定义下的石龙子超科。但是特别需要说明的是 Conrad（2008）所采用的石龙子超科还包括双足蜥类（Dibamidae）、蚓蜥类（Amphisbaenia）甚至还包括了蛇类（Serpentes）。这与目前普遍采用的有鳞目分类有非常大的差别，仍需要在更深入研究的基础上得到甄别。本册使用的石龙子超科主要根据 Conrad（2008）的干群定义，但是按照通用的分类并不包括双足蜥类和蚓蜥类。

石龙子科 Family Scincidae Gray, 1825

模式属　沙石龙子属 *Scincus* Laurenti, 1768

定义与分类　石龙子亚科（Scincinae）、箭蜥亚科（Acontinae）、蜓蜓亚科（Lygosominae）

和虫蜥亚科（Feylininae）的最近共同祖先及其所有后裔。此定义下的石龙子科包括上述现生 4 个亚科，以及与这些现生类群紧密相关的化石类型。也有些文献将虫蜥亚科单独立为科级单元（如：Conrad, 2008）。

鉴别特征　方轭骨与鳞骨相接或不相接；上颞孔因后眶骨扩展而关闭；骨质次生腭具有腭骨腹侧缘卷曲延展形成的呼吸通道；脊椎发育前椎弓突（zygosphenes）和后椎弓凹（zygantra）；耳柱骨的方骨突消失；身体背侧和腹侧均有复合膜质盾甲（compound osteoderms）；舌鳞锯齿形。

中国已知属　只有石龙子 *Eumeces* 一属。

分布与时代　石龙子科地理分布广泛，除南极洲之外几乎全球分布，尤以亚洲南部和澳大利亚种类最多。时代从晚白垩世至今。

评注　石龙子科在有鳞目中是一个分类多样性最为显著的类群，现生类型超过 1600 余种（Uetz et al., 2019）。尽管种类繁盛，石龙子科成员在遗传演化方面却相当保守，只显示出极少的染色体重新排列（Giovannotti et al., 2009）。在体形特征方面，石龙子科蜥蜴的四肢短小，或完全退化消失，通常具细长鞭状尾，可以自断和重新生长。在生活习性上石龙子科蜥蜴主要营地表栖息，但是也有树栖、穴居以及半水栖类型。

石龙子科的早期化石记录多以零散颌骨化石为代表，因而确切的属种鉴定以及科级分类归属都存在较大的难度。美国蒙大拿州上白垩统（马斯特里赫特阶）Hell Creek 组发现的 *Contogenys* 以及怀俄明州 Lance 组发现的 *Estescincosaurus* (=*Sauriscus* Estes, 1964；non *Sauriscus* Lawrence, 1949) 曾分别被视为石龙子超科和石龙子科的最早化石记录（Estes, 1964, 1969, 1983a）。但是后期研究发现 *Contogenys* 与夜蜥科关系密切（Gao et Fox, 1996），进而 *Contogenys* 又被指定为夜蜥科姐妹群 Contogeniidae 科的模式属（Nydam et Fitzpatrick, 2009）。*Estescincosaurus* 属的地史分布最早见于美国得克萨斯州坎潘阶的 Aguja 组（Rowe et al., 1992）。虽然只有颌骨与牙齿化石，牙冠表面发达的纵纹、典型的牙齿替换型式、下颌夹板骨消失以及麦氏沟完全关闭等特征都显示其可能代表石龙子科目前已知最早的化石记录。欧洲意大利阿尔布阶的 *Chometokadmon* (Barbera et Macuglia, 1988) 以及西班牙巴雷姆阶的 *Cuencasaurus* (Richter, 1994) 都曾被原著者归入石龙子科，但是就目前已知分类证据而言都存在较大的疑问（见 Evans, 2003）。依据现有的证据，石龙子科欧洲比较确切的早期化石记录以法国早始新世地层中发现的 *Axonoscincus* (Augé, 2003) 为代表。中国已发现的本科化石记录见于山西晚始新世地层（李锦玲，1991b）和陕西更新世洞穴堆积（李永项等，2004）。

石龙子属　Genus *Eumeces* Wiegmann, 1834

模式种　施氏石龙子 *Eumeces schneiderii* (Daudin, 1802)

鉴别特征 体长 100 mm 左右；体呈圆柱形；体被圆形鳞片，覆瓦状排列；头顶大鳞对称排列；眼较小，眼睑发达，瞳孔圆形；鼓膜深陷；尾长超过体长。

中国已知种 只有石龙子属（未定种）*Eumeces* sp.。

分布与时代 非洲及亚洲大部，渐新世至今。

评注 中国现生种包括蓝尾石龙子（*Eumeces elegans*）、中国石龙子（*Eumeces chinensis*）、黄纹石龙子（*Eumeces capito*）等 6 个现生种。基于线粒体基因组分析，有研究者建议将本属的诸如中国石龙子（*Eumeces chinensis*）以及蓝尾石龙子或称丽纹石龙子（*Eumeces elegans*）等几个现生种都归入 *Plestiodon* 属（Zhang et al., 2016）。在争议解决之前，本册仍采用原有的分类。

石龙子属（未定种）*Eumeces* sp.

（图 130）

材料 NWU V1140，一带有牙齿的较完整的右上颌骨；NWU V1141，一带有牙齿的近完整的右下颌齿骨及夹板骨。

产地与层位 陕西洛南张坪洛河北岸石灰岩洞，中更新统洞穴堆积。

评注 李永项等（2004）报道了陕西洛南县中更新世洞穴堆积中发现的蜥蜴类化石。其中两件带有牙齿的颌骨标本（NWU V1140–1141）鉴定为石龙子属（未定种）（*Eumeces* sp.）。如李永项等（2004）原文所指出，陕西秦岭处于现生石龙子属分布范围之内。洛南

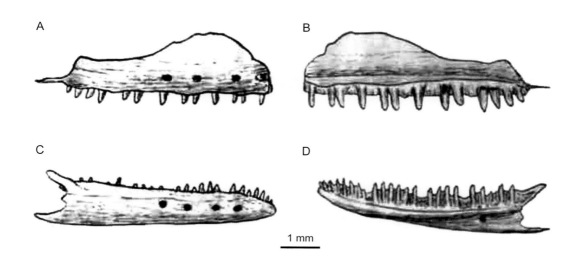

图 130 石龙子属（未定种）*Eumeces* sp.

A, B. 标本 NWU V1140，不完整右上颌骨外侧观（A）、内侧观（B）；C, D. 标本 NWU V1141，近完整右下颌齿骨及夹板骨外侧观（C）、内侧观（D）（引自李永项等，2004）

中更新世洞穴堆积中发现的化石虽然在牙齿特征上与现生种黄纹石龙子（*Eumeces capito* = *E. xanthi*）比较相似，但是发现的化石材料只有上下颌骨及牙齿，没有其他头骨部分。因此，归入黄纹石龙子种的可能性虽然存在，但是不能确定。受化石材料所限，将不完整的上、下颌骨鉴定为石龙子属（未定种）是比较适宜的。

石龙子科属种未定 Scincidae gen. et sp. indet.

（图 131）

材料 IVPP V 9597，共计十余件带有侧生牙齿的不完整颌骨。

产地与层位 山西垣曲，上始新统河堤组。

评注 根据原始记述（李锦玲，1991b），十余件带有侧生牙齿的颌骨显示出基本相同的牙齿特征，可能代表同一个类型。其中保存较好的标本（IVPP V 9597.1）为一不完整右下颌骨，带有 6 颗保存完好的和 3 颗残断的牙齿。与现生石龙子科蜥蜴相似，齿干直，约 2/3 齿干贴附于颌骨齿列侧壁内面。牙齿单尖，齿尖稍偏向内后方向，齿冠舌面带有纵纹。根据这些特征将其归入石龙子科似无疑问，但是限于化石标本的不完整，属种级别的鉴定尚缺乏可靠的特征依据。

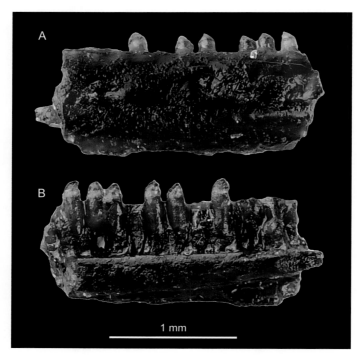

图 131　石龙子科属种未定 Scincidae gen. et sp. indet.
标本 IVPP V 9597.1，不完整右下颌骨残段：A. 外侧视；B. 内侧视

石龙子超科科未定 Scincoidea incertae familiae

小盾蜥属 Genus *Parmeosaurus* Gao et Norell, 2000

模式种 平甲小盾蜥 *Parmeosaurus scutatus* Gao et Norell, 2000

鉴别特征 体型中等大小；头型窄长，头部骨质盾甲发育；顶骨外侧凸缘发达，供下颌收肌附着；边缘齿粗大，具三尖型齿冠；身体背侧和腹侧均有长方形盾甲覆瓦状覆盖；眼睑骨发达；下颌齿骨冠突后伸部分覆盖于冠骨前外侧；反关节突具凸缘向内侧弯曲；尾椎自断面发育于尾椎横突之后。

中国已知种 仅模式种。

分布与时代 蒙古国南戈壁省及中国内蒙古巴彦淖尔盟，晚白垩世。

平甲小盾蜥 *Parmeosaurus scutatus* Gao et Norell, 2000

(图 132)

Bainguis sp. cf. *B. parvus*：Gao et Hou, 1996, p. 589

正模 IGM 3/138，保存完好的头骨及头后骨骼。产自蒙古国南戈壁省 Ukhaa Tolgod，上白垩统牙道黑他组（中坎潘阶）。

归入标本 IVPP V 10080，关节完好的头后骨架覆有骨质盾甲；IVPP V 23897，不完整头骨及下颌；IVPP V 23898，覆有骨质甲片的肱骨。产自内蒙古巴彦淖尔盟乌拉特后旗巴音满都呼嘎查，上白垩统巴音满都呼组（中坎潘阶）。

鉴别特征 同属。

产地与层位 蒙古国南戈壁，上白垩统牙道黑他组；中国内蒙古，上白垩统巴音满都呼组。

评注 内蒙古巴音满都呼发现的化石标本中，IVPP V 10080（*Bainguis* sp. cf. *B. parvus*）没有头骨保存，而 IVPP V 23897 为不完整头骨又没有可与前者比较的头后骨骼保存。Dong 等（2018）根据甲片相似，认为这两件标本属于同一属种，确有可能。但是，将其归入平甲小盾蜥（*Parmeosaurus scutatus* Gao et Norell, 2000）却有疑问。巴音满都呼的不完整头骨（IVPP V 23897）并没有显示头骨窄长、下颌齿骨冠突覆盖冠状骨等平甲小盾蜥的鉴别特征。由于没有保存牙齿，也不能确定是否具有三尖型齿冠特征。此外，平甲小盾蜥的正型标本咽腭部甲片为横置菱形，而巴音满都呼标本保存的是头背部甲片，为竖向矩形。在诸多存疑未能解决之前，本册暂依 Dong 等（2018）将巴音满都呼的上述标本归入平甲小盾蜥。

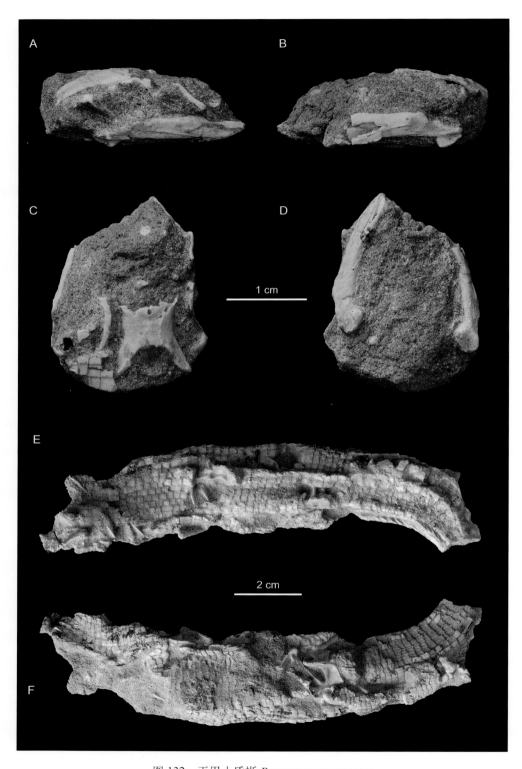

图 132　平甲小盾蜥 *Parmeosaurus scutatus*

A–D. 归入标本（IVPP V 23897），不完整头骨及下颌右侧观（A）、左侧观（B）、背面观（C）、腹面观（D）；
E, F. 归入标本（IVPP V 10080），不完整头后骨骼及盾甲背面观（E）、腹面观（F）

正蜥超科 Superfamily Lacertoidea Oppel, 1811

概述　正蜥超科是石龙子亚目中的一个主要类群，包括正蜥科、夜蜥科、臼齿蜥科和裸眼蜥科等现生类群，也包括已经绝灭的 Contogeniidae 科。现生类群中，裸眼蜥科目前尚无化石记录，而正蜥科和夜蜥科的化石发现仅限于新生代地层中（Estes, 1983a, b）。臼齿蜥科的演化历史可以追溯到北美晚白垩世，而正蜥超科的早期化石可以蒙古国戈壁沙漠地带晚白垩世（坎潘期）的 *Eoxanta*、*Globaura* 为代表。正蜥超科的现生类型多为中小型个体，绝大多数为陆地岩栖或沙栖，极少数属种半水生或是树栖。在石龙子亚目中，正蜥超科与环尾蜥超科构成姐妹群（Conrad, 2008）。这两个类群共有一系列的衍征，包括：上颌骨内侧无腭凸缘（palatine flange）；顶骨上颞突短；后眶骨向后延伸超过上颞孔长的 3/4；间锁骨（interclavicle）前突缺失等（Conrad, 2008）。

定义与分类　正蜥超科可定义为：相对于石龙子属、环尾蜥属以及蛇蜥属而言，与正蜥属共有一个最近共同祖先的分类单元（引自 Conrad, 2008）。这一定义下的正蜥超科包括夜蜥科、正蜥科、臼齿蜥科、裸眼蜥科等现生科，也应包括与夜蜥科紧密相关的 Contogeniidae（Nydam et Fitzpatrick, 2009）以及蒙古国戈壁上白垩统发现的 *Eoxanta*、*Globaura* 等化石类型。

形态特征　头骨顶孔缺失；腭骨前中部无阶状突（anterior medial step）；下颌内侧发育一个前关节骨骨嵴（prearticular crest）；下颌反关节突（retroarticular process）内侧不向下偏斜；反关节突内侧无结状突；关节后无扭曲现象；身体鳞片之间无深度叠覆；身体背腹部均无膜质盾甲（osteoderms）；下颌内收肌后伸仅至麦氏沟后缘；表层假颞肌的起点占据上颞孔边缘的后 1/3 范围。

分布与时代　正蜥科分布于欧亚大陆和非洲，而其他各科（夜蜥科、臼齿蜥科、裸眼蜥科和 Contogeniidae）分布于美洲，时代从晚白垩世延续至今。

评注　Estes 等（1988）将正蜥超科定义为夜蜥科、正蜥科、臼齿蜥科以及裸眼蜥科的最近共同祖先及其所有后裔。单就现生科级单元的组成而言，本册采用的 Conrad（2008）的干群定义的正蜥超科与 Estes 等（1988）的节点定义似乎没有本质区别。但是，加入一些白垩纪化石类型的分支系统分析结果显示 Estes 等（1988）的定义已不再适用。因而，本册采用了 Conrad（2008）的干群定义。美国蒙大拿州上白垩统（马斯特里赫特阶）Hell Creek 组发现的 *Contogenys* 曾一度被认为是石龙子科（石龙子超科）的最早化石类型（Estes, 1969, 1983a）。但是后期研究中发现 *Contogenys* 并非石龙子科的成员，而是与夜蜥科关系密切（Gao et Fox, 1996）。再后的研究中，本属的地史分布被确定为晚白垩世至古新世中期，并与其他几个相关化石类型（*Palaeoscincosaurus*、*Utahgenys*）一起构成 Contogeniidae 科（Nydam et Fitzpatrick, 2009）。由于 Contogeniidae 与夜蜥科构成姐妹群，前者在更高级别的分类上也应归入正蜥超科。

正蜥科 Family Lacertidae Gray, 1825

模式属 正蜥属 *Lacerta* Linnaeus, 1758

定义与分类 瓜罗蜥（*Gallotia*）与正蜥（*Lacerta*）及麻蜥（*Eremias*）的最近共同祖先及其所有后裔。科内包括正蜥亚科（Lacertinae）、瓜罗蜥亚科（Gallotiinae）和麻蜥亚科（Eremiainae）三个亚科（Arnold, 1989；Harris et al., 1998；Mayer et Pavlicev, 2007）。

鉴别特征 上颞孔因后额骨后伸显著缩小或完全关闭；颅顶骨骼及下颌骨外侧通常发育膜质骨化纹饰，但是躯干和尾部无膜质盾甲。牙齿侧生，齿冠双尖或三尖。正蜥科的成员具有细长的鞭状尾，并且尾长超过躯干长度；但是四肢发育呈现保守特征，并无退化消失现象。

中国已知属 目前已知只有陕西更新世麻蜥属的化石发现。

分布与时代 主要分布于非洲（马达加斯加未见）和欧亚大陆，从古新世延续至今。

评注 正蜥科，亦称草蜥科或蜥蜴科，现生类型包括 30 余属 300 余种（Uetz et al., 2019）。根据现有的化石证据，正蜥科可能是在古新世起源于欧洲，在始新世或是渐新世时期才开始在欧洲大陆明显的辐射演化（Augé, 2007）。科内现生类型主要分布于欧洲、非洲和亚洲大部分区域。正蜥科化石在中国发现较少，目前仅有陕西洛南中更新统的麻蜥属（未定种）可归入此科。河北北部下白垩统地层中发现的热河蜥（*Jeholacerta*）虽然被原著者归入正蜥科，但是化石标本上并未显示支持这一分类方案的证据（见下面评注）。

麻蜥属 Genus *Eremias* Fitzinger in Wiegmann, 1834

模式种 敏麻蜥 *Eremias arguta* (Pallas, 1773)

鉴别特征 体型中等大小，可达 30 cm；吻部较窄，吻棱不明显；头顶鳞片较大，对称排列；鼓膜大而裸露；背部有不同颜色条带和斑点；腹鳞比背鳞大，矩形或近方形，向腹中线斜行排列；有股孔；尾长在体长的 150%–200% 之间。

中国已知种 只有麻蜥属（未定种）*Eremias* sp.。

分布与时代 亚洲及欧洲东南部、非洲中南部，渐新世至今。

麻蜥属（未定种）*Eremias* sp.

（图 133）

材料 NWU V1139，一带有牙齿的左上颌残段。

产地与层位 陕西洛南张坪洛河北岸石灰岩洞，中更新统洞穴堆积。

评注　李永项等（2004）描述的左上颌残段带有保存下来的7颗侧生牙齿和3个空置齿位。其中保存的前部第二颗牙齿的齿根部分已经被吸收，显然是牙齿替换所致。所有保存的牙齿都具有双尖齿冠，并且同一齿冠上的后牙尖明显大于前尖。根据李永项等（2004）的研究，这种双尖牙齿特点与现生丽斑麻蜥（*Eremias argus*）相似。陕西洛南张坪的石灰岩溶洞在地理位置上也与现生丽斑麻蜥的分布范围重合。但是，牙齿特征上可以进行比较的还有麻蜥属内的其他种（例如，密点麻蜥 *E. multiocellata*、山地麻蜥 *E. brenchltyi*）。据此，洛南中更新世洞穴堆积中发现的 NWU V1139 上颌残段鉴定为麻蜥属（未定种）是比较适宜的。

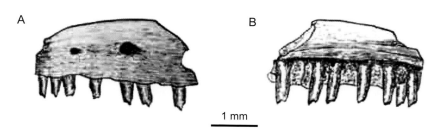

图 133　麻蜥属（未定种）*Eremias* sp.

标本 NWU V1139，带有牙齿的左上颌骨：A. 外侧观；B. 内侧观（引自李永项等，2004）

热河蜥属？　Genus *Jeholacerta* Ji et Ren, 1999 (nomen dubium)

模式种　美丽热河蜥 *Jeholacerta formosa* Ji et Ren, 1999

鉴别特征　小型蜥蜴，头骨较宽，颈短，躯干和尾巴较长。额骨成对，且拉长；顶骨不成对，六边形；侧生齿紧密排列；脊椎典型的前凹型；前足及后足发育完好，其长度明显长于桡骨或是胫骨；前足第四指最长，指式为 2-3-4-5-？；耻骨杆状，前部很窄；股骨粗壮；上皮鳞片相互叠覆，无膜质鳞片；颅顶鳞片通常多边形或圆形，无双边对称的大鳞片；躯干部鳞片较大且略呈菱形，呈 20–22 纵行排布；尾部鳞片长方形。

中国已知种　仅模式种。

分布与时代　河北平泉杨树岭，早白垩世。

评注　姬书安和任东（Ji et Ren, 1999）命名了热河蜥属，并将其归入了正蜥科（Lacertidae）。但是，目前看来并无可靠证据支持这一分类。正蜥科具有的细长鞭状尾、颅顶及下颌外侧具有膜质盾甲（osteoderms）覆盖、牙齿双尖或是三尖、上颞孔由于后眶骨扩展而被压缩或完全封闭等鉴别特征在热河蜥标本上或不存在，或未知。因此，热河蜥无论其属名的命名有效性如何（见下面评注），都不能代表正蜥科在热河生物群中的化石记录。正蜥科的化石记录十分贫乏，目前世界范围尚无中生代的化石代表发现（Estes, 1983a；Müller, 2001；Augé, 2007）。

由于身体绝大部分被有鳞片，许多骨骼（如肩带和腰带）并未暴露出来。因此，该化石类型难以与国内外相关时代地层产出的许多其他化石类型进行比较研究。尽管如此，原著者（Ji et Ren, 1999）认为热河蜥在额骨宽度、顶骨形状、肢骨强壮程度以及脊椎前凹程度上有别于矢部龙。但是，后来对矢部龙化石的研究表明这些可能都是在个体发育变异范围内的差异，不能作为分类特征应用。因此，本册根据后来的研究（Evans et Wang, 2010）将热河蜥视为一个存疑名称（nomen dubium）。

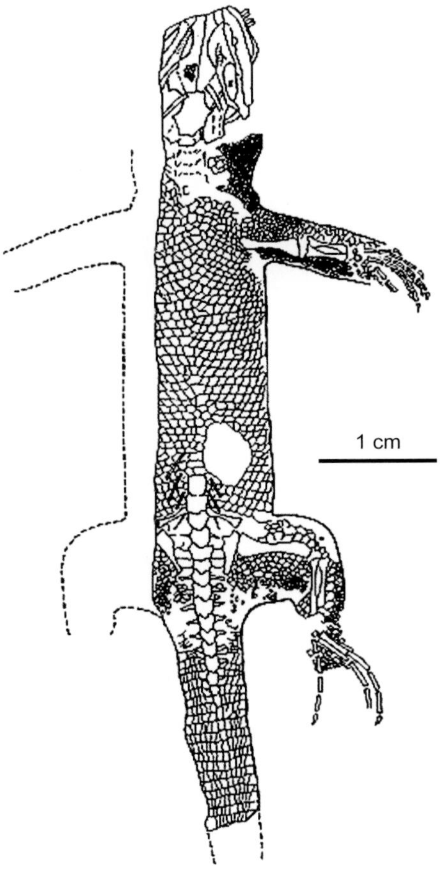

图134 ? 美丽热河蜥 ?*Jeholacerta formosa* 正模（GMC V 2114），不完整头骨、部分头后骨骼及体表鳞片的背面观

? 美丽热河蜥 ?*Jeholacerta formosa* Ji et Ren, 1999

（图134）

正模 GMC V 2114，一不完整头骨及被有鳞片的头后骨骼，左侧前肢和后肢缺失。产自河北平泉杨树岭。

鉴别特征 见属的鉴别特征和属种评注。

产地与层位 河北平泉，下白垩统义县组。

评注 原始命名文章中（Ji et Ren, 1999）提供的鉴别特征整体来看属于一般蜥蜴类骨骼系统常规性质的描述。诸如牙齿侧生、脊椎前凹型等许多特征属于即使在亚目、下目级别的分类单元之间也难于区分的原始性状，不能用来作为美丽热河蜥的鉴别特征。再者，后来的研究中美丽热河蜥的正模标本被认为属于一个幼年个体（Evans et Wang, 2010）；如是，美丽热河蜥的种名（*Jeholacerta formosa*）也就随其属名一起成为一个存疑名称（nomen dubium）。

石龙子亚目科未定 Scincomorpha incertae familiae

锥齿蜥属 Genus *Conicodontosaurus* Gilmore, 1943

模式种 牙道黑他锥齿蜥 *Conicodontosaurus djadochtaensis* Gilmore, 1943

鉴别特征 以下列特征区别于其他石龙子类：后额骨与后眶骨不愈合；后额骨短棒

状，将眶孔与上颞孔分隔；牙齿亚端生型，齿冠锥状单尖，齿根呈现相当程度的膨大。

中国已知种 牙道黑他锥齿蜥 *Conicodontosaurus djadochtaensis* Gilmore, 1943。另有赣县锥齿蜥 *Conicodontosaurus kanhsienensis* 和秦岭锥齿蜥 *Conicodontosaurus qinlingensis* 两个种。但是，后两种的属级分类仍存在较大疑问，而且后者在本志被归入到平背下目（见下面相关种的评注）。

分布与时代 蒙古国南戈壁省、中国内蒙古巴彦淖尔盟乌拉特后旗，晚白垩世。

评注 Gilmore（1943）根据蒙古国南戈壁沙漠上白垩统牙道黑他组地层中发现的化石命名了锥齿蜥属，并将其不确定地归入飞蜥科（Agamidae）。此后，Estes（1983a）根据对此属解剖特征的分析将锥齿蜥属列为"Lacertilia incertae sedis"，但同时也指出其可能应归石龙子类。然而，Alifanov（1993b）在未作任何分析解释的情况下将锥齿蜥属置于其重新定义的大头蜥科内，并进一步将其归入"Mongolochampinae"亚科"Mongolochamopini"族。再后，Gao 和 Hou（1996）在研究我国内蒙古巴音满都呼发现的蜥蜴类化石标本时将锥齿蜥暂时归入白齿蜥科（Teiidae），根据是巴音满都呼的标本（IVPP V 10050）显示该科的鉴别特征，包括：轭骨与鳞骨相接；外翼骨与腭骨相接并将上颌骨排除于眶下孔边缘之外；犁骨后伸接近翼骨前端；眶下孔显著收缩。自然，随着对这些特征的演化意义认识的深入，其结果可能产生包括锥齿蜥属的分类位置的变迁。然而，迄今为止尚无任何研究将锥齿蜥纳入分支系统分析研究。此外，江西赣县白垩纪及陕西秦岭第四纪也发现有归入此属的化石，但是其鉴定分类仍有疑问（见下文相关条目）。

牙道黑他锥齿蜥 *Conicodontosaurus djadochtaensis* Gilmore, 1943

（图 135）

正模 AMNH 6519，一不完整头骨及下颌。产自蒙古国南戈壁省 Shabarakh Usu (Bayn Dzak)，上白垩统牙道黑他组。

归入标本 IVPP V 10050–V 10052，均为带有下颌骨的不完整头骨。产自我国内蒙古巴彦淖尔盟乌拉特后旗巴音满都呼嘎查，上白垩统巴音满都呼组。

鉴别特征 同属。

产地与层位 蒙古国南戈壁、中国内蒙古，上白垩统。

评注 在对内蒙古巴音满都呼发现的蜥蜴化石研究中，Gao 和 Hou（1996）将包括不完整头骨及下颌的三件标本（IVPP V 10050–V 10052）鉴定为牙道黑他锥齿蜥。其中，IVPP V 10050 的头骨结构特征保存较好，但是牙齿保存较差，齿根部分似乎并未显示膨大的特征。因此，这一标本归入牙道黑他锥齿蜥的分类鉴定的可靠性仍有疑问。其他两件标本保存较差，鉴定为牙道黑他锥齿蜥种的可靠性仍有待深入研究确定。

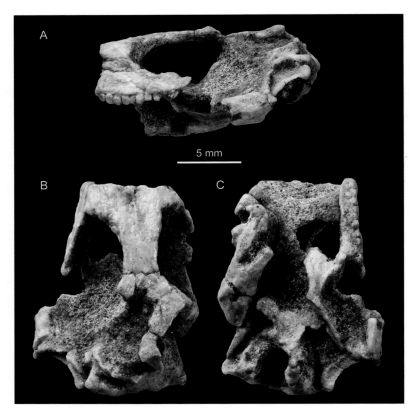

图 135　牙道黑他锥齿蜥 *Conicodontosaurus djadochtaensis*
归入标本（IVPP V 10051），残破头骨及下颌：A. 左侧观；B. 背面观；C. 腹面观

？赣县锥齿蜥 *?Conicodontosaurus kanhsienensis* Young, 1973

正模　IVPP V 4021，不完整右下颌及其牙齿的印模。产自江西赣县江口茅店镇周坑村。

鉴别特征　下颌短而较深，下缘很直，前端较尖；具有 9 个牙齿，其中前三个较小，后六个较大；齿冠构造不甚清楚，但牙尖看来较钝。牙齿排列紧密，没有间隙。

产地与层位　江西赣县江口茅店镇周坑村，上白垩统曲江群赣州组。

评注　杨钟健（1973）报道了江西赣县江口茅店周坑晚侏罗世—早白垩世地层中产出的一不全下颌支及其牙齿的印模（IVPP V 4021），并据此命名了赣县锥齿蜥。由于此材料仅为印痕，并无实体保存，目前看来江西赣县的化石标本过于残破，难于确定归入锥齿蜥属，也难于做出种级鉴定。因此，本册将其作为存疑名称处理。化石层位的时代原来化石标签上标注为晚侏罗世或是早白垩世，但是杨钟健（1973）认为可能是晚白垩世。根据陈丕基（Chen, 1983）对中国陆相白垩纪地层的综述，IVPP V 4021 化石标本的产出层位实际应该是上白垩统曲江群赣州组。

德氏蜥属？ Genus *Teilhardosaurus* Shikama, 1947 (nomen dubium)

模式种 石炭德氏蜥 *Teilhardosaurus carbonarius* Shikama, 1947

鉴别特征 下颌骨纤细，底缘略有船形弯曲；下颌牙齿纤细，多于 25 个齿位；牙齿侧生，齿冠单尖，圆钝，咬合面发育细小纹饰。

中国已知种 仅模式种。

分布与时代 辽宁阜新，早白垩世。

评注 石炭德氏蜥的已知化石材料只有单一而且保存不全的、带有一些牙齿的下颌骨，据其难以做出确切的属种乃至科级鉴定。因此，德氏蜥的属名目前被视为一个存疑名称（Evans et Wang, 2010）。

？石炭德氏蜥 *?Teilhardosaurus carbonarius* Shikama, 1947

（图 136）

正模 DLNHM D0247，一带有牙齿的不完整右下颌齿骨。产自辽宁阜新市以北约 10 km 的新邱煤矿。

鉴别特征 同属。

产地与层位 辽宁阜新新邱煤矿，下白垩统阜新组。

图 136 ？石炭德氏蜥 *?Teilhardosaurus carbonarius*
正模（DLNHM D0247），不完整右下颌内侧观

评注　根据原文记载（Shikama, 1947），石炭德氏蜥的正模标本与新野见远藤兽（*Endotherium ninomii*）的标本原来保存在同一煤块上。这一煤块底面至今仍标注有"矿/化-88"的原始编号，但是新野见远藤兽的颌骨标本已经丢失，仅在煤块顶面石炭德氏蜥正模标本旁边留下了该颌骨化石的印痕。化石层位原认为属上侏罗统阜新煤系，现已修订为下白垩统阜新组。

Shikama（1947）在原始文献中将石炭德氏蜥的牙齿误认为是端生齿，并根据此一错误判断推测此蜥蜴可能是包括飞蜥科在内的端生齿蜥蜴类的祖先类型。然而，最近笔者对于正模标本的观察表明牙齿着生实际上是侧生型，并在有些牙齿基部发育替换窝（replacement pits）。与原始描述相符的特征包括牙齿纤细，数目多达 25 颗。此外，石炭德氏蜥的牙齿咬合面上的确如原著者所描述的发育细小的竖向纹饰。这一特征，结合牙齿纤细、下颌麦氏沟内侧开放等特征似乎显示石炭德氏蜥可能属于石龙子亚目中科级未定的一个化石类型。

厚颊蜥属　Genus *Pachygenys* Gao et Cheng, 1999

模式种　碾齿厚颊蜥 *Pachygenys thlastes* Gao et Cheng, 1999

鉴别特征　下颌齿骨后背突显著大于后腹突；下颌齿列极短，仅限于齿骨前半部分；前下齿槽孔（anterior inferior alveolar foramen）开孔于下颌齿列之后；下颌牙齿粗壮，齿干前后压扁，侧向展宽；下颌冠状骨内侧前突平伸至齿骨上隅凹前缘；冠状骨内侧前突腹侧发育独特的钩状突将夹板骨隔开，不与上隅骨相接；三叉神经孔（foramen for trigeminal nerve）开孔于冠状骨与上隅骨之间；后舌颌神经孔（posterior mylohyoid foramen）开孔于夹板骨与隅骨的骨缝位置。

中国已知种　仅模式种。

分布与时代　我国山东莱阳，早白垩世；也见于日本早白垩世。

评注　除我国山东莱阳以外，同属或近似的化石类型也见于日本下白垩统（Ikeda et al., 2014；Evans et Matsumoto, 2015）。由于只有下颌骨及牙齿保存，此类蜥蜴的头骨解剖特征以及其所反映的演化关系尚不清楚。根据化石标本所显示的宽大和开放型的下颌窝（mandibular fossa）及牙齿替换型式判断，此属可确定归入石龙子亚目正蜥超科（Lacertoidea），而科级的分类尚难确定。此类蜥蜴具有异常粗壮的下颌骨以及粗大的牙齿适于压碎食物。现生石龙子亚目中，粗壮颌骨及碾压型牙齿见于许多科级类群，包括臼齿蜥科、正蜥科、石龙子科，最典型的当属臼齿蜥科的 *Dracaena*（Vanzolini et Valencia, 1965；Dalrymple, 1979；Estes et Williams, 1984）。然而，山东莱阳早白垩世地层中发现的厚颊蜥化石并无证据显示其与臼齿蜥类或是正蜥超科中的其他科有较近的演化关系，而其异常粗壮的下颌及碾压型的牙齿只是反映出这一早白垩世蜥蜴的特殊食性，可能适于捕食甲壳类昆虫或是其他有壳无脊椎动物。科级分类尚需根据更完整的化石和更深入的分析研究才能确定。

碾齿厚颊蜥 Pachygenys thlastes Gao et Cheng, 1999

（图 137）

正模　IGCAGS V 294，一近完整的左下颌及完整的下颌齿列。

副模　IGCAGS V 295，不完整的右下颌及完整的下颌齿列。

鉴别特征　同属。

产地与层位　山东莱阳西北约 5 km 陡山村，下白垩统青山群陡山组。

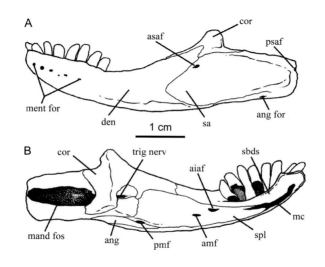

图 137　碾齿厚颊蜥 Pachygenys thlastes

正模（IGCAGS V 294），近完整左下颌支：A. 外侧观；B. 内侧观。

aiaf, 前下齿槽孔（anterior inferior alveolar foramen）；amf, 前舌颌神经孔（anterior mylohyoid foramen）；ang, 隅骨（angular）；ang for, 隅骨孔（angular foramen）；asaf, 前上隅（anterior surangular foramen）；cor, 冠状骨（coronoid）；den, 齿骨（dentary）；mand fos, 下颌窝（mandibular fossa）；mc, 麦氏沟（meckelian canal）；ment for, 颏孔（mental foramen）；pmf, 后舌颌神经孔（posterior mylohyoid foramen）；psaf, 后上隅孔（posterior surangular foramen）；sa, 上隅骨（surangular）；sbds, 下颌齿凸缘（subdental shelf）；spl, 夹板骨（splenial）；trig nerv, 三叉神经孔（foramen for trigeminal nerve）

蛇蜥亚目　Suborder ANGUIMORPHA Fürbringer, 1900

概述　蛇蜥亚目是蜥蜴类传统分类中四个亚目之一。相对于有鳞目中其他亚目而言，蛇蜥亚目属于一个分类多样性较弱的类群，仅有 200 余现生种（Uetz et al., 2019）。但是，蛇蜥亚目却具有大约 150 Ma 的演化历史，并有比较丰富的化石记录遍布各大陆（Estes, 1983a, b；Conrad et al., 2010）。尽管蛇蜥亚目已经被广泛接受为一个单系类群，但是亚目之内不同支系间的演化关系目前仍旧缺乏共识。长期以来，有许多研究表明蛇类的起源可能与蛇蜥亚目有着紧密的连带关系，因而蛇类应该是蛇蜥亚目中的一个演化支系（如：Cope, 1869；Camp, 1923；Nopcsa, 1923b；Estes et al., 1988；Lee, 1998；Lee et Caldwell, 2000；Evans et al., 2005；Fry et al., 2006；Wiens et al., 2010）。但是，近十余年来的分支系统学研究中也有相当强的形态学和分子生物学证据对这一传统观念提出了挑战（见本册蛇亚目概述）。

定义与分类　蛇蜥科（Anguidae）、异蜥科（Xenosauridae）以及巨蜥科（Varanidae）的最近共同祖先及其所有后裔。此一定义下的蛇蜥亚目包括现生蛇蜥科、异蜥科、巨蜥科、蠕蜥科（Anniellidae）、鳄蜥科（Shinisauridae）、毒蜥科（Helodermatidae）、婆罗蜥科（Lanthanotidae），以及与这些科紧密相关的化石类群（如：Necrosauridae, Dorsetisauridae, Contogeniidae, Mosasauridae 等）。目前广泛应用的蛇蜥亚目分类方案包括以下科级以上的分类单元：喀如蜥超科（Carusioidea）、平背下目（Platynota）、鳄蜥超科（Shinisauroidea）、魔蜥超科（Monstersauroidea）、沧龙超科（Mosasauroidea）和巨蜥超科（Varanoidea）。

形态特征　上颌骨外侧表面发育膜质瘤饰或纹饰（dermal sculpture）；下颌反关节突内侧缺少隅骨突（angular process）；牙齿基部发育细小替换窝，替换齿出于被替换牙齿的后舌面；下颌麦氏管内后部具有发达的竖向颌间隔（intramandibular septum）；麦氏管在前下齿槽孔之前向下方开放；下颌齿骨后侧方发育上隅骨凹（surangular notch）；身体背部角质鳞片之下具膜质盾甲；颅顶骨之上具膜质盾甲；前舌双分叉，并可自由缩入后舌的鞘套（zone of invagination）；颈部伸长，常作头颈部的侧摆运动（详见 Estes et al., 1988；Conrad, 2008；Conrad et al., 2010）。

分布与时代　非洲大部、欧亚大陆南部及附近岛屿、澳大利亚、北美和南美洲，晚侏罗世至今。

评注　Evans（1994a, 1996）相继命名了英国中侏罗统 Forest Marble 发现的埃氏小盗蜥（*Parviraptor estesi*）和美国上侏罗统莫里森组发现的吉氏小盗蜥（*Parviraptor gilmorei*），并将其置于蛇蜥亚目。但是，Conrad（2008）的分支系统分析发现小盗蜥属并非蛇蜥亚目的成员，而可能属于壁虎亚目。就目前所知，蛇蜥亚目最早的化石记录应以多赛特蜥（*Dorsetisaurus*）为代表，其化石最初发现于英国伯贝克（Purbeck）的下白垩统贝里阿斯阶（Berriasian）（Hoffstetter, 1967），但是后期的发现将此属的分布延至葡萄牙上侏罗统（Oxfordian/Kimmeridgian）的 Lignite Beds of Guimarota，以及美国怀俄明州上侏罗统莫里森组（见 Evans et Chure, 1999）。中国目前最早的化石记录当属辽宁早白垩世的义县组（巴雷姆阶）发现的大凌河蜥（见 Conrad, 2008）。日本早白垩世手取群的弘前组（Kuwajima Formation）发现的加贺内蜥（*Kaganaias*）尽管时代较早（巴雷姆—阿普特期；Matsumoto et al., 2006），但是已经是相当特化且具有身体拉长特点的蛇蜥亚目的成员，与海生类群崖蜥类相似（Evans et al., 2006）。

蛇蜥科 Family Anguidae Gray, 1825

模式属 蛇蜥 *Anguis* Linnaeus, 1758

定义与分类 蛇蜥（*Anguis*）、盾蜥（*Gerrhonotus*）、双舌蜥（*Diploglossus*）的最近共同祖先及其所有后裔（Conrad et al., 2010）。科内亚科级分类单元包括蛇蜥亚科（Anguinae）、双舌蜥亚科（Diploglossinae）和盾蜥亚科（Gerrhonotinae）。此外，亚科级的分类单元也包括雕刻蜥亚科（Glyptosaurinae）之类的化石类群。

鉴别特征 前额骨、额骨和顶骨顶面膜质骨饰缺失；腭区发育新内鼻孔（neochoanate）；额骨侧边缘在两眼眶间呈平行状态；额骨前下突在眼眶内与腭骨相接；下颌麦氏沟内颌间隔（intramandibular septum）发育游离的后腹侧边缘；下颌齿骨构成前下齿槽孔（anterior inferior alveolar foramen）的背前缘；下颌反关节突后部展宽，且强烈扭曲；尾椎脉弧（chevrons）与椎体愈合；身体侧面发育侧体褶皱（lateral body fold）。

中国已知属 确定的只有甲蜥（*Placosaurus*）一属，是否应包含密齿蜥属尚不确定（见该属评注）。

分布与时代 北美、亚洲、欧洲，自晚白垩世坎潘期延续至今。

评注 蛇蜥科在蛇蜥亚目中是一个比较繁盛的类群，包括蛇蜥（*Anguis*）、脆蛇蜥（*Ophisaurus*）等13个属，120余现生种（Uetz et al., 2019）。蛇蜥科成员的体表鳞片之下都有膜质盾甲（osteoderms）。许多种类显示四肢退化或完全消失，呈蛇形身体。蛇蜥科成员多为捕食性的蜥蜴类，也有化石类群（例如，雕刻蜥类 glyptosaurines）的牙齿显示特化的高纤维质植物食性。蛇蜥科成员多数地栖穴居，也有树栖等其他习性。虽然在有些文献中蛇蜥科与巨蜥超科成姐妹群关系（如：Wu et al., 1996；Evans et Wang, 2005；Evans et al., 2005），但是已有的共识是蛇蜥科代表蛇蜥亚目中一个基干类群（如：Estes et al., 1988；Gao et Norell, 1998；Conrad et al., 2010）。蛇蜥科具有比较好的化石记录，最早的化石是发现于北美西部内陆坎潘期（Campanian, ~ 75 Ma）地层中的奥达克蜥 *Odaxosaurus*（见 Estes, 1983a；Gao et Fox, 1996）。蒙古国南戈壁大约同期地层中发现的巴音蜥（*Bainguis*）原作单独一科描述（Borsuk-Białynicka, 1984），后来有些作者将其归入蛇蜥科（Borsuk-Białynicka, 1991a；Gao et Hou, 1996；Alifanov, 2000）。也有研究显示巴音蜥有可能属于蛇蜥亚目之外的蜥蜴类（Conrad, 2008）。

甲蜥属 Genus *Placosaurus* Gervais, 1852

模式种 瘤饰甲蜥 *Placosaurus rugosus* Gervais, 1852

鉴别特征 甲蜥属的鉴别特征仅限于头部额顶骨，以下列特征区别于北美雕刻蜥属（*Glyptosaurus*）及与其紧密相关的化石属（*Paraglyptosaurus, Proglyptosaurus,*

Helodermoides)：两额骨完全愈合一起，微上拱；颅顶膜质盾甲通常形成 1–2 行分布于每侧眶孔之上。

中国已知种　只有蒙古甲蜥 *Placosaurus mongoliensis* (Sullivan, 1979) Estes, 1983 一种。

分布与时代　欧洲、亚洲，古近纪（始新世和渐新世）。

评注　早期文献中有主张将欧亚甲蜥属并入北美雕刻蜥属者，但是后期研究中多将甲蜥属视为独立单元（见 Estes, 1983a）。受化石材料所限，甲蜥属内种级的鉴别只能基于额骨和顶骨的区别。甲蜥属目前确定的有 3 个种：除模式种瘤饰甲蜥（*Placosaurus rugosus*）外，还包括蒙古甲蜥（*Placosaurus mongoliensis*）和埃氏甲蜥（*P. estesi*）（Sullivan et Augé, 2006）。其他文献中记录的几个种名（*Placosaurus cayluxi, P. galliae, P. waltheri, P. gaudryi, P. margariticeps*）在现行分类中一般作为存疑名称处理（见 Sullivan et Augé, 2006）。另有几个种名（*Placosaurus europaeus, P. quercyi*）归入甲蜥属的证据并不确定，有可能经修订研究后而被移出甲蜥属。目前，甲蜥属在分类上属于蛇蜥科雕刻蜥亚科（Glyptosaurinae）。

蒙古甲蜥 *Placosaurus mongoliensis* (Sullivan, 1979) Estes, 1983

（图 138）

Glyptosaurus near *nodosus*：Gilmore, 1943, p. 382

Placosaurus nodosus：Chow, 1957, p. 156

Helodermoides mongoliensis：Sullivan, 1979, p. 40

Placosaurus cf. *P. mongoliensis*：Li J. L. et al., 2008, p. 127

正模　AMNH 6669，一不完整左侧额骨。产自内蒙古乌兰察布盟巴伦索平台。

归入标本　IVPP V 868，一不完整额骨及顶骨。产自河南渑池。

鉴别特征　额骨两眼眶间强烈收缩，眶间最窄表面只有两列膜质盾甲（osteoderms），每侧额骨顶面单列膜质盾甲；头顶膜质骨盾由众多细小瘤饰结聚而成；膜质盾甲大体六边形，大小相等。

产地与层位　内蒙古乌兰察布盟巴伦索平台，上始新统沙拉木伦组（Shara Murun Formation）；河南渑池，中始新统河堤组。

评注　蒙古甲蜥种的命名分类比较复杂：Gilmore（1943, p. 382）将内蒙古巴伦索晚始新世沙拉木伦组发现的一左侧额骨标本（AMNH 6669）鉴定为"*Glyptosaurus* near *nodosus* Marsh"。其后，Sullivan（1979）认为巴伦索的标本不能归入北美 *Glyptosaurus nodosus*，并以 AMNH 6669 为正模命名了 *Helodermoides mongoliensis*。再后，Estes（1983a）接受了 Sullivan 的种名，但是将其转移归入甲蜥属。至此，AMNH 6669 标本

所代表的属种名称成为 *Placosaurus mongoliensis* (Sullivan, 1979)。

周明镇（Chow, 1957）报道了河南渑池始新世地层中发现的一件标本（IVPP V 868），将其鉴定为"*Placosaurus nodosus* Gervais"。河南渑池的标本保存比较残破，只有部分半边额骨及与其关节的部分顶骨。原始文献中（Chow, 1957）认为是右侧额骨与顶骨，而标本显示为左侧额骨及顶骨。在后来的研究中，根据其额骨及顶骨表面的膜质瘤饰特点，该标本被鉴定为蒙古甲蜥种（Sun et al., 1992），而后又被修订为蒙古甲蜥相似种（Li J. L. et al., 2008）。

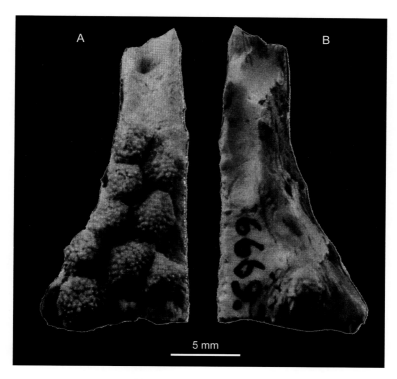

图 138 蒙古甲蜥 *Placosaurus mongoliensis*

正模（AMNH 6669），左侧额骨：A. 背面观；B. 腹面观

密齿蜥属 Genus *Creberidentus* Li, 1991

模式种 河南密齿蜥 *Creberidentus henanensis* Li, 1991

鉴别特征 上颌骨前突指向上方；上颌 17–19 齿，下颌 19 齿；牙齿侧生型，排列紧密，齿干基部粗壮，齿冠侧扁，呈叶片状；下颌齿骨麦氏沟张开。

中国已知种 仅模式种。

分布与时代 河南淅川，中始新世。

评注 李锦玲（1991a）命名了密齿蜥属，并根据下颌麦氏沟内的颌间隔

（intramandibular septum）将其不确切地归入蛇蜥科（见下面种的评述）。后来，Alifanov（2009）将密齿蜥属划归长江蜥科，并将长江蜥科归入鬣蜥目端齿亚目。Alifanov 的分类缺乏特征演化分析的支持，未被他人接受。然而，就牙齿和下颌骨基本构造特征而言，密齿蜥属与安徽古新世的潜山蜥存在明显的相似性，而这种相似性的演化分类意义仍有待研究。

河南密齿蜥 *Creberidentus henanensis* Li, 1991

（图 139）

正模 IVPP V 9589.1，一近于完整的左上颌骨带有 17 颗牙齿。产自河南淅川。

副模 IVPP V 9589.2，一不完整的右下颌支。

归入标本 IVPP V 9589.3，两不完整的左上颌骨；IVPP V 9589.5–9589.8，4 个不完整的右下颌支；IVPP V 9589.9，一左下颌支的后部。

鉴别特征 同属。

产地与层位 河南淅川，中始新统核桃园组。

评注 河南密齿蜥上颌骨背突很高，并明显位于上颌齿列中段之前。这一特征似乎显示与鬣蜥亚目关系密切。此外，河南密齿蜥的牙齿基部没有替换窝（replacement pits），而下颌的麦氏沟内也未发育蛇蜥类的颌间隔。这些特征增加了将其归入蛇蜥科的疑问。就其上下颌骨以及牙齿特征来看，以后的修订研究应注意将河南密齿蜥与蒙古国晚白垩世的同齿蜥（*Isodontosaurus*）进行比较。

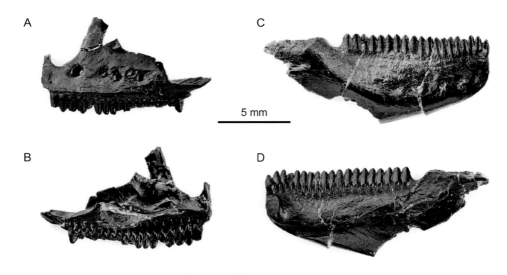

图 139 河南密齿蜥 *Creberidentus henanensis*

A, B. 正模（IVPP V 9589.1），近完整左上颌骨及牙齿外侧观（A）、内侧观（B）；C, D. 副模（IVPP V 9589.2），不完整右下颌支外侧观（C）、内侧观（D）

喀如蜥超科 Superfamily Carusioidea Gao et Norell, 1998

概述　Borsuk-Białynicka（1985，1987）建立了喀如蜥科（Carusiidae）并将其归入石龙子亚目。随后的分支系统分析表明喀如蜥科属于蛇蜥亚目的成员，并在此亚目中与异蜥科（Xenosauridae）构成姐妹群关系（Gao et Norell, 1998）。喀如蜥超科是根据这一姐妹群关系而建立的，并在其后的研究中得到确认（如：Gao et Norell, 2000；Conrad, 2008；Conrad et al., 2010）。虽然原来的鳄蜥亚科（Shinisaurinae）已被迁出异蜥科并自成一科（Macey et al., 1999；Townsend et al., 2004；Bever et al., 2005；Conrad, 2008），但是这一分类变化并不影响喀如蜥超科的定义，只是在其包含内容上有所改变。本册沿用喀如蜥超科的原始定义和分类，但不包括鳄蜥科（Shinisauridae）。

定义与分类　喀如蜥超科可定义为：喀如蜥属（*Carusia*）与异蜥属（*Xenosaurus*）的最近共同祖先及其所有后裔。此定义下的喀如蜥超科包括喀如蜥科（Carusiidae）、异蜥科（Xenosauridae）以及与此两科紧密相关的化石和现生类型（Gao et Norell, 1998；Conrad, 2008；Conrad et al., 2010）。

形态特征　额骨愈合，并在眶间强烈收缩；在上颞弓下缘轭骨与鳞骨相接；轭骨眶后支表面具有膜质骨化雕饰；下颌上隅骨前突强烈缩短；上隅骨腹侧前伸仅微超过下颌冠状骨顶突之前。

分布与时代　分布于蒙古国南戈壁省以及中国内蒙古巴彦淖尔盟，晚白垩世。

喀如蜥科 Family Carusiidae Borsuk-Białynicka, 1987
nom. subst. (pro Carolinidae Borsuk-Białynicka, 1985)

模式属　喀如蜥属 *Carusia* Borsuk-Białynicka, 1987 (pro *Carolina* Borsuk-Białynicka, 1985)

定义与分类　喀如蜥科可定义为相对于异蜥属（*Xenosaurus*）而言，与喀如蜥属共有一个最近共同祖先的所有分类单元。目前喀如蜥科内确定的成员只有单型的喀如蜥属，没有亚科级的分类。

鉴别特征　单型科，鉴别特征同模式属。

中国已知属　仅模式属。

分布与时代　蒙古国南戈壁省以及中国内蒙古巴彦淖尔盟，晚白垩世。

评注　波兰古生物学家 Borsuk-Białynicka（1985）发表的原始名称拼写为 Carolinidae，但由于模式属的重名问题 1987 年又发表了原始科名的替换名称（replacement name）Carusiidae（参见以下属的评注）。

喀如蜥属 Genus *Carusia* Borsuk-Białynicka, 1987

nom. subst. (pro. *Carolina* Borsuk-Białynicka, 1985; non Thomson, 1880)

模式种 间介卡罗琳蜥 *Carolina intermedia* Borsuk-Białynicka, 1985

鉴别特征 以下列特征区别于异蜥科及其他紧密相关的化石或现生蜥蜴类：吻短而高拱；前颌骨成对，无愈合现象；泪骨缺失，而轭骨前腹突直接与前额骨腹突相接；轭骨后腹突伸向下方；腭区犁骨两侧的腭鼻窗（fenestra exochoanalis）短，略呈椭圆形；两腭骨前部沿中线相接；腭骨短宽，致使眶下窗（suborbital fenestra）压缩成一窄长开孔；方骨前侧发育明显竖嵴；方骨顶端与鳞骨和上颞骨都形成髁 - 窝关节；顶骨腹下突侧向压扁并呈矩形；上翼骨向背后方强烈倾斜；上枕骨前突（marginal process of supraoccipital）显著，强骨化；下颌上隅骨背侧方发育显著的供咬肌附着的骨嵴；上下颌牙齿纤细、梳齿状致密排列；枢椎神经棘强烈后伸，几乎掩盖全部第三颈椎。

中国已知种 只有间介喀如蜥 *Carusia intermedia* Borsuk-Białynicka, 1985 一种。

分布与时代 蒙古国南戈壁省以及中国内蒙古巴彦淖尔盟，晚白垩世。

评注 Borsuk-Białynicka（1985）的 *Carolina* 命名发表之后被发现与前人已经发表的 *Carolina* Thomson, 1880 构成了异物同名。根据国际动物命名法规，原著者 Borsuk-Białynicka（1987）又发表了替代名称 *Carusia* 用以取代晚出同名 *Carolina* Borsuk-Białynicka, 1985。在分类研究中，有些文献中将喀如蜥作为一个特殊类型归入石龙子亚目（Borsuk-Białynicka, 1985；Alifanov, 2000），但化石标本的解剖学证据显示其实际上应属于蛇蜥亚目，并且与异蜥科（Xenosauridae）关系密切（Gao et Hou, 1996；Gao et Norell, 1998, 2000；Conrad, 2006, 2008；Conrad et al., 2010）。除了模式属 *Carusia* 之外，原作者 Borsuk-Białynicka（1985）也曾根据同一地点（Khermeen Tsav）同一层位（Barun Goyot Formation）产出的化石标本命名了 *Shinisauroides* 属。其后，其他作者（Gao et Hou, 1996；Gao et Norell, 1998）在对中国和蒙古国的蜥蜴类化石研究中将后一属名列为模式属的晚出异名。

间介喀如蜥 *Carusia intermedia* Borsuk-Białynicka, 1985

（图 140）

Carolina intermedia：Borsuk-Białynicka, 1985, p. 154

Shinisauroides latipalaturn：Borsuk-Białynicka, 1985, p. 161

正模 ZPAL MgR-I11/34，一不完整头骨及左下颌骨。产自蒙古国南戈壁省 Khermeen Tsav 化石点。

归入标本 IVPP V 10044，不完整头骨及与其关节的下颌骨；IVPP V 10045–V 10049，保存不全的头骨及下颌。产自我国内蒙古巴彦淖尔盟乌拉特后旗巴音满都呼嘎查。

　　鉴别特征 同属。

　　产地与层位 蒙古国南戈壁省，上白垩统巴鲁恩戈约特组（Barun Goyot Formation）；中国内蒙古巴彦淖尔盟乌拉特后旗，上白垩统巴音满都呼组。

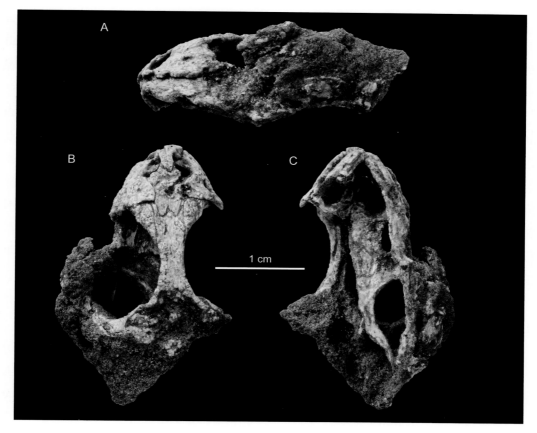

图 140　间介喀如蜥 *Carusia intermedia*
归入标本（IVPP V 10044），不完整头骨及下颌：A. 左侧面观；B. 背面观；C. 腹面观

平背下目 Infraorder PLATYNOTA Duméril et Bibron, 1839

　　概述 平背下目是比蛇蜥科以及喀如蜥超科更为进步的一个类群，包括现生毒蜥科（Helodermatidae）、巨蜥科（Varanidae）、婆罗蜥科（Lanthanotidae），也包括与这些现生科紧密相关的化石类群。在一些文献中（如：McDowell et Bogert, 1954；Romer, 1956；Estes, 1983a），平背下目被作为巨蜥超科的替换名称使用；但是，更多情况下是作为一个比巨蜥超科含义更广的分类名称使用（如：Rieppel, 1980a；Pregill et al., 1986；Gao et

Norell, 1998, 2000；Conrad, 2008；Conrad et al., 2010）。本下目之内的现生和化石代表许多是大型和捕食性的。印度尼西亚的科莫多龙是现生最大的蜥蜴类，体长可达 3 m。澳大利亚更新世的 *Megalania priscus* (=*Varanus priscus*) 头长就有 74 cm，整体长度预计在 4.5 m 至 7 m 之间（Wroe, 2002；Molnar, 2004）。除毒蜥科之外，平背下目中的现生类型主要分布于大洋洲、亚洲和非洲，但其化石记录显示曾在古近纪和新近纪早期分布于欧洲和美洲北部。

定义与分类　相对于蛇蜥属（*Anguis*）或异蜥属（*Xenosaurus*）而言，与巨蜥属（*Varanus*）和毒蜥属（*Heloderma*）共有一个最近共同祖先的所有分类单元（Conrad, 2008）。此一定义下的平背下目在分类上包括现生巨蜥科、毒蜥科、婆罗蜥科，也包括新近归入此一类群的鳄蜥类，以及与这些现生科紧密相关的沧龙科等绝灭类群。

形态特征　上下颌牙齿稀疏排列；牙齿基部明显膨大，发育齿质纵沟（plicidentine infoldings）；替换齿发生于被替换齿后侧，无替换窝（replacement pits）；上颌齿列全部位于眶前部，或仅有不超过 3 个齿位进入眶下范围；犁骨向后强烈伸长，接近两上颌齿列终端连线水平；犁骨凸缘窄；腭骨长宽近相等；外翼骨与腭骨相接，并将上颌骨排除于眶下窗之外；下颌齿骨与后部骨骼形成可滑动的颌间连接（intermandibular hinge）；上隅骨侧视前端圆钝；夹板骨后伸至下颌冠突之下或更前部位；夹板骨与齿骨松弛相接，有结缔组织连接；下颌冠状骨前突伸长，大部暴露于下颌背缘；下颌内侧隅骨大面积暴露，并与夹板骨沿竖向骨缝相接；颈椎间椎体与前一颈椎椎体呈缝隙相接；尾椎自断功能缺失。

分布与时代　平背下目现生类群的地理分布主要是非洲、亚洲、北美和大洋洲，地史分布从早白垩世（巴雷姆—阿普特期）至今。

评注　平背下目依分类方案不同在使用上有较大差异。Camp（1923）采用的平背下目仅包括巨蜥科（Varanidae）、伸龙科（Dolichosauridae）和崖蜥科（Aigialosauridae）。后经多次修订（McDowell et Bogert, 1954；Rieppel, 1978, 1980a；Pregill et al., 1986；Lee, 1998；Conrad, 2008）增加了毒蜥科（Helodermatidae）、婆罗蜥科（Lanthanotidae）、沧龙科（Mosasauridae）、以及与这些科紧密相关的化石类群。Norell 和 Gao（1997）定义的平背下目包括巨蜥超科（Varanoidea）和魔蜥类（Monstersauria）。而后，Conrad（2008）将魔蜥类重新定义为所有比巨蜥属更接近于毒蜥属的分类单元。更新的研究，如 Conrad 等（2010）再次修改了魔蜥类的定义，以使其尽可能接近 Norell 和 Gao（1997）原意的魔蜥类定义，即与毒蜥属共有一个最近共同祖先而远于蛇蜥科、巨蜥科及异蜥科的所有分类单元。平背下目的早期化石记录见于北美和亚洲白垩系，中国辽宁义县组（巴雷姆阶）的大凌河蜥可能是本类群最早的化石代表（见 Conrad, 2008）。日本下白垩统手取群（Tetori Group）桑岛组（Kuwajima Formation）的加贺蜥（*Kaganaias*）已经具有身体拉长的特征，属于一个半水生的早期沧龙类（Evans et al., 2006）。桑岛组层位大致与辽宁义县组相当，可能在巴雷姆阶到阿普特阶之间（Matsumoto et al., 2006）。

鳄蜥超科 Superfamily Shinisauroidea Conrad, 2008

概述 Conrad（2008）原来命名的 Shinisauria 是一个非等级演化支系（non-ranked clade），在蛇蜥亚目中处于平背下目以下，又高于科的级别。因此，本册将其视为一个超科级别的分类单元，并使用了国际动物命名法规中法定的超科级词尾（-oidea）。

定义与分类 相对于蛇蜥属、毒蜥属及巨蜥属而言，平背下目中与鳄蜥属共有最近共同祖先的所有分类单元。这一定义下的鳄蜥超科包括鳄蜥科以及与其紧密相关的诸如大凌河蜥等化石类型。

形态特征 两额骨完全愈合，单一楔状前突暴露于头骨背侧；额骨前侧突（anterolateral process）缺失；前额骨前侧方发育结节突；前额骨前部凸缘伸至外鼻孔后缘；内颅前耳骨嵴（crista prootica）不明显，不构成颈静脉窝（jugular fossa）的明显侧边缘；方骨鼓膜嵴（tympanic crest）短；前颌骨牙齿两侧对称，左、右各三颗牙齿，无中间齿。

分布与时代 现生类群的地理分布见鳄蜥科，化石记录见于亚洲早白垩世、欧洲中新世和美洲始新世。

评注 鳄蜥类（Shinisaurs）的分支系统关系在以往文献中存在较大的分歧。传统分类中一般将鳄蜥类与异蜥类同归一科。基于转运核糖核酸（tRNA）的分支系统分析提供了强有力的证据否定这种传统分类，并将鳄蜥类提升为科级分类单元（Macey et al., 1999）。但是对鳄蜥类的具体演化关系的认识仍有较大分歧。依据线粒体基因的分析有人认为鳄蜥类是蛇蜥亚目的基干类群（Wiens et Slingluff, 2001），而基于形态学特征的分析以及分子与形态学结合的综合分析，一致显示鳄蜥类构成一个平背下目的干群支系（Conrad et al., 2010）。

鳄蜥科 Family Shinisauridae Ahl, 1930

模式属 鳄蜥属 *Shinisaurus* Ahl, 1930

定义与分类 与鳄蜥（*Shinisaurus*）和水秀蜥（*Bahndwivici*）共有一个最近共同祖先的所有分类单元（Conrad, 2008；Conrad et al., 2010）。此一定义下的鳄蜥科包括现生鳄蜥属，也包括水秀蜥属和 *Merkurosaurus* 等化石类型。

鉴别特征 颅顶鳞片小，颅顶发育膜质盾甲；顶骨两上颞突前端向中线延接，顶骨无横向后边缘；上颌骨发育腭面凸缘；额骨眶间两边缘直，近于平行。

中国已知属 半鳄蜥 *Hemishinisaurus* Li, 1991 和大凌河蜥 *Dalinghosaurus* Ji, 1998。

分布与时代 现生鳄蜥属分布于中国广西、广东，越南广宁；化石分布于中国山西、辽宁，美国和捷克；地史分布从早始新世延续至今。

评注 鳄蜥科（Shinisauridae）在传统分类中通常作为鳄蜥亚科（Shinisaurinae）置

于异蜥科（Xenosauridae）之下（如：McDowell et Bogert, 1954；Hecht et Costelli, 1969；Estes, 1983a）。但是，随着对鳄蜥属的头骨解剖特征的详细了解（Conrad, 2004, 2006；Bever et al., 2005），这一类群与异蜥科的区别渐趋明朗。分子生物学和形态学特征的分析都表明亚洲鳄蜥类与美洲异蜥类并非姐妹群关系，因而鳄蜥科应作为单独一科另行分类，并归入包括巨蜥科和毒蜥科在内的平背下目（Macey et al., 1999；Townsend et al., 2004；Bever et al., 2005；Conrad, 2008；Conrad et al., 2010）。异蜥科现生类型仅分布于中美洲墨西哥及危地马拉，而鳄蜥科的分布则见于中国广西大瑶山（见张玉霞，1991）、广东韶关一带（黎振昌、肖智，2002），以及越南广宁（Quyet et Ziegler, 2003）。但是化石记录中，美国怀俄明州早始新世的沙影水秀蜥（*Bahndwivici ammoskius*）、捷克波希米亚早中新世的 *Merkurosaurus* 都被归入鳄蜥科（Conrad, 2006；Klembara, 2008；Conrad et al., 2010）。此外，有些分支系统分析表明辽宁热河生物群的大凌河蜥与鳄蜥科构成姐妹群（Conrad, 2008；Conrad et al., 2010）。

半鳄蜥属 Genus *Hemishinisaurus* Li, 1991

模式种 宽额半鳄蜥 *Hemishinisaurus latifrons* Li, 1991

鉴别特征 额骨单一，眼眶部较宽；表面雕饰粗大，单个雕饰长丘状，纵行排列，呈中线为对称的叠瓦状分布；顶孔前置，位于额骨与顶骨的缝合线上。

中国已知种 仅模式种。

分布与时代 仅见于山西垣曲，晚始新世。

评注 半鳄蜥原始文献中（李锦玲，1991b）所采用的是传统的美洲异蜥类与亚洲鳄蜥类同归异蜥科的分类方案。根据现行的有鳞目分类，本册将其归入鳄蜥科。就形态特征而言，垣曲化石标本额骨边缘粗壮的膜质瘤饰似乎与鳄蜥类的额骨相似。但是，垣曲标本的顶孔前置，位于额与顶骨的缝合线，似乎显示鬣蜥类特征；而宽大的前额骨和三角形上颌牙齿也与端齿鬣蜥类相似。半鳄蜥可暂时归入鳄蜥科，待更完整的化石发现后再作详细修订。

宽额半鳄蜥 *Hemishinisaurus latifrons* Li, 1991

（图 141）

正模 IVPP V 9595.1，不完整的额骨及一对前额骨。产自山西垣曲。

副模 IVPP V 9595.2，一左上颌骨前端。

鉴别特征 同属。

产地与层位 山西垣曲，上始新统河堤组寨里段。

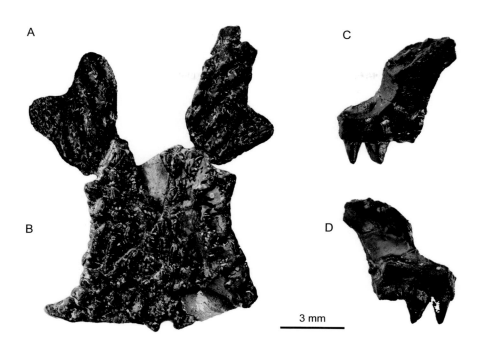

图 141　宽额半鳄蜥 *Hemishinisaurus latifrons*

A, B. 正模（IVPP V 9595.1），部分头顶骨骼：A. 不完整前额骨顶面观，B. 额骨顶面观；C, D. 副模（IVPP
V 9595.2），左上颌骨前端：C. 外侧观，D. 内侧观

鳄蜥超科科未定 Shinisauroidea incertae familiae

大凌河蜥属 Genus *Dalinghosaurus* Ji, 1998

模式种　长趾大凌河蜥 *Dalinghosaurus longidigitus* Ji, 1998

鉴别特征　荐前椎至少 27 节，包括 20 节背椎；尾极长，具 55 节尾椎；尾椎系列除
了前 10–12 椎之外都有自断功能；前 11 对肋骨明显长于后部变短的肋骨；肩胛骨与乌喙
骨愈合成为肩胛乌喙骨，具前乌喙孔但后乌喙孔缺失；腰带耻骨适度伸长；后足长，约为
前足长度的两倍；跟骨与距骨愈合成为跟距骨；前足指式 2-3-4-5-3，后足趾式 2-3-4-5-4。

中国已知种　仅模式种。

分布与时代　辽宁北票和凌源，早白垩世。

评注　大凌河蜥为单型属，仅见于辽宁下白垩统义县组（原始文献中认为义县组属
于上侏罗统）。大凌河蜥在最初命名和其后的补充研究文献中（Ji, 1998；Ji et Ji, 2004）并
未给出科级分类，而根据 Evans 和 Wang（2005）的分支系统分析结果大凌河蜥可能是
喀如蜥超科的姐妹群、德国晚侏罗世艾希施泰特蜥（*Eichstaettisaurus*）的姐妹群、甚至
可能成为硬舌类蜥蜴的姐妹群。在更新的研究中，Conrad（2008）指出导致这种不确切
的演化关系的结果可能是由于采用拼合明显不同的几个矩阵（Gao et Norell, 1998；Lee,

1998；Evans et Barbadillo, 1997, 1998, 1999；Evans et Chure, 1998）并受到了融入鳄蜥科不完整的特征编码的影响。根据订正之后的鳄蜥科的特征编码，并且添加了水秀蜥属（*Bahndwivici*）的形态学矩阵的分析结果表明大凌河蜥应该是鳄蜥类（鳄蜥属 + 水秀蜥）的姐妹群（Conrad, 2008；Conrad et al., 2010）。大凌河蜥与鳄蜥科共有下列特征：吻端圆钝；额骨前部形成一个楔状突；额骨顶面发育瘤突；前额骨前部凸缘突伸至外鼻孔边缘；轭骨眶后突外表面发育膜质瘤突；额骨的侧下突（subolfactory processes）发育成竖向骨嵴；内颅的前耳骨嵴（crista prootica）退化缩小，无侧腹向延伸；身体腹侧膜质盾甲缺失。目前的分支系统分析表明大凌河蜥应为鳄蜥科的姐妹群，因而在蛇蜥亚目的演化和分类研究中占有重要位置（Conrad, 2008；Conrad et al., 2010）。

长趾大凌河蜥 *Dalinghosaurus longidigitus* Ji, 1998
（图 142）

正模　GMC V 2127，一不完整头后骨骼缺失头骨。产自辽宁北票四合屯。

图 142　长趾大凌河蜥 *Dalinghosaurus longidigitus*
归入标本（IVPP V 14234.1, V 14234.2）：近完整头部及头后骨骼腹面观

归入标本　IGCAGS 02-7-16-2，关节完好的头后骨架，头骨缺失；IVPP V 12345，V 12586，V 12643，V 13281，V 13282，V 13864，V 13865，V 14069，V 14262，V 14295，V 14234.1–14234.16，20 件三维立体保存的不完整骨架。

鉴别特征　同属。

产地与层位　辽宁北票四合屯和陆家屯、凌源大王杖子，下白垩统义县组。

评注　原始文献中描述的长趾大凌河蜥的正模（GMC V 2127）以及其后发现的一件归入标本（IGCAGS 02-7-16-2）都没有保存头骨（Ji, 1998；Ji et Ji, 2004）。直到在辽宁北票陆家屯义县组中发现大量保存完好的标本时，其头部解剖特征才得到较好的了解，种的鉴别特征也相应做了修订（Evans et Wang, 2005；Evans et al., 2007），之后的分支系统分析支持长趾大凌河蜥与鳄蜥科的姐妹群演化关系（Conrad, 2008；Conrad et al., 2010）。

魔蜥超科 Superfamily Monstersauroidea Norell et Gao, 1997

概述　魔蜥类在平背下目中属于一个较鳄蜥超科更为进步的演化支系，其现生代表是北美洲南部和中美洲分布的毒蜥属（Heloderma），而其化石代表则包括北美以及欧亚大陆早白垩世—渐新世的一些绝灭属种。原始发表的命名中（Norell et Gao, 1997: Monstersauria）没有给出魔蜥类的分类等级。本册依据其科级以上、下目之下的分类学属性，将其列为超科级别，并使用了国际动物命名法规的超科级词尾。

定义与分类　魔蜥超科可定义为：平背下目中与毒蜥科（Helodermatidae）共有一个最近的共同祖先而远于蛇蜥科（Anguidae）、巨蜥科（Varanidae）及异蜥科（Xenosauridae）的所有的分类单元。在此定义下的魔蜥超科与巨蜥超科呈姐妹群关系。

形态特征　上颌骨前端内侧突发达，明显伸至前颌骨背突后侧；上颌骨背突前缘微向内侧弯曲；头顶两额骨以骨缝相接，无愈合现象；腭骨明显展宽，长宽近相等；下颌夹板骨短，前端未能伸达下颌齿列中段。

分布与时代　现生属种分布于美国西南部、墨西哥，最南到中美洲危地马拉；化石分布见于北美洲晚白垩世—渐新世，欧亚大陆晚白垩世—古新世。魔蜥超科地史分布从早白垩世延续至今。

评注　魔蜥超科的现生代表只有毒蜥科毒蜥属（Heloderma）一属两种（Heloderma horridum, H. suspectum）。同属的化石种有美国得克萨斯中新世的 Heloderma texana 和内布拉斯加渐新世的 Heloderma matthewi。魔蜥超科的早期化石代表包括蒙古国南戈壁晚白垩世的 Estesia、Parviderma、Gobiderma（Norell et Gao, 1997），也包括北美晚白垩世的 Paraderma、Labrodictes 和 Primaderma（Gao et Fox, 1996；Nydam, 2000；Conrad et al., 2010）等。中国江西上白垩统南雄组发现的南康江西蜥是迄今中国发现的唯一魔蜥超科的化石记录。该演化支系古近纪的化石记录在欧洲有法国古新世的 *Eurheloderma*，在北美有渐新世的 *Lowesaurus*。

魔蜥超科科未定 Monstersauroidea incertae familiae

江西蜥属 Genus *Chianghsia* Mo, Xu et Evans, 2012

模式种 南康江西蜥 *Chianghsia nankangensis* Mo, Xu et Evans, 2012

鉴别特征 吻部钝圆；下颌齿骨与其后骨骼交叠明显；头部膜质盾甲圆钝，且具密集的麻坑；上颌与下颌牙齿极为稀少，各有 4–5 颗牙齿；牙齿高冠，侧扁，稀疏排列；牙齿基部发育齿质纵沟 （plicidentine infoldings）。

中国已知种 仅模式种。

分布与时代 江西南康，晚白垩世。

评注 江西蜥为单型属，仅见于江西南部上白垩统南雄组。江西蜥属代表在中国南方中生代陆生生态系统中非常少见的体型较大、捕食性很强的蜥蜴类化石记录。该属总体形态上与蒙古国晚白垩世的 *Gobiderma* 相似，但以其吻部前端圆钝但两侧平行拉长，

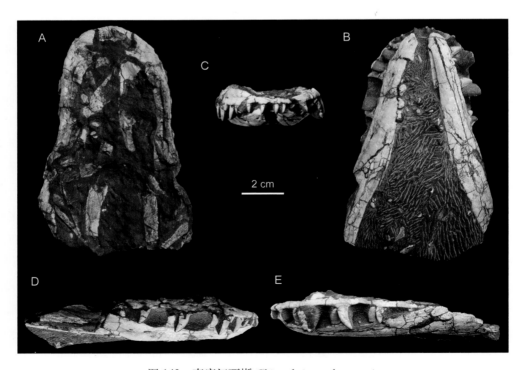

图 143 南康江西蜥 *Chianghsia nankangensis*
正模（NHMG 009318），不完整头骨及下颌：A. 背面观；B. 腹面观；C. 前面观；D. 右侧观；E. 左侧观
（引自 Mo et al., 2012）

上颌与下颌牙齿极为稀少，以及下颌边缘平直等特征区别于后者（见 Mo et al., 2012）。

南康江西蜥 *Chianghsia nankangensis* Mo, Xu et Evans, 2012
（图 143）

正模　NHMG 009318，不完整头骨及下颌。产自江西省南康市附近。

鉴别特征　同属。

产地与层位　江西南康，上白垩统南雄组。

巨蜥超科 Superfamily Varanoidea Camp, 1923

概述　巨蜥超科的成员主要是中到大型捕食性的蜥蜴类，包括现生科莫多龙和澳大利亚绝灭的长达 7 m 的更新世 *Megalania* (=*Varanus*)。已往文献中不同作者对于巨蜥超科（Varanoidea）的使用含义有比较大的差异。例如，Gao 和 Norell（1998, 2000）将巨蜥超科定义为晚白垩世 *Telmasaurus* 与现生巨蜥科的最近共同祖先及其所有后裔；而后由于 *Telmasaurus* 被归入巨蜥亚科，巨蜥超科的定义也随之而有所改变（Conrad et al., 2010）。在其他文献中也有将巨蜥超科与平背下目等同对待者（如：McDowell et Bogert, 1954；Rieppel, 1980a；Estes, 1983a；Estes et al., 1988）。单纯基于分子生物学特征的分支系统分析显示毒蜥科与蛇蜥科或是异蜥科成为姐妹群，因而使得巨蜥超科成为一个复系类群（Conrad et al., 2010）。然而，形态解剖学特征（Rieppel, 1980a；Estes et al., 1988；Conrad, 2008）以及形态学与分子特征的综合分析（Conrad et al., 2010）都强力支持巨蜥超科的单系性。

定义与分类　巨蜥超科可定义为在平背下目中相对于毒蜥属（*Heloderma*）而言更接近现生巨蜥属（*Varanus*）和婆罗蜥属（*Lanthanotus*）的化石或是现生蜥蜴类。这一定义下的巨蜥超科明显不同于以往有些文献中将 Varanoidea 与 Platynota 作为互换分类名称的用法（如：McDowell et Bogert, 1954；Rieppel, 1980a；Estes, 1983a；Estes et al., 1988），也不同于使用白垩纪 *Telmasaurus* 和现生巨蜥科作为标定分类单元的定义（Gao et Norell, 1998, 2000）。本册采用的定义接近于 Camp（1923）对 Varanoidea 的原始定义，即代表平背下目（Platynota）之内的一个高级分类单元（Gao et Norell, 2000；Conrad, 2008；Conrad et al., 2010）。

形态特征　上颌骨表面无膜质纹饰；泪孔成对，开孔于眼眶边缘；轭骨弯细，无折角弯曲（angulation），也无腹侧后突（posteroventral process）；上颞骨窄长，前伸至顶骨上颞突基部；下颌冠突远在齿骨末端之后；下颌麦氏沟内颌间隔（intramandibular septum）发育后凹；夹板骨后伸不达冠突之后；下颌反关节突向内侧弯曲；所有尾椎均无自断结构。

分布与时代　巨蜥超科的现生代表主要分布于非洲、澳大利亚、亚洲中南部陆区及附近岛屿、美洲部分地区，地史分布从晚白垩世延续至今。

评注　巨蜥超科具有较好的化石记录。蒙古国南戈壁晚白垩世地层中发现的 *Telmasaurus*、*Cherminotus*、*Saniwades* 和 *Aiolosaurus* 等一批化石代表都属于巨蜥超科的成员（Conrad et al., 2010）。此外，北美晚白垩世的古萨尼瓦蜥（*Palaeosaniwa*）和古新世的萨尼瓦蜥（*Saniwa*）以往分类上也被划归此一类群（Estes, 1983a；Gao et Fox, 1996）。但是后来有的分支分析也将 *Palaeosaniwa* 归入魔蜥类（Conrad et al., 2010）。

巨蜥科 Family Varanidae Merrem, 1820

模式属　巨蜥属 *Varanus* Merrem, 1820

定义与分类　相对于毒蜥属（*Heloderma*）而言，与巨蜥属（*Varanus*）共有一个最近共同祖先的所有分类单元。在此定义下的巨蜥科包括现生巨蜥属和婆罗蜥属（*Lanthanotus*），也包括与这些现生属紧密相关的化石类型（如：*Telmasaurus*、*Cherminotus*、*Ovoo* 等蒙古国南戈壁晚白垩世的化石属；见 Conrad et al., 2010）。科内包括巨蜥亚科、婆罗蜥亚科以及与此两亚科紧密相关的一些化石类型。也有将婆罗蜥亚科升为科级的分类方案（如：Uetz et al., 2019）。

鉴别特征　中到大型的捕食性蜥蜴类，体长可达 6–7 m；骨质外鼻孔显著拉长后伸，额骨参与外鼻孔构成；两鼻骨在胚胎发育期间即已愈合，但不与前额骨相接；额骨成对，不愈合；额骨外边缘平直，无眶间收缩；两额骨侧下突（subolfactory processes）发达，沿嗅神经通道（olfactory tract）腹侧中线接触；犁骨腭面发育中线嵴突；后额骨缺失；无腭齿或翼骨齿；上翼骨背突与前耳骨接触；上颌短，后端仅达眼眶前缘；上颌齿列短，不超过 13 颗牙齿；牙齿锋利，齿冠边缘成锯齿形；牙齿基部无替换窝，新出牙齿发生于被替换牙齿后部；下颌齿骨构成下齿槽孔（inferior alveolar foramen）背缘；下颌收肌附着于顶骨背侧边缘；具有 9 节颈椎，前五节颈椎均无颈肋；椎体发育独特的关节髁与椎体间的髁前收缩（precondylar constriction）。

中国已知属　目前只在上白垩统有零散化石发现，尚无属种级别的鉴定或命名。

分布与时代　巨蜥科现生种多达 80 余种（Uetz et al., 2019），分布于非洲、澳大利亚、亚洲的热带和亚热带地区。地史分布从晚白垩世延续至今。

巨蜥科属种未定 Varanidae gen. et sp. indet.

（图 144）

材料　IVPP V 10077，头骨前部残段，带有部分下颌；IVPP V 10078，一个较完整的背椎。

产地与层位 内蒙古巴音满都呼嘎查，上白垩统巴音满都呼组（中坎潘阶）。

评注 Gao 和 Hou（1996）将产自同一地点和层位的两件标本归入了巨蜥科，但是受标本完整程度所限，未能在属种级别上做出鉴定。其中一件标本（IVPP V 10077）显示出具有科级鉴别意义的特征，包括：骨质外鼻孔拉长并明显后伸，额骨前伸接近外鼻孔；鼻骨愈合构成窄长的鼻中隔。现在看来，根据这些特征将 IVPP V 10077 归入巨蜥科是比较适宜的。另外一件背椎标本（IVPP V 10078）椎体后端明显变窄，近似梯形，并具关节髁与椎体之间的髁前收缩。因此，将 IVPP V 10078 归入巨蜥科也较妥当。然而，这两件标本是否代表同一属种目前尚难确定。

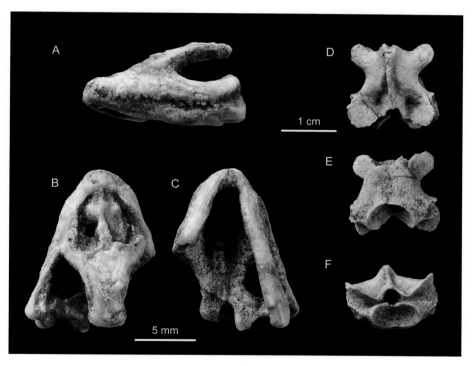

图 144 巨蜥科属种未定 Varanidae gen. et sp. indet.

A–C. IVPP V 10077，不完整头骨及下颌左侧观（A）、背面观（B）和腹面观（C）；D–F. IVPP V 10078，较完整背椎背面观（D）、腹面观（E）和后面观（F）

巨蜥超科属种未定 **Varanoidea gen. et sp. indet.**

（图 145）

材料 IVPP V 22767，一近于完整的右侧下颌支，部分脊柱，包括六个连接的脊椎，以及相连的最后一个荐前椎和荐椎。

产地与层位 安徽潜山县杨小屋，中古新统痘姆组上段。

评注 侯连海（1974）原始指定的淮南安徽蜥（*Anhuisaurus huainanensis*）正模（IVPP

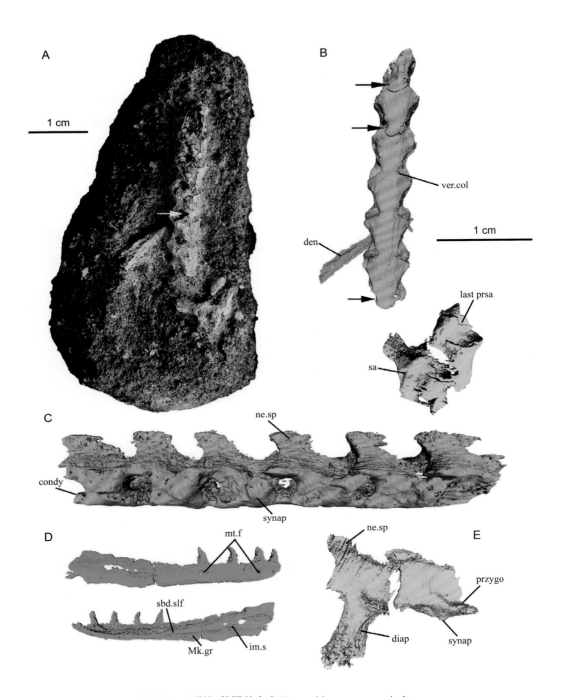

图 145　巨蜥超科属种未定 Varanoidea gen. et sp. indet.

IVPP V 22767：A. 保存有部分脊柱和部分右下颌支的化石照片；B. 同一标本的 CT 扫描图像；C. 部分脊柱
CT 扫描右侧观图像；D. 右下颌 CT 扫描图像外侧及内侧观；E. 最后一节荐前椎及第一节荐椎 CT 扫描背面
观图像；C–E 图像不按比例（引自 Dong et al., 2016, 略有修改）。

den, 齿骨（dentary）；condy, 关节髁（condyle）；diap, 椎横突（diapophysis）；im.s, 颌间隔（intramandibular
septum）；last prsa, 最后一节荐前椎（last presacral）；Mk.gr, 麦氏沟（Meckelian groove）；mt.f, 颏孔
（mental foramina）；ne.sp, 神经嵴（neural spine）；przygo, 前关节突（prezygopophysis）；sa, 荐椎（sacral）；
sbd.slf, 齿下凸缘（subdental shelf）；synap, 椎下突（synapophysis）；ver.col, 脊柱（vertebral column）

V 4450）包括一不完整的头骨，部分下颌以及几节脊椎（见本册淮南安徽蜥评注）。董丽萍等（2016）研究发现这几节脊椎骨显示出巨蜥类的形态特征，不属于淮南安徽蜥；因此，给予脊椎部分新的标本号 IVPP V 22767，并将其定为"Varaniformes gen. et sp. indet."。侯连海（1974）也提到残破保存的下颌骨及腰带骨骼，但由于标本保存不佳未予详细描述，也未给予标本编号。董丽萍等（2016）对化石标本的 CT 扫描揭示出残破的右下颌骨以及包括一节荐前椎和荐椎的部分与上述脊柱部分属于同一个体，一并归入"Varaniformes gen. et ap. indet."。由于本册未采用"Varaniformes"级别的分类，故定为"Varanoidea gen. et sp. indet."。

平背下目超科未定 Platynota incertae superfamiliae

新蜥科 Family Necrosauridae Hoffstetter, 1943

模式属　新蜥属 *Necrosaurus* Hoffstetter, 1943

定义与分类　新蜥科是蛇蜥亚目中与巨蜥超科关系密切的一个绝灭类群，其化石记录多见于北美和欧亚晚白垩世至始新世地层。科内包括新蜥（*Necrosaurus*）、始萨尼瓦蜥（*Eosaniwa*）、宫齿蜥（*Colpodontosaurus*）、原似巨蜥（*Provaranosaurus*）等化石类型。此外，中亚乌兹别克斯坦晚白垩世的 *Ekshmer*，以及蒙古国南戈壁晚白垩世的副巨蜥（*Paravaranus*）等相关类型也都被归入本科之内。本科化石材料零散不全，各属间的系统关系也不确切，本册不能给出科的明确定义。

鉴别特征　骨质外鼻孔不明显向后延伸；两额骨愈合，额骨下突（subolfactory processes）不在中线相接；上颌骨背突位于上颌骨中段之前；牙齿数目和形态都随种而异；比如，模式属 *Necrosaurus* 具有纤细牙齿，数目较多，牙齿基部无齿质纵沟或不明显；脊椎具有稍显拉长的椎体，且椎体腹面平滑，无明显的外拱；椎体关节突无横向膨展，也无椎体关节髁基部的收缩；膜质盾甲椭圆形，且具背侧纵嵴。

中国已知属　只有内蒙古巴音满都呼发现的不完整上颌骨化石，未能做出属种级别鉴定。

分布与时代　欧洲，古新世和始新世；北美，晚白垩世至古新世；亚洲，晚白垩世。

评注　新蜥科最早是由 Hoffstetter（1943）根据法国和德国始新世相似于巨蜥科的化石蜥蜴类（*Necrosaurus*）命名的，代表一个与巨蜥科相近的欧洲绝灭类群。Estes（1964，1983a）将此科扩展，除包括欧洲始新世的始萨尼瓦蜥（*Eosaniwa*）、北美古新世的原似巨蜥（*Provaranosaurus*）和晚白垩世的宫齿蜥（*Colpodontosaurus*）几属以外，也包括副萨尼瓦蜥（*Parasaniwa*）。但是，也有研究显示后者可能与巨蜥超目关系密切（Conrad et al., 2010）。再后，Borsuk-Białynicka（1984）又将蒙古国南戈壁晚白垩世的副巨蜥（*Paravaranus*）归入此科。始萨尼瓦蜥和副巨蜥是否应移出新蜥科，目前尚不能确定。因此，新蜥科应被视为一个有待修订的类群（Rieppel et al., 2007；Conrad et al., 2010）。Necrosauridae 中文译名来自博物馆贴吧《史前爬行动物吧——史前巨蜥》。Necro 希腊文的意思是"dead body"；之所以译成新蜥科可能涉及词根 necro- 的另一含意：necromancy——全新魔法元素 / 巫术还魂新生。

新蜥科属种未定 Necrosauridae gen. et sp. indet.

（图 146）

材料 IVPP V 10076，不完整的左上颌骨仅保存三颗牙齿及三个齿位。

产地与层位 内蒙古巴彦淖尔盟乌拉特后旗巴音满都呼嘎查，上白垩统牙道黑他组（中坎潘阶）。

评注 IVPP V 10076 显示出一些新蜥科特征：上颌骨具有较为伸长的前突；牙齿尖细，排列稀疏且微向后弯；牙齿基部稍有膨大，并有微弱的齿质条纹。在原始文献中（Gao et Hou, 1996）根据这些特征将 IVPP V 10076 标本鉴定为新蜥科属种未定。受标本完整程度所限，对于 IVPP V 10076 的研究难于达到属种级别的鉴定。新蜥科化石在蒙古国相当地层中有比较丰富的化石记录，而我国内蒙古巴音满都呼的化石记录仍有待今后更完整标本的发现。

图 146 新蜥科属种未定 Necrosauridae gen. et sp. indet.
IVPP V 10076，不完整左上颌：A. 背面观；B. 外侧观；C. 内侧观

平背下目分类位置未定 Platynota incertae sedis

秦岭"锥齿蜥" *"Conicodontosaurus" qinlingensis* Li, Xue et Liu, 2004
（图 147）

正模 NWU V 1142，一不完整右下颌骨及牙齿。产自陕西洛南县张坪洛河北岸石灰岩洞。

鉴别特征 下颌长，较为粗壮，下缘略微下拱，前端略向上翘；具 13 个亚端生型的锥状牙齿，无瘤；其中前五颗牙齿较粗壮，第五、六齿之间有齿缺；后部牙齿较小；麦氏沟在第五齿后缘下方张开。

产地与层位 陕西洛南张坪洛河北岸，中更新统洞穴堆积。

评注 李永项等（2004）根据陕西洛南中更新世洞穴堆积中发现的一右下颌支命名了秦岭锥齿蜥。然而，正模标本（NWU V 1142）的总体形态与典型的锥齿蜥属相去甚远，并且牙齿齿冠部分多已磨蚀风化，并未显示锥齿蜥的牙齿特征。正模标本的下颌齿骨前端似乎显示具有非常纤弱或可能由结缔组织连接的松动下颌联合（mandibular symphysis）。齿骨后部外侧面具有显著前伸的三角形凹槽，说明下颌冠状骨外前突或上隅骨前突十分发达，其前伸越过齿列后端。该标本显示的其他特征还包括：下颌内侧齿列基架（subdental shelf）似乎呈坡状下斜，明显缺失齿列下嵴（subdental ridge），下颌麦氏沟大部分朝下方开放。此外，标本前部保存相对较好的牙齿似乎显示具有齿质纵沟（placidentine infoldings）。所有这些特征需要重新研究和评价，如能得到确认则秦岭"锥齿蜥"应被移出锥齿蜥属，重新命名并转移归入蛇蜥亚目平背下目。在未经正式的修订研究之前，本册暂将其视为一个有效种名，但是属名和科级分类待定。

1 mm

图 147 秦岭"锥齿蜥" *"Conicodontosaurus" qinlingensis*
正模（NWU V 1142），不完整右下颌齿骨：A. 外侧观；B. 内侧观（引自李永项等，2004）

蛇亚目 Suborder SERPENTES Linnaeus, 1766

概述 蛇亚目（Suborder Serpentes or Ophidia）包括 3700 余现生种，是现生爬行动物中在属种数目上仅次于蜥蜴类（6000 余种）的第二大类群（Uetz et al., 2019）。与蜥蜴类相似，蛇类广泛分布于除南极洲外的其他大陆（Zug et al., 2001）。蛇亚目属于高度特化的有鳞类，除了身体拉长和失去四肢以外，与蜥蜴类不同的是几乎所有蛇类都是捕食性的。长期以来，蛇类一直被认为起源于蛇蜥亚目中的某个类群。但是，近十余年来基于形态学和分子特征的分支系统分析显示蛇类趋向于被排除于蛇蜥亚目之外（如：Townsend et al., 2004；Vidal et Hedges, 2004, 2005；Conrad, 2008；Zaldivar-Riverón et al., 2008）。有些分支系统分析支持蛇类与蚓蜥类（amphisbaenians）构成姐妹群（如：Evans et Wang, 2005；Conrad, 2008）。尽管如此，目前蛇类的起源仍然是一个生物演化的未解之谜，这一特化类群与其他有鳞类的演化关系尚无共识。

定义与分类 蛇亚目可定义为盲蛇下目（Scolecophidia）和真蛇下目（Alethinophidia）的最近共同祖先及其所有后裔。在分类上，蛇亚目包括盲蛇科（Typhlopidae）、游蛇科（Colubridae）、眼镜蛇科（Elapidae）、蝰蛇科（Viperidae）、蚺蛇科（Boidae）等 20 余科（Uetz et al., 2019）。蛇类的超科级别的分类单元包括类瘰鳞蛇超科（Acrochordoidea）、盾尾蛇超科（Uropeltoidea）、蟒蛇超科（Pythonoidea）、蚺蛇超科（Booidea）、游蛇超科（Colubroidea）、盲蛇超科（Typhlopoidea）等（Uetz et al., 2019）。更高一级的分类包括盲蛇下目（Scolecophidia）和真蛇下目（Alethinophidia）。

形态特征 蛇亚目最明显的特征是四肢缺失和身体显著拉长。除此之外，其他鉴别特征包括：无鼓膜，无眼睑；下颌联合缺失，而代之以韧带连接；下颌齿骨缩短，并与下颌后部骨骼构成可滑动游离的颌间关节（intramandibular joint）；高度特化的侧生牙齿附着方式；脊椎前后关节突构成竖向关节面等一系列特化特征。

分布与时代 现生类群广泛分布于除南极洲外的其他大陆，地史分布从中侏罗世至今。

评注 最早的蛇类化石发现于英国中侏罗世地层，以巴通期的 *Eophis* 为代表，可能生活于约 167 Ma 年前（Caldwell et al., 2015）。但是，这一最早蛇类只保存了零散的下颌骨。最早的较完整的蛇类化石为发现于以色列晚白垩世（塞诺曼期，大约距今 98 Ma）的 *Pachyrhachi*，是一个仍残存后肢的蛇类。时代稍晚一些的化石包括南美阿根廷晚白垩世的 *Dinilysia* 和 *Najash* 两个属，前者是一个穴居型的蛇类，而后者则是一个仍保留残存腰带的陆生蛇类。中国蛇类化石极其贫乏，至今只有山东山旺中新世山旺组发现的硅藻中新蛇（*Mionatrix diatomus* Sun, 1961）一属一种。

游蛇科 Family Colubridae Oppel, 1811

模式属　游蛇属 *Coluber* Linnaeus, 1758

定义与分类　游蛇科可定义为：相对于王蛇科（Lamprophiidae）而言，所有更接近于游蛇亚科的分类单元。游蛇科一向被认为是一个并系类群（如：Zug et al., 2001），但是，后来的核基因融合线粒体基因的分支系统分析显示游蛇科为一个单系（Pyron et al., 2011）。根据这一研究结果，游蛇科被划分为游蛇亚科（Colubrinae）、水游蛇亚科（Natricinae）、斜鳞蛇亚科（Pseudoxenodontinae）、食蜗蛇亚科（Dipsadinae）、铁线蛇亚科（Calamariinae）、凹齿蛇亚科（Scaphiodontophiinae）、格雷蛇亚科（Grayiinae）共 7 个亚科（Pyron et al., 2011）。

鉴别特征　颈动脉孔缝状；前颌骨牙齿缺失；上颌骨具有带沟的牙齿（grooved teeth）；视神经孔开孔于额骨 - 顶骨 - 副蝶骨之间的骨缝部位；下颌冠状骨缺失；头部无红外接受器；无肩带或腰带骨骼残留；左肺极度退化或完全消失；喉管肺发育或不发育；左右输卵管均正常发育。

中国已知属　只有中新蛇 *Mionatrix* Sun, 1961 一属。

分布与时代　除南极洲之外的主要大陆都有分布，晚始新世至现代。

评注　游蛇科包括现生类型 300 余属，1900 余种（Uetz et al., 2019），广泛分布于除南极洲之外的所有大陆。游蛇科现今已知最早的化石发现于泰国和美国晚始新世地层。Rage 等（1992）记述了泰国晚始新世的游蛇科化石，包括 6 个属种未定的椎骨。据此发现，过去普遍认为游蛇科起源于亚洲，直到渐新世才辐射到欧洲和北美。但是，Parmley 和 Holman（2003）报道了美国佐治亚州发现的晚始新世内布拉斯加蛇（*Nebraskophis*），与泰国的发现同期或是稍早。因此，游蛇科的亚洲起源说应予重新评价。

中新蛇属 Genus *Mionatrix* Sun, 1961

模式种　硅藻中新蛇 *Mionatrix diatomus* Sun, 1961

鉴别特征　身体中等大小，体长半米至一米间。牙齿细小，紧密排列，上颌齿数 15 左右，牙齿向后稍有增大，最后两齿无特殊增大现象，与前面牙齿之间无齿隙；下颌齿 11 枚左右；翼骨呈扁三角形，翼骨齿极细小，沿内侧边缘分布；椎下突遍及全身，突起较短，但前后高度相若，无向后增高现象。

中国已知种　仅模式种。

分布与时代　仅见于山东山旺，中新世。

评注　孙艾玲（1961）根据山东山旺发现的化石标本命名了中新蛇属，并根据无前颌齿、翼骨直达方骨及无增大的毒沟牙等特征，将其归入游蛇科。法国古爬行类专家

Rage（1984）在其评述中指出，中新蛇化石头骨只有腭面暴露，头骨顶区的许多具有重要分类意义的特征尚无从了解。因此，建议可暂时保留中新蛇为一有效属名，而其科级分类归属有待进一步的研究修订。

硅藻中新蛇 *Mionatrix diatomus* Sun, 1961

（图 148）

群模 IVPP V 993, V 994，两件不完整的带有头骨的骨架。产自山东临朐山旺。
鉴别特征 同属。
产地与层位 山东临朐山旺，中中新统山旺组。

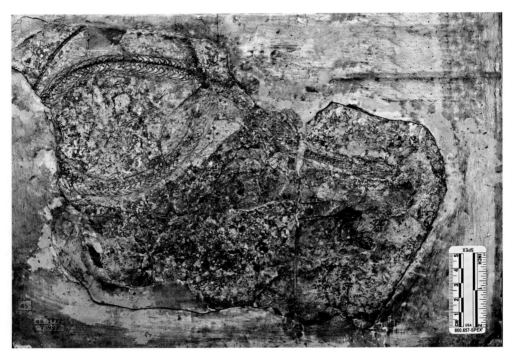

图 148 硅藻中新蛇 *Mionatrix diatomus*
群模标本之一（IVPP V 993），不完整头骨及头后骨骼印模化石

有鳞目亚目未定 SQUAMATA incerti subordinis

矢部龙科 Family Yabeinosauridae Endo et Shikama, 1942

模式属 矢部龙属 *Yabeinosaurus* Endo et Shikama, 1942

定义与分类 矢部龙科为一单型科，由于其在有鳞目内的演化关系尚不明了，目前不能给出本科的分支系统学定义。

中国已知属 矢部龙科为单型科，只包括矢部龙一属。

分布与时代 辽宁西部，早白垩世。

评注 矢部龙科包括矢部龙一属四种，其分布仅见于中国辽宁早白垩世义县组。矢部龙过去曾一度被认为与德国晚侏罗世的阿迪蜥（*Ardeosaurus*）相似，并有人（Hoffstetter, 1964；Estes, 1983a；Pianka et Vitt, 2003）将矢部龙归入阿迪蜥科（Ardeosauridae）。但是，后来的分支系统分析结果发现矢部龙与阿迪蜥科并非姐妹群关系，二者不能归入同一科。就目前所知证据而言，矢部龙科有可能属于原始的干群硬舌蜥蜴类（Evans et al., 2005），也有可能属于蛇蜥亚目的成员（Conrad, 2008；Conrad et al., 2010）。但是这两个可能分类位置都还缺少强有力的特征支持。将矢部龙置于硬舌类干群支系的假说（Evans et al., 2005）并未提供明确的特征支持，而将其归入蛇蜥亚目的假说也只有一个特征的支持，即下颌关节骨／前关节骨与上隅骨无愈合现象（Conrad, 2008；Conrad et al., 2010）。目前，矢部龙科的分类名称应予保留，而其在有鳞目中亚目级别的分类位置目前尚难确定。

矢部龙属 Genus *Yabeinosaurus* Endo et Shikama, 1942

模式种 细小矢部龙 *Yabeinosaurus tenuis* Endo et Shikama, 1942

鉴别特征 体型较大，成体吻 - 臀长度达 30–35 cm。颅顶骨骼表面发育蠕虫状纹饰；两前颌骨愈合，带有 9 颗牙齿；上颌骨背突较高，眶下突短；后额骨与后眶骨不愈合，前者展宽，几乎覆盖上颞窗；额骨和顶骨成对，具复杂的交错对插中线骨缝连接；顶孔关闭；轭骨弓发育完全，沿眶边缘被上颌骨大部掩盖；轭骨具短刺状后腹突；上下颌牙齿侧生型，牙齿替换方式为鬣蜥型；下颌发育细长隅骨突。

中国已知种 细小矢部龙 *Yabeinosaurus tenuis* Endo et Shikama, 1942，杨氏矢部龙 *Y. youngi* Hoffstetter, 1964，双尖矢部龙 *Y. bicuspidens* Dong, Wang et Evans, 2017，粗壮矢部龙 *Y. robustus* Dong, Wang et Evans, 2017 四个种。

分布与时代 辽宁义县、北票及凌源等地，早白垩世。

评注 矢部龙的形态解剖和系统演化关系一直是化石蜥蜴研究中的一个疑难问题。长期以来一般误认为矢部龙属与壁虎类关系密切（如：Hoffstetter, 1964；Estes, 1983a）。后来的研究表明这种误解的主要原因是已丢失的正模和后来指定的新模标本都属于幼年个体，而以前所认为的鉴别特征许多都是发育过程中的变异性状（Evans et al., 2005）。目前对矢部龙的系统分支关系尚有很大分歧。Evans 等（2005）的研究结果显示矢部龙的系统位置可能接近于鬣蜥亚目（Iguania）与硬舌蜥蜴类（Scleroglossa）两个支系分支演化的节点，而另有分支系统分析将矢部龙归入蛇蜥亚目（Conrad, 2008）。

细小矢部龙 *Yabeinosaurus tenuis* Endo et Shikama, 1942

（图 149）

正模 CNMM no. 3735（CNMM 见 Endo et Shikama, 1942 原文），一近完整骨架仅尾后部缺失。产自辽宁义县枣茨山。

新模 YZFM R002，一近完整的幼年个体骨架。产自辽宁义县金刚山（紧邻枣茨山）。

归入标本 IVPP V 12641，一不完整头部及部分头后骨骼。产地同新模。

鉴别特征 牙齿细小，单尖，紧密排列，齿冠略向后弯曲；一对额骨窄长，眶间部分强收缩；后眶骨与轭骨不相接；下颌隅骨突短小，钩状；颈椎 5 节，背椎 20 节。

产地与层位 辽宁义县枣茨山、义县金刚山，下白垩统义县组。

评注 原始指定（Endo et Shikama, 1942）的正模已经在抗日战争期间丢失。后由姬书安等（2001）根据模式标本产地附近同层位发现的一件化石指定了新模（YZFM R002）。然而，正模和后期指定的新模都属于未成年个体（Estes, 1983a；Evans et al., 2005），而依据这些化石的研究导致了许多未厘清的问题（Dong et al., 2017）。

双尖矢部龙 *Yabeinosaurus bicuspidens* Dong, Wang et Evans, 2017

（图 150）

正模 IVPP V 15840，一不完整骨架包括散开保存的前颌骨、右侧轭骨、翼骨和外翼骨、左右下颌支、部分头后骨骼。产自辽宁义县金刚山（紧邻枣茨山）。

鉴别特征 体全长可达 35 cm；上颌齿列后部牙齿具双齿尖；下颌隅骨突直，不呈钩状；前肢肱骨短。

产地与层位 辽宁义县金刚山，下白垩统义县组。

评注 IVPP V 15840 原鉴定为模式种细小矢部龙的归入标本之一（Evans et al., 2005）。近年的修订研究将其指定为双尖矢部龙的正模（Dong et al., 2017）。

粗壮矢部龙 *Yabeinosaurus robustus* Dong, Wang et Evans, 2017

（图 151）

正模 IVPP V 13285，一成年个体的头骨及前足。产自辽宁北票四合屯，下白垩统义县组。

归入标本 IVPP V 13284，产于辽宁凌源大王杖子义县组；IVPP V 13272，产于辽宁朝阳大平房九佛堂组；IVPP V 16361，V 16362，V 18005，产于辽宁建昌肖台子下白垩统九佛堂组。

图 149　细小矢部龙 *Yabeinosaurus tenuis*
归入标本（IVPP V 12641），一近完整的头骨及头后骨架

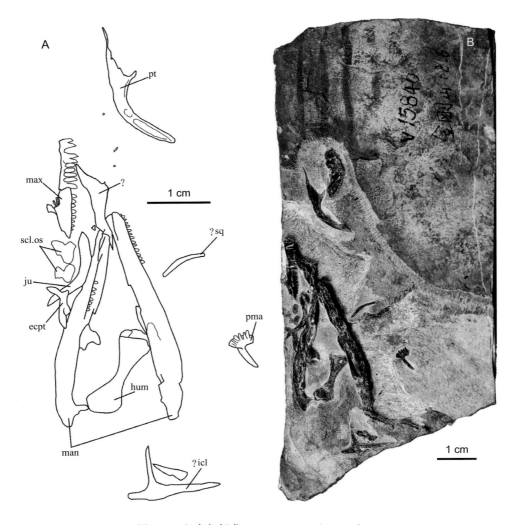

图 150　双尖矢部龙 *Yabeinosaurus bicuspidens*

正模（IVPP V 15840）：A. 骨骼保存示意图；B. 标本照片（据 Dong et al., 2017，略有修改）。
ecpt, 外翼骨（ectopterygoid）；?icl, 可能的间锁骨（?interclavicle）；hum, 肱骨（humerus）；ju, 轭骨（jugal）；
man, 下颌支（mandible）；max, 上颌骨（maxilla）；pt, 翼骨（pterygoid）；pma, 前颌骨（premaxilla）；
scl.os, 眼睑骨（scleral ossicles）；?sq, 可能的鳞骨（?squamosal）；?, 未知骨骼（unknown element）

鉴别特征　牙齿短粗，齿冠具圆钝的单尖；轭骨后腹突短小；方骨发育独特的垂片状翼突；顶骨后缘具一深窝，供上枕骨前背突嵌入；腭骨与翼骨具齿；翼骨具细弱的方骨突；下颌隅骨突粗大，钩状；第二对荐肋异常粗壮；锁骨近端扩展，并有穿孔。

产地与层位　辽宁西部，下白垩统义县组、九佛堂组。

评注　正模（IVPP V 13285）以及其他两件标本（IVPP V 13272, V 13284）原来作为矢部龙属模式种的归入标本发表（Evans et al., 2005）。其后，经修订被指定为粗壮矢部龙的正模和归入标本（Dong et al., 2017）。

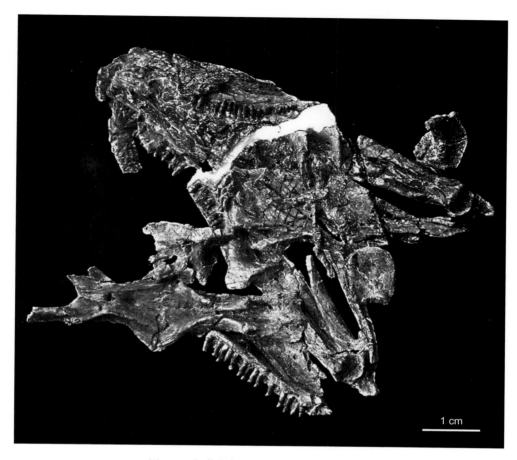

图 151　粗壮矢部龙 *Yabeinosaurus robustus*

正模（IVPP V 13285），不完整头骨及下颌支：头部骨骼保存为腹面观，两下颌支为背面观（引自 Evans et al., 2005）

杨氏矢部龙　*Yabeinosaurus youngi* Hoffstetter, 1964

（图 152）

正模　IVPP V 961，一不完整头部及头后骨架。产自辽宁凌源鸽子洞。

鉴别特征　牙齿细小，排列紧密；鼻骨窄长成对；顶骨前端展宽；眼孔较小；间锁骨十字型，具短小前突；前肢细长，前伸可超过吻端。

产地与层位　辽宁凌源鸽子洞，中上侏罗统九龙山组。

评注　杨钟健（1958）记述了产自辽宁凌源鸽子洞的一件标本（IVPP V 961），并将其归入细小矢部龙。其后，Hoffstetter（1964）根据此标本的图片命名了杨氏矢部龙（*Yabeinosaurus youngi*）。然而，其种名有效性长期以来难以确定（Evans et al., 2005）。另有研究建议可将杨氏矢部龙视为一个保留名称（Dong et al., 2017）。

图 152　杨氏矢部龙 *Yabeinosaurus youngi*
正模（IVPP V 961），不完整头部及头后骨架背面观

长江蜥科 Family Changjiangosauridae Hou, 1976

模式属　长江蜥属 *Changjiangosaurus* Hou, 1976

定义与分类　长江蜥科单属单种，由于其在有鳞目的演化关系和分类位置尚不明了，目前不能提供本科的明晰定义（见评注）。

中国已知属　仅模式属。

分布与时代　安徽潜山，古新世。

评注　长江蜥科由侯连海（1976）根据安徽潜山古新统望虎墩组发现的蜥蜴类化石命名。鉴于模式属名为 *Changjiangosaurus*（侯连海，1976），原始文献中发表的"Changjiangidae"科名与模式属名不匹配，自然成为一个科级名称的错误拼写（ICZN, 1999: incorrect original spelling）。根据国际动物命名法规（ICZN, 1999: Article 32），这一拼写错误需要纠正。此前，Estes（1983a）已经注意到这一科级名称拼缀上的问题，虽然指出科名应该更正为 Changjiangosauridae，但是在未经正式修订之前并没有采用长江蜥科的名称。

原始定义的长江蜥科只包括华南长江蜥单属单种，但是在后期研究中，Alifanov（2009）根据蒙古国南戈壁省中始新统 Kaichin 组发现的化石命名了端齿类蜥蜴的 6 个属

（*Acrodontopsis, Agamimus, Graminisaurus, Khaichinsaurus, Lavatisaurus, Lentisaurus*），并将这些属一统归入长江蜥科。这些已发表的属级名称中，有些在命名有效性方面显然需要重新评价修订，而那些有效命名的属种与长江蜥科的归属关系则需要经过详细的特征分析验证。再者，Alifanov（2009）认为长江蜥科可能与晚白垩世的同齿蜥科以及现生刺尾蜥科（Uromastycidae）关系密切，并将这三个科一同归入刺尾蜥超科。然而，Alifanov 提出的这一相当激进的分类方案尚有待经过分支系统分析的检验，科内各属之间演化关系的证据及其分类的合理性目前仍不明确。

长江蜥属 Genus *Changjiangosaurus* Hou, 1976

模式种　华南长江蜥 *Changjiangosaurus huananensis* Hou, 1976

鉴别特征　下颌外侧后方收肌窝较大，该收肌窝前缘有一大而椭圆形的下颌孔。隅骨后部具发达的上下两后突，造成下颌后部独特的马蹄形深凹；隅骨上后突附在上隅骨和关节骨的下方，下后突远较上后突粗壮，并稍向内侧斜。下颌内侧收肌窝缩小；冠状骨无外侧突；夹板骨大且厚，盖住麦氏沟；牙齿小，侧生型、亚圆锥体，排列紧密。

中国已知种　仅模式种。

分布与时代　仅见于安徽潜山黄铺汪大屋一带，古新世。

华南长江蜥 *Changjiangosaurus huananensis* Hou, 1976

（图 153）

正模　IVPP V 4451，一对不完整的下颌支，其中左侧下颌带有不完整的方骨，右下颌带有齿列后部的 7 颗牙齿。产自安徽潜山黄铺附近汪大屋。

鉴别特征　同属。

产地与层位　安徽潜山黄铺，古新统望虎墩组。

评注　华南长江蜥的已知标本仅限于一对不完整的下颌，虽有部分方骨保存，但其头骨的基本解剖特征尚无从知晓。华南长江蜥的原始命名者（侯连海，1976）注意到了正模（IVPP V 4451）下颌隅骨后部特殊的结构和一个马蹄形后凹。但是，仍将其不确切的归入蜥蜴类。这一深凹以及相连的下颌后部内侧很深的沟槽和骨嵴显示其具有非常强健的下颌收肌。根据目前的证据，IVPP V 4451 的基本解剖特征与任何已知蜥蜴类的下颌都相去甚远。因而，其科级以上的分类目前尚缺少可靠的证据（见科的评注）。Li J. L. 等（2008）以及董丽萍等（2016）都建议将华南长江蜥在分类上视为 Squamata incertae sedis。鉴于华南长江蜥非常独特的下颌特征，本册暂保留原著者命名的科级名称，而其能否确切归入有鳞目仍有待头骨化石的发现。

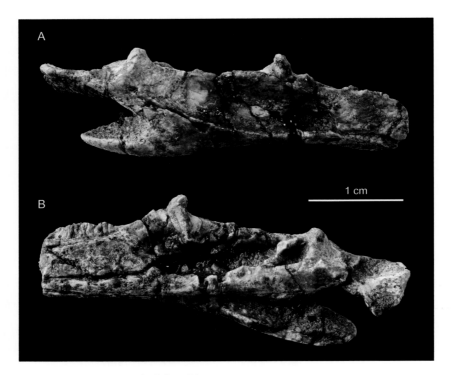

图 153　华南长江蜥 *Changjiangosaurus huananensis*
正模（IVPP V 4451），不完整右下颌支：A. 外侧观；B. 内侧观（引自侯连海，1976）

科未定 Incertae familiae

安徽蜥属 Genus *Anhuisaurus* Hou, 1974

模式种　淮南安徽蜥 *Anhuisaurus huainanensis* Hou, 1974

鉴别特征　头骨低，窄而长；两前颌骨愈合，仅带五颗牙齿，背突窄长；上颌骨上缘较平直，近四边形。下颌下缘平直，联合部宽厚。下颌前部牙齿单尖，侧生型，颊部牙齿增大，亚侧生，略侧扁，具三尖齿冠；脊椎前凹，椎体锥形（见下面评注）。

中国已知种　仅模式种。

分布与时代　安徽潜山，古新世。

评注　安徽蜥为一古新世小型蜥蜴类，上下颌的牙齿数目稀少而且尖长。原始命名文献中误认为安徽蜥的牙齿为端生齿，并据其将此属归入飞蜥科（侯连海，1974）。其后，Estes（1983a）指出保存不佳的化石标本并未显示任何飞蜥科的特征，而数目稀少、尖长的牙齿似乎显示其归入蚓蜥类（Amphisbaenia）的可能性。然而，正模标本上显示的牙齿并非端生，而是侧生或亚侧生。据此，将其归入蚓蜥类的可能性也缺少证据。此属在科一级的确切分类位置显然仍有待研究，本册暂时将其列入有鳞目科未定范畴。

淮南安徽蜥 *Anhuisaurus huainanensis* Hou, 1974

（图 154）

正模　IVPP V 4450，一不完整头骨的吻部，包括较完整的前颌骨、不完整的上颌骨及部分下颌。产自安徽潜山杨小屋。

副模　IVPP V 4450.1，一不完整的头骨前部，包括部分上颌骨、前额骨、腭骨和部分下颌。

鉴别特征　见属的鉴别特征和属种评注。

产地与层位　安徽潜山，古新统痘姆组。

评注　原始文献指定的正模中除了一不完整的吻部外，还包括一段脊柱以及与其一同保存的两节脊椎和一右下颌骨（侯连海，1974），而这些已被排除于正模系列之外（见本册巨蜥超科属种未定 Varanoidea gen. et sp. indet.）。根据原始命名文献（侯连海，1974）以及其后的研究评述（Estes, 1983a；董丽萍等，2016），淮南安徽蜥仍可视为一个有效命名的属种名称。

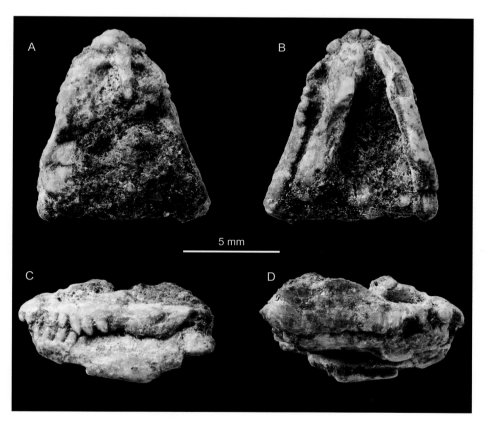

图 154　淮南安徽蜥 *Anhuisaurus huainanensis*

正模（IVPP V 4450），不完整头骨吻部及下颌：A. 背面观；B. 腹面观；C. 左侧观；D. 右侧观

潜山蜥属 Genus *Qianshanosaurus* Hou, 1974

模式种　黄铺潜山蜥 *Qianshanosaurus huangpuensis* Hou, 1974

鉴别特征　下颌短而粗壮，具冠状突；麦氏沟封闭；下颌收肌窝小；牙齿侧生，紧密排列；齿冠前后方向扩展，凿子形，舌面具微弱纵向条纹；脊椎前凹型，神经棘短小。

分布与时代　仅见于安徽潜山黄铺一带，中古新世。

评注　原始命名文章中潜山蜥被归入广义的鬣蜥科，根据是潜山蜥的"齿骨大、冠状突前角在内侧面伸展至最后第二个牙齿之下，冠状突内侧面发育，牙齿同型，亚侧生型。椎体短等"（侯连海，1974，195 页）。在对潜山蜥的评注中，Estes（1983a）指出下颌内侧发育钩状隅骨突是唯一的可能显示与鬣蜥类近似的特征，而其他特征都过于独特而与鬣蜥类相去甚远。潜山蜥的牙齿似乎与亚洲晚白垩世的同齿蜥（*Isodontosaurus*）有些相似，但是潜山蜥的脊椎根据原始描述似乎指示与石龙子亚目的关系。因此，Estes（1983a）认为潜山蜥不能归入鬣蜥科，而应作为"Lacertilia incertae sedis"对待。随着近年来鬣蜥亚目科级分类的巨大变化（见鬣蜥亚目评注），潜山蜥显然不适宜保留在鬣蜥科内。值得注意的是，潜山蜥下颌的麦氏沟是完全封闭的，而且夹板骨前端只达下颌齿列中段水平。诸如此类的解剖特征需要重新评价研究。在详细的再研究和分类修订之前，本册将此属作为有鳞目中科级分类未定的一个属。此前，Alifanov（2009）将潜山蜥与其他一些亚洲古近纪蜥蜴类一起归入了长江蜥科，并进一步归入端齿类刺尾蜥超科。但是，如前所述，这一分类方案目前仍有很大疑问，有待进一步的分析研究。

黄铺潜山蜥 *Qianshanosaurus huangpuensis* Hou, 1974

（图 155）

正模　IVPP V 4448，一对较完整的下颌支，各带有 18 颗牙齿。产自安徽潜山黄铺李家老屋。

副模　IVPP V 4449，一对不完整的下颌支带有牙齿；IVPP V 22769，18 个荐前椎，部分腰带和肢骨。

归入标本　IVPP V 22768，带有 15 颗牙齿的不全右上颌骨。产自安徽潜山黄铺海形地。

产地与层位　安徽潜山黄铺，中古新统望虎墩组。

鉴别特征　同属。

评注　除了正、副模标本之外，侯连海（1974）还描述了无标本编号的带有 15 颗牙齿的一右上颌骨。该化石产自 71002 地点，即黄铺海形地。此一标本在后来的文献中予以标本号为 IVPP V 22768（董丽萍等，2016）。原始文献中指定的副模标本（IVPP V

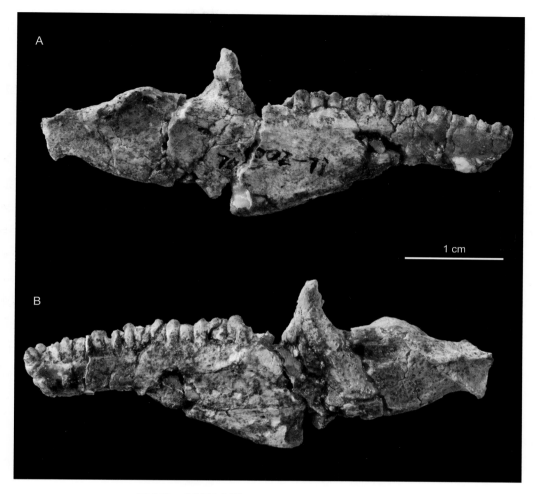

图 155 黄铺潜山蜥 *Qianshanosaurus huangpuensis*
正模（IVPP V 4448），近完整右下颌：A. 外侧观；B. 内侧观

4449）不仅包括一对下颌支，还包括 18 节荐前椎，部分腰带和肢骨。后来的修订研究中，董丽萍等（2016）认为 18 个荐前椎与副模的下颌骨不属于同一个体，因而给予了荐前椎部分新编号 IVPP V 22769。此外，修订者也指出由于这些脊椎与正模及副模是分离保存的，没有直接的证据表明这些脊椎可以确切地与正、副模归入同一属种。

辽宁蜥属？ **Genus *Liaoningolacerta* Ji, 2005 (nomen dubium)**

模式种　短吻辽宁蜥 *Liaoningolacerta brevirostra* Ji, 2005

鉴别特征　头短宽，具短而尖的吻部及大的眼孔；鼻骨与额骨的骨缝位于两眼孔前端连线水平；额骨成对；轭骨背突长，与鳞骨相接；荐前椎数目 26 个或更多，包括 19 节背椎；前部尾椎具一对侧向延伸的横突，第一个自断面（autotomy septum）出现于第六尾椎；间锁骨十字形，具较长的前突；耻骨适度伸长；后肢与前肢相比较长；胫骨远端微凹；跟骨、距骨分离，无愈合现象；蹠骨 III 与蹠骨 IV 等长；后足趾式为 2-3-4-5-4；身体腹侧鳞片小，菱形，横向排布成行；体侧鳞片很大，有叠覆现象；四肢鳞片细小，圆形或是多边形；尾部鳞片长方形，构成尾旋。

分布与时代　辽宁北票，早白垩世。

评注　姬书安（Ji, 2005）根据辽宁北票黄半吉沟义县组地层中发现的一件小型蜥蜴标本命名了短吻辽宁蜥并将其简单归入硬舌类（Scleroglossa）。虽然认为可能与石龙子亚目关系接近，但原始文献中并未对该化石蜥蜴类做出亚目或科级的分类。与前述热河蜥的情况类似，Evans 和 Wang（2010）的研究中指出辽宁蜥属模式种的命名是基于一个幼年个体的标本。由于幼年个体的发育特征不具有分类意义，辽宁蜥属名被视为一个存疑名称。

？ 短吻辽宁蜥　*?Liaoningolacerta brevirostra* Ji, 2005
（图 156）

正模　GMC V 1580，头骨及头后骨骼的清晰印痕，仅右侧前肢和尾巴中后部缺失。产自辽宁北票黄半吉沟。

鉴别特征　见属的鉴别特征及属的评注。

产地与层位　辽宁北票黄半吉沟，下白垩统义县组。

评注　短吻辽宁蜥的正模和唯一已知标本（GMC V 1580）上绝大部分骨骼没有保存，而依据骨骼印痕准确判断头骨解剖结构非常具有挑战性。姬书安（Ji, 2005）原始描述中提供的种的鉴别特征中大部分是蜥蜴类研究中骨骼系统的描述性记述，而只有"额骨成对"，"轭骨背突长，与鳞骨相接"极少数描述是属于具有鉴别意义的特征。前颌骨分离或是愈合，牙齿替换形式，及下颌骨的许多结构特征（下颌冠骨、麦氏沟、反关节突等）都是具有分类意义的，但是在此标本上不能得到辨认，而前额骨及泪骨的存在与否也难于确定。原作者关于鼻骨与额骨的连接形式以及几乎是杆状的后眶骨的判断，就蜥蜴类的一般解剖变异而言，其准确性都是值得怀疑的，有待应用更多标本证实或是予以否定。

就整个标本而言，GMC V 1580 个体较小，吻 - 臀长度不足 50 mm。头骨部分，尤其是颅区骨骼似乎并未完全骨化，显示其有可能属于一个幼年个体（Evans et Wang, 2010）。原始命名文章中未能提供足以用来区别这一化石类型的鉴别特征，而又留下了过多的基本解剖结构的未知或是明显的骨骼形态判断上的确切性问题。因此，无论正模标本是否属于幼年个体，就目前这一标本显示的证据而言，短吻辽宁蜥都只能被视为一个存疑名称（nomen dubium）。

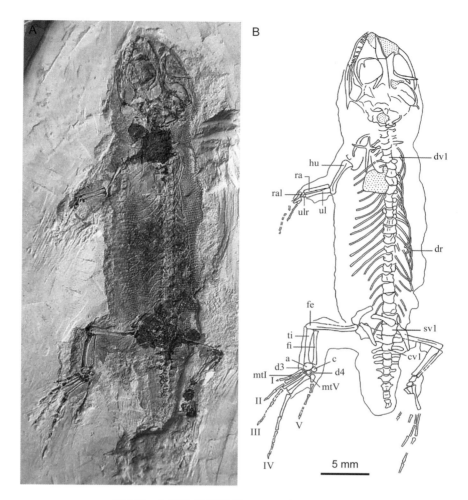

图 156　? 短吻辽宁蜥 ?*Liaoningolacerta brevirostra*

正模（GMC V 1580），头骨及不完整头后骨骼的清晰印痕：A. 背面观；B. 骨骼素描图（引自 Ji, 2005）。a，距骨（astragalus）；c，跟骨（calcaneum）；cv，尾椎（caudal vertebra）；dr，背肋（dorsal rib）；dv，背椎（dorsal vertebra）；d3, d4，第三与第四远侧跗骨（distal tarsal 3, 4）；fe，股骨（femur）；fi，腓骨（fibula）；hu，肱骨（humerus）；mt，蹠骨（metatarsal）；ra，桡骨（radius）；ral，桡腕骨（radiale）；sv，荐椎（sacral vertebra）；ti，胫骨（tibia）；ul，尺骨（ulna）；ulr，尺腕骨（ulnare）；I–V，后足趾（pedal digit）I–V

柳树蜥属 Genus *Liushusaurus* Evans et Wang, 2010

模式种　棘尾柳树蜥 *Liushusaurus acanthocaudatus* Evans et Wang, 2010

鉴别特征　前颌骨愈合；额骨成对，顶骨短宽，顶孔消失；后额骨与后眶骨不愈合；上颞孔略有缩小；翼骨发育与方骨内侧相接的翼骨垂突（pterygoid lappet）；颈椎数目多于 6 个，尾部发育拉长的棘状鳞刺。

中国已知种　仅模式种。

分布与时代　内蒙古宁城，早白垩世。

评注 依据内蒙古宁城附近柳条沟发现的几件蜥蜴类化石标本，Evans 和 Wang（2010）命名了柳树蜥属。但是该属命名者仅将其归入有鳞目，而未能对其亚目或科级的归属做出分类。在亚目级别的分类上，柳树蜥所显示的额骨成对、具有较大的后额骨以及下颌支内侧缺少钩状隅骨突（angular process）等特征都表明其不能归入鬣蜥亚目。根据 Evans 和 Wang（2010）的研究讨论，排除了鬣蜥亚目之后，柳树蜥属归入其他三个亚目的可能性都或多或少的存在。原著者做了简练的分支系统分析，将柳树蜥属置于硬舌类（Scleroglossa）演化支系的基干位置。

棘尾柳树蜥 *Liushusaurus acanthocaudatus* Evans et Wang, 2010
（图 157）

正模 IVPP V 15587，一年轻成年个体，骨骼背腹向压扁并水平劈开成对开两件标本。产自内蒙古宁城大双庙镇柳条沟。

副模 IVPP V 14715，不完整的头骨及头后骨骼，具保存完好的皮肤鳞片。

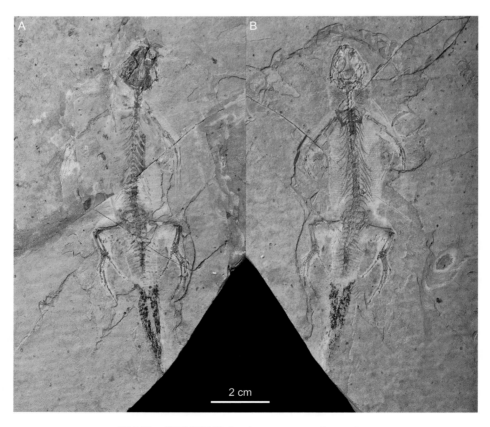

图 157 棘尾柳树蜥 *Liushusaurus acanthocaudatus*
IVPP V 15586，头区及头后骨骼正反印模化石

归入标本 IVPP V 14716, V 14746, V 15011, V 15507, V 15508, V 15586，不完整头骨及头后骨骼。

鉴别特征 同属。

产地与层位 内蒙古宁城大双庙镇柳条沟，下白垩统义县组。

红山蜥属 Genus *Hongshanxi* Dong, Wang, Mou, Zhang et Evans, 2019

模式种 谢氏红山蜥 *Hongshanxi xiei* Dong, Wang, Mou, Zhang et Evans, 2019

鉴别特征 体小的蜥蜴，具以下特征组合：两鼻骨至少后部愈合；两额骨愈合，明显伸长，后缘三叉；额骨两侧后突发达，且从外侧卡住顶骨；顶骨短；轭骨粗壮，与前额骨相接，并将上颌骨排除于眼眶之外；轭骨与鳞骨相接，将后眶骨排除于下颞孔边缘；鳞骨发育钩状后腹突；下颞孔被大小不等的薄膜质骨板覆盖；前肢和后肢长，前足长于肱骨与桡骨总长，后足长于股骨与胫骨总长。

中国已知种 仅模式种。

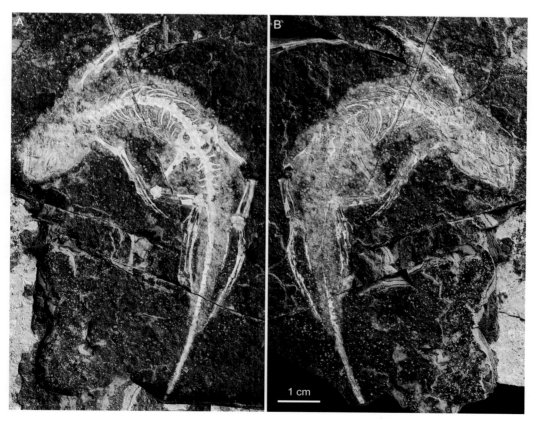

图 158 谢氏红山蜥 *Hongshanxi xiei*
正模（JCM-HS 0001），较完整保存的头骨及头后骨骼背面观（引自 Dong et al., 2019）

分布与时代　辽宁建平棺材山，中侏罗世。

谢氏红山蜥 *Hongshanxi xiei* Dong, Wang, Mou, Zhang et Evans, 2019
（图 158）

正模　JCM-HS 0001，较完整保存的头骨及头后骨骼，暴露于劈开成对开的两件页岩标本上。产自辽宁建平棺材山。

鉴别特征　同属。

产地与层位　辽宁建平棺材山，中侏罗统髫髻山组。

有鳞目属种未定 Squamata gen. et sp. indet. (Bayan Mandahu)
（图 159）

材料　IVPP V 10082, V 10084, V 10085，保存不完整的头骨带有部分下颌骨和牙齿。

产地与层位　内蒙古巴音满都呼嘎查，上白垩统牙道黑他组（中坎潘阶）。

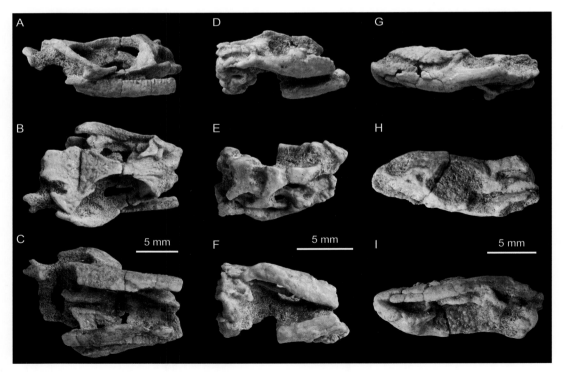

图 159　有鳞目属种未定 Squamata gen. et sp. indet.
蜥蜴类不完整的头骨及下颌：A–C. IVPP V 10082 右侧、背侧及腹面观；D–F. IVPP V 10084 右侧、背侧及腹面观；G–I. IVPP V 10085 左侧、左背侧及腹侧观

评注　在对内蒙古巴音满都呼的蜥蜴类化石研究中，Gao 和 Hou（1996）将三件保存不佳的标本分别鉴定为"Lacertilia incertae sedis"。其中一件标本（IVPP V 10082）显示一些可能属于鬣蜥亚目的特征，包括泪骨消失、两额骨愈合且具沙漏状眶间收缩、后额骨与后眶骨愈合消失。另外两件标本（IVPP V 10084，V 10085）则可能与石龙子亚目的某些成员（比如，蒙古国戈壁发现的 *Globaura*, *Eoxanta*）有可比较的相似性。但是受化石完整程度所限，对这几件化石标本未能做出属种级别上的鉴定。

有鳞目属种未定 Squamata gen. et sp. indet. (Daohugou lizards)

（图 160）

材料　IVPP V 13747, V 14386，近完整的头部及头后部正反面印模化石。

产地与层位　内蒙古宁城道虎沟，中侏罗统海房沟（九龙山）组。

评注　出露于内蒙古道虎沟村附近的化石层目前产出有两件蜥蜴类标本，由 Evans 和 Wang（2007, 2009）分别做了描述研究，并鉴定为有鳞目属种未定（Squamata gen. et sp. indet.）。道虎沟化石层的时代一直颇有争议，但是层序地层学研究和同位素测年都显示这个重要化石层位的时代应该是中侏罗世（见 Gao et al., 2013a）。由于化石标本属于

图 160　有鳞目属种未定 Squamata gen. et sp. indet.
IVPP V 14386，近完整的头部及头后部正反面印模化石

未成年个体而未能进行属种命名和科级分类，但是道虎沟的化石代表迄今为止中国有鳞目的最早化石记录是形成共识的。

移出有鳞目的分类单元（Taxa removed from SQUAMATA）

除了上述有鳞目分类单元之外，下列属种在以往原始文献中被误作为有鳞类命名描述。后期文献中虽已有纠正，但是有些原始文献或者相关的后期文献并不易查到。为避免误导读者，本册将这些已经移出有鳞目的分类单元归纳于下。

三台龙属 Genus *Santaisaurus* Koh, 1940

模式种 袁氏三台龙 *Santaisaurus yuani* Koh, 1940

鉴别特征 头短，吻短，眼眶大；方轭骨缺失；鳞骨短宽，后额骨狭长；腭骨和翼骨具齿，上下颌牙齿侧生；椎体双凹型；间锁骨 T 形，强壮；肱骨发育内上髁孔，并在外上髁孔位置发育沟状构造。

中国已知种 仅模式种。

分布与时代 新疆阜康和吉木萨尔，早三叠世。

评注 三台龙在有些文献中曾被作为蜥蜴类归入 Paliguanidae 科（如：Romer, 1956）。但后期研究中已将其归入无孔亚纲的前棱蜥科（Procolophonidae），因而应排除于有鳞目之外，也不属于鳞龙类或者双孔亚纲（Romer, 1966；Carroll, 1988；Evans, 2001）。

袁氏三台龙 *Santaisaurus yuani* Koh, 1940

材料 IVPP RV 40127，包括三个不同个体的不完整骨架。产自新疆阜康。

鉴别特征 同属。

产地与层位 新疆阜康，下三叠统韭菜园子组。

评注 原始命名文献中（Koh, 1940），三件不同的标本被作为全模（syntype）使用。其中保存最好的一件包括部分头骨、下颌、脊椎、肋骨、肩带及肢骨，可在修订研究中作为选模（lectotype）并使用原有的标本编号，而其他两件标本应视为副型（paratypes）或是归入标本（referred specimens）并另行编号。

章氏龙属 Genus *Changisaurus* Young, 1959

模式种 小鼻章氏龙 *Changisaurus microrhinus* Young, 1959

鉴别特征 小型。头长三角形；眼孔长圆且斜，位于头骨前端；颈椎较硕大，六节；尾椎小。

中国已知种 仅模式种。

分布与时代 浙江景宁，早白垩世。

评注 见下面种的评注。

小鼻章氏龙 *Changisaurus microrhinus* Young, 1959

正模 一小型个体，保存部分包括头骨、颈椎、两前肢及背腹甲板。产自浙江景宁赤木山。

鉴别特征 同属。

产地与层位 浙江景宁赤木山，下白垩统建德群（原始文献中报道为上侏罗统）。

评注 杨钟健（Young, 1959b）命名了小鼻章氏龙，并将其归入壁虎科。Baird（1964）对原化石标本做了重新研究，指出原始鉴定有误，并将其重新鉴定为一个孵化出壳不久的龟鳖类，可能属于 Thalassemydidae 科。Estes（1983a）在其编撰的蜥蜴类化石手册中亦将此一属种移出了有鳞目。化石产出层位（建德群）原始报道中认为是上侏罗统（Young, 1959b），但是依据同位素测年数据（117–130 Ma）确切的化石层位应该为下白垩统（李坤英等，1988）。

昌乐蜥属？ Genus *Changlosaurus* Young, 1961 (nomen dubium)

模式种 五图昌乐蜥 *Changlosaurus wutuensis* Young, 1961

鉴别特征 较大的穴蜥类，比 *Crythiosaurus mongoliensis* 大一倍多；上颌骨上部和前额骨、鼻骨部分凹陷；前额骨小；眼孔下无牙齿；牙齿强壮且具锐尖，大小相间，排列较紧（见下面评注）。

中国已知种 仅模式种。

分布与时代 山东昌乐五图，早始新世。

五图昌乐蜥 *Changlosaurus wutuensis* Young, 1961 (nomen dubium)

正模 IVPP V 2527，岩心中保存的不完整左上颌带有 5 颗牙齿。产自山东昌乐五图。

鉴别特征 同属。

产地与层位 山东昌乐五图，下始新统五图组。

评注 杨钟健（1961）根据一不全左上颌命名了五图昌乐蜥，并据其牙齿特点归入穴蜥科 Amphisbaenidae（或称蚓蜥科）。Estes（1983a）指出五图昌乐蜥的正模（IVPP V 2527）实际上是弓鳍鱼类的上颌骨。因此，五图昌乐蜥已被移出有鳞目，而其属种名称目前应视为一个疑难名称（nomen dubium）。

吉林蜥属？ Genus *Chilingosaurus* Young, 1961 (nomen dubium)

模式种 青山口吉林蜥 *Chilingosaurus chingshankouensis* Young, 1961

鉴别特征 下颌隅骨、上隅骨和冠状骨与齿骨接触部分无关节现象；冠状骨内侧有一显著舌状面伸到齿列后部。在齿骨侧与下颚骨下缘有平行的瘤状突起；下颌骨下缘非常直，无下弯曲现象；有 13 颗牙齿保存，在最前端有一颗牙齿，在间隙中可能还有两颗牙齿存在；牙齿亚侧生（sub-pleurodont）；牙齿尖而直，无向后弯曲现象，具有微弱的棱状结构。

分布与时代 吉林，早白垩世。

中国已知种 仅模式种。

评注 见下面种的评注。

青山口吉林蜥 *Chilingosaurus chingshankouensis* Young, 1961 (nomen dubium)

正模 IVPP V 2528，岩心中保存的一右下颌带有 13 颗牙齿。产自吉林松原前郭尔罗斯达里巴。

鉴别特征 同属。

产地与层位 吉林长春前郭尔罗斯，下白垩统泉头群青山口组。

评注 杨钟健（1961）命名了青山口吉林蜥，将其归入巨蜥科（Varanidae），并认为其可能应与蒙古国晚白垩世的 *Telmasaurus* 一起归入萨尼瓦蜥亚科（Saniwinae）。Estes（1983a）根据下颌冠状骨的形态、牙齿以及下颌表面一系列细小穿孔等特征认为 IVPP V 2528 不属于蜥蜴类，并指出青山口吉林蜥应作为一个被排除于有鳞目之外的疑难名称。

辅棱蜥属 Genus *Fulengia* Carroll et Galton, 1977

模式种 杨氏辅棱蜥 *Fulengia youngi* Carroll et Galton, 1977

鉴别特征 见模式种的评注。

中国已知种 仅模式种。

分布与时代 云南禄丰盆地，早侏罗世（见以下评注）。

杨氏辅棱蜥 *Fulengia youngi* Carroll et Galton, 1977

正模 CUP 2037，头骨、下颌及相连的部分椎骨。正模由传教士 Edgar T. Oehler 于 1948–1949 年间采集，现存美国芝加哥菲尔德自然历史博物馆（Field Museum of Natural History, Chicago）。

鉴别特征 见以下评注。

产地与层位 云南禄丰盆地大地村附近，下侏罗统下禄丰组深红层（孙艾玲等，1985；原始报道中为上三叠统）。

评注 云南禄丰产出的化石标本 CUP 2037 最早文献中被列为原蜥脚类黄氏云南龙（*Yunnanosaurus huangi*）的一幼年个体（Simmons, 1965）。之后，有学者（Carroll et Galton, 1977）将其重新鉴定为一种原始蜥蜴类，并以此标本作为正模命名了杨氏辅棱蜥（*Fulengia youngi*）。直到 1989 年，由 Evans et Milner（1989）再作研究确认 CUP 2037 标本实际上是一件蜥脚类恐龙的幼年个体，可能属于许氏禄丰龙。这一研究结果已经被广泛接受，因此目前普遍将杨氏辅棱蜥（*Fulengia youngi* Carroll et Galton, 1977）列为许氏禄丰龙（*Lufengosaurus huenei* Young, 1941）的晚出异名（Evans et Milner, 1989；Galton, 1990；Barrett et al., 2005）。正模产出层位下禄丰组的时代在原始文献中报道为晚三叠世，但后来的研究中普遍认为应为早侏罗世（孙艾玲等，1985；Wu, 1994；Luo et Wu, 1994, 1995）。

参 考 文 献

陈金华 (Chen J H), 小松俊文 (Komatsu T). 2005. 日本手取群研究的新进展. 古生物学报, 44(4): 627–635

陈烈祖 (Chen L Z). 1985. 安徽巢县早三叠世鱼龙化石. 中国区域地质, 5: 139–146

陈孝红 (Chen X H), 程龙 (Cheng L). 2003. 贵州晚三叠世关岭动物群大型鱼龙化石一新属种. 地质通报, 22(4): 228–235

陈孝红 (Chen X H), 程龙 (Cheng L). 2009. 混鱼龙 (爬行动物 : 鱼龙类) 在云南罗平中三叠统的发现. 地质学报, 83(9):
    1214–1220

陈孝红 (Chen X H), 程龙 (Cheng L). 2010. 贵州普安中三叠统混鱼龙 (鱼龙类 : 爬行动物) 一新种. 古生物学报, 49(2):
    251–260

陈孝红 (Chen X H), 程龙 (Cheng L), Sander P M. 2007. 贵州关岭上三叠统卡洛维龙 (爬行动物 : 鱼龙类) 一新种. 中国
    地质, 34(6): 975–982

程龙 (Cheng L). 2003. 贵州关岭三叠纪海龙类化石一新种. 地质通报, 22(4): 274–277

程龙 (Cheng L), 陈孝红 (Chen X H), 王传尚 (Wang C S). 2007. 贵州晚三叠世安顺龙 (爬行纲 : 海龙目) 一新种. 地质学
    报, 81(10): 1345–1351

程龙 (Cheng L), 陈孝红 (Chen X H), 张保民 (Zhang B M), 汪啸风 (Wang X F). 2010. 云南罗平中三叠统一海龙类新材料.
    地球科学——中国地质大学学报, 35(4): 507–511

程政武 (Cheng Z W), 李佩贤 (Li P X), 庞其清 (Pang Q Q), 张子雄 (Zhang Z X), 张志军 (Zhang Z J), 靳悦高 (Jin Y G), 卢
    立伍 (Lu L W), 方晓思 (Fang X S). 2004. 云南中部侏罗系研究新进展. 地质通报, 23 (2): 58–63

董丽萍 (Dong L P), Evans S E, 王原 (Wang Y). 2016. 安徽潜山古新世蜥蜴化石的分类学厘定. 古脊椎动物学报, 54(2):
    243–268

董枝明 (Dong Z M). 1965. 河南卢氏 Tinosaurus 一新种. 古脊椎动物与古人类, 9(2): 79–81

董枝明 (Dong Z M). 1972. 珠穆朗玛峰地区的鱼龙化石. 见 : 杨钟健 (Young C C), 董枝明 (Dong Z M) 著. 中国三叠纪水
    生爬行动物. 北京 : 科学出版社. 7–10

董枝明 (Dong Z M). 1980. 四川盆地一新蛇颈龙. 古脊椎动物与古人类, 18(3): 191–197

高春玲 (Gao C L), 吕君昌 (Lü J C), 刘金远 (Liu J Y), 季强 (Ji Q). 2005. 辽西朝阳地区下白垩统九佛堂组一新的离龙类.
    地质论评, 51(6): 694–697

高克勤 (Gao K Q). 2007. 双孔爬行动物离龙类的系统分支、生态 - 形态多样性及生物地理演化. 古地理学报, 9(5):
    541–550

高克勤 (Gao K Q), 唐治路 (Tang Z L), 汪筱林 (Wang X L). 1999. 辽宁晚侏罗世—早白垩世一长颈双孔类爬行动物. 古
    脊椎动物学报, 37(1): 1–8

高玉辉 (Gao Y H), 叶勇 (Ye Y), 江山 (Jiang S). 2004. 四川自贡中侏罗世璧山上龙一新种. 古脊椎动物学报, 42(2):
    162–165

关古透 (Sekiya T). 2010. 云南禄丰早侏罗世一新的原蜥脚类恐龙. 世界地质, 29(1): 615

侯连海 (Hou L H). 1974. 安徽古新世蜥蜴类. 古脊椎动物与古人类, 12(3): 193–200

侯连海 (Hou L H). 1976. 安徽古新世蜥蜴类新材料. 古脊椎动物与古人类, 14(1): 45–52

侯连海 (Hou L H), 叶祥奎 (Ye X K), 赵喜进 (Zhao X J). 1975. 广西扶绥爬行动物化石. 古脊椎动物与古人类, 13(1):
    23–33

姬书安 (Ji S A). 2004. 辽西冀北晚中生代的化石蜥蜴类 (爬行纲 : 有鳞目). 科学技术与工程 , 4(9): 756–759

姬书安 (Ji S A), 卢立伍 (Lu L W), 薄海臣 (Bo H C). 2001. 失而复得 : 细小矢部龙 (蜥蜴亚目) 化石新材料 . 国土资源 , 2001(3): 41–43

江大勇 (Jiang D Y), 郝维城 (Hao W C), Motani R, Schmitz L, 孙元林 (Sun Y L), 孙作玉 (Sun Z Y). 2008. 贵州盘县中三叠世混鱼龙类研究进展及 "Mixosaurus yangjuanensis Liu and Yin, 2008" 的疑问和相关问题 . 古生物学报 , 47(3): 377–384

黎振昌 (Li Z C), 肖智 (Xiao Z). 2002. 广东省曲江县发现鳄蜥 . 动物学杂志 , 37(5): 76–77

李淳 (Li C). 1999. 贵州三叠纪一新鱼龙的初步研究 . 科学通报 , 44(12): 1318–1321

李淳 (Li C). 2000. 贵州关岭上三叠统的楯齿龙类化石 . 古脊椎动物学报 , 38(4): 314–317

李淳 (Li C), 尤海鲁 (You H L). 2002. 贵州关岭晚三叠世一大型鱼龙类头骨 . 古脊椎动物学报 , 40(1): 9–16

李建军 (Li J J), 张宝堃 (Zhang B K), 李全国 (Li Q G). 1999. 辽宁凌源发现鳞龙类一新属新种 . 北京自然博物馆研究报告 , 56 (增刊): 1–7

李锦玲 (Li J L). 1985. 记甘肃晚侏罗世一蜥蜴新属 . 古脊椎动物学报 , 23(1): 13–23

李锦玲 (Li J L). 1991a. 河南淅川核桃园组的低等四足类动物群 . 古脊椎动物学报 , 29(3): 190–203

李锦玲 (Li J L). 1991b. 山西垣曲河堤组寨里段的低等四足类动物群 . 古脊椎动物学报 , 29(4): 276–285

李锦玲 (Li J L), 刘俊 (Liu J), 李淳 (Li C), 黄照先 (Huang Z X). 2002. 湖北三叠纪海生爬行动物的层位及时代 . 古脊椎动物学报 , 40(3): 241–244

李坤英 (Li K Y), 王小平 (Wang X P), 沈加林 (Shen J L). 1988. 浙江建德群的时代归属问题 . 地质论评 , 34(6): 485–495

李永项 (Li Y X), 薛祥煦 (Xue X X). 2002. 第四纪响蜥 (Tinosaurus) 化石的首次发现 . 古脊椎动物学报 , 40(1): 34–41

李永项 (Li Y X), 薛祥煦 (Xue X X), 刘护军 (Liu H J). 2004. 秦岭第四纪的蜥蜴类化石 . 古脊椎动物学报 , 42(2): 171–176

刘冠邦 (Liu G B), 尹恭正 (Yin G Z). 2008. 贵州盘县中三叠统混鱼龙类化石的初步研究 . 古生物学报 , 47(1): 73–90

刘冠邦 (Liu G B), 尹恭正 (Yin G Z), 王雪华 (Wang X H), 王尚彦 (Wang S Y), 黄理中 (Huang L Z). 2002. 记贵州顶效中三叠世一新的海生爬行动物 . 高校地质学报 , 8(2): 220–226

刘俊 (Liu J). 1999. 贵州三叠纪鳍龙类的新发现 . 科学通报 , 44(12): 1315–1317

刘俊 (Liu J). 2001. 新铺龙的头后骨骼 . 见 : 邓涛 (Deng T), 王原 (Wang Y) 主编 . 第八届中国古脊椎动物学学术年会论文集 . 北京 : 海洋出版社 . 1–8

刘学清 (Liu X Q), 林文彬 (Lin W B), Rieppel O, 孙作玉 (Sun Z Y), 李志广 (Li Z G), 鲁昊 (Lu H), 江大勇 (Jiang D Y). 2015. 云南罗平中三叠世利齿滇东龙 (鳍龙超目) 一新材料 . 古脊椎动物学报 , 53(4): 281–290

罗永明 (Luo Y M), 喻美艺 (Yu Y Y). 2002. 孙氏新铺龙头骨再研究 . 贵州地质 , 19: 71–76

瞿清明 (Qu Q M), 江大勇 (Jiang D Y), 孙作玉 (Sun Z Y). 2008. 贵州关岭晚三叠世一海龙头骨的初步研究 . 北京大学学报 (自然科学版), 44(6): 890–896

尚庆华 (Shang Q H), 赵梧迪 (Zhao W D), 李淳 (Li C). 2012. 晚三叠世鱼龙 Shastasaurus tangae 头骨新观察及其演化趋势 . 中国科学 : 地球科学 , 42(5): 773–783

尚庆华 (Shang Q H), 刘俊 (Liu J), 徐光辉 (Xu G H), 王立亭 (Wang L T). 2014. 论广西武鸣三叠纪海生爬行动物东方广西龙 (鳍龙类) 的时代 . 古脊椎动物学报 , 52(4): 381–389

孙艾玲 (Sun A L). 1961. 山东山旺中新世蛇化石 . 古脊椎动物与古人类 , 1961(4): 306–312

孙艾玲 (Sun A L), 崔贵海 (Cui G H), 李雨和 (Li Y H), 吴肖春 (Wu X C). 1985. 禄丰蜥龙动物群的组成及初步分析 . 古脊椎动物学报 , 23(1): 1–12

王恭睦 (Wang G M). 1959. 湖北一新爬行动物化石的发现 . 古生物学报 , 7(5): 367–378

王五力 (Wang W L), 张宏 (Zhang H), 张立君 (Zhang L J), 郑少林 (Zheng S L), 杨芳林 (Yang F L), 李之彤 (Li Z T), 郑月娟 (Zheng Y J), 丁秋红 (Ding Q H). 2004. 土城子阶、义县阶标准地层剖面及其地层古生物、构造 - 火山作用. 北京：地质出版社. 1–514

吴绍祖 (Wu S Z). 1985. 蛇颈龙类在南疆的发现及其意义. 新疆地质, 5(1): 105–107

邢立达 (Xing L D), 杰瑞德•哈里斯 (Harris J D), 关谷透 (Sekiya T), 藤田将人 (Masato F), 董枝明 (Dong Z M). 2009. 云南下侏罗统禄丰组恐龙足迹的发现和张北足迹属新观察. 地质通报, 28(1): 16–29

杨鹏飞 (Yang P F), 季承 (Ji C), 江大勇 (Jiang D Y), Motani R, Tintori A, 孙元林 (Sun Y L), 孙作玉 (Sun Z Y). 2013. 贵州兴义中三叠世黔鱼龙属 (爬行纲：鱼龙目) 一新种. 北京大学学报 (自然科学版), 49(6): 1002–1008

杨钟健 (Young C C). 1958. 一新矢部龙地点的发现及其在地层上的意义. 古脊椎动物学报, 2(2-3): 151–156

杨钟健 (Young C C). 1959. 浙江景宁一新蜥蜴类化石. 科学记录新辑, 3(10): 420–422

杨钟健 (Young C C). 1961. 中国新发现的两蜥蜴化石. 古脊椎动物与古人类, 1961(2): 115–120

杨钟健 (Young C C). 1964. 中国新发现的鳄类化石. 古脊椎动物学报, 8 (2): 189–208

杨钟健 (Young C C). 1965. 贵州仁怀一爬行动物的新鉴定和另一可能产自中国的鱼龙化石. 古脊椎动物与古人类, 9(4): 368–375

杨钟健 (Young C C). 1972a. 云南开远一新幻龙地点. 见：杨钟健 (Young C C), 董枝明 (Dong Z M) 著. 中国三叠纪水生爬行动物. 北京：科学出版社. 15–16

杨钟健 (Young C C). 1972b. 湖北南漳的海蜥. 见：杨钟健 (Young C C), 董枝明 (Dong Z M) 著. 中国三叠纪水生爬行动物. 北京：科学出版社. 17–27

杨钟健 (Young C C). 1972c. 南漳湖北鳄. 见：杨钟健 (Young C C), 董枝明 (Dong Z M) 著. 中国三叠纪水生爬行动物. 北京：科学出版社. 28–34

杨钟健 (Young C C). 1973. 江西赣县的一中生代蜥蜴类. 古脊椎动物与古人类, 11(1): 44–45

杨钟健 (Young C C). 1978. 云南泸西县的幻龙. 古脊椎动物与古人类, 16(4): 222–224

杨钟健 (Young C C). 1982. 云南禄丰一新爬行类化石. 见：杨钟健文集. 北京：科学出版社. 36–37

杨钟健 (Young C C), 董枝明 (Dong Z M). 1972a. 中国三叠纪水生爬行动物概况. 见：杨钟健 (Young C C), 董枝明 (Dong Z M) 著. 中国三叠纪水生爬行动物. 北京：科学出版社. 1–6

杨钟健 (Young C C), 董枝明 (Dong Z M). 1972b. 安徽龟山巢湖龙. 见：杨钟健 (Young C C), 董枝明 (Dong Z M) 著. 中国三叠纪水生爬行动物. 北京：科学出版社. 11–14

杨钟健 (Young C C), 刘东生 (Liu D S), 张明亮 (Zhang M L). 1982. 西藏的鱼龙类. 见：中国希夏邦马峰登山队科学考察队编. 希夏邦马峰地区科学考察报告. 北京：科学出版社. 350–355

尹恭正 (Yin G Z), 周修高 (Zhou X G). 2000. 贵州关岭晚三叠世早期海生爬行动物 Neosinasaurus nom. nov. 地质地球化学, 28(4): 107–108

尹恭正 (Yin G Z), 周修高 (Zhou X G), 曹泽田 (Cao Z T), 喻美艺 (Yu Y Y), 罗永明 (Luo Y M). 2000. 贵州关岭晚三叠世早期海生爬行动物的初步研究. 地质地球化学, 28(3): 1–23

张伟 (Zhang W), 高克勤 (Gao K Q). 2014. 辽西早白垩世离龙类地理地史分布及其演化. 古地理学报, 16(2): 205–216

张雄华 (Zhang X H), 袁晏明 (Yuan Y M), 李德威 (Li D W), 肖兰斌 (Xiao L B). 2003. 西藏定日一带三叠系新发现的鱼龙化石. 地质科技情报, 22(1): 34

张奕宏 (Zhang Y H). 1985. 四川盆地蛇颈龙一新属. 古脊椎动物学报, 23(3): 235–240

张玉霞 (Zhang Y X). 1991. 中国鳄蜥. 北京：中国林业出版社. 1–97

Ahl E. 1930. Beitraege zur Lurch und Kriechtier Fauna Kwangsi's. Sektion 5. Eidechsen. Sitzberatung Naturfreunde

Gesellschaft, Berlin. 326–331

Alifanov V R. 1988. New lizards (Lacertilia, Teiidae) from the Upper Cretaceous of Mongolia. Transactions of the Soviet-Mongolian Palaeontological Expeditions, 34: 90–100

Alifanov V R. 1989. New priscagamids (Lacertilia) from the Upper Cretaceous of Mongolia and their systematic position in the Iguania. Paleontologiceskij Zhurnal, 4: 73–84

Alifanov V R. 1993a. Some peculiarties [sic] of the Cretaceous and Palaeogene lizard faunas of the Mongolian People's Republic. Kaupia, 3: 9–13

Alifanov V R. 1993b. New lizards of the family Macrocephalosauridae (Sauria) from the Upper Cretaceous of Mongolia, critical remarks on the systematics of the Teiidae (sensu Estes, 1983). Paleont J, 27: 70–90

Alifanov V R. 1996. Lizards of the families Priscagamidae and Hoplocercidae (Sauria, Iguania): phylogenetic position and new representatives from the Late Cretaceous of Mongolia. Paleont J, 30: 466–483

Alifanov V R. 2000. The fossil record of Cretaceous lizards from Mongolia. In: Benton M J, Shishkin M A, Unwin D M, Kurochkin E N eds. The Age of Dinosaurs in Russia and Mongolia. Cambridge: Cambridge University Press. 368–389

Alifanov V R. 2004. *Parauromastyx gilmorei* gen. et sp. nov. (Isodontosauridae, Iguania), a new lizard from the Upper Cretaceous of Mongolia. Paleont J, 38(2): 206–210

Alifanov V R. 2009. New acrodont lizards (Lacertilia) from the Middle Eocene of southern Mongolia. Paleont J, 43: 675–685

Andrews R C. 1932. The New Conquest of Central Asiatic. A Narrative of the Central Asiatic Expeditions in Mongolia and China 1921−1930. New York: Amer Mus Nat Hist. 1–678

Apesteguía S, Novas F E. 2003. Large Cretaceous sphenodontian from Patagonia provides insight into lepidosaur evolution in Gondwana. Nature, 425: 609–612

Apesteguía S, Gómez R O, Rougier G W. 2014. The youngest South American rhynchocephalian, a survivor of the K/Pg extinction. Proc R Soc, B 281: 1–6

Appleby R M. 1979. The affinities of Liassic and later ichthyosaurs. Palaeontology, 22: 921–946

Arnold E N. 1989. Towards a phylogeny and biogeography of the Lacertidae: relationships within an Old-World family of lizards derived from morphology. Bull Brit Mus Nat Hist (Zool), 55: 209–257

Arthaber G v. 1924. Die phylogenie der Nothosaurier. Acta Zool, 5: 439–516

Augé M. 2003. La faune de Lacertilia (Reptilia, Squamata) de l'Éocène inférieur de Prémontré (Bassin de Paris, France). Geodiversitas, 25(3): 539–574

Augé M. 2007. Past and present distribution of iguanid lizards. Arquivos do Museu Nacional, Rio de Janeiro, 65: 403–416

Averianov A O. 1997. New Late Cretaceous mammals of southern Kazakhstan. Acta Palaeont Polonica, 42: 243–256

Averianov A O. 2005. The first choristoderes (Diapsida, Choristodera) from the Paleogene of Asia. Paleont J, 39: 79–84

Averianov A O, Danilov I. 1996. Agamid lizards (Reptilia, Sauria, Agamidae) from the early Eocene of Kyrgyzstan. Neue Jahrb Geol Paläont, Monatshefte, 1996(12): 739–750

Averianov A O, Nessov L A. 1995. A new Cretaceous mammal from the Campanian of Kazakhstan. Neue Jahrb Geol Paläont. Monatshefte, 1995(2): 65–74

Averianov A O, Martin T, Evans S E, Bakirov A. 2006. First Jurassic choristodera from Asia. Naturwissenschaften, 93: 46–50

Baird D. 1964. *Changisaurus* reinterpreted as a Jurassic turtle. J Paleont, 38: 126–127

Barbera C, Macuglia L. 1988. Revisione dei tetrapodi del Cretacico inferiore di Pietraroia (Matese orientale Benevento) appartenenti alla collezione Costa del Museo di Paleontologia dell'Universita` di Napoli. Memoria di Societa Geologia di

Italia, 41: 567–574

Barrett P M, Xu X. 2012. The enigmatic reptile *Pachysuchus imperfectus* Young, 1951 from the Lower Lufeng Formation (Lower Jurassic) of Yunnan, China. Vert PalAsiat, 50(2): 151–159

Barrett P M, Upchurch P, Wang X L. 2005. Cranial osteology of *Lufengosaurus huenei* Young (Dinosauria: Prosauropoda) from the Lower Jurassic of Yunnan, People's Republic of China. J Verte Paleont, 25: 806–822

Bassani F. 1886. Sui fossili degli schisti bituminosi triasici di Besano. Atti de la Società Italiana di Scienze natururali, 29: 15–72

Baur G. 1887. Über den Ursprung der Extremitäten der Ichthyopterygier. Jahresberichte und Mitteilungen des oberrheinischen geologischen Vereins, 20: 17–20

Baur G. 1887–1890. Pistosauridae Baur. In: Zittel K A ed. Handbuch der Palaeontologie, Vol. 3. R. Oldenbourg, München. 498–499

Benson R B J, Evans M, Druckenmiller P S. 2012. High diversity, low disparity and small body size in Plesiosaurs (Reptilia, Sauropterygia) from the Triassic-Jurassic boundary. PLoS ONE, 7(3): 1–15

Benton M J. 1985. Classification and phylogeny of the diapsid reptiles. Zool J Linnean Soc, 84: 97–164

Benton M J. 2015. Vertebrate Palaeontology (4th edition). West Sussex (UK): John Wiley & Sons Ltd. 1–468

Bever G S, Bell C J, Maisano J A. 2005. The ossified braincase and cephalic osteoderms of *Shinisaurus crocodilurus* (Squamata, Shinisauridae). Palaeont Electr, 8: 1–36

Bolet A, Evans S E. 2013. Lizards and amphisbaenians (Reptilia, Squamata) from the late Eocene of Sossís (Catalonia, Spain). Paleont Electronica, 16(1): 8A–23

Bonaparte J F, Sues H-D. 2006. A new species of *Clevosaurus* (Lepidosauria: Rhynchocephalia) from the Upper Triassic of Rio Grande do Sul, Brazil. Paleontology, 49: 917–923

Borsuk-Białynicka M. 1984. Anguimorphans and related lizards from the Late Cretaceous of the Gobi Desert. Palaeont Polonica, 46: 5–105

Borsuk-Białynicka M. 1985. Carolinidae, a new family of xenosaurid-like lizards from the Upper Cretaceous of Mongolia. Acta Palaeont Polonica, 30: 151–176

Borsuk-Białynicka M. 1987. *Carusia*, a new name for the Late Cretaceous lizard *Carolina* Borsuk-Białynicka M. 1985. Acta Palaeont Polonica, 32: 1538

Borsuk-Białynicka M. 1988. *Globaura venusta* gen. et sp. n. and *Eoxanta lacertifrons* gen. et sp. n.—non-teiid lacertoids from the Late Cretaceous of Mongolia. Acta Palaeont Polonica, 33: 211–248

Borsuk-Białynicka M. 1991a. Questions and controversies about saurian phylogeny, Mongolian perspective. Univ Oslo, Contrib Paleont Mus, 364: 9–10

Borsuk-Białynicka M. 1991b. Cretaceous lizard occurrences in Mongolia. Cret Research, 12: 607–608

Borsuk-Białynicka M, Alifanov V R. 1991. First Asiatic "iguanid" lizards in the Late Cretaceous of Mongolia. Acta Palaeont Polonica, 36: 326–342

Borsuk-Białynicka M, Moody S M. 1984. Priscagaminae, a new subfamily of the Agamidae (Sauria) from the Late Cretaceous of the Gobi Desert. Acta Palaeont Polonica, 29: 51–81

Brinkman D, Dong Z. 1993. New material of *Ikechosaurus sunailinae* (Reptilia: Choristodera) from the Early Cretaceous Laohongdong Formation, Ordos Basin, Inner Mongolia, and the interrelationships of the genus. Can J Earth Sci, 30: 2153–2162

Brinkmann W. 1997. Die Ichthyosaurier (Rieptilia) aus der Mitteltrias des Monte San Giorgio (Tessin, Schweiz) und von Besano (Lombardei, Italien) - der aktuelle Forschungsstand. Vierteljahrsschrift der Naturforschenden Gessellschaft in Zürich, 142: 69–78

Brinkmann W. 1998a. *Sangiorgiosaurus* n. g. - eine neue Mixosaurier Gattung (Mixosauridae, Ichthyosauria) mit Quetschzähnen aus der Grenzbitumenzone (Mitteltrias) des Monte San Giorgio (Schweiz, Kanton Tessin). Neues Jahrbuch für Geologie und Paläontologie Abhandlungen, 207: 125–144

Brinkmann W. 1998b. Die Ichthyosaurier (Reptilia) aus der Grenzbitumenzone (Mitteltrias) des Monte San Giorgio (Tessin, Schweiz) - neue Ergebnisse. Vierteljahresschrift der Naturforschenden Gesellschaft Zürich, 143: 165–177

Buffetaut E. 1989. Erster Nachweis von Choristodera (Reptilia, Diapsida) in der Oberkreide Europas: Champsosaurierwirbel aus den Gosau-Schichten (Campan) Niederösterreichs. Sitzungberichte Österreichische Akademie der Wissenschaften, Mathematisch-naturwissenschaftliche Klasse, 197: 389–394

Buffetaut E, Li J, Tong H, Zhang H. 2007. A two-headed reptile from the Cretaceous of China. Bio Letters, 3: 80–81

Buffetaut E, Suteethorn V, Tong H, Amiot R. 2008. An Early Cretaceous spinosaurid theropod from southern China. Geological Magazine, 145(5): 745–748

Caldwell M W. 1996. Ichthyosauria: a preliminary phylogenetic analysis of diapsid affinities. Neue Jahrb Geol Paläontol Abh, 200: 361–86

Caldwell M W, Nydam R L, Palci A, Apestegia S. 2015. The oldest known snakes from the Middle Jurassic–Lower Cretaceous provide insights on snake evolution. Nature Communications, 6: 5996, doi: 10.1038/ncomms6996

Callaway J M. 1989. Systematics, phylogeny, and ancestry of Triassic ichthyosaurs. PhD thesis, Univ Rochester. 1–204

Callaway J M. 1997. A new look at *Mixosaurus*. In: Callaway J M, Nicholls E L eds. Ancient Marine Reptiles. San Diego: Academic Press. 45–59

Callaway J M, Brinkman D B. 1989. Ichthyosaurs (Reptilia, Ichthyosauria) from the Lower and Middle Triassic Sulphur Mountain Formation, Wapiti Lake area, British Coulumbia, Canada. Canadian Journal of Earth Sciences, 26: 1491–1500

Callaway J M, Massare J A. 1989. Geographic and stratigraphic distribution of the Triassic Ichthyosauria (Reptila: Diapsida). Neues Jahrbuch für Geologie und Paläontologie Abhandlungen, 178: 37–58

Camp C. 1923. Classification of the lizards. Bull Amer Mus Nat Hist, 48: 289–481

Carroll R L. 1975. Permo-Triassic 'lizards' from the Karroo. Palaeont Afr, 18: 71–87

Carroll R L. 1977. The origin of lizards. In: Andrews S M, Miles R S, Walker A D eds. Problems in Vertebrate Evolution. Linnean Soc London Symp Ser, 4: 359–396

Carroll R L. 1981. Plesiosaur ancestors from the Upper Permian of Madagascar. Phil Trans R Soc Lond, B 293: 315–383

Carroll R L. 1988. Vertebrate Paleontology and Evolution. New York: W H Freeman and Company. 1–698

Carroll R L, Currie P J. 1991. The early radiation of diapsid reptiles. In: Schultze H-P, Trueb L eds. Origins of the Higher Groups of Tetrapods. Ithaca: Comstock Publishing Associates. 354–424

Carroll R L, Dong Z M. 1991. *Hupehsuchus*, an enigmatic aquatic reptile from the Triassic of China, and the problem of establishing relationships. Phil Trans R Soc Lond, B 331: 131–153

Carroll R L, Galton P M. 1977. 'Modern' lizard from the Upper Triassic of China. Nature, 266: 252–255

Carroll R L, Gaskill P. 1985. The nothosaur *Pachypleurosaurus* and the origin of plesiosaurs. Phil Trans R Soc Lond, B 309: 343–393

Cernansky A. 2011. A revision of the chameleon species *Chamaeleo pfeili* Schleich (Squamata; Chamaeleonidae) with description of a new material of chamaeleonids from the Miocene deposits of southern Germany. Bull Geosciences, 86(2): 275–282

Chang M M, Chen P J, Wang Y Q, Wang Y eds. 2003. The Jehol Biota: the Emergence of Feathered Dinosaurs, Beaked Birds and Flowering Plants. Shanghai: Shanghai Scientific & Technical Publishers. 1–208

Chang S C, Zhang H, Renne P R, Fang Y. 2009. High-precision ^{40}Ar/^{39}Ar age for the Jehol Biota. Paleogeogr Paleoclim Paleoec, 280: 94–104

Chen P J. 1983. A survey of the non-marine Cretaceous in China. Cret Research, 4: 123–143

Chen X H, Sander P M, Cheng L, Wang X F. 2013. A new Triassic primitive ichthyosaur from Yuanan, South China. Acta Geologica Sinica, 87(3): 672–677

Chen X H, Motani R, Cheng L, Jiang D Y, Rieppel O. 2014a. A carapace-like bony 'body tube' in an Early Triassic marine reptile and the onset of marine tetrapod predation. PLoS ONE, 9(4), e94396

Chen X H, Motani R, Cheng L, Jiang D Y, Rieppel O. 2014b. The enigmatic marine reptile *Nanchangosaurus* from the Lower Triassic of Hubei, China and the phylogenetic affinities of Hupehsuchia. PLoS ONE, 9(7), e102361

Chen X H, Motani R, Cheng L, Jiang D Y, Rieppel O. 2014c. A small short-necked hupehsuchian from the Lower Triassic of Hubei Province, China. PLoS ONE, 9(12), e115244

Chen X H, Motani R, Cheng L, Jiang D Y, Rieppel O. 2015. A new specimen of Carroll's mystery hupehsuchian from the Lower Triassic of China. PLoS ONE, 10(5), e0126024

Cheng L. 2003. A new species of Triassic Thalattosauria from Guanling, Guizhou. Geol Bull China, 22(4): 274–277

Cheng L, Chen X H, Wang C S. 2007. A new species of Late Triassic *Anshunsaurus* (Reptilia: Thalattosauria) from Guizhou Province. Acta Geol Sinica, 81(10): 1345–1351

Cheng L, Chen X H, Zhang B M, Cai Y J. 2011. New study of *Anshunsaurus huangnihensis* Cheng, 2007 (Reptilia: Thalattosauria): Revealing its transitional position in Askeptosauridae. Acta Geol Sin, 85(6): 1231–1237

Cheng L, Chen X H, Zeng X, Cai Y J. 2012. A new eosauropterygian (Diapsida: Sauropterygia) from the Middle Triassic of Luoping, Yunnan Province. J Earth Sci, 23(1): 33–40

Cheng L, Chen X H, Shang Q H, Wu X C. 2014. A new marine reptile from the Triassic of China, with a highly specialized feeding adaptation. Naturwissenschaften, 101(3): 251–259

Cheng Y N, Wu X C, Ji Q. 2004. Triassic marine reptiles gave birth to live young. Nature, 432: 383–386

Cheng Y N, Sato T, Wu X C, Li C. 2006. First complete pistosauroid from the Triassic of China. J Vert Paleont, 26: 501–504

Cheng Y N, Wu X C, Sato T. 2007. A new thalattosaurian (Reptilian: Diapsida) from the Upper Triassic of Guizhou, China. Vert PalAsiat, 45(3): 246–260

Cheng Y N, Holmes R, Wu X C, Alfonso N. 2009. Sexual dimorphism and life history of *Keichousaurus hui* (Reptilia: Sauropterygia). J Vert Paleont, 29(2): 401–408

Cheng Y N, Wu X C, Sato T, Shan H Y. 2012. A new eosauropterygian (Diapsida, Sauropterygia) from the Triassic of China. J Vert Paleont, 32: 1335–1349

Cheng Y N, Wu X C, Sato T. Shan H Y. 2016. *Dawazisaurus brevis*, a new eosauropterygian from the Middle Triassic of Yunnan, China. Acta Geol Sinica, 90(2): 401–424

Chow M. 1957. Remarks on *Placosaurus* (or *Glyptosaurus*) of China. Vert PalAsiat, 1: 155–157

Clark J M, Xing X, Eberth D A, Forster C A, Malkus M, Hemming S, Hernandez R. 2006. The Middle-Late Jurassic terrestrial transition: new discoveries from the Shishugou Formation, Xinjiang, China. In: Barrett P M, Evans S E eds. Proceedings of the 9th International Symposium on Mesozoic Terrestrial Ecosystems and Biota. London: Natural History Museum, London, UK. 1–153

Conrad J, Ast J, Montanari S, Norell M A. 2010. A combined evidence phylogenetic analysis of Anguimorpha (Reptilia: Squamata). Cladistics, 27(3): 230–277

Conrad J L. 2004. Skull, mandible, and hyoid of *Shinisaurus crocodilurus* Ahl (Squamata, Anguimorpha). Zool J Linnean Soc, 141: 399–434

Conrad J L. 2006. An Eocene shinisaurid (Reptilia, Squamata) from Wyoming, USA. J Vert Paleont, 26: 113–126

Conrad J L. 2008. Phylogeny and systematics of Squamata (Reptilia) based on morphology. Bull Amer Mus Nat Hist, 310: 1–182

Conrad J L. 2011. Re-examination shows that *Sineoamphisbaena hexatabularis* is a micro-teiid (Gymnophthalmidae, Squamata), not an aberrant amphisbaenian or macro-teiid. Program and Abstracts of the 71st Annual Meeting, Society of Vertebrate Paleontology. 91

Conrad J L, Norell M A. 2007. A complete Late Cretaceous iguanian (Squamata, Reptilia) from the Gobi and identification of a new iguanian clade. Amer Mus Novitates, 3584: 1–47

Conybeare W D. 1822. Additional notices on the fossil genera *Ichthyosaurus* and *Plesiosaurus*. Trans Geol Soc London, 2(1): 103–123

Cope E D. 1864. On the characters of the higher groups of Reptilia, Squamata and especially of the diploglossa. Proc Acad Nat Sci Philadelphia, 16(4): 224–231

Cope E D. 1869. On the reptilian order Pythonomorpha and Streptosauria. Proc Boston Soc Nat Hist, 12: 250–261

Cope E D. 1870. Synopsis of the extinct Battrachia, Reptilia and Aves of North America. Trans Amer Phil Soc Philadelphia, 14: 1–252

Cope E D. 1871. The systematic arrangement of the Reptilia. Proc Amer Assoc Advanc Sci, 19: 226–247

Cope E D. 1873. Synopsis of new vertebrata from the Tertiary of Colorado, obtained during the summer of 1873. US Government Printing Office, Washington, D.C. 1873

Cope E D. 1876. On some extinct reptiles and Batrachia from the Judith River and Fox Hills beds of Montana. Proc Acad Nat Sci Philadelphia, 28: 340–359

Cope E D. 1884. The Vertebrata of the Tertiary formations of the West (Book I). In: Hayden F V ed. Report of the United States Geological Survey of the Territories, Vol. III: Tertiary Vertebrata, book I. Washington: Government Printing Office. 1–1009

Cope E D. 1892. The osteology of the Lacertilia. Proc Amer Philosophical Soc, 30: 185–222

Cope E D. 1900. The crocodilians, lizards and snakes of North America. Ann Rept US Nation Mus, 1898: 151–1294

Curioni G. 1847. Cenni sopra un nuovo saurio fossile dei monti di Perledo sul Lario e sul terreno che lo racchiude. Giornale del' J. R. Instituto Lombardo di Scienze, Lettre ed Arti, 16: 159–170

Cuvier G. 1817. Le règne animal distribué d'après son organisation, pour servir de base d'histoire naturelle des animaux et d'introduction à l'anatomie comparée. Vol. 2, Les reptiles, les poissons, les mollusques, et les aniélides. Deterville, Paris

Dalla Vecchia F M. 2006. A new sauropterygian reptile with plesiosaurian affinity from the Late Triassic of Italy. Riv Ital Paleontol Stratigr, 112: 207–232

Dalrymple G H. 1979. On the jaw mechanism of the snail-crushing lizards, *Dracaena* Daudin 1802 (Reptilia, Lacertilia, Teiidae). J Herpet, 13(3): 303–311

Dashzeveg D, Novacek M J, Norell M A, Clark J M, Chiappe L M, Davidson A, McKenna M C, Dingus L, Swisher C, Altangerel P. 1995. Extraordinary preservation in a new vertebrate assemblage from the Late Cretaceous of Mongolia. Nature, 374: 446–449

Datta P M, Ray S. 2006. Earliest lizard from the Late Triassic (Carnian) of India. J Vert Paleont, 26: 795–800

Daza J D, Bauer A M, Snively E D. 2014. On the fossil record of the Gekkota. The Anat Record, 2973: 433–462

de Blainville H D. 1835. Description de quelques espèces de reptiles de la Californie, précédée de l'analyse d'un système general d'Erpetologie et 'Amphibiologie. Nou Ann Mus d'His nat Paris, 4: 233–296

de Braga M, Rieppel O. 1997. Reptile phylogy and the interrelationships of turtles. Zool J Linnean Soc, 120: 282–354

de La Beche H T, Conybeare W D. 1821. Notice of the discovery of a new fossil animal, forming a link between the *Ichthyosaurus* and the crocodile, together with general remarks on the osteology of *Ichthyosaurus*. Trans Geol Soc London, 5: 559–594

de Queiroz K. 1987. Phylogenetic systematics of iguanine lizards: a comparative osteological study. Univ California Public Zool, 118: 1–203

Dollo L. 1891. Nouvelle note sur le champsosaure, rhynchocéphalien adapté á la vie fluviatile. Bulletin de la Société Belge de Géologie, de Paléontologie et d'Hydrologie, 5: 151

Dong L P, Evans S E, Wang Y. 2016. Taxonomic revision of lizards from the Paleocene deposits of the Qianshan Basin, Anhui, China. Vert PalAsiat, 54: 243–268

Dong L P, Wang Y, Evans S E. 2017. A new lizard (Reptilia: Squamata) from the Lower Cretaceous Yixian Formation of China, with a taxonomic revision of *Yabeinosaurus*. Cret Research, 72: 161–171

Dong L P, Xu X, Wang Y, Evans S E. 2018. The lizard genera *Bainguis* and *Parmeosaurus* from the Upper Cretaceous of China and Mongolia. Cret Research, 85: 95–108

Dong L P, Wang Y, Mou L, Zhang G, Evans S E. 2019. A new Jurassic lizard from China. Geodiversitas, 41: 623–639

Druckenmiller R S, Russell A P. 2008. A phylogeny of Plesiosauria (Sauropterygia) and its bearing on the systematic status of *Leptocleidus* Andrews, 1922. Zootaxa, 1863: 1–120

Duffin C J. 1995. The first sphenodontian remains (Lepidosauromorpha, Reptilia) from the Late Triassic of the Gaume (southern Belgium). Bulletin de la Societe Belge de Geologie, 104: 35–41

Eberth D A. 1993. Depositional environments and facies transitions of dinosaur-bearing Upper Cretaceous redbeds at Bayan Mandahu (Inner Mongolia, People's Republic of China). Can J Earth Sci, 30: 2196–2213

Efimov M B. 1975. A champsosaurid from the Lower Cretaceous of Mongolia. Transactions of the Joint Soviet-Mongolian Paleontological Expeditions, 2: 84–93

Efimov M B. 1979. *Tchoiria* (Champsosauridae) from the Early Cretaceous of Khamaryn Khural, MNR. Transactions of the Joint Soviet-Mongolian Paleontological Expeditions, 8: 56–57

Efimov M B. 1983. Champsosaurids of Central Asia. Transactions of the Joint Soviet-Mongolian Paleontological Expeditions, 24: 67–75

Efimov M B, Storrs G W. 2000. Choristodera from the Lower Cretaceous of northern Asia. In: Benton M J, Shishkin M A, Unwin D M, Kurochkin E N eds. The Age of Dinosaurs in Russia and Mongolia. Cambridge: Cambridge Univ Press. 390–401

El-Toubi M R. 1945. Notes on the cranial osteology of *Uromastyx aegyptia* (Forskål). Fouad I University (Cairo), Bulletin of the Faculty of Science, 25: 1–10

Endo R. 1940. A new genus of Thecodontia from the *Lycoptera* beds in "Manchoukuo". Bull Centr National Mus "Manchoukuo", 2: 1–14

Endo R, Shikama T. 1942. Mesozoic reptilian fauna in the Jehol Mountainland, "Manchoukuo". Bull Centr National Mus "Manchoukuo", 3: 1–23

Erickson B R. 1972. The lepidosaurian reptile *Champsosaurus* in North America. Monogr Sci Mus Minnesota, 1: 1–91

Erickson B R. 1985. Aspects of some anatomical structures of *Champsosaurus* (Reptilia: Eoschia). J Vert Paleont, 5: 111–127

Erickson B R. 1987. *Simoedosaurus dakotensis*, new species of diapsida reptile (Archosauromorpha: Choristodera) from the Paleocene of North America. J Vert Paleont, 7: 237–251

Estes R. 1964. Fossil vertebrates from the Late Cretaceous Lance Formation, eastern Wyoming. University of California Publications in Geological Sciences, 49: 1–180

Estes R. 1969. A scincoid lizard from the Cretaceous and Paleocene of Montana. Breviora, 331: 1–9

Estes R. 1983a. Sauria Terrestria, Amphisbaenia. Handbuch der Palaoherpetologie, Part 10A. Stuttgart: Gustav Fischer Verlag. 1–249

Estes R. 1983b. The fossil record and early distribution of lizards. In: Rhodin G J, Miyata K eds. Advances in Herpetology and Evolutionary Biology. Cambridge, Mass: Museum of Comparative Zoology, Harvard University. 365–398

Estes R, Pregill G. 1988. Phylogenetic Relationships of the Lizard Families. Stanford: Stanford Univ Press. 1–648

Estes R, Williams E E. 1984. Ontogenetic variation in the molariform teeth of lizards. J Vert Paleont, 4(1): 96–107

Estes R, de Queiroz K, Gauthier J. 1988. Phylogenetic relationships within Squamata. In: Estes R, Pregill G eds. Phylogenetic Relationships of the Lizard Families. Stanford: Stanford Univ Press. 119–282

Etheridge R. 1964. The skeletal morphology and systematic relationships of sceloporine lizards. Copeia, 1964: 610–631

Etheridge R, de Queiroz K. 1988. A phylogeny of Iguanidae. In: Estes R, Pregill G eds. Phylogenetic Relationships of the Lizard Families. Stanford: Stanford Univ Press. 283–367

Evans S E. 1988. The early history and relationships of the Diapsida. In: Benton M J ed. The Phylogeny and Classification of the Tetrapods. Oxford: Clarendon Press. 221–260

Evans S E. 1990. The skull of *Cteniogenys*, a choristodere (Reptilia: Archosauromorpha) from the Middle Jurassic of Oxfordshire. Zool J Linnean Soc, 99: 205–237

Evans S E. 1993. Jurassic lizard assemblages. Second Georges Cuvier Symposium, Revue de Paléobiologie, Volume Speciale 7: 55–65

Evans S E. 1994a. A new anguimorph lizard from the Jurassic and Lower Cretaceous of England. Palaeontology, 37(1): 33–49

Evans S E. 1994b. The Solnhofen (Jurassic: Tithonian) lizard genus *Bavarisaurus*: new skull material and a reinterpretation. Neues Jahrbuch für Geologie und Paläontologie Abhandlungen, 192: 37–52

Evans S E. 1996. *Parviraptor* (Squamata: Anguimorpha) and other lizards from the Morrison Formation at Fruita, Colorado. Mus North Arizona Bull, 60: 243–248

Evans S E. 1998. Crown group lizards (Reptilia, Squamata) from the Middle Jurassic of the British Isles. Palaeontographica, A 250: 125–154

Evans S E. 2001. The Early Triassic reptile *Zcolubrifer campi* Carroll 1982: a reassessment. Palaeont, 44: 1033–1041

Evans S E. 2003. At the feet of the dinosaurs: the early history and radiation of lizards. Biol Reviews, 78: 513–551

Evans S E, Barbadillo L J. 1997. Early Cretaceous lizards from Las Hoyas, Spain. Zool J Linnean Soc, 119: 23–49

Evans S E, Barbadillo L J. 1998. An unusual lizard (Reptilia: Squamata) from the Early Cretaceous of Las Hoyas, Spain. Zool

J Linnean Soc, 124: 235–265

Evans S E, Barbadillo L J. 1999. A short-limbed lizard from the Early Cretaceous of Spain. Special Papers in Palaeontology, 60: 73–85

Evans S E, Chure D C. 1998. Paramacellodid lizard skulls from the Jurassic Morrison Formation at Dinosaur National Monument, Utah. J Vert Paleont, 18: 99–114

Evans S E, Chure D C. 1999. Upper Jurassic lizards from the Morrison Formation of Dinosaur National Monument, Utah. In: Gillette D D ed. Vertebrate Paleontology in Utah. Utah Geological Survey, Miscellaneous Publication (1999-1). 151–159

Evans S E, Hecht M K. 1993. A history of an extinct reptilian clade, the Choristodera: longevity, Lazarus-taxa, and the fossil record. Evol Biol, 27: 323–338

Evans S E, Jones M E H. 2010. The origin, early history and diversification of lepidosauromorph reptiles. In: Bandyopadhyay S ed. New Aspects of Mesozoic Biodiversity, Lecture Notes in Earth Sciences. 132: 27–44. Berlin: Springer-Verlag

Evans S E, Klembara J. 2005. A choristoderan reptile (Reptilia: Diapsida) from the Lower Miocene of northwest Bohemia (Czech Republic). J Vert Paleont, 25: 171–184

Evans S E, Manabe M. 1999. A choristoderan reptile from the Lower Cretaceous of Japan. Special Papers in Paleont, 60: 101–120

Evans S E, Matsumoto R. 2015. An assemblage of lizards from the Early Cretaceous of Japan. Palaeont Electronica, 18.2.36A: 1–36

Evans S E, Milner A R. 1989. *Fulengia* a supposed early lizard reinterpreted as a prosauropod dinosaur. Palaeontology, 32: 223–230

Evans S E, Waldman M. 1996. Reptiles and amphibians from the Middle Jurassic (Bathonian) of Skye, Scotland. In: Morales M ed. The Continental Jurassic. Mus Northern Arizona Bull, 60: 219–226

Evans S E, Wang Y. 2005. The Early Cretaceous lizard *Dalinghosaurus* from China. Acta Paleont Polonica, 50(4): 725–742

Evans S E, Wang Y. 2007. A juvenile lizard specimen with well-preserved skin impressions from the Upper Jurassic/Lower Cretaceous of Daohugou, Inner Mongolia, China. Naturwissenschaften, 94: 431–439

Evans S E, Wang Y. 2009. A long-limbed lizard from the Upper Jurassic/Lower Cretaceous of Daohugou, Ningcheng, Nei Mongol, China. Vert PalAsiat, 47: 21–34

Evans S E, Wang Y. 2010. A new lizard (Reptilia: Squamata) with exquisite preservation of soft tissue from the Lower Cretaceous of Inner Mongolia, China. J Syst Palaeont, 8: 81–95

Evans S E, Prasad G V R, Manhas B K. 2001. Rhynchocephalians (Diapsida: Lepidosauria) from the Jurassic Kota Formation of India. Zool J Linnean Soc, 133: 309–334

Evans S E, Prasad G V R, Manhas B K. 2002. Fossil lizards from the Jurassic Kota Formation of India. J Vert Paleont, 22: 299–312

Evans S E, Wang Y, Li C. 2005. The Early Cretaceous lizard genus *Yabeinosaurus* from China: resolving an enigma. J Syst Paleont, 3(4): 319–335

Evans S E, Manabe M, Noro M, Isaji S, Yamaguchi M. 2006. A long-bodied lizard from the Lower Cretaceous of Japan. Palaeontology, 49: 1143–1165

Evans S E, Wang Y, Jones M E H. 2007. An aggregation of lizard skeletons from the Lower Cretaceous of China. Senckenbergiana Lethaea, 87: 109–118

Fabbri M, Dalla Vecchia F M, Cau A. 2014. New information on *Bobosaurus forojuliensis* (Reptilia: Sauropterygia):

implications for plesiosaurian evolution. Hist Biol, 26(5): 661–669

Fedorov P V, Nessov L A. 1992. A lizard from the boundary of the Middle and Late Jurassic of north-east Fergana. Bull St Petersburg Univ Geol Geogr, 3: 9–14

Fitzinger L I. 1826. Neue classification der reptilien nach ihren naturlichen verwandtschaften. Wien, Verlage von J G. Heubner. 1–180

Fraas E. 1891. Ichthyosaurier der süddeutschen Trias- und Jura-Ablagerungen. H. Laupp, Tübingen. 1–81

Fraser N C. 1988. The osteology and relationships of *Clevosaurus* (Reptilia: Sphenodontida). Phil Trans R Soc London Series B, Biological Sciences, 321(1204): 125–178

Fraser N C. 1993. A new sphenodontian from the Early Mesozoic of England and North America: implications for correlating Early Mesozoic continental deposits. New Mexico Museum of Natural History and Science, Bulletin, 3: 135–139

Frost D R, Etheridge R. 1989. A phylogenetic analysis and taxonomy of iguanian lizards (Reptilia: Squamata). Misc Publ Univ Kansas, 81: 1–65

Frost D R, Etheridge R, Janies D, Titus T A. 2001. Total evidence, sequence alignment, evolution of polychrotid lizards, and a reclassification of the Iguania (Squamata: Iguania). Amer Mus Novitates, 3343: 1–38

Fry B G, Vidal N, Norman J A, Vonk F J, Scheib H, Ramjan S F R, Kuruppu S, Fung K, Hedges S B, Richardson M K, Hodgson W C, Ignjatovic V, Summerhayes R, Kochva E. 2006. Early evolution of the venom system in lizards and snakes. Nature, 439: 584–588

Fürbringer M. 1900. Zur vergleichenden Anatomie des Brustschulterapparates und der Schultermuskeln. Jenaische Zeitschrift für Naturwissenschaft, 34: 215–718

Galton P M. 1990. Basal Sauropodomorpha-Prosauropoda. In: Weishampel D B, Dodson P, Osmolska H eds. The Dinosauria (1st edition). Berkeley: Univ California Press. 320–344

Gamble T, Greenbaum E, Jackman T R, Russell A P, Bauer AM. 2012. Repeated origin and loss of adhesive toepads in geckos. PLoS ONE, 7: e39429, doi: 10.1371/journal.pone.0039429

Gans C, Montero R. 2008. An atlas of amphisbaenian skull anatomy. In: Gans C, Gaunt A S, Adler K eds. Biology of the Reptilia, Vol. 21, Morphology 1, The Skull and Appendicular Locomotor Apparatus of Lepidosauria. New York: Society for the Study of Amphibians and Reptiles. 621–738

Gao K Q. 1997. *Sineoamphisbaena* phylogenetic relationships discussed: reply. Can J Earth Sci, 34: 886–889

Gao K Q, Brinkman D B. 2005. Choristoderes from the Park and its vicinity. In: Currie P, Koppelhus E eds. Dinosaur Provincial Park: A Spectacular Ancient Ecosystem Revealed. Bloomington & Indianapolis: Indiana Univ Press. 221–234

Gao K Q, Fox R C. 1991. New teiid lizards from the Upper Cretaceous Oldman Formation (Judithian) of southeastern Alberta, Canada, with a review of the Cretaceous record of teiids. Ann Carnegie Mus, 60: 145–162

Gao K Q, Fox R C. 1996. Taxonomy and evolution of Late Cretaceous lizards from western Canada. Bull Carnegie Mus Nat Hist, 33: 1–107

Gao K Q, Fox R C. 1998. New choristoderes (Reptilia: Diapsida) from the Upper Cretaceous and Palaeocene, Alberta and Saskatchewan, Canada, and phylogenetic relationships of Choristodera. Zool J Linnean Soc, 124: 303–353

Gao K Q, Fox R C. 2005. A new choristodere (Reptilia: Diapsida) from the Lower Cretaceous of western Liaoning Province, China, and phylogenetic relationships of Monjurosuchidae. Zool J Linnean Soc, 145: 427–444

Gao K Q, Hou L. 1995a. Iguanians from the Upper Cretaceous Djadochta Formation, Gobi Desert, China. J Vert Paleont, 15: 57–78

Gao K Q, Hou L. 1995b. Late Cretaceous fossil record and paleobiogeography of iguanian squamates. Sixth Symposium on Mesozoic Terrestrial Ecosystems & Biota, Short Papers. 47–50

Gao K Q, Hou L. 1996. Systematics and taxonomic diversity of squamates from the Upper Cretaceous Djadochta Formation, Bayan Mandahu, Gobi Desert, People's Republic of China. Can J Earth Sci, 33: 578–598

Gao K Q, Ksepka D. 2008. Osteology and taxonomic revision of *Hyphalosaurus* (Diapsida: Choristodera) from the Lower Cretaceous of Liaoning, China. J Anat, 212: 747–768

Gao K Q, Li Q. 2007. Osteology of *Monjurosuchus splendens* (Diapsida: Choristodera) based on a new specimen from the Lower Cretaceous of western Liaoning, China. Cretaceous Res, 28: 261–271

Gao K Q, Norell M A. 1996. A rich lizard assemblage from Ukhaa Tolgod, Gobi Desert, Mongolia. J Vert Paleont, 16: 36A

Gao K Q, Norell M A. 1998. Taxonomic revision of *Carusia intermedia* (Reptilia: Squamata) from the Upper Cretaceous of Gobi Desert and phylogenetic relationships of anguimorphan lizards. Amer Mus Novitates, 3230: 1–51

Gao K Q, Norell M A. 2000. Taxonomic composition and systematics of Late Cretaceous lizard assemblages from Ukhaa Tolgod and adjacent localities, Mongolian Gobi Desert. Bull Amer Mus Nat Hist, 249: 1–118

Gao K Q, Tang Z L, Wang X. 1999. A long-necked diapsid reptile from the Upper Jurassic/Lower Cretaceous of Liaoning Province, northeastern China. Vert PalAsiat, 37: 1–8

Gao K Q, Evans S, Ji Q, Norell M, Ji S A. 2000. Exceptional fossil material of a semi-aquatic reptile from China: the resolution of an enigma. J Vert Paleont, 20: 417–421

Gao K Q, Ksepka D, Hou L, Duan Y, Hu D. 2007. Cranial morphology of an Early Cretaceous monjurosuchid (Reptilia: Diapsida) from Liaoning Province of China and evolution of choristoderan palate. Hist Biol, doi: 10.1080/08912960116391

Gao K Q, Chen J, Jia J. 2013a. Taxonomic diversity, stratigraphic range, and exceptional preservation of Juro-Cretaceous salamanders from northern China. Can J Earth Sci, 50: 255–267

Gao K Q, Zhou C F, Hou L, Fox R C. 2013b. Osteology and ontogeny of Early Cretaceous *Philydrosaurus* (Diapsida: Choristodera) based on new specimens from Liaoning Province, China. Cret Research, 45: 91–102

Gao T, Li D Q, Li L F, Yang J T. 2019. The first record of freshwater plesiossaurian from the Middle Jurassic of Gansu, NW China, with its implications to the local palaeobiogeography. Journal of Palaeogeography, 8: 27, https://doi.org/10.1186/s42501-019-0043-5

Gauthier J A. 1984. A cladistic analysis of the higher systematic categories of the Diapsida. PhD thesis. University of California, Berkeley. 1–564

Gauthier J A, Estes R, de Queiroz K. 1988. A phylogenetic analysis of Lepidosauromorpha. In: Estes R, Pregill G eds. Phylogenetic Relationships of the Lizard Families. Stanford: Stanford Univeristy Press. 15–98

Gauthier J A, Kearney M, Maisano J A, Rieppel O, Behlke A. 2012. Assembling the squamate tree of life: perspective from the phenotype and fossil record. Bull Peabody Mus Nat Hist, 53: 3–308

Gifu-ken Dinosaur Research Committee. 1993. Report on the dinosaur excavatio in Gifu Prefecture, Japan. Gifu: Gifu Prefectural Museum. 1–46 (in Japanese)

Gilmore C W. 1928. Fossil lizards of North America. National Academy of Sciences, Memoir, 22: 1–201

Gilmore C W. 1940. New fossil lizards from the Upper Cretaceous of Utah. Smithsonian Miscellaneous Collections, 99: 1–3

Gilmore C W. 1942. Paleocene faunas of the Polecat Bench Formation, Park County, Wyoming, pt. II. Lizards. Proc Amer Philosophical Soc, 85: 159–167

Gilmore C W. 1943. Fossil lizards of Mongolia. Bull Amer Mus Nat Hist, 81: 361–384

Giovannotti M, Caputo V, O'Brien P C M, Lovell F L, Trifonov V, Nisi Cerioni P, Olmo E, Ferguson-Smith M A, Rens W. 2009. Skinks (Reptilia: Scincidae) have highly converved karyotypes as revealed by chromosome painting. Cytogenetic and Genome Research, 127: 224–231

Gow C E, Raath M A. 1977. Fossil vertebrate studies in Rhodesia: sphenodontid remains from the Upper Triassic of Rhodesia. Palaeontologia Africana, 20: 121–122

Gradzinski R, Jerzykiewicz T. 1972. Additional geographical and geological data from the Polish-Mongolian palaeontological expeditions. Palaeont Polonica, 27: 17–32

Gradzinski R, Jerzykiewicz T. 1974a. Dinosaur- and mammal-bearing aeolian and associated deposits of the Upper Cretaceous in the Gobi Desert (Mongolia). Sedimentary Geol, 12: 249–278

Gradzinski R, Jerzykiewicz T. 1974b. Sedimentation of the Barun Goyot Formation. Palaeont Polonica, 30: 111–146

Gradzinski R, Kazmiereczak J, Lefeld J. 1968. Geographical and geological data from the Polish-Mongolian palaeontological expeditions. Palaeont Polonica, 19: 3–82

Gradzinski R, Kielan-Jaworowska Z, Maryanska T. 1977. Upper Cretaceous Djadokhta, Barun Goyot and Nemegt formations of Mongolia, including remarks on previous subdivisions. Acta Geol Pol, 27: 281–318

Gray J E. 1825. A synopsis of the genera of Reptiles and Amphibia, with a description of some new species. Ann Philosophy, 10: 193–217

Gray J E. 1827. A synopsis of the genera of saurian reptiles, in which some new genera are indicated and the others reviewed by actual examination. Ann Philosophy, new series 2: 54–58

Gray J E. 1831. Note on a peculiar structure in the head of an Agama. The Zool Miscellany, 1: 13–14

Greer A. 1970. A subfamilial classification of scincid lizards. Harvard Univ, Bull Mus Comp Zool, 139: 151–184

Grismer L L. 1988. Phylogeny, taxonomy, classification, and biogeography of eublepharid geckos. In: Estes R, Pregill G eds. Phylogenetic Relationships of the Lizard Families. Stanford: Stanford Univ Press. 369–469

Günther A. 1867. Contribution to the anatomy of *Hatteria* (*Rhynchocephalus*, Owen). Phil Trans R Soc London, 157: 595–629

Haas G. 1973. Muscles of the jaws and associated structures in the Rhynchocephalia and Squamata. In: Gans C, Parsons T S eds. Biology of the Reptilia. London and New York: Academic Press. 285–490

Han D, Zhou K, Bauer A M. 2004. Phylogenetic relationships among gekkotan lizards inferred from c-mos nuclear DNA sequences and a new classification of the Gekkota. Biol J Linnean Soc, 83: 353–368

Harris D J, Arnold E N, Thomas R H. 1998. Relationships of lacertid lizards (Reptilia: Lacertidae) estimated from mitochondrial DNA sequences and morphology. Proc R Soc London, B 265: 1939–1948

Harris V. 1964. The Life of the Rainbow Lizard. London: Hutchinson Tropical Monographs. 1–174

Hay J M, Sarre S D, Lambert D M, Allendorf F W, Daugherty C H. 2010. Genetic diversity and taxonomy: a reassessment of species designation in tuatara (*Sphenodon*: Reptilia). Conservation Genetics, 11: 1063–1081

Hecht M K, Costelli J Jr. 1969. The postcranial osteology of the lizard *Shinisaurus*: 1. the vertebral column. Amer Mus Novitates, 2378: 1–21

Hedges S B, Vidal N. 2009. Lizards, snakes, and amphisbaenians (Squamata). In: Hedges S B, Kumar S eds. The Timetree of Life. Oxford: Oxford University Press. 383–389

Herrera-Flores J A, Stubbs T L, Elsler A, Benton M J. 2018. Taxonomic reassessment of *Clevosaurus latidens* Fraser, 1993 (Lepidosauria, Rhynchocephalia) and rhynchocephalian phylogeny based on parsimony and Bayesian inference. J

Paleont, 92: 734–742

Hoffstetter R. 1943. Varanidae et Necrosauridae fossils. Bulletin du Museum national d'Histoire naturelle, 15: 134–141

Hoffstetter R. 1964. Les Sauria du Jurassique supérieur et spécialement les Gekkota de Bavière et de Mandchourie. Senckenbergiana Biologica, 45: 281–324

Hoffstetter R. 1966. A propos des genres *Ardeosaurus* et *Eichstaettisaurus* (Reptilia, Sauria, Gekkonoidea) du Jurassique supérieur de Franconie. Bulletin de la Societe Géologique de France, 8: 529–595

Hoffstetter R. 1967. Coup d'oeil sur les Sauriens (lacertiliens) des couches de Purbeck (Jurassique supérieur d'Angleterre Résumé d'un Mémoire). Colloques Internationaux du Centre National de la Recherche Scientifique, 163: 349–371

Holmes R, Cheng Y N, Wu X C. 2008. New information on the skull of *Keichousaurus hui* (Reptilia: Sauropterygia) with comments on Sauropterygian interrelationships. J Vert Paleont, 28(1): 76–84

Honda M, Ota H, Kobayashi M, Nabhitabhata J, Yong H S, Sengoku S, Hikida T. 2000. Phylogenetic relationships of the family Agamidae (Reptilia: Iguania) inferred from mitochondrial DNA sequences. Zool Sci, 17: 527–537

Hou L H. 1974. Paleocene lizards from Anhui, China. Vert PalAsiat, 12(3): 193–200

Hou L H. 1976. New materials of Palaeocene lizards of Anhui. Vert PalAsiat, 14(1): 45–52

Hou L H, Li P P, Ksepka D T, Gao K Q, Norell M A. 2010. Implications of flexible-shelled eggs in a Cretaceous choristoderan reptile. Proc Roy Soc Lond B, Biol Sci, 277: 1235–1239

Hsiou A S, De França M A G, Fergolo J. 2015. New data on the *Clevosaurus* (Spheodontia: Clevosauridae) from the Upper Triassic of southern Brazil. PLoS ONE, https://doi.org/10.1371/journal.pone.0137523.g002

Huene F v. 1916. Berträge zur Kenntnis der Ichthyosaurier im deutschen Muschelkalk. Palaeontographica, 62: 1–68

Huene F v. 1936. *Henodus chelyops*, ein neuer Placodontier. Palaeontographica. A 84: 99–148

Huene F v. 1942. Ein Rhynchocephale aus mandschurischem Jura. Neues Jahrbuch für Mineralogie, Geologie und Paläontologie, Beilagen, 87: 240–248

Huene F v. 1948. Short review of the lower tetrapods. In: DuToit A L ed. Robert Broom Commemorative Volume, Special Publication of the Royal Society of South Africa, Cape Town. 65–106

Huene F v. 1952. Skelett und Verwandtschaft von *Simosaurus*. Palaeontographica, A 102: 163–182

Huene F v. 1956. Paläontologie und Phylogenie der Niederen Tetrapoden. VEB Gustav Fischer Verlag, Jena, XII + 716 pp

Huene F v. 1961. Paläontologie und Phylogenie der Niederen Tetrapoden. Nahtrage und Erganzungen. Jena: Gustav Fischer. 1–58

Hutchinson M N, Skinner A, Lee M S Y. 2012. *Tikiguana* and the antiquity of squamate reptiles (lizards and snakes). Biol Letters, doi: 10.1098/rspb.2011.1216

Ikeda T, Ota H, Saegusa H. 2014. A new fossil lizard from the Lower Cretaceous Sasayama Group of Hyogo Prefecture, western Honshu, Japan. J Vert Paleont, 35(1): 1–5

International Commission on Zoological Nomenclature (ICZN). 1999. International Code of Zoological Nomenclature, 4th edition. London: The International Trust for Zoological Nomenclature. 1–306

Jaekel O. 1910. Über das System der Reptilien. Zoologischer Anzeiger, 35: 324–341

Ji C, Jiang D Y, Rieppel O, Motani R, Tintori A, Sun Z Y. 2014. A new specimen of *Nothosaurus youngi* from the Middle Triassic of Guizhou, China. J Vert Paleont, 34(2): 465–470

Ji C, Jiang D Y, Motani R, Rieppel O, Hao W C, Sun Z Y. 2015. Phylogeny of the Ichthyopterygia incorporating recent discoveries from South China. J Vert Paleont, doi: 10.1080/02724634.2015.1025956

Ji Q, Ji S A, Cheng Y N, You H L, Lü J C, Yuan C X. 2004. The first fossil soft-shell eggs with embryos from Late Mesozoic Jehol Biota of western Liaoning, China. Acta Geoscientica Sinica, 25(3): 275–285

Ji Q, Wu X C, Cheng Y N. 2010. Cretaceous choristoderan reptiles gave birth to live young. Naturwissenschaften, 97: 423–428

Ji S A. 1998. A new long-tailed lizard from the Upper Jurassic of Liaoning, China. In: Department of Geology, Peking University ed. Collected Works of International Symposium on Geological Science, Peking University, Beijing, China. Beijing: Seismological Press. 496–505

Ji S A. 2005. A new Early Cretaceous lizard with well-preserved scale impressions from western Liaoning, China. Progress in Natural Science, 15: 162–168

Ji S A, Ji Q. 2004. Postcranial anatomy of the Mesozoic *Dalinghosaurus* (Squamata): evidence from a new specimen of western Liaoning. Acta Geologica Sinica, 78 (4): 897–905

Ji S A, Ren D. 1999. First record of lizard skin fossil from China with description of a new genus (Lacertilia: Scincomorpha). Acta Zootaxonomica Sinica, 24: 114–120

Jiang D Y, Hao W C, Sun Y L, Maisch M W, Matzke A T. 2003. The mixosaurid ichthyosaur *Phalarodon* from the Middle Triassic of China. Neue Jahrb Geol Paläont Mon, 2003: 656–666

Jiang D Y, Maisch M W, Sun Y L, Matzke A T, Hao W C. 2004. A new species of *Xinpusaurus* (Thalattosauria) from the Upper Triassic of China. J Vert Paleont, 24(1): 80–88

Jiang D Y, Hao W C, Maisch M W, Matzke A T, Sun Y L. 2005a. A basal mixosaurid ichthyosaur from the Middle Triassic of China. Palaeontology, 48(4): 869–882

Jiang D Y, Maisch M W, Hao W C, Pfretzschner H U, Sun Y L, Sun Z Y. 2005b. *Nothosaurus* sp. (Reptilia, Sauropterygia, Nothosauridae) from the Anisian (Middle Triassic) of Guizhou, southwestern China. Neue Jahrb Geol Paläont Mon, 2005: 565–576

Jiang D Y, Maisch M W, Hao W C, Sun Y L, Sun Z Y. 2006a. *Nothosaurus yangjuanensis* n. sp. (Reptilia, Sauropterygia, Nothosauridae) from the middle Anisian (Middle Triassic) of Guizhou, southwestern China. Neue Jahrb Geol Paläont Mon, 2006: 257–276

Jiang D Y, Maisch M W, Sun Z Y, Sun Y L, Hao W C. 2006b. A new species of *Lariosaurus* (Reptilia, Sauropterygia) from the middle Anisian (Middle Triassic) of Guizhou, southwestern China. Neue Jahrb Geol Paläont Abh, 242: 19–42

Jiang D Y, Schmitz L, Hao W C, Sun Y L. 2006c. A new mixosaurid ichthyosaur from the Middle Triassic of China. J Vert Paleont, 26(1): 60–69

Jiang D Y, Schmitz L, Motani R, Hao W C, Sun Y L. 2007. The mixosaurid ichthyosaur *Phalarodon* cf. *P. fraasi* from the Middle Triassic of Guizhou Province, China. J Vert Paleont, 81(3): 602–605

Jiang D Y, Motani R, Hao W C, Rieppel O, Sun Y L. 2008a. First record of placodontoidea (Reptilia, Sauropterygia, Placodontia) from the eastern Tethys. J Vert Paleont, 28(3): 904–908

Jiang D Y, Motani R, Hao W C, Schmitz L, Rieppel O, Sun Y L, Sun Z Y. 2008b. New primitive ichthyosaurian (Reptilia, Diapsida) from the Middle Triassic of Panxian, Guizhou, southwestern China and its position in the Triassic biotic recovery. Prog Nat Sci, 18: 1315–1319

Jiang D Y, Rieppel O, Motani R, Hao W C, Sun Y L, Schmitz L, Sun Z Y. 2008c. A new middle Triassic Eosauropterygian (Reptilia, Sauropterygia) from southwestern China. J Vert Paleont, 28(4): 1055–1062

Jiang D Y, Motani R, Tintori A, Rieppel O, Chen G B, Huang J D, Zhang R, Sun Z Y, Ji C. 2014. The Early Triassic eosauropterygian *Majiashanosaurus discocoracoidis*, gen. et sp. nov. (Reptilia, Sauropterygia), from Chaohu, Anhui Province, People's Republic of China. J Vert Paleont, 34(5): 1044–1052

Jiang D Y, Motani R, Huang J D. Tintori A, Hu Y C, Rieppel O, Fraser N C, Ji C, Kelley N P, Fu W L, Zhang R. 2016. A large aberrant stem ichthyosauriform indicating early rise and demise of ichthyosauromorphs in the wake of the end-Permian extinction. Scientific Reports, 6, 26232, doi: 10.1038/srep26232

Jiang D Y, Lin W B, Rieppel O, Motani R, Sun Z Y. 2019. A new Anisian (Middle Triassic) eosauropterygian (Reptilia, Sauropterygia) from Panzhou, Guizhou Province, China. Journal of Vertebrate Paleontology, 38:4, (1)–(9), doi:10.1080/02724634.2018.1480113

Jollie M. 1960. The head skeleton of the lizard. Acta Zool, 41: 1–64

Jones M E H. 2006. The Early Jurassic clevosaurs from China (Diapsida: Lepidosauria). In: Harris J D, Jerry D, Lucas S G, Spielmann J A, Lockley M G, Milner A R C, Kirkland J I eds. The Triassic-Jurassic Terrestrial Transition. New Mexico Museum of Natural History and Science Bulletin, 37: 548–562

Jones M E H, Tennyson A J D, Evans S E, Worthy T H. 2009. A sphenodontine (Rhynchocephalia) from the Miocene of New Zealand and palaeobiogeography of the tuatara (*Sphenodon*). Proc R Soc London, B 276: 1385–1390

Kearney M. 2003a. The phylogenetic position of *Sineoamphisbaena hexatabularis* reexamined. J Verte Paleont, 23: 394–403

Kearney M. 2003b. Systematics of the Amphisbaenia (Lepidosauria: Squamata) based on morphological evidence from recent and fossil forms. Herpet Monographs, 17: 1–74

Kemp T S. 1988. Haemothermia or Archosauria?: the interrelationships of mammals, birds and crocodiles. Zool J Linnean Soc, 92: 67–104

Kiprijanoff V A. 1881. Studien über die fossilen Reptilien Russlands. I. Theil: Gattung *Ichthyosaurus* König aus dem Sewerischen Sandstein oder Osteolith der Kreide-Gruppe. Mémoires de l'Académie Impériale des Sciences de St Pétersbourg, 7e Série, 28: 1–103

Klembara J. 2008. A new anguimorph lizard from the lower Miocene of north-west Bohemia, Czech Republic. Palaeontology, 51: 81–94

Kluge A. 1967. Higher taxonomic categories of gekkonid lizards and their evolution. University of Michigan, Museum of Zoology, Miscellaneous Publications, 147: 1–221

Kluge A. 1987. Cladistic relationships among the Gekkonoidea. University of Michigan, Museum of Zoology, Miscellaneous Publications, 173: 1–54

Koh T P. 1940. *Santaisaurus yuani* gen. et sp. nov. ein neues Reptil aus demm unteren Trias von China. Bull Geol Soc China, 20: 73–92

Kozur H W, Bachmann G H. 2005. Correlation of the German Triassic with the international scale. Albertiana, 32: 21–35

Ksepka D T, Gao K Q, Norell M A. 2005. A new choristodere from the Cretaceous of Mongolia. Amer Mus Novitates, 3468: 1–22

Kuhn-Schnyder E E. 1952. Die Triasfauna der Tessiner Kalkalpen. XVII. *Askeptosaurus italicus* Nopcsa. Schw Palaeont Abh, 69: 1–52

Kuhn-Schnyder E E. 1971. Über einen Schädel von Askeptosaurus italicus Nopcsa aus der Mittleren Trias des Monte San Giorgio (Kt. Tessin, Schweiz). Abhandlungen des Hessischen Landesamtes für Bodenforschung, 60: 89–98

Kuhn-Schnyder E E. 1980. Observations on the temporal openings of reptilian skulls and the classification of reptiles. In: Jacobs L L ed. Aspects of Vertebate History. Flagstaff: Mus Northern Arizona Press. 153–175

Kumazawa Y. 2007. Mitochondrial genomes from major lizard families suggest their phylogenetic relationships and ancient radiations. Gene, 388 (2007): 19–26

Kurzanov S M. 1992. A gigantic protoceratopsid from the Upper Cretaceous of Mongolia. Paleont Zhurnal, 1992: 81–93

Kusuhashi N. 2008. Early Cretaceous multituberculate mammals from the Kuwajima Formation (Tetori Group), Central Japan. Acta Palaeont Polonica, 53: 379–390

Lakjer T. 1926. Studien über die Trigeminus-versorgte Kaumuskulatur der Sauropsiden. Kopenhagen: C. A. Rietzel Buchhanglung. 1–126

Langer M C. 1998. Gilmoreteiidae new family and *Gilmoreteius* new genus (Squamata, Scincomorpha): replacement names for Macrocephalosauridae Sulimski, 1975 and *Macrocephalosaurus* Gilmore, 1943. Comunicacoes do Museu de Ciencias e Tecnologia, 11: 13–18

Lee M S Y. 1998. Convergent evolution and character correlation in burrowing reptiles: towards a resolution of squamate relationships. Biol J Linnean Soc, 65: 369–453

Lee M S Y. 2013. Turtle origins: Insights from phylogenetic retrofitting and molecular scaffolds. J Evol Biol, 26(12): 2729–2738

Lee M S Y, Caldwell M W. 2000. *Adriosaurus* and the affinities of mosasaurs, dolichosaurs, and snakes. J Paleont, 74: 915–937

Lee M S Y, Scanlon J D. 2001. On the lower jaw and intramandibular septum in snakes and anguimorph lizards. Copeia, 2001: 531–535

Lefeld J. 1971. Geology of the Djadokhta Formation at Bayn Dzak (Mongolia). Palaeont Polonica, 25: 101–127

Li C, Rieppel O. 2002. A new cyamodontoid placodont from Triassic of Guizhou. Chinese Sci Bull, 47: 403–410

Li C, Rieppel O, Wu X C, Zhao L J, Wang L T. 2011. A new Triassic marine reptile from southwestern China. J Vert Paleont, 31(2): 303–312

Li C, Jiang D Y, Cheng L, Wu X C, Rieppel O. 2014. A new species of *Largocephalosaurus* (Diapsida: Saurosphargidae), with implications for the morphological diversity and phylogeny of the group. Geol Mag, 151(1): 100–120

Li C, Rieppel O, Cheng L, Fraser N C. 2016. The earliest herbivorous marine reptile and its remarkable jaw apparatus. Sci Adv, 2(5), e1501659

Li D, You H, Zhang J. 2008. A new specimen of *Suzhousaurus megatherioiides* (Dinosauria: Therizinosauroidea) from the Early Cretaceous of northwestern China. Can J Earth Sci, 45: 769–779

Li J L, Rieppel O. 2004. A new nothosaur from the Middle Triassic of Guizhou, China. Vert PalAsiat, 42: 1–12

Li J L, Liu J, Rieppel O. 2002. A new species of *Lariosaurus* (Sauropterygia: Nothosauridae) from Triassic of Guizhou, Southwest China. Vert PalAsiat, 40: 114–126

Li J L, Wu X C, Zhang F C. 2008. The Chinese Fossil Reptiles and Their Kin. Beijing: Science Press. 1–473

Li P P, Gao K Q, Hou L H, Xu X. 2007. A gliding lizard from the Early Cretaceous of China. Proc National Acad Sci USA, 104 (13): 5507–5509

Li Z G, Jiang D Y, Rieppel O, Motani R, Tintori A, Sun Z Y, Ji C. 2016. A new species of *Xinpusaurus* (Reptilia, Thalattosauria) from the Ladinian (Middle Triassic) of Xingyi, Guizhou, southwestern China. J Vert Paleontol, 36(6), e1218340

Lillegraven J A, McKenna M C. 1986. Fossil mammals from the "Mesaverde" Formation (Late Cretaceous, Judithian) of the Big Horn and Wind River basins, with definitions of the Late Cretaceous Land Mammal "Ages". Amer Mus Novitates,

2840: 1–68

Lin K, Rieppel O. 1998. Functional morphology and ontogeny of *Keichousaurus hui* (Reptilia, Sauropterygia). Fieldiana (Geology) n.s., 39: 1–35

Linnaeus C. 1766. Systema Naturae. Stockholm: Laurientii Salvii, Holminae. 1–639

Liu J. 1999. Sauropterygian from Triassic of Guizhou, China. Chinese Sci Bull, 44(14): 1312–1316

Liu J. 2001. The postcranial skeleton of *Xinpusaurus*. In: Deng T, Wang Y eds. Proceedings of the Eighth Annual Meeting of the Chinese Society of Vertebrate Paleontology. Beijing: Ocean Press. 1–8

Liu J. 2004. A nearly complete skeleton of *Ikechosaurus pijiagouensis* sp. nov. (Reptilia: Choristodera) from the Jiufotang Formation (Lower Cretaceous) of Liaoning, China. Vert PalAsiat, 42(2): 120–129

Liu J. 2007. A Juvenile specimen of *Anshunsaurus* (Reptilia: Thalattosauria). Amer Mus Novitates, 3582: 1–9

Liu J. 2013. On the taxonomy of *Xinpusaurus* (Reptilia: Thalattosauria). Vert PalAsiat, 51(1): 17–23

Liu J, Rieppel O. 2001. The second thalattosaur from the Triassic of Guizhou, China. Vert PalAsiat, 39(2): 77–87

Liu J, Rieppel O. 2005. Restudy of *Anshunsaurus huangguoshuensis* (Reptilia: Thalattos) from the Middle Triassic of Guizhou, China. Amer Mus Novitates, 3488: 1–34

Liu J, Jonathan C A, Sun Y Y, Zhang Q Y, Zhou C Y, Tao L V. 2011a. New Mixosaurid ichthyosaur specimen from the Middle Triassic of SW China: further evidence for the diapsid origin of Ichthyosaurs. J Paleont, 85(1): 32–36

Liu J, Rieppel O, Jiang D Y, Aitchison J C, Motani R, Zhang Q Y, Zhou C Y, Sun Y L. 2011b. A new pachypleurosaur (Reptilia: Sauropterygia) from the Lower Middle Triassic of southwestern China and the phylogenetic relationships of chnesepachypleurosaurs. J Vert Paleont, 31(2): 292–302

Liu J, Motani R, Jiang D Y, Hu S X, Aitchison J C, Rieppel O, Benton M J, Zhang Q Y, Zhou C Y. 2013a. The first specimen of the Middle Triassic *Phalarodon atavus* (Ichthyosauria: Mixosauridae) from South China, showing postcranial anatomy and peri-Tethyan distribution. Palaeontology, 56: 849–866

Liu J, Zhao L J, Li C, He T. 2013b. Osteology of *Concavispina biseridens* (Reptilia, Thalattosauria) from the Xiaowa Formation (Carnian), Guanling, Guizhou, China. J Paleont, 87(2): 341–350

Liu J, Hu S X, Rieppel O, Jiang D Y, Benton M J, Kelley N P, Aitchison J C, Zhou C Y, Wen W, Huang J Y, Xie T, Lü T. 2014. A gigantic nothosaur (Reptilia: Sauropterygia) from the Middle Triassic of SW China and its implication for the Triassic biotic recovery. Sci Report, 4: 7142, doi: 10.1038/srep07142

Loope D B, Dingus L, Swisher III C C, Minjin C. 1998. Life and death in a Late Cretaceous dune field, Nemegt Basin, Mongolia. Geology, 26: 27–30

Lü J C, Kobayashi Y, Li Z. 1999. A new species of *Ikechosaurus* (Reptilia: Choristodera) from the Jiufutang Formation (Early Cretaceous) of Chifeng City, Inner Mongolia. Bulletin de L'institut des Sciences Naturelles de Belgique, 69 (Supp B): 37–47

Lü J C, Ji S A, Dong Z M, Wu X C. 2008. An Upper Cretaceous lizard with a lower temporal arcade. Naturwissenschaften, 95: 663–669

Lü J C, Kobayashi Y, Deeming D, Liu Y. 2015. Post-natal parental care in a Cretaceous diapsid from northeastern China. Geosci J, 19(2): 273–280

Lucas S G. 2001. Chinese Fossil Vertebrates. New York: Columbia University Press. 1–320

Luo Z X, Wu X C. 1994. The small tetrapods of the Lower Lufeng Formation, Yunnan. In: Fraser N C, Sues H-D eds. In the Shadow of the Dinosaurs. Cambridge: Cambridge University Press. 251–270

Luo Z X, Wu X C. 1995. Correlation of vertebrate assemblage of the Lower Lufeng Formation, Yunnan, China. In: Sun A L, Wang Y Q eds. Sixth Symposium on Mesozoic Terrestrial Ecosystems and Biotas Short Papers. Beijing: China Ocean Press. 83–88

Lydekker R. 1889. Palaeozoology, vertebrata. In: Nicholson H A, Lydekker R eds. A Manual of Palaeontology for the Uses of Students with a General Introduction on the Principles of Palaeontology. 3rd edition, Volume 2. William Blackwood & Sons, Edinburgh, London. 889–1474

Ma L T, Jiang D Y, Rieppel O, Motani R, Tintori A. 2015. A new pistosauroid (Reptilia, Sauropterygia) from the late Ladinian Xingyi marine reptile level, southwestern China. J Vert Paleont, 35: 1, doi: 10.1080/02724634.2014.881382

Macey J R, Larson A, Ananjeva N B, Papenfuss T J. 1997. Evolutionary shifts in three major structural features of the mitochondrial genome among iguanian lizards. J Molecular Evol, 44: 660–674

Macey J R, Schulte J A II, Larson A, Tuniyev B S, Orlov N, Papenfuss T J. 1999. Molecular phylogenetics, tRNA evolution, and historical biogeography in anguid lizards and related taxonomic families. Molecular Phyl Evol, 12: 250–272

Macey J R, Schulte J A, Larson A, Ananjeva N B, Wang Y, Pethiyagoda R, Rastegar-Pouyani N, Papenfuss T J. 2000. Evaluating trans-Tethys migration: an example using acrodont lizard phylogenetics. Syst Biol, 49(2): 233–256

MacLean W P. 1974. Feeding and locomotion mechanisms of teiid lizards; functional morphology and evolution. Papeis Avulsos Zoologia, 27: 179–213

Maisch M W. 2010. Phylogeny, systematics, and origin of the Ichthyosauria—the state of the art. Palaeodiversity, 3: 151–214

Maisch M W. 2014. On the morphology and taxonomic status of *Xinpusaurus kohi* Jiang et al., 2004 (Diapsida: Thalattosauria) from the Upper Triassic of China. Palaeobiodiversity, 7: 47–59

Maisch M W. 2015. A juvenile specimen of *Anshunsaurus huangguoshuensis* Liu, 1999 (Diapsida: Thalattosauria) from the Upper Triassic of China. Palaeobiodiversity, 8: 71–87

Maisch M W, Matzke A T. 1998. Observations on Triassic ichthyosaurs. Part III: A crested predatory mixosaurid from the Middle Triassic of the Germanic Basin. Neue Jahrb Geol Paläont Abh, 209: 105–134

Maisch M W, Matzke A T. 2000. The Ichthyosauria. Stuttgarter Beiträge zur Naturkunde, Serie B, 298: 1–159

Maisch M W, Matzke A T. 2001. The cranial osteology of the Middle Triassic ichthyosaur *Contectopalatus* from Germany. Palaeontology, 44(6): 1127–1156

Maisch M W, Matzke A T. 2003. Observations on Triassic ichthyosaurs. Part XI. The taxonomic status of *Mixosaurus maotaiensis* Young, 1965 from the Middle Triassic of Guizhou, People's Republic of China. Neue Jahrb Geol Paläont Mon, 7: 428–438

Maisch M W, Pan X R, Sun Z Y, Cai T, Zhang D P, Xie J L. 2006. Cranial osteology of *Guizhouichthyosaurus tangae* (Reptilia: Ichthyosauria) from the Upper Triassic of China. J Vert Paleont, 26(3): 588–597

Marsh O C. 1872. Preliminary description of new Tertiary reptiles. Part I and Part II. Amer J Science, 4(22): 298–309

Massare J A. 1988. Swimming capabilities of Mesozoic marine reptiles: implications for method of predation. Paleobiology, 14(2): 187–205

Massare J A, Callaway J M. 1990. The affinities and ecology of Triassic ichthyosaurs. Bull Geol Soc Amer, 102: 409–416

Mateer N J. 1982. Osteology of the Jurassic lizard *Ardeosaurus brevipes* (Meyer). Palaeontology, 25: 461–469

Matsumoto A, Kusuhashi N, Murakami M, Tagami T, Hirata T, Iizuka T, Handa T, Matsuoka H. 2006. LA-ICPMS U-Pb zircon dating of tuff beds of the upper Mesozoic Tetori Group. Abstracts with Programs of the 155th Regular Meeting of the Palaeontological Society of Japan, Kyoto. 30 (in Japanese)

Matsumoto R, Evans S E. 2010. Choristoderes and the freshwater assemblages of Laurasia. J Iberian Geol, 36: 253–274

Matsumoto R, Evans S E, Manabe M. 2007. The choristoderan reptile *Monjurosuchus* from the Early Cretaceous of Japan. Acta Palaeont Polonica, 52: 329–350

Matsumoto R, Suzuki S, Tsogtbaatar K, Evans S E. 2009. New material of the enigmatic reptile *Khurendukhosaurus* (Diapsida: Choristodera) from Mongolia. Naturwissenschaften, 96: 233–242

Matsumoto R, Manabe M, Evans S E. 2015. The first record of a long-snouted choristodere (Reptilia, Diapsida) from the Early Cretaceous of Ishikawa Prefecture, Japan. Hist Biol, 27: 583–594

Matsumoto R, Dong L, Wang Y, Evans S E. 2019. The first record of a nearly complete choristodere (Reptilia: Diapsida) from the Upper Jurassic of Hebei Province, People's Republic of China. J Syst Palaeont, 17, doi: 10.1080/14772019. 2018.1494220

Mattison C. 1989. Lizards of the World. New York: Facts on File, Inc. 1–192

Mayer W, Pavlicev M. 2007. The phylogeny of the family Lacertidae (Reptilia) based on nuclear DNA sequences: convergent adaptations to arid habitats within the subfamily Eremiainae. Molecular Phyl Evol, 44: 1155–1163

Mazin J M. 1982. Affinités et Phylogénie des Ichthyopterygia. Geobios Mém Spéc, 6: 85–98

Mazin J M. 1983. Repartition stratigraphique et géographique des Mixosauria (Ichthyopterygia) provincialité marine au Trias Moyen. In: Buffetaut E, Mazin J M, Salmon E eds. Actes du Symposium Paléontologique Georgs Cuvier, Montbéliard. 375–386

Mazin J M. 1985. A specimen of *Lariosaurus balsami* Curioni 1847, from the eastern Pyrenees (France). Palaeontographica, A 189: 159–169

Mazin J M, Suteethorn V, Buffetaut E, Jaeger J J, Helmcke-Ingavat R. 1991. Preliminary description of *Thaisaurus chonglakmanii* n. g., n. sp., a new ichthyopterygian (Reptilia) from the Early Triassic of Thailand. Comptes Rendus de l'Academie des Sciences. deParis, 313, Série II, 1207–1212

McDowell S B, Bogert C M. 1954. The systematic position of *Lanthanotus* and the affinities of anguinomorphan lizards. Bull Amer Mus Nat Hist, 105: 1–141

McGowan C. 1972. Evolutionary trends in longipinnate ichthyosaurs with particular reference to skull and fore fin. Life Science Contributions, Royal Ontario Museum, 83: 1–38

McGowan C. 1976. The description and phenetic relationships of a new ichthyosaur genus from the Upper Jurassic of England. Can J Earth Sci, 13: 668–683

McGowan C, Motani R. 2003. Ichthyopterygia. In: Sues H-D ed. Encyclopedia of paleoherpetology, Part 8. München: Verlag Dr. Friedrich Pfeil. 1–173

Melville J, Hale J, Mantziou G, Ananjeva N B, Milto K, Clemann N. 2009. Historical biogeography, phylogenetic relationships and intraspecific diversity of agamid lizards in the Central Asian deserts of Kazakhstan and Uzbekistan. Molecular Phyl Evol, 53: 99–112

Merck J W. 1997. A phylogenetic analysis of the euryapsid reptiles. Ph D dissertation University of Texas at Austin. 1–785

Merriam J C. 1895. On some reptilian remains from the Triassic of northern California. Am J Sci, 50(3): 55–57

Merriam J C. 1902. Triassic Ichthyopterygia from California and Nevada. Univ Calif Publ, Bull Dept Geol, 3(4): 63–108

Merriam J C. 1905. The Thalattosauria: a group of marine reptiles from the Triassic of California. California Academy of Sciences Memoirs, 5: 1–38

Merriam J C. 1908. Triassic Ichthyosauria, with special reference to the American forms. Mem Univ Calif, 1: 1–196

Merriam J C. 1910. The skull and dentition of a primitive Ichthyosaurian from the Middle Triassic. Univ Calif Publ, Bull Dept Geol, 5(24): 381–390

Meyer H v. 1847–1855. Zur Fauna der Vorwelt. Die Saurier des Muschelkalkes mit Rücksicht auf die Saurier aus buntem Sandstein und Keuper. Heinrich Keller, Frankfurt a. Main

Mo J Y, Xu X, Evans S E. 2010. The evolution of the lepidosaurian lower temporal bar: new perspectives from the Late Cretaceous of South China. Proc R Soc London, B 277: 331–336

Mo J Y, Xu X, Evans S E. 2012. A large predatory lizard (Platynota, Squamata) from the Late Cretaceous of South China. J Syst Palaeont, 10(2): 333–339

Molnar R E. 2004. Dragons in the Dust: the paleobiology of the giant monitor lizard Megalania. Bloomington: Indiana University Press. 1–224

Moody S, Roček Z. 1980. *Chamaeleo caroliquarti* (Chamaeleonidae, Sauria) a new species from the lower Miocene of central Europe. Věstník Ústředního Ústavu Geologického, 55: 85–92

Motani R. 1999a. Phylogeny of the ichthyopterygia. J Vert Paleont, 19(3): 473–496

Motani R. 1999b. The skull and taxonomy of *Mixosaurus* (Ichthyopterygia). J Paleont, 73: 924–935

Motani R. 2005. Evolution of fish-shaped reptiles (Reptilia: Ichthyopterygia) in their physical environments and constraints. Ann Rev Earth Planet Sci, 33: 395–420

Motani R. 2009. The evolution of marine reptiles. Evo Edu Outreach, 2: 224–235

Motani R, You H L. 1998a. The forefin of *Chensaurus chaoxianensis* (Ichthyosauria). J Paleont, 72: 133–136

Motani R, You H L. 1998b. Taxonomy and limb ontogeny of *Chaohusaurus geishanensis* (Ichthyosauria), with a note on the allometric equation. J Vert Paleont, 18(3): 533–540

Motani R, Minoura M, Ando T. 1998. Ichthyosaurian relationships illuminated by new primitive skeletons from Japan. Nature, 393: 255–257

Motani R, Manabe M, Dong Z M. 1999. The status of *Himalayasaurus tibetensis* (Ichthyopterygia). Paludicola, 2(2): 174–181

Motani R, Jiang D Y, Tintori A, Rieppel O, Chen G B. 2014. Terrestrial origin of viviparity in Mesozoic marine reptiles indicated by Early Triassic embryonic fossils. PLoS ONE, 9(2), e88640, doi: 10.1371/journal.pone.0088640

Motani R, Jiang D Y, Chen G B, Tintori A, Rieppel O, Ji C, Huang J D. 2015a. A basal ichthyosauriform with a short snout from the Lower Triassic of China. Nature, 517(7535): 485–488

Motani R, Jiang D Y, Tintori A, Rieppel O, Chen G B, You H. 2015b. Status of *Chaohusaurus chaoxianensis* (Chen, 1985). J Vert Paleont, 35(1), e892011

Müller J. 2001. Osteology and relationships of *Eolacerta robusta*, a lizard from the middle Eocene of Germany (Reptilia, Squamata). J Vert Paleont, 21: 261–278

Müller J. 2002. A revision of *Askeptosaurus italicus* and other thalattosaurs from the European Triassic, the interrelationships of thalattosaurs, and their phylogenetic position within diapsid reptiles (Amniota, Eureptilia). Ph D thesis. Mainz: Johannes Gutenberg-Universitat. 1–208.

Müller J. 2004. The relationships among diapsid reptiles and the influence of taxon selection. In: Arratia G, Cloutier R, Wilson V H eds. Recent Advances in the Origin and Early Radiation of Vertebrates. München: Verlag Dr. Friedrich Pfeil. 379–408

Müller J. 2005. The anatomy of *Askeptosaurus italicus* from the Middle Triassic of Monte San Giorgio, and the interrelationships of thalattosaurs (Reptilia, Diapsida). Can J Earth Sci, 42(7): 1347–1367

Müller J. 2007. First record of a thalattosaur from the Upper Triassic of Austria. J Vert Paleontol, 27: 236–240

Münster G. 1834. Vorläufige Nachricht über einige neue Reptilien im Muschelkalke von Baiern. Neues Jahrbuch für Mineralogie, Geognosie, Geologie und Petrefaktenkunde, 1834: 521–527

Neenan J M, Klein N, Scheyer T M. 2013. European origin of placodont marine reptiles and the evolution of crushing dentition in Placodontia. Nature Communications, 4: 1621, doi: 10.1038/ncomms2633

Neenan J M, Li C, Rieppel O, Bernardini F, Tuniz C, Muscio G, Scheyer T M. 2014. Unique method of tooth replacement in durophagous placodont marine reptiles, with new data on the dentition of Chinese taxa. J Anat, 224: 603–613

Neenan J M, Li C, Rieppel O, Scheyer T M. 2015. The cranial anatomy of Chinese placodonts and the phylogeny of Placodontia (Diapsida: Sauropterygia). Zool J Linnean Soc, 175(2): 415–428

Nessov L A. 1988. Late Mesozoic amphibians and lizards of Soviet Middle Asia. Acta Zool Cracoviensa, 31: 475–486

Nicholls E L. 1999. A reexamination of *Thalattosaurus* and *Nectosaurus* and the relationships of the Thalattosauria (Reptilia: Diapsida). PaleoBios, 19: 1–29

Nicholls E L, Brinkman D B. 1993. New thalattosaurs (Reptilia: Diapsida) from the Triassic Sulphur Formation of Wapiti Lake, British Columbia. J Paleont, 67: 263–278

Nicholls E L, Brinkman D B, Callaway J M. 1999. New material of *Phalarodon* (Reptilia: Ichthyosauria) from the Triassic of British Columbia and its bearing on the interrelationships of mixosaurs. Palaeontographica, Abteilung A 252: 1–22

Nicholls E L, Chen W, Manabe M. 2002. New material of *Qianichthyosaurus* Li, 1999 (Reptilia, Ichthyosauria) from the Late Triassic of southern China, and implications for the distribution of Triassic ichthyosaurs. J Vert Paleont, 22(4): 759–765

Nixon K C, Wheeler Q D. 1992. Measures of phylogenetic diversity. In: Novacek M J, Wheeler Q D eds. Extinction and Phylogeny. New York: Columbia Univ Press. 216–234

Nopcsa F. 1923a. Die Familien der Reptilien. Fortschritte der Geologie und Palaeontologie, 2: 1–210

Nopcsa F. 1923b. *Eidolosaurus* und *Pachyophis*. Zwei neue Neocrom-Reptilien. Palaeontographica, 65: 97–154

Norell M A. 1997a. Central Asiatic Expeditions. In: Currie P J, Padian K eds. Encyclopedia of Dinosaurs. San Diego: Academic Press. 100–105

Norell M A. 1997b. Ukhaa Tolgod. In: Currie P J, Padian K eds. Encyclopedia of Dinosaurs. San Diego: Academic Press. 769–770

Norell M A, Gao K Q. 1997. Braincase and phylogenetic relationships of *Estesia mongoliensis* from the Upper Cretaceous, Gobi Desert and the recognition of a new clade of lizards. Amer Mus Novitates, 3211: 1–25

Norell M A, Makovicky P. 1997. Important features of the dromaesaur skeleton: information from a new specimen. Amer Mus Novitates, 3215: 1–28

Norell M A, Makovicky P. 1999. Important features of the dromaeosaurid skeleton II: information from newly collected specimens of *Velociraptor mongoliensis*. Amer Mus Novitates, 3282: 1–45

Norell M A, McKenna M C, Novacek M J. 1992. *Estesia mongoliensis*, a new fossil varanoid from the Late Cretaceous Barun Goyot Formation of Mongolia. Amer Mus Novitates, 3045: 1–24

Norell M A, Chiappe L M, Clark J M. 1993. New limb on the avian family tree. Nat Hist, 93: 38–43

Norell M A, Clark J M, Dashzeveg D, Barsbold R, Chiappe L M, Davidson A R, MaKenna M C, Altangerel P, Novacek M J. 1994. A theropod dinosaur embryo and the affinities of the Flaming Cliffs dinosaur eggs. Science, 266: 779–782

Norell M A, Clark J M, Chiappe L M, Dashzeveg D. 1995. A nesting dinosaur. Nature, 378 (6559): 774–776

Norell M A, Clark J M, Chiappe L M. 1996. Djadokhta series theropods: a summary review. In: Wolberg D L, Stump E eds.

Dinofest International Abstracts: 86

Norell M A, Gao K Q, Conrad J. 2008. A new platynotan lizard (Diapsida: Squamata) from the Late Cretaceous Gobi Desert (Ömnögov), Mongolia. Amer Mus Novitates, 3605: 1–22

Novacek M J. 1992. Fossils as critical data for phylogeny. In: Novacek M J, Wheeler Q D eds. Extinction and Phylogeny. New York: Columbia University Press. 46–88

Novacek M J. 1996. Dinosaurs of the Flaming Cliffs. New York: Anchor Books. 1–392

Novacek M J, Norell M A, McKenna M C, Clark J. 1994. Fossils of the Flaming Cliffs. Sci Amer, 12/94: 60–69

Nydam R L. 2000. A new taxon of helodermatid-like lizard from the Albian–Cenomanian of Utah. J Vert Paleont, 20: 285–294

Nydam R L. 2013. Squamates from the Jurassic and Cretaceous of North America. Palaeobiodivers Palaeoenvir, 93: 535–565

Nydam R L, Fitzpatrick B M. 2009. The occurrence of Contogenys-like lizards in the Late Cretaceous and Early Tertiary of the Western Interior of the USA. J Verte Paleont, 29: 677–701

Nydam R L, Eaton J G, Sankey J. 2007. New taxa of transversely-toothed lizards (Squamata: Scincomorpha) and new information on the evolutionary history of "teiids". J Plaeont, 81: 538–549

O'Keefe F R. 2001. A cladistics analysis and taxonomic revision of the Plesiosauria (Reptilia: Sauropterygia). Acta Zool Fennica, 213: 1–63

O'Keefe F R. 2002. The evolution of pleisoaur and pliosaur morphotypes in the Plesiosauria (Reptilia: Sauropterygia). Paleobiology, 28: 101–112

Oelrich T M. 1956. The anatomy of the head of Ctenosaura pectinata (Iguanidae). Univ Michigan Mus Zool Miscellaneous Publications, 94: 1–122

Okajima Y, Kumazawa Y. 2010. Mitochondrial genomes of acrodont lizards: timing of gene rearrangements and phylogenetic and biogeographic implications. Okajima and Kumazawa BMC Evol Biol, 10: 141

Oppel M. 1811. Die Ordnungen, Familien, und Gattungen der Reptilien. Munchen. 1–87

Osmólska H. 1972. Preliminary note on a crocodilian from the Upper Cretaceous of Mongolia. Palaeont Polonica, 27: 43–47

Osmólska H. 1980. The Late Cretaceous vertebrate assemblages of the Gobi Desert, Mongolia. Memoires Societe Geologique de France, 59: 145–150

Osmólska H. 1993. Were the Mongolian "fighting dinosaurs" really fighting? Revue de Paleobiologie, spec vol: 161–192

Owen R. 1840. Report on British fossil reptiles. Part I: Report of the British Association for the Advancement of Science, Plmouth, 9: 43–126

Owen R. 1845. Report on the reptilian fossils of South Africa: Part I. Description of certain fossil crania, discovered by A G Bain, Esq., in sandstone rocks at the south-eastern extremity of Africa, referable to different species of an extinct genus of Reptilia (Dicynodon), and indicative of a new tribe or sub-order of Sauria. Trans Geol Soc London, 7: 59–845

Owen R. 1860. Paleontology, or a systematic summary of extinct animals and their geological relation. Edinburgh: Adam and Charles Black. 1–420

Parmley D, Holman J A. 2003. Nebraskophis Holman from the late Eocene of Georgia (USA), the oldest known North American colubrid snake. Acta Zool Cracoviensia, 46: 1–8

Peyer B. 1929. Das Gebiss von Varanus niloticus L. und von Dracaena guianensis Daud. Revue Suisse de Zoologie, 36: 71–102

Peyer B. 1936a. Die Triasfauna der Tessiner Kalkalpen. X. Clarazia schinzi nov. gen. nov. sp. Abh Schw Paläont Ges, 57: 1–61

Peyer B. 1936b. Die Triasfauna der Tessiner Kalkalpen. XI. Hescheleria rübeli nov. gen. nov. sp. Abh Schw Paläont Ges, 58:

1–48

Pianka E R. 1986. Ecology and Natural History of Desert Lizards. Princeton, New Jersey: Princeton University Press. 1–222

Pianka E R, Vitt L J. 2003. Lizards: Windows to the Evolution of Diversity. Berkeley, Los Angeles: University of California Press. 1–346

Pinna G. 1990. Notes on stratigraphy and geographical distribution of placodonts. Atti della Societ a Italiana di Scienze Naturali e del Museo Civico di Storia Naturale di Milano, 1990: 145–156

Prasad G V R. 1986. Microvertebrate assemblage from the Kota Formation (Early Jurassic) of Gorlapalli, Adilabad District, Andhra Pradesh. Bulletin Indian Soc Geoscientists, 2: 3–13

Prasad G V R, Bajpai S. 2001. Agamid lizards from the early Eocene of western India: oldest Cenozoic lizards from South Asia. Palaeont Electronica, 11: 1–19

Pregill G. 1984. An extinct species of *Leiocephalus* from Haiti (Sauria: Iguanidae). Proc Biol Soc Washington, 97: 827–833

Pregill G, Gauthier J, Greene H. 1986. The evolution of helodermatid squamates, with description of a new taxon and an overview of Varanoidea. Trans San Diego Soc Nat Hist, 21: 167–202

Presch W. 1988. Phylogenetic relationships of the "Scincomorpha". In: Estes R, Pregill G eds. Phylogenetic Relationships of the Lizard Families. Stanford: Stanford Univ Press. 471–492

Pyron R A, Burbrink F T, Colli G R, de Oca A N, Vitt L J, Kuczynski C A, Wiens J J. 2011. The phylogeny of advanced snakes (Colubroidea), with discovery of new subfamily and comparison of support methods for likelihood trees. Molecular Phylogenetics and Evolution, 58(2): 329–342

Quenstedt F A. 1852. Handbuch der Petrefaktenkunde. H. Laupp, Tübingen. 1–792

Quyet L K, Ziegler T. 2003. First record of the Chinese crocodile lizard from outside of China: report on a population of *Shinisaurus crocodilurus* Ahl, 1930 from north-eastern Vietnam. Hamadryad Madras, 27(2): 193–199

Rage J C. 1984. Serpentes. Handbuch der Paläoherpetologie, Part 11. Stuttgart: Gustav Fischer Verlag. 1–80

Rage J C, Buffetaut E, Buffetaut-Tong H, Chaimanee Y, Ducrocq S, Jaeger J J, Suteethorn V. 1992. A colubrid snake in the late Eocene of Thailand: the oldest known Colubridae (Reptilia, Serpentes). Comptes-rendus de L'Academie des Sciences, Paris, 314: 1085–1089

Renesto S. 1984. A new lepidosaur (Reptilia) from the Norian beds of the Bergamo Prealps. Preliminary note. Rivista Italiana di Paleontologia e Stratigrafia, 90: 165–176

Renesto S. 1992. The anatomy and relationships of *Endennasaurus acutirostris* (Reptilia, Neodiapsida), from the Norian (Late Triassic of Lombardy). Rivista Italiana di Paleontologia e Stratigrafia, 97: 409–430

Reynoso V H. 1993. A sphenodontid assemblage from the early Middle Jurassic deposits of Huizachal Canyon, Tamaupulis, Mexico. J Vert Paleont, 13: 54A

Reynoso V H. 1996. A Middle Jurassic *Sphenodon*-like sphenodontian (Diapsida: Lepidosauria) from Huizachal Canyon, Tamaulipas, Mexico. J Vert Paleont, 16: 210–221

Richter A. 1994. Der problematische Lacertilier *Ilerdaesaurus* (Reptilia: Squamata) aus der Unter-Kreide von Uña und Galve (Spanien). Berliner Geowissenschaftliche Abhandlungen, 13: 135–161

Richter A, Wings O, Pfretzschner H-U, Martin T. 2010. Late Jurassic Squamata and possible Choristodera from the Junggar Basin, Xinjiang, Northwest China. Palaeobio Palaeoenv, 90: 275–282

Rieppel O. 1978. Tooth replacement in anguimorph lizards. Zoomorphology, 91: 77–90

Rieppel O. 1980a. The phylogeny of anguimorphan lizards. Denk Schweiz Nat Gesell, 94: 1–86

Rieppel O. 1980b. The postcranial skeleton of *Lanthanotus borneensis* (Reptilia, Lacertilia). Amphibia-Reptilia, 1: 95–112

Rieppel O. 1980c. The trigeminal jaw adductor musculature of *Tupinambis*, with comments on the phylogenetic relationships of the Teiidae (Reptilia, Lacertilia). Zool J Linnean Soc London, 69: 1–29

Rieppel O. 1981. The skull and the jaw adductor musculature in some burrowing scincomorph lizards of the genera *Acontias*, *Typhlosaurus* and *Feylinia*. J Zool London, 195: 493–528

Rieppel O. 1983. A comparison of the skull of *Lanthanotus borneensis* (Reptilia: Varanoidea) with the skull of primitive snakes. Zeitschrift fuer Zoologische Systematik und Evolutionsforschung, 21: 142–153

Rieppel O. 1984a. The structure of the skull and jaw adductor musculature in the Gekkota, with comments on the phylogenetic relationships of the Xantusiidae (Reptilia: Lacertilia). Zool J Linnean Soc London, 82: 291–318

Rieppel O. 1984b. The cranial morphology of the fossorial lizard genus *Dibamus* with a consideration of its phylogenetic relationships. J Zool London, 204: 289–327

Rieppel O. 1987. Clarazia and Hescheleria, a re-investigation of two problematical reptiles from the Middle Triassic of Monte San Giorgio, Switzerland. Palaeontographica, A 195: 101–129

Rieppel O. 1988. The classification of the Squamata. In: Benton M J ed. The Phylogeny and Classification of the Tetrapods, Vol 1: Amphibians, Reptiles, Birds: Systymatic Association Special Volume 35A. Oxford: Clarendon Press. 261–293

Rieppel O. 1989. A new pachypleurosaur (Reptilia: Sauropterygia) from the Middle Triassic of Monte San Giorgio, Switzerland. Phil Trans R Soc London, B 323: 1–73

Rieppel O. 1994. Osteology of *Simosaurus* and the interrelationships of stem-group Sauropterygia (Reptilia, Diapsida). Fieldiana (Geology), N S 28: 1–85

Rieppel O. 1997. Introduction to Sauropterygia. In: Callaway J M, Nicholls E L eds. Ancient Marine Reptiles. San Diego, California: Academic Press. 107–119

Rieppel O. 1998a. The systematic status of *Hanosaurus hupehensis* (Reptilia, Sauropterygia) from the Triassic of China. J Vert Paleont, 18: 545–557

Rieppel O. 1998b. The status of *Shingyisaurus unexpectus* from the Middle Triassic of Kweichou, China. J Vert Paleont, 18(3): 541–544

Rieppel O. 1998c. *Corosaurus alcovensis* Case and the phylogenetic interrelationships of Triassic stem-group. Zool J Linnean Soc, 124: 1–41

Rieppel O. 1998d. Revision of the sauropterygian reptile genera *Ceresiosaurus*, *Lariosaurus*, and *Silvestrosaurus* from the Middle Triassic of Europe. Fieldiana (Geology), N S 32: 1–44

Rieppel O. 1999. The Sauropterygian genera *Chinchenia*, *Kwangsisaurus*, and *Sanchiaosaurus* from the lower Middle Triassic of China. J Vert Paleont, 19(2): 321–337

Rieppel O. 2000. Sauropterygia I: Placodontia, Pachypleurosauria, Nothosauroidea, Pistosauroidea. In: Wellnhofer P ed. Encyclopedia of Paleoherpetology, 12A. München: Verlag Dr. Friedrich Pfeil. 1–134

Rieppel O, deBraga M. 1996. Turtles as diapsid reptiles. Nature, 384: 453–455

Rieppel O, Hagdorn H. 1998. Fossil reptiles from the Spanish Muschelkalk (Mont-ral and Alcover, Province Tarragona). Hist Biol, 13: 77–97

Rieppel O, Liu J. 2006. On *Xinpusaurus* (Reptilia: Thalattosauria). J Vert Paleont, 26(1): 200–204

Rieppel O, Mazin J M, Tchernov E. 1999. Sauropterygia from the Middle Triassic of Makhtesh Ramon, Negev, Israel. Fieldiana, Geol, N S 40: 1–85

Rieppel O, Liu J, Bucher H. 2000. The first record of a thalattosaur reptile from the Late Triassic of southern China (Guizhou Province, PR China). J Vert Paleont, 20(3): 507–514

Rieppel O, Sander P M, Storrs G W. 2002. The skull of the pistosaur *Augustasaurus* from the middle Triassic of northwestern Nevada. J Vert Paleont, 22(3): 577–592

Rieppel O, Müller J, Liu J. 2005. Rostral structure in Thalattosauria (Reptilia, Diapsida). Can J Earth Sci, 42: 2081–2086

Rieppel O, Liu J, Li C. 2006. A new species of the thalattosaur genus *Anshunsaurus* (Reptilia: Thalattosauria) from the Middle Triassic of Guizhou Province, southwestern China. Vert PalAsiat, 44(4): 285–296

Rieppel O, Conrad J L, Maisano J A. 2007. New morphological data from *Eosaniwa koehni* Haubold, 1977 and a revised phylogenetic analysis. J Paleont, 81: 760–769

Robinson P L. 1962. Gliding lizards from the Upper Keuper of Great Britain. Proc Geol Soc London, 1601: 137–146

Robinson P L. 1967. The evolution of the Lacertilia. Colloque International CNRS 163: 395–407

Robinson P L. 1973. A problematic reptile from the British Upper Trias. J Geol Soc London, 129: 457–479

Romer A S. 1945. Vertebrate Paleontology, 2nd edition. Chicago: University of Chicago Press. 1–687

Romer A S. 1956. Osteology of the Reptiles. Chicago: University of Chicago Press. 1–772

Romer A S. 1966. Vertebrate Paleontology, 3rd edition. Chicago: University of Chicago Press. 1–468

Romer A S. 1968. Notes and Comments on Vertebrate Paleontology. Chicago: University of Chicago Press. 1–304

Rowe T, Cifelli R L, Lehman T M, Weil A. 1992. The Campanian Terlingua local fauna, with a summary of other vertebrates from the Aguja Formation, Trans-Pecos Texas. J Vert Paleont, 12: 472–493

Russell L S. 1956. The Cretaceous reptile *Champsosaurus natator* Parks. Bull Nat Mus Canada, 145: 1–51

Saksena R D. 1942. The bony palate of *Uromastix*. Proc Indian Acad Sci, 16: 107–119

Sander P M. 2000. Ichthyosauria: their diversity, distribution, and phylogeny. Paläontologische Zeitschrift, 74: 1–35

Sander P M, Chen X H, Cheng L, Wang X F. 2011. Short-sounted toothless Ichthyosaur from China suggests Late Triassic diversification of suction feeding ichthyosaurs. PLoS ONE, 6(5): 1–10

Sato T, Li C, Wu X C. 2003. Restudy of *Bishanopliosaurus youngi* Dong 1980, a fresh water plesiosaurian from the Jurassic of Chongqing. Vert PalAsiat, 41(1): 17–33

Sato T, Cheng Y N, Wu X C, Shan H Y. 2014a. *Diandongosaurus acutidentatus* Shang, Wu & Li, 2011 (Diapsida: Sauropterygia) and the relationships of Chinese eosauropterygians. Geol Mag, 151(1): 121–133

Sato T, Zhao L J, Wu X C, Li C. 2014b. A new specimen of the Triassicpistosauroid *Yunguisaurus*, with implications for the origin of Plesiosauria (Reptilia, Sauropterygia). Paleontology, 57: 55–76

Scheyer T M. 2007. Skeletal histology of the dermal armor of Placodontia: the occurrence of 'postcranial fibro-cartilaginous bone' and its developmental implications. J Anat, 211: 737–753

Scheyer T M. 2010. New interpretation of the postcranial skeleton and overall body shape of the placodont *Cyamodus hildegardis* Peyer, 1931 (Reptilia, Sauropterygia). Palaeont Electr, 13(2): 15A.1–15

Scheyer T M, Neenan J M, Bodogan T, Furrer H, Obrist C, Plamondon M. 2017. A new, exceptionally preserved juvenile specimen of *Eusaurosphargis dalsassoi* (Diapsida) and implications for Mesozoic marine diapsid phylogeny. Scientific Reports, 7: 4406, doi: 10.1038/s41598-017-04514-x

Schmitz L. 2005. The taxonomic status of *Mixosaurus nordenskioeldii* (Ichthyosauria). J Vert Paleont, 25: 983–985

Schulte J A, Cartwright E M. 2009. Phylogenetic relationships among iguanian lizards using alternative partitioning methods and TSHZ1: a new phylogenetic marker for reptiles. Molecular Phylogenetics and Evolution, 50: 391–396

Schulte J A, Valladares J P, Larson A. 2003. Phylogenetic relationships within Iguanidae inferred using molecular and morphological data and a phylogenetic taxonomy of iguanian lizards. Herpetologica, 59: 399–419

Schultze H R, Wilczewski N. 1970. Ein Nothosauride aus dem unteren Mittel-Keuper Unterfrankens. Göttinger Arbeiten zur Geologie und Paläontologie, 5: 101–112

Seiffert J. 1973. Upper Jurassic lizards from central Portugal. Servicos Geológicos de Portugal, Separata da Memória, 22: 1–85

Sekiya T. 2010. A new prosauropod dinosaur from Lower Jurassic in Lufeng of Yunnan. Global Geol, 29: 6–15

Sekiya T, Dong Z. 2010. A new juvenile specimen of *Lufengosaurus huenei* Young, 1941 (Dinosauria: Prosauropoda) from the Lower Jurassic Lower Lufeng Formation of Yunnan, southwest China. Acta Geol Sinica, 84: 11–21

Shang Q H. 2006. A new species of *Nothosaurus* from the early Middle Triassic of Guizhou, China. Vert PalAsiat, 44(3): 237–249

Shang Q H, Li C. 2009. On the occurrence of the ichthyosaur *Shastasaurus* in the Guanling Biota (Late Triassic), Guizhou, China. Vert PalAsiat, 47(3): 178–193

Shang Q H, Li C. 2013. The sexual dimorphism of *Shastasaurus tangae* (Reptilia: Ichthyosauria) from the Triassic Guanling Biota, China. Vert PalAsiat, 51(4): 253–264

Shang Q H, Li C. 2015. A new small-sized eosauropterygian (Diapsida: Sauropterygia) from the Middle Triassic of Luoping, Yunnan, southwestern China. Vert PalAsiat, 53(4): 265–280

Shang Q H, Wu X C, Li C. 2011. A new eosauropterygian from Middle Triassic of eastern Yunnan Province, southwestern China. Vert PalAsiat, 49(2): 155–171

Shang Q H, Li C, Wu X C. 2017a. New information on *Dianmeisaurus gracilis* Shang et Li, 2015. Vert PalAsiat, 55(2): 126–142

Shang Q H, Sato T, Li C, Wu X C. 2017b. New osteological information from a 'juvenile' specimen of *Yunguisaurus* (Sauropterygia; Pistosauroidea). Palaeoworld, 26: 500–509

Shikama T. 1947. *Teilhardosaurus* and *Endotherium*, new Jurassic reptilia and Mammalia from the Husin coal-field, south Manchuria. Proc Imper Acad Japan, 23: 76–84

Sigogneau-Russell D. 1979. Les champsosaures Européens: mise au point sur le champsosaure d'erquelinnes (Landénien inférieur, Belgique). Annal Paléont (Vertébrés), 65: 93–154

Sigogneau-Russell D. 1981. Presence d'un nouveau Champsosauride dans le Cretace superieur de Chine. Comptes Rendus de l'Académie des Sciences de Paris, 292(1): 1–4

Sigogneau-Russell D, Baird D. 1978. Presence du genre *Simoedosaurus* (Reptilia, Choristodera) en Amerique du Nord. Geobios, 11: 251–255

Simmons D J. 1965. The non-therapsid reptiles of the Lufeng Basin, Yunnan, China. Fieldiana Geology, 15(1): 1–93

Simões T R, Funston G F, Vafaeian B, Nydam R L, Doschak M R, Caldwell M W. 2016. Reacquisition of the lower temporal bar in sexually dimorphic fossil lizards provides a rare case of convergent evolution. Scientific Reports, 6: 24087, doi: 10.1038/srep24087

Simões T R, Caldwell M W, Tałanda M, Bernardi M, Palci A, Vernygora O, Bernardini A, Mancini L, Nydam R L. 2018. The origin of squamates revealed by a Middle Triassic lizard from the Italian Alps. Nature, 557(7707): 706–709

Skutschas P P. 2008. A choristoderan reptile from the Lower Cretaceous of Transbaikalia, Russia. Neues Jahrbuch für Geologie und Paläontologie Abhandlungen, 247: 63–78

Skutschas P P, Vietenko D D. 2015. On a record of choristoderes (Diapsida, Choristodera) from the Lower Cretaceous of western Siberia. Paleont J, 49: 507–511

Smith J B, Harris J. 2001. A taxonomic problem concerning two diapsid genera from the Lower Yixian Formation of Liaoning Province, northeastern China. J Vert Paleont, 21: 389–391

Smith K S, Schaal S F K, Sun W, Li C T. 2011. Acrodont iguanians (Squamata) from the middle Eocene of the Huadian Basin of Jilin Province, China, with a critique of the taxon "*Tinosaurus*". Vert PalAsiat, 49(1): 69–84

Sochava A V. 1975. Stratigraphy and lithology of Upper Cretaceous deposits in southern Mongolia. Transactions of the Joint Soviet-Mongolian Geological Research and Expeditions, 13: 113–182

Spock L E. 1930. New Mesozoic and Cenozoic formations encountered by the Central Asiatic Expeditions in 1928. Amer Mus Novitates, 407: 1–8

Storrs G W. 1991a. Note on a second occurrence of thalottosaur remains (Reptilia, Neodiapsida) in British-Columbia. Can J Earth Sci, 28(12): 2065–2068

Storrs G W. 1991b. Anatomy and relationships of *Corosaurus alcovensis* (Diapsida: Sauropterygia) and the Triassic Alcova Limestone of Wyoming. Bull Peabody Mus Nat Hist, 44: 1–151

Storrs G W. 1993. The systematic position of *Silvestrosaurus* and a classification of Triassic sauropterygians (Neodiapsida). Paläontologische Zeitschrift, 67: 177–191

Storrs G W, Gower D J. 1993. The earliest possible choristodere (Diapsida) and gaps in the fossil record of semi-aquatic reptiles. J Geol Soc London, 150: 1103–1107

Storrs G W, Gower D J, Large N F. 1996. The diapsid reptile, *Pachystropheus rhaeticus*, a probable choristodere from the Rhaetian of Europe. Palaeontology, 39: 323–349

Sues H D. 1985. The relationships of the Tritylodontidae (Synapsida). Zool J Linnean Soc, 85: 205–217

Sues H D. 1987. Postcranial skeleton of *Pistosaurus* and interrelationships of the Sauropterygia (Diapsida). Zool J Linnean Soc, 90: 109–131

Sues H D, Reisz R B. 1995. First record of the Early Mesozoic sphenodontian *Clevosaurus* (Lepidosauria: Rhynchocephalia) from the Southern Hemisphere. J Vert Paleont, 69: 123–126

Sues H D, Shubin N H, Olsen P E. 1994. A new sphenodontian (Lepidosauria: Rhynchocephalia) from the McCoy Brook Formation (Lower Jurassic) of Nova Scotia, Canada. J Vert Paleont, 14: 327–340

Sukhanov V. 1961. Some problems of the phylogeny and systematics of Lacertilia. Zool Zhurnal, 40: 73–83

Sulimski A. 1972. *Adamisaurus magnidentatus* n. gen., n. sp. (Sauria) from the Upper Cretaceous of Mongolia. Palaeont Polonica, 27: 33–40

Sulimski A. 1975. Macrocephalosauridae and Polyglyphanodontidae (Sauria) from the Late Cretaceous of Mongolia. Palaeont Polonica, 33: 25–102

Sulimski A. 1978. New data on the genus *Adamisaurus* Sulimski 1972 (Sauria) from the Upper Cretaceous of Mongolia. Palaeont Polonica, 38: 43–56

Sulimski A. 1984. A new Cretaceous scincomorph lizard from Mongolia. Palaeont Polonica, 46: 143–155

Sullivan R M. 1979. Revision of the Paleogene genus *Glyptosaurus* (Reptilia, Anguidae). Bull Amer Mus Nat Hist, 163: 1–72

Sullivan R M, Augé M. 2006. Redescription of the holotype of *Placosaurus rugosus* Gervais 1848–1852 (Squamata, Anguidae, Glyptosaurinae) from the Eocene of France and a revision of the genus. J Vert Paleont, 26: 127–132

Sun A L. 1961. Notes on fossil snakes from Shanwang, Shantung. Vert PalAsiat, 1961(4): 306–312

Sun A L, Cui G, Li Y, Wu X. 1985. A verified list of Lufeng saurischian fauna. Vert PalAsiat, 23: 1–12

Sun A L, Li J L, Ye X K, Dong Z M, Hou L H. 1992. The Chinese Fossil Retiles and Their Kins. Beijing: Science Press. 1–126

Sun Z Y, Maisch M W, Hao W C, Jiang D Y. 2005. A middle Triassic thalattosaur (Reptilia: Diapsida) from Yunnan (China). Neue Jahrb Geol Paläont Mon, 2005(4): 193–206

Sun Z Y, Jiang D Y, Ji C, Hao W C. 2016. Integrated biochronology for Triassic marine vertebrate faunas of Guizhou Province, South China. J Asian Earth Sci, 118: 101–110

Swinton W E. 1939. A new Triassic rhynchocephalian from Gloucestershire. Ann Mag Nat Hist, 4: 591–594

Tang F, Luo Z X, Zhou Z H, You H L, Georgi J A, Tang Z L, Wang X Z. 2001. Biostratigraphy and palaeoenvironment of the dinosaur-bearing sediments in Lower Cretaceous of Mazongshan area, Gansu Province, China. Cretaceous Research, 22: 115–129

Tarduno J A, Brinkman D B, Renne P R, Cottrell R D, Scher H, Castillo P. 1998. Evidence for extreme climatic warmth from Late Cretaceous Arctic vertebrates. Science, 282: 2241–2244

Townsend T M, Larson A. 2002. Molecular phylogenetic and mitochondrial genomic evolution in the Chamaeleonidae (Reptilia, Squamata). Mol Phylogen Evil, 23: 22–36

Townsend T M, Larson A, Louis E, Macey J R. 2004. Molecular phylogenetics of Squamata: the position of snakes, amphisbaenians, and dibamids, and the root of the squamate tree. Syst Biol, 53: 735–757

Townsend T M, Vieites D R, Glaw F, Vences M. 2009. Testing species-level diversification hypotheses in Madagascar: the case of microendemic *Brookesia* leaf chameleons. Syst Biol, 58: 641–656

Townsend T M, Mulcahy D G, Noonan B P, Sites J W, Kuczynski C A, Wiens J J, Reeder T W. 2011. Phylogeny of iguanian lizards inferred from 29 nuclear loci, and a comparison of concatenated and species-tree approaches for an ancient, rapid radiation. Molecular Phylogenetics and Evolution, 61: 363–380

Tschanz K. 1989. *Lariosaurus buzzii* n. sp. from the Middle Triassic of Monte San Giorgio (Switzerland), with comments on the classification of nothosaurs. Palaeontographica, A 208: 153–179

Uetz P, Freed P, Hošek J. 2019. The Reptile Database. http://www.reptile-database.org (accessed January 23, 2019)

Vanzolini P E, Valencia J. 1965. The genus *Dracaena*, with a brief consideration of macroteiid relationships (Sauria, Teiidae). Arquivos de Zoo, 13: 7–35

Vidal N, Hedges S B. 2004. Molecular evidence for a terrestrial origin of snakes. Proc Roy Soc Lond B, Biol Sci, 271(sup 4): S226–S229

Vidal N, Hedges S B. 2005. The phylogeny of squamate reptiles (lizards, snakes, and amphisbaenians) inferred from nine nuclear protein-coding genes. Comptes rendus Biologies, 328: 1000–1008

Vullo R, Rage J C. 2018. The first Gondwanan borioteiioid lizard and the mid-Cretaceous dispersal event between North America and Africa. The Science of Nature, 105: 61, https://doi.org/10.1007/s00114-018-1588-3

Wang W, Li C, Scheyer T M, Zhao L J. 2019. A new species of *Cyamodus* (Placodontia, Saurioterygia) from the early Late Triassic of south-west China. Journal of Systematic Palaeontology, 17: 1457–1476

Wang X, Miao D S, Zhang Y. 2005. Cannibalism in a semi-aquatic reptile from the Early Cretaceous of China. Chinese Sci Bull, 50: 281–283

Welles S P. 1943. Elasmosaurid plesiosaurs with description of new material from California and Colorado. University of California, Memoirs, 13: 125–254

Wiens J J. 1998. Does adding characters with missing data increase or decrease phylogenetic accuracy? Syst Biol, 47: 625–640

Wiens J J, Slingluff J L. 2001. How lizards turn into snakes: a phylogenetic analysis of body-form evolution in anguid lizards. Evolution, 55: 2303–2318

Wiens J J, Kuczynski C A, Townsend T, Reeder T W, Mulcahy D G, Sites J W Jr. 2010. Combining phylogenomics and fossils in higher-level squamate reptile phylogeny: molecular data change the placement of fossil taxa. Syst Biol, 59: 674–688

Wiens J J, Hutter C R, Mulcahy D G, Noonan B P, Townsend T M, Sites J W Jr, Reeder T W. 2012. Resolving the phylogeny of lizards and snakes (Squamata) with extensive sampling of genes and species. Biol Letters, 8: 1043–1046

Willard W A. 1915. The cranial nerves of *Anolis carolinensis*. Bull Mus Comp Zool, 59: 17–116

Williston S W. 1917. The phylogeny and classification of reptiles. J Geol, 25: 411–421

Williston S W. 1925. The Osteology of the Reptiles. Cambridge: Harvard University Press. 1–300

Wiman C. 1933. Über *Grippia longirostris*. Nova Acta Regiae Societatis Scientiarum Upsaliensis, 9 (4): 1–19

Wroe S. 2002. A review of terrestrial mammalian and reptilian carnivore ecology in Australian fossil faunas, and factors influencing their diversity: the myth of reptilian domination and its broader ramifications. Australian J Zool, 50: 1–24

Wu X C. 1994. Late Triassic–Early Jurassic sphenodontians from China and the phylogeny of the Sphenodontia. In: Fraser N C, Sues H-D eds. In the Shadow of the Dinosaurs: Early Mesozoic Tetrapods. Cambridge: Cambridge Univ Press. 38–69

Wu X C, Brinkman D B, Russell A P, Dang Z M, Currie P J, Hou L H, Cui G H. 1993. Oldest known amphisbaenian from the Upper Cretaceous of Chinese Inner Mongolia. Nature, 366: 57–59

Wu X C, Brinkman D B, Russell A P. 1996. *Sineoamphisbaena hexatabularis*, an amphisbaenian (Diapsida: Squamata) from the Upper Cretaceous redbeds at Bayan Mandahu (Inner Mongolia, People's Republic of China), and comments on the phylogenetic relationships of the Amphisbaenia. Can J Earth Sci, 33: 541–577

Wu X C, Russell A P, Brinkman D B. 1997. Phylogenetic relationships of *Sineoamphisbaena hexatabularis*: further considerations. Can J Earth Sci, 34: 883–885

Wu X C, Zhan L, Zhou C C, Dong Z M. 2003. A polydactylous amniote from the Triassic period. Nature, 426: 516

Wu X C, Cheng Y N, Sato T, Shan H Y. 2009. *Miodentosaurus brevis* Cheng et al., 2007 (Diapsida: Thalattosauria): Its Postcranial Skeleton and Phylogenetic Relationships. Vert PalAsiat, 47(1): 1–20

Wu X C, Cheng Y N, Li C, Zhao L J, Sato T. 2011. New information on *Wumengosaurus delicatomandibularis* Jiang et al., 2008 (Diapsida: Sauropterygia), with a revision of the osteology and phylogeny of the taxon. J Vert Paleont, 31(1): 70–83

Wu X C, Zhao L J, Sato T, Gu S X, Jin X S. 2016. A new specimen of *Hupehsuchus nanchangensis* Young, 1972 (Diapsida, Hupehsuchia) from the Triassic of Hubei, China. Hist Biol, 28 (1-2): 43–52, http://dx.doi.org/10.1080/08912963.20

Xing L D, Harris J D, Toru S, Masato F, Dong Z M. 2009. Discovery of dinosaur footprints from the Lower Jurassic Lufeng Formation of Yunnan Province, China and new observations on *Changpeipus*. Geol Bull China, 28: 16–29

Xu L, Wu Z X, Lü J, Jia S, Zhang J, Pu H, Zhang X. 2014. A new lizard (Lepidosauria: Squamata) from the Upper Cretaceous of Henan, China. Acta Geol Sinica, 88(4): 1041–1050

Young C C. 1944. On the reptilian remains from Weiyuan, Szechuan, China. Bull Geol Soc China, 24(3-4): 187–209

Young C C. 1958. On the new Pachypleurosauroidea from Keichow, South-West China. Vert PalAsiat, 2(2-3): 69–81

Young C C. 1959a. On a new nothosauria form the Lower Triassic beds of Kwangsi. Vert PalAsiat, 3(2): 73–78

Young C C. 1959b. On a new Lacertilia from Chingning Chekiang, China. Science Record New Series, 3: 520–523

Young C C. 1960. New localities of sauropterigians in China. Vert PalAsiat, 4(2): 82–85

Young C C. 1964. New fossil crocodiles from China. Vert PalAsiat, 8: 189–208

Young C C. 1965. On the new nothosaurs form Hupeh and Kweichou, China. Vert PalAsiat, 9(4): 315–356

Zaldivar-Riverón A, Nieto-Montes de Oca A, Manríquez-Morán N, Reeder T W. 2008. Phylogenetic affinities of the rare and enigmatic limb-reduced Anelytropsis (Reptilia: Squamata) as inferred with mitochondrial 16S rRNA sequence data. J Herpet, 42: 303–311

Zhang C, Sun X, Chen L, Xiao W, Zhu X, Xia Y, Chen J, Wang H, Zhang B. 2016. The complete mitochondrial genome of *Eumeces chinensis* (Squamata: Scincidae) and implications for Scincidae taxonomy. Mitochondrial DNA Part A, 27: 4691–4692

Zhao E, Adler K. 1993. Herpetology of China. Society for the Study of Amphibians and Reptiles, Oxford Ohio. 1–522

Zhao L J, Li C, Liu J, He T. 2008a. A new armored placodont from the Middle Triassic of Yunnan Province, southwestern China. Vert PalAsiat, 46(3): 171–177

Zhao L J, Sato T, Li C. 2008b. The most complete Pistodauroid skeleton from the Triassic of Yunnan, China. Acta Geol Sinica, 82(2): 283–286

Zhao L J, Sato T, Liu J, Li C, Wu X C. 2010. A new skeleton of *Miodentosaurus brevis* (Diapsida: Thalattosauria) with a further study of the taxon. Vert PalAsiat, 48(1): 1–10

Zhao L J, Liu J, Li C, He T. 2013. A new thalattosaur, *Concavispina biseridens* gen. et sp. nov. from Guanling, Guizhou, China. Vert PalAsiat, 51(1): 24–28

Zheng Y, Wiens J J. 2016. Combining phylogenomic and supermatrix approaches, and a time-calibrated phylogeny for squamate reptiles (lizards and snakes) based on 52 genes and 4162 species. Molecular Phylogenetics and Evolution, 94: 537–547

Zhou C F, Gao K Q, Fox R C, Chen S. 2006. A new species of *Psittacosaurus* (Dinosauria: Ceratopsia) from the Lower Cretaceous Yixian Formation, Liaoning, China. Palaeoworld, 15: 100–114

Zhou Z, Barrett P M, Hilton J. 2003. An exceptionally preserved Lower Cretaceous ecosystem. Nature, 421: 807–814

Zittel K A v. 1887–1890. Handbuch der Palaeontologie. Abtheilung I. Palaeozoologie Band III. Oldenbourg, München and Leipzig, Germany. 1–900

Zug G R, Vitt L J, Caldwell J P. 2001. Herpetology: An Introductory Biology of Amphibians and Reptiles. San Diego: Academic Press. 1–630

汉-拉学名索引

拉-汉学名索引

《中国古脊椎动物志》总目录 （2016 年 10 月修订）

（共三卷二十三册，计划 2015 - 2022 年出版）

第一卷 鱼类 主编：张弥曼，副主编：朱敏

第一册（总第一册） **无颌类** 朱敏等 编著 （2015 年出版）

第二册（总第二册） **盾皮鱼类** 朱敏、赵文金等 编著

第三册（总第三册） **辐鳍鱼类** 张弥曼、金帆等 编著

第四册（总第四册） **软骨鱼类 棘鱼类 肉鳍鱼类**

张弥曼、朱敏等 编著

第二卷 两栖类 爬行类 鸟类 主编：李锦玲，副主编：周忠和

第一册（总第五册） **两栖类** 王原等 编著 （2015 年出版）

第二册（总第六册） **副爬行类 大鼻龙类 龟鳖类** 李锦玲、佟海燕 编著 （2017 年出版）

第三册（总第七册） **离龙类 鱼龙型类 海龙类 鳍龙类 鳞龙类**

高克勤、尚庆华、李淳等 编著 （2021 年出版）

第四册（总第八册） **基干主龙型类 鳄型类 翼龙类**

吴肖春、李锦玲、汪筱林等 编著 （2017 年出版）

第五册（总第九册） **鸟臀类恐龙** 董枝明、尤海鲁、彭光照 编著 （2015 年出版）

第六册（总第十册） **蜥臀类恐龙** 徐星、尤海鲁、莫进尤 编著 （2021 年出版）

第七册（总第十一册） **恐龙蛋类** 赵资奎、王强、张蜀康 编著 （2015 年出版）

第八册（总第十二册） **中生代爬行类和鸟类足迹** 李建军 编著 （2015 年出版）

第九册（总第十三册） **鸟类** 周忠和等 编著

第三卷 基干下孔类 哺乳类 主编：邱占祥，副主编：李传夔

PALAEOVERTEBRATA SINICA (modified in October, 2016)
(3 volumes 23 fascicles, planned to be published in 2015−2022)

Volume I Fishes

Editor-in-Chief: **Zhang Miman**, Associate Editor-in-Chief: **Zhu Min**

Volume II Amphibians, Reptilians, and Avians

Editor-in-Chief: **Li Jinling**, Associate Editor-in-Chief: **Zhou Zhonghe**

Volume III Basal Synapsids and Mammals

Editor-in-Chief: **Qiu Zhanxiang**, Associate Editor-in-Chief: **Li Chuankui**

(Q—4797.01)

www.sciencep.com

ISBN 978-7-03-070718-5

定　价：318.00元